U0255567

“十三五”国家重点图书出版规划项目
中国河口海湾水生生物资源与环境出版工程
庄 平 主编

长江口湿地

赵 斌 高 宇 主编

中国农业出版社
北 京

图书在版编目（CIP）数据

长江口湿地 / 赵斌，高宇主编．—北京：中国农业出版社，2018.12
中国河口海湾水生生物资源与环境出版工程 / 庄平主编
ISBN 978-7-109-24602-7

Ⅰ.①长… Ⅱ.①赵… ②高… Ⅲ.①长江口—沼泽化地—自然资源保护 Ⅳ.①P942.078

中国版本图书馆 CIP 数据核字（2018）第 211195 号

中国农业出版社出版
（北京市朝阳区麦子店街 18 号楼）
（邮政编码 100125）
策划编辑 郑 珂 黄向阳
责任编辑 林珠英 杨晓改

北京通州皇家印刷厂印刷 新华书店北京发行所发行
2018 年 12 月第 1 版 2018 年 12 月北京第 1 次印刷

开本：787mm×1092mm 1/16 印张：19.5
字数：395 千字
定价：140.00 元

内容简介

本书分九章介绍长江口湿地：第一章至第三章主要介绍了长江口湿地的基本概况与保护管理现状，阐述了湿地淤长的历史与冲淤变化研究，分析了湿地围垦历史及其影响；第四章至第六章详细阐述了当前长江口湿地植物群落格局及其监测，并以外来植物互花米草为例，探讨了长江口湿地生物入侵影响及治理方法和途径，并基于涡度通量技术，讨论了生态系统碳循环及其影响因素等；第七章至第九章剖析了长江口湿地面临的主要威胁和原因，提出了未来湿地保护和合理利用的建议，憧憬了对自然湿地未来发展具有重要补充作用的人工替代栖息地等湿地生态建设技术，并展望了未来基于长江口郊野公园开展湿地文化构建的前景。

丛书编委会

本书编写人员

主　　编　赵　斌　高　宇

副主编　郭海强　王　卿　刘鉴毅　张　涛

参　　编（按姓氏笔画排序）

马　俊　王　妤　王思凯　冯广朋　庄　平　刘佳伦

许　旺　严燕儿　李　红　杨　刚　何美梅　汪承焕

宋　超　张　荣　张婷婷　张墨谦　邵长亮　欧阳祖涛

赵　峰　侯　颖　顾永剑　高　扬　唐　龙　黄孝锋

黄晓荣　章龙珍　彭容豪　曾胜兰　谢　潇

丛书序

中国大陆海岸线长度居世界前列，约 18 000 km，其间分布着众多具全球代表性的河口和海湾。河口和海湾蕴藏丰富的资源，地理位置优越，自然环境独特，是联系陆地和海洋的纽带，是地球生态系统的重要组成部分，在维系全球生态平衡和调节气候变化中有不可替代的作用。河口海湾也是人们认识海洋、利用海洋、保护海洋和管理海洋的前沿，是当今关注和研究的热点。

以河口海湾为核心构成的海岸带是我国重要的生态屏障，广袤的滩涂湿地生态系统既承担了“地球之肾”的角色，分解和转化了由陆地转移来的巨量污染物质，也起到了“缓冲器”的作用，抵御和消减了台风等自然灾害对内陆的影响。河口海湾还是我们建设海洋强国的前哨和起点，古代海上丝绸之路的重要节点均位于河口海湾，这里同样也是当今建设“21 世纪海上丝绸之路”的战略要地。加强对河口海湾区域的研究是落实党中央提出的生态文明建设、海洋强国战略和实现中华民族伟大复兴的重要行动。

最近 20 多年是我国社会经济空前高速发展的时期，河口海湾的生物资源和生态环境发生了巨大的变化，亟待深入研究河口海湾生物资源与生态环境的现状，摸清家底，制定可持续发展对策。庄平研究员任主编的“中国河口海湾水生生物资源与环境出版工程”经过多年酝酿和专家论证，被遴选列入国家新闻出版广电总局“十三五”国家重点图书出版规划，并且获得国家出版基金资助，是我国河口海湾生物资源和生态环境研究进展的最新展示。

该出版工程组织了全国20余家大专院校和科研机构的一批长期从事河口海湾生物资源和生态环境研究的专家学者，编撰专著28部，系统总结了我国最近20多年来在河口海湾生物资源和生态环境领域的最新研究成果。北起辽河口，南至珠江口，选取了代表性强、生态价值高、对社会经济发展意义重大的10余个典型河口和海湾，论述了这些水域水生生物资源和生态环境的现状和面临的问题，总结了资源养护和环境修复的技术进展，提出了今后的发展方向。这些著作填补了河口海湾研究基础数据资料的一些空白，丰富了科学知识，促进了文化传承，将为科技工作者提供参考资料，为政府部门提供决策依据，为广大读者提供科普知识，具有学术和实用双重价值。

中国工程院院士 唐启升

2018年12月

前　言

长江的河口简称为长江口，是世界上第三大河流的入海口，形成了生境条件复杂的长江三角洲。由于处于江海淡咸水相互作用的过渡地带，延伸拓展造就了淤泥质海岸带湿地、潮间带滩涂盐沼湿地、沙洲沙岛湿地等多种重要的滨海河口湿地类型，是全球238个生态热点区域之一。这些具有独特生境的国土资源和自然资源，是长江三角洲城市群发展的物质基础，具有重要的生态、社会和经济效益，是实现可持续发展的基础生态空间。以上海市为例，由于地处长江三角洲冲积平原的东缘，河网密布和圩洼众多的地理环境促成了面积广阔的湿地，使上海市有着“湿地城”的美誉。作为特大型城市的上海由于人多地少，制约城市建设和发展的土地资源非常紧缺，为了平衡城市开发用地和农田用地之间的需求，通过对长江口滩涂湿地的围垦和利用，缓解了城市建设用地不足的矛盾，新开辟的土地还可以发展种植业、养殖业和旅游产业，对上海市经济发展具有重要的历史意义。

但是如何将长江口滩涂湿地的围垦、开发、利用和当前湿地系统完善、保护、管理工作相协调，是“十三五”时期乃至今后将长期面对的研究课题。由于地处亚太地区候鸟迁徙路线中部，长江口湿地保护和合理利用已引起国际社会高度关注。同时，长江口湿地也是全国湿地保护战略的重要组成部分之一。在全球气候变化、台风北移、野生动物传播疫源疫病等潜在压力下，保护长江三角洲地区周边湿地、维护长江三角洲生态安全正成为一项紧迫的任务。

本书第一章至第三章主要介绍了长江口湿地的基本概况与保护管

理现状，阐述了湿地淤长的历史与冲淤变化，分析了滩涂围垦历史及其影响；第四章至第六章详细阐述了当前长江口湿地植物群落格局及其监测，并以外来植物互花米草为例，探讨了长江口湿地生物入侵的影响及治理方法和途径，并基于涡度通量技术，讨论了生态系统碳循环及其影响因素等；第七章至第九章剖析了长江口湿地面临的主要威胁和原因，提出了未来湿地保护和合理利用的建议，憧憬了对自然湿地未来发展具有重要补充作用的人工替代栖息地等湿地生态建设技术，并展望了未来基于长江口郊野公园开展湿地文化构建的前景。

特别感谢中国水产科学研究院东海水产研究所基本科研业务费项目“点篮子鱼的水生态系统工程师效应研究”（编号：2018T01）、国家自然科学基金“河口滩涂湿地生态系统中物质横向通量和能量平衡闭合研究”（编号：No. 30870409）和“基于景观指数——群落关系的长江河口大型底栖动物群落栖息地分类研究”（编号：No. 31400410）等科研项目对长江口湿地野外调查和科学实验的大力支持，数据翔实和内容全面的第一手资料，才使本书的编写工作得以顺利开展。

感谢华东师范大学崇明生态研究院及河口海岸学国家重点实验室唐剑武教授担任本书顾问，并指导撰写了前言的主要内容。本书的具体编著分工如下：

第一章由中国水产科学研究院东海水产研究所张婷婷、高宇、庄平，复旦大学生命科学学院赵斌，成都信息工程大学曾胜兰编写；

第二章由复旦大学生命科学学院彭容豪、赵斌，中国水产科学研究院东海水产研究所高宇，上海市环境科学研究院王卿编写；

第三章由复旦大学生命科学学院赵斌、郭海强、侯颖、马俊，中国水产科学研究院东海水产研究所高宇编写；

第四章由华东师范大学生命科学学院汪承焕，美国密歇根州立大学欧阳祖涛，中国水产科学研究院东海水产研究所张婷婷，复旦大学生命科学学院何美梅、张墨谦编写；

第五章由上海市环境科学研究院王卿，中国水产科学研究院东海水产研究所王思凯、高宇，深圳市环境监测中心站许旺，西安交通大学人居环境与建筑工程学院唐龙，西安理工大学水利水电学院高扬编写；

第六章由复旦大学生命科学学院郭海强、李红、赵斌、谢潇、顾永剑，华东师范大学生态与环境科学学院张荣，中国水产科学研究院东海水产研究所高宇，美国密歇根州立大学欧阳祖涛，中国农业科学院农业资源与农业区划研究所邵长亮，淮阴师范学院严燕儿编写；

第七章由中国水产科学研究院东海水产研究所王思凯、高宇、赵峰，上海市环境科学研究院王卿，复旦大学生命科学学院赵斌编写；

第八章由中国水产科学研究院东海水产研究所冯广朋、庄平、杨刚、黄晓荣、王妤、赵峰、张涛、宋超、黄孝锋、章龙珍编写；

第九章由中国水产科学研究院东海水产研究所高宇、赵斌、冯广朋、刘鉴毅、张婷婷、刘佳伦编写。

感谢本书所有研究者、编者和参考文献提供者，以及参与野外调查、摄影和科学实验的师生王伟、王海华、方可菲、苟诗玮、沈琦、侯俊利、郝长杰、姚东方、秦海明、耿智、谢晶，本书的成果归功于大家付出的辛勤劳动和贡献。

由于各种原因和条件的限制，在长江口野外调查、科学研究和本书的整理出版过程中尚存不足和争议，今后再版时有待进一步斟酌、补充、考证和完善。尽管我们对全书进行了多次校对和反复核实，但难免还有不妥、疏漏甚至错误之处，欢迎广大科研、教学人员以及从事湿地保护管理的一线工作人员、专家和领导批评指正。

编 者

2018年8月

目 录

第一章 基本概况与保护管理现状

第一节 长江口湿地的重要性

一、正在受到国际社会的关注

中国是《关于特别是作为水禽栖息地国际重要湿地公约》（以下简称《湿地公约》）的缔约国，在湿地保护方面承担着履行《湿地公约》《生物多样性公约》等国际公约的义务。上海市有着丰富的湿地资源，由于长江河口是全球238个生态热点区域之一和地处亚太地区候鸟迁徙路线中部，上海市湿地保护和合理利用已引起国际社会高度关注。1996年，《湿地公约》第六届缔约方大会将我国崇明东滩等3块重要湿地纳入东亚-澳大利西亚涉禽保护网络。2002年以来，经我国政府申请和《湿地公约》秘书处批准，上海崇明东滩等21块湿地正式列入《国际重要湿地名录》，使我国的国际重要湿地数量达到30块。1996年至今，湿地国际（WI）、世界自然基金会（WWF）、全球环境基金（GEF）、国际鹤类基金会（ICF）等国际环保组织，日本、韩国、马来西亚、新西兰、澳大利亚等国家以及我国台湾、香港地区的专家先后多次来上海，与上海的高校、林业部门及自然保护区联合开展迁徙鸟类环志和湿地保护科研、培训等交流活动，先后开展了湿地修复和重建技术、长江口生物多样性现状和存在问题、迁徙鸟类环志与彩色旗标系放、湿地经济资源可持续利用、社区环境教育等10多项课题的研究，科研经费累计投入达1 500万元。这些活动不仅对上海地区的湿地保护与管理的国际交流与合作起到了极大的促进作用，而且使上海的生态建设树立了良好的国际形象。

二、为全国湿地保护战略的重要组成部分

2000年，由国家林业局等国务院17个部门主持编制的《中国湿地保护行动计划》，根据湿地功能和效益重要性确定了7项国家重要湿地标准，并据此制定了《中国重要湿地名录》。名录将全国173处湿地列为国家重要湿地，上海的崇明岛、金山三岛、长兴岛和横沙岛等3处湿地也被列入其中。按照《上海市湿地资源调查报告》的调查数据，这3处湿地面积达10.16万hm^2，占全市自然湿地面积近1/3。

为加强湿地保护和管理，自1998年，上海市政府先后在长江河口地区建立了3个湿地类型的地方级自然保护区，保护面积达到近7万hm^2（图1-1至图1-3）。2005年经国务院审定，其中，九段沙湿地和崇明东滩鸟类自然保护区同时被批准为国家级自然保

护区，成为上海市首批国家级自然保护区。为保护长江口鱼类的栖息繁殖和索饵肥育场所以及洄游过境通道，在农业农村部等水生野生动物主管部门的呼吁下，以保护中华鲟幼鱼为主体的水生野生动物类型的自然保护区，也经上海市政府批准正式建立。

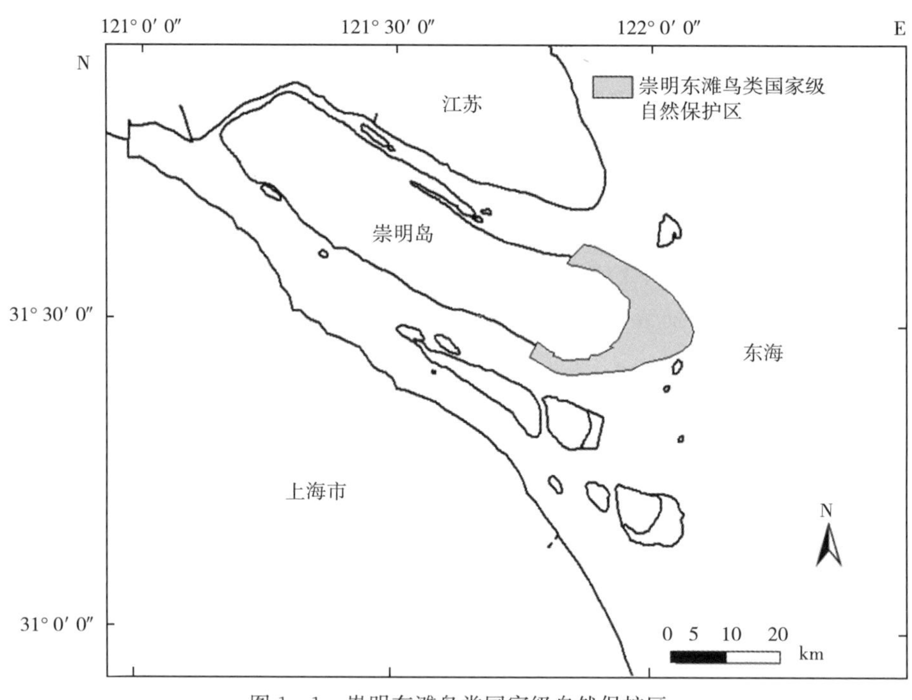

图 1-1　崇明东滩鸟类国家级自然保护区

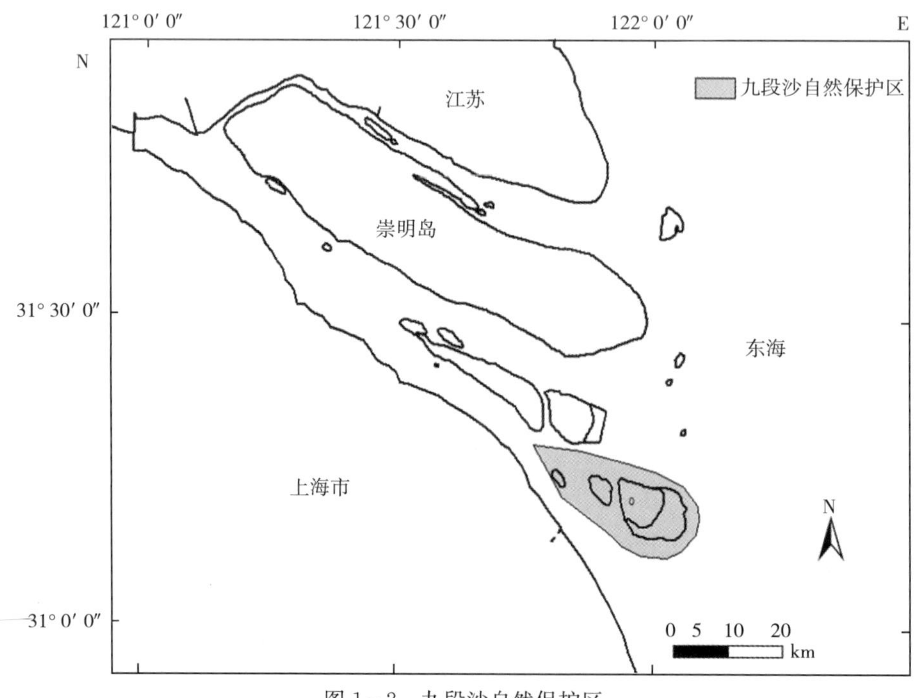

图 1-2　九段沙自然保护区

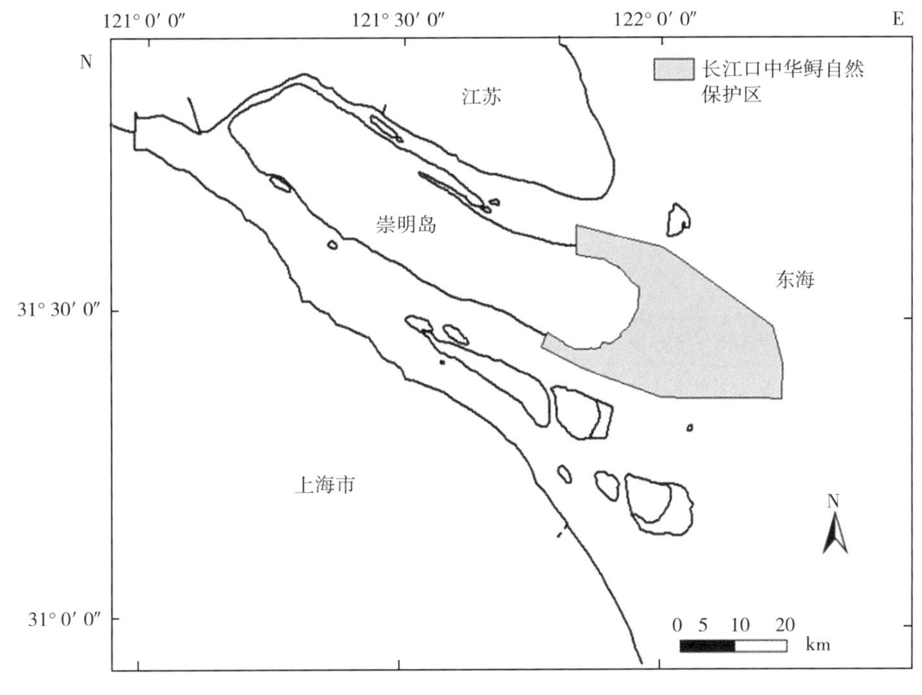

图 1－3　长江口中华鲟自然保护区

三、正成为维护城市生态安全的重要因素

湿地具有防浪固岸作用，能保护周边地区的生态安全：湿地生长着多种植物，湿地植被可以抵御海浪、台风和风暴的冲击力，湿地植物根系可以固定和稳定堤岸，防止对岸线的侵蚀，保护沿海工农业生产。如果没有湿地，堤岸将受到海浪的严重威胁和破坏。研究表明，在沿海地区，植被发育较好的湿地具有良好的消浪作用，可以有效地保护海岸线，80 m 宽的湿地植被加上 3 m 高的海堤，就可以有效地保护海岸，而如果没有湿地植被的保护，则海岸需要 12 m 高的海堤加以保护；据估计，宽度在 50 m 以上的生长有植被的湿地，每公顷所发挥的保护价值达 1 万美元以上，远远超过海堤内农田所产生的价值。在全球变暖、台风可能北移（如 2005 年的“麦莎”是上海 8 年不遇的台风）、野生动物传播疫源疫病等背景下，维护湿地生态安全正成为一项紧迫任务。国家将滨海湿地保护纳入包括上海在内的 11 个省（直辖市）的沿海防护林建设体系。

湿地是最重要的水资源的载体之一。长江口长兴岛的青草沙地表水量丰富、水质优良，符合上海水源地标准，已成为上海城市供水战略转移的依托之一（图 1－4）。青草沙水库建成后，已形成有效库容 5.53×10^{8} m^{3}，日原水供应规模达 9.50×10^{6} m^{3}，成为上海市主要水源地，受益人口超过 1 000 万人。

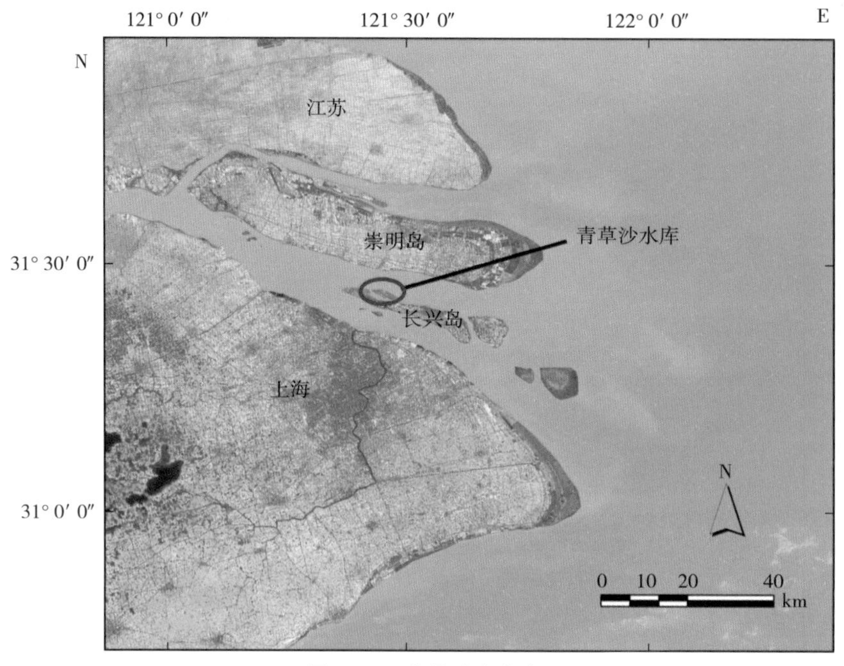

图 1－4　青草沙水库水源地

湿地是潜在的土地资源。土地紧缺是制约上海市经济发展的一个重要瓶颈，滩涂资源是上海市唯一潜在的土地资源。上海市丰富的湿地资源，为该地区工农业的发展提供了大量的土地。上海市共围垦滩涂超过 840 km^2，其中，约 92%用于种植业、养殖业和绿化用地；约 5%用于工业、商业用地；将近 3%用于国防、市政、旅游等事业用地。例如上海奉贤海湾旅游区、浦东国际机场和浦东三甲港华夏文化旅游区等，都是在围垦的土地上兴建起来的。保护和可持续利用湿地资源，对于上海城市经济、社会发展具有特别重要的意义。

第二节　长江口湿地基本概况

湿地是重要的国土资源和自然资源，具有巨大的经济、生态和社会效益，是实现可持续发展的重要基础。上海市地处长江三角洲东缘的冲积平原上，地势低洼、河网密布，拥有广阔的湿地，被誉为湿地城。

一、湿地的类型、分布和面积

上海市湿地资源根据其位置和地形地貌，大致可分为四类（图 1－5）：①沿江沿海的滨海湿地。海岸湿地主要分布在东海的杭州湾北岸；沿江湿地的量很大，分布在长江的河口区，主要包括南汇东滩野生动物禁猎区，面积为 2 087.96 hm^2；崇明东滩国际重要湿地，面积为 25 253.35 hm^2；长江口中华鲟国际重要湿地，面积为 3 977.62 hm^2；崇明岛周缘湿地，面积为 33 211.04 hm^2；崇明西沙湿地公园，面积为 305.81 hm^2；金山三岛湿地 115.46 hm^2。②长江沙洲岛屿湿地。这里的湿地保留了自然原貌，湿地植物种类丰富，为鸟类栖息提供了良好场所，包括长兴岛和横沙岛周缘湿地，面积为 66 636.87 hm^2；九段沙湿地国家级自然保护区，面积为 39 896.18 hm^2。③湖泊湿地。上海地区的湖泊湿地主要包括淀山湖区，面积为 5 584.51 hm^2。④人工湿地。主要包括水库、市郊农作物水田、水产养殖区、人工沟、渠、塘等。青草沙水库，面积为 6 495.82 hm^2；陈行水库，面积为 343.78 hm^2（蔡友铭　等，2014）。根据 2010 年上海市水务局数据，1990—2008 年，上海市−5 m以上的湿地面积从 2 892.5 km^2 下降到 2 318.5 km^2。

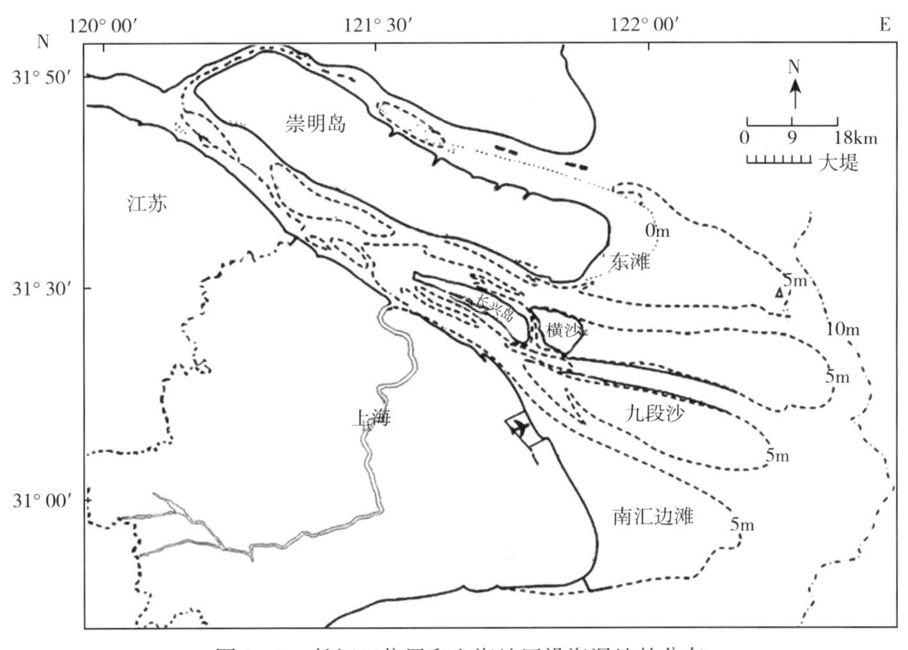

图 1 - 5　长江口位置和上海地区沿海湿地的分布

（注：改自 Zhang et al.，2010）

二、湿地的变化特点

根据不同时期的卫片、航片和海图资料，上海市湿地的变化特点大致可分为以下 3 种类型：①连续堆积型，近 50 年来均处于淤涨堆积、岸线外移，如崇明东滩、南汇东滩；②人工稳定型，近 50 年来淤涨和侵蚀大致平衡，在自然条件下此类湿地并不多，但经过人工的护岸工程，此类湿地在上海市并不少见，并以长江口南边滩浏河口至吴淞段较为典型；③连续侵蚀型，这种近50年来一直遭受侵蚀、岸线后退湿地类型并不多见，如崇明南岸，20世纪60年代以来采取全线丁坝护岸，使岸滩侵蚀得以控制，但在台风暴潮期间仍有侵蚀存在。

第三节　湿地生态系统的服务功能

一、野生动物重要栖息地

鉴于河口湿地优越的地理区位，它平坦辽阔的滩涂湿地为湿地动物提供了繁衍的载体。不论从保护动物还是资源动物的角度看，上海地区湿地作为野生动物重要栖息地都具有十分重要的意义。保护动物包括世界珍稀种类白鳖豚、江豚、中华鲟、小天鹅等；资源动物最为著名的有中华绒螯蟹（幼苗）、鳗鲡（幼苗）和刀鲚等。

上海湿地的水鸟约147种，占全国湿地水鸟的60%左右，占全球水鸟总数的1/6，这也反映了上海湿地在水鸟的保护上具有非常重要的作用。湿地水鸟中列入国家保护的种类有17种；列入中日候鸟保护协定的有102种；列入中澳候鸟保护协定的有49种。湿地鸟中，大多数为旅鸟和越冬鸟，夏候鸟和留鸟较少。上海湿地鱼类有250种，其中，近年来有记录的为143种。按其生态类型，可分为洄游性鱼类、咸淡水鱼类、淡水鱼类、滩涂鱼类及海水鱼类等5种类型。另外，据多年调查，上海湿地河口区域共收集到底栖动物近153种，内陆水体41种，浮游动物约有261种。

二、大气组分的调节

湿地扮演着调节大气组分（包括固碳释氧）的重要角色。通过湿地生物的光合作用，湿地每年向大气圈释放大量氧气，对抑制二氧化碳含量上升和全球气候变暖具有重要意义。湿地由于其特殊的生态特性，在植物生长、促淤造陆等生态过程中由于水分过于饱和的厌氧生态特性，积累了大量的无机碳和有机碳。但是湿地环境中微生物活动弱，土壤吸引和释放二氧化碳十分缓慢，形成了富含有机质的湿地土壤和泥炭层，起到了固定碳的作用。如果湿地遭到破坏，湿地的固定碳功能将减弱，同时湿地中的碳也会氧化分解，湿地将由“碳汇”变成“碳源”，这将加剧全球变暖的进程。科学家研究，湿地固定了陆地生物圈35%的碳素，总量为770亿t，是温带森林的5倍，单位面积的红树林沼泽湿地固定的碳是热带雨林的10倍。

三、水分调节

湿地具有调节区域气候的功能。湿地表面的水汽蒸发、热量交换以及植被的蒸腾作用等，都会直接或间接地影响区域气候环境。植物的蒸腾作用可以把一部分水分蒸发到大气中，参加大气水循环过程，提高大气湿度，以降雨的形式返回到周围环境中，起到湿润环境和调控温度的作用，促使当地气候趋于稳定。因此，湿地水分蒸发和湿地植被叶面的蒸腾作用，可使附近区域的温度降低、湿度增大、降雨量增加，对周边区域的气候具有明显的调节作用。一般来说，湿地周围地区比其他地区气候相对温和湿润。

四、净化环境功能

工农业污水和生活废水排放到海中，可污染海岸带水环境，而湿地对这些被污染的水环境具有一定的净化作用。一方面，湿地可以减缓水流流速，从而促进附有有毒物质的沉积物沉降下来，以达到净化水体的作用；另一方面，湿地还可以通过湿地植物的吸收和转化，把有机物和某些有毒物质进行降解和存储来净化水体。此外，湿地晨雾还可以去除大气中的扬尘和颗粒物等物质，净化空气，提高环境空气质量。

五、减灾功能

上海沿海灾害性天气频繁，热带气旋平均每年有 3～4 次，常引起风暴潮，对海岸构成直接的威胁。滨海湿地位于海陆之间的过渡地带，滩面比较平缓，滩坡一般为 1/500，再加上潮滩上一般都长有植被，滩面摩擦阻力较大，可以减缓波浪向岸的速度，从而消减了波浪的能量，防止和减轻海浪对海堤的冲击，起到保护海堤的作用。而且，湿地植被还可以减缓海风的风速，使海岸线附近的建筑物、农作物和其他植物免遭强风的破坏。

六、重要渔业产品的生产基地

上海地区湿地有主要经济鱼类约 50 余种，海洋鱼类有大黄鱼、小黄鱼、带鱼、鰳、马面鲀、鲐、鲹等，主要分布在长江口和东黄海大陆架海域；咸淡水鱼类有凤尾鱼、刀鲚、梅童鱼、银鱼、鲻、鲈、鳗鲡等，主要分布在长江口内各入海河道和杭州湾北岸海域；内陆淡水鱼类有青鱼、草鱼、鲢、鳙、鲤等；还有甲壳类水产品虾、蟹等。上海市沿海滩涂宽阔，滩涂生物资源非常丰富，可发展多种水产品的养殖。在长江口滩涂，已开辟了面积超过 80 km^2 进行淡水养殖。

七、航运功能

上海市沿海有良好的航道和深水岸线，在上海市港务局589 km岸线管辖范围内，有近60 km水深在10 m以上的深水岸线。长江口的自然河道，天然水深较大，从吴淞口至南京除局部浅滩外，10 m水深的进江水道基本畅通。南港-北槽、南港-南槽和北港3条入海水道的自然水深也有6 m左右，靠人工维护至7 m。长江口为中等强度的潮汐河口，平均潮差约2.5 m。一些深水岸段，如罗泾岸段、外高桥岸段、金山咀岸段其浅滩比较稳定，水流为往复流，主槽内的涨落潮流路比较一致，河床较稳定；长江口内风浪较小，有较好的避风条件，这都为进一步发展江海运输船业创造了有利条件。

八、教育和科学研究

上海湿地的生物多样性特点为湿地教育和科学研究提供了一个最佳的场所，吸引着植物学家、动物学家、地理学家、摄影家、艺术家、划船者、旅行者前往观光考察。同时，又为园林、艺术设计、城市规划等专业的学生提供精彩缤纷的写生场所，激发学生艺术创作的灵感。

利用上海湿地资源进行教学实习，一方面可以广泛收集并发掘野生动植物资源，进行分类鉴定、评价、繁殖、栽培、保存、利用以及结合教学研究选育新品种，以保存动植物种质资源，为农、林、园艺、医药、环保等生产实践服务；另一方面，可以开展动植物多样性迁地保护和持续利用的研究，以建成该地区的动植物多样性迁地保护中心。

九、旅游和休闲

上海市沿海保存有多处具有特色的人文和自然湿地景观。自然景观方面有世界最大的河口沙洲崇明岛，四季分明，民风纯朴，人杰地灵。岛上有华东最大的人工平原森林——东平国家森林公园，园内森林繁茂，湖水碧澄，野趣浓郁，以幽、静、野、秀为特色，是旅游休闲胜地。岛东部还有亚洲最大的湿地候鸟保护区。另外，淀山湖是上海最大的湖泊，面积约62 km^2（其中，47.5 km^2属上海市管辖），建有大观园、东方绿洲等重要的旅游开发区，每年吸引大量的游客。

此外，还可充分利用沿江和沿海的广大海滩，开展以水和滩涂为主的旅游资源开发。目前，已开发的有横沙岛沙滩、南汇的东海农场和芦潮港沙滩、奉贤海湾旅游区的海湾泳场及上海石化海滨浴场。滨海旅游度假区主要有浦东新区的华夏文化旅游区，该区分为东西两块：西华夏为文化、居住区；东华夏为滨海旅游区，分为滨海高级休闲区、滨海大型游乐区等区域。长兴岛前卫农场与内蒙古自治区联营开办的具有草原风光的“蒙古村”。南汇的东南沿海近年来也开发成旅游度假区，包括东海射击游乐场、白玉兰度假村、东海影视乐园等。

第四节　长江口湿地保护管理现状

一、保护现状

长江口滨海湿地不仅是重要的自然资源，而且为该地区可持续的社会经济发展提供生态保障。随着该地区急剧的城市化进程加快，保持这一地区中湿地保护与社会经济发展之间的动态平衡是一项巨大的挑战。崇明东滩国家级自然保护区和长江口九段沙湿地自然保护区的建立，使长江口滨海湿地的重要性得到了政府和民众的广泛认可。

（一）湿地生物多样性保护

上海市滩涂湿地主要分布在边远地区，交通不便，人烟稀少，植被茂盛，生物多样性丰富，是极为重要的鸟类栖息和迁飞过境地，许多沙岛至今没有人类居住（如九段沙、青草沙等），保存了较为完好的生态系统。崇明东滩、九段沙和南汇边滩都是鸟类的乐园，是鸟类迁徙和越冬的重要区域，既有大量可开发利用的资源性鸟类，如绿头鸭等野鸭；也有国际或国家濒危保护鸟类物种，如白鹳、白头鹤、小天鹅等。该区域水生生物丰富，是许多重要的水产动物的肥育、繁殖区，又是中华鲟幼鲟索饵肥育和洄游的通道，受到上海市政府的密切关注，先后建立了崇明东滩鸟类自然保护区、九段沙湿地自然保护区和长江口中华鲟幼鱼保护区，保护该地区的生物多样性。

金山三岛湿地虽然面积小，却保留着上海地区极为珍贵的自然原始“本底”状态，空气、土壤、植被是无污染区。这里生物种类繁多，区系成分比较复杂，建立了金山三岛自然保护区，主要保护典型亚热带常绿阔叶林为代表的植物群落。

（二）湿地自然保护区和重要湿地建设

20世纪90年代以来，上海市在滨海湿地保护的重点地区、敏感区域和脆弱区域陆续建立了崇明东滩鸟类、九段沙湿地、长江口中华鲟和金山三岛等4个自然保护区，全市受保护和管理的湿地面积达717.41 km^2，占上海市域面积的7.64%。崇明东滩被指定为国际重要湿地，崇明东滩鸟类自然保护区、九段沙湿地自然保护区申报国家级自然保护区已获批准，促进了湿地自然保护区示范区的基础设施建设，为实施湿地资源科学有效管理奠定了良好的基础。

（三）水资源保护与管理

上海市是水质型缺水城市，黄浦江是上海市重要的水源，随着长三角的发展，黄浦江的供水能力无法满足城市供水需求的持续增长。长兴岛的青草沙地水质优良，符合水源地水质标准，且地表水量充沛，已成为供水战略转移的依托之一。青草沙水源地已建成水库通水，其水质要求达到国家Ⅱ类饮用水标准。青草沙水库建成后，显著缓解了上海市的供水问题，形成了 5.53×10^8 m^3 的有效库容，日平均可供水 7.19×10^6 m^3，承担了上海市原水供应的50%以上。

长江口地区的陈行水库和宝钢水库，也能成为除青草沙水库和黄浦江上游水源地之外的有效补充。为了提升水源原水质量和调蓄水量，青草沙水源地和陈行水库将通过库间连通形式，实施对接连通工程，将青草沙水源地富余的优质水调蓄到陈行水库，以此扩大咸潮期等自然灾害和突发污染事件期间的供水范围，可增加日平均约 3.5×10^6 m^3 的原水供应量。

上海市海岸带地区的地下水主要储存于松散岩类孔隙介质之中，历次温暖期堆积的粗碎屑颗粒间蕴藏着丰富的可供开采利用的地下水资源。目前，上海市郊县地下水开采量每年基本上维持在 1.1 亿 m^3 左右。此外，在古长江水下三角洲的古河道也有一定量的地下水潜水层。

二、管理状况

（一）加快推进湿地自然保护区的建设

崇明东滩鸟类自然保护区、九段沙湿地自然保护区申报国家级自然保护区分别获得成功，使得上海市自然保护区基本建设有了实质性的进展。国家以及上海地方累计对野生动植物及湿地保护和建设的投入达到 5 000 多万元，使自然保护区基础设施建设得到了有效保障，为加快推进湿地自然保护区建设奠定了良好的基础。

（二）大力推进自然保护区“一区一法”的建设

按照“依法治林”和“一区一法”的指导思想，“九五”和“十五”期间，上海市先后制定并出台了《上海市金山三岛海洋生态自然保护区管理办法》《上海市崇明东滩鸟类自然保护区管理办法》《上海市九段沙湿地自然保护区管理办法》《长江口中华鲟自然保护区管理办法》《上海市崇明东滩鸟类自然保护区通行证管理办法》4 部政府规章和 1 部规范性文件，推动了已建立湿地自然保护区的依法管理，并为上海地方层次的湿地保护管理的统一立法奠定了基础。

（三）重视湿地及自然保护区的管理机构的建设

涉及上海市湿地管理的主要机构，有上海市水务局和上海市绿化管理局。其中，上海市水务局是上海市开发利用滩涂的行政主管部门，具体负责滩涂开发利用的管理工作是由上海市滩涂管理处承担的；市绿化管理局是野生动植物和湿地管理的行政主管部门，具体负责上海地区野生动物及其栖息地以及湿地保护工作。

上海市已建立的4个湿地类型自然保护区中，崇明东滩鸟类自然保护区、长江口中华鲟自然保护区、大小金山岛、九段沙湿地自然保护区分别建立了管理处（署）。崇明东滩鸟类自然保护区管理处核定人员编制35人，为全额预算的正处级事业单位，下设办公室、科教科、管护科和财务室，管护科下辖4个管护站（已建成3个）和1个东旺沙警务站（协作单位）。九段沙湿地自然保护区管理署核定人员编制15人，为全额预算的正处级事业单位。长江口中华鲟自然保护区核定人员编制20人，为全额预算的正处级事业单位。

（四）加强湿地自然保护区自然资源和人员进入的管理

上海市建立的自然保护区已基本落实了自然保护区管理权属问题，崇明东滩鸟类自然保护区对进入保护区核心区、缓冲区、实验区的不同人员实施了通行证管理制度，重点加强了进入滩涂从事生产作业的人员管理，实行了“双证”（滩涂作业证、通行证）管理制度；同时，已建立的自然保护区积极开展野外巡护管理工作，加大了对保护区内破坏野生动物资源违法犯罪活动的查处和打击力度，并加强了与保护区所在区（县）政府有关部门以及周边单位的联系，建立了联席工作会议制度，共同研究自然保护区管理问题，推进了保护区共建共管工作。崇明东滩鸟类自然保护区还根据鸟类研究以及野外巡护管理工作的需要，教育、引导一批原先在保护区内从事捕鸟的人转为保护区护鸟员，充分发挥当地农民的技术特长，在鸟类环志及彩色旗标系放研究工作中起到了骨干作用。

（五）积极开展湿地及迁徙鸟类科学研究工作

在迁徙水鸟环志和彩色旗标系放研究方面，上海市的自然保护区克服各种困难，创造条件开展鸟类环志研究工作。截至目前，共环志鸟类39种3 500多只，赢得了国内外同行的关注。在湿地生态系统研究方面，崇明东滩鸟类自然保护区与复旦大学合作，投资建立了全球碳通量东滩野外观测站，重点加强全球范围内湿地碳循环以及湿地生态服务功能的研究工作。长江口中华鲟自然保护区也投入巨资，开展了中华鲟增养殖技术研究以及河口水生生态系统修复技术研究等项目。

（六）积极开展湿地保护宣传教育工作

针对社会公众野生动植物及湿地保护意识薄弱等问题，利用每年的“世界湿地日”“爱鸟周”“保护野生动物宣传月”“世界环境日”，开展野生动植物及湿地保护宣传教育活动，先后编印出版了10种50 000册的宣传书籍、折页、专题报告等，设置了近100块大型湿地保护宣传牌；发展并建立了21个青少年野生动物保护俱乐部、10多个青少年护鸟队以及63所野生动物保护教育特色学校，对提高全社会保护意识起到了积极促进作用。野生动植物及湿地保护事业通过报纸、电视台、电台、网站的宣传报道，逐步引起社会的关注和重视。

第二章

淤长历史与冲淤变化

中国是世界上河流最多的国家，除内流河外，约有 1 500 多条大、中河流沿着 3 个地形斜面注入太平洋、印度洋和北冰洋，其中，入太平洋者在中国长约 18 000 km 的海岸线上，形成上千个大小各异的河口。中国最重要的河口包括长江口、黄河口、珠江口、辽河口、鸭绿江口、滦河口、海河口、灌河口、钱塘江口、椒江口、瓯江口、闽江口、九龙江口、韩江口、南流江口以及北仓河口。据统计，中国河口湿地和滨海湿地面积合计高达 5.00×10^{6} hm^2，拥有特征迥异的各类滨海河口与三角洲平原生态系统。在全球变化背景下，进行对该变化极为敏感的滨海河口的深入系统科学研究，显然具有尤为重要的意义。

长江是仅次于尼罗河和亚马孙河的世界第三大河，流域总面积 1.80×10^{6} km^2。由于发源自青藏高原，长江是世界上落差最大的河流，其径流呈东西走向，同处于降水量丰富的亚热带湿润区，流入宜昌中下游平原后水势相对平缓。长江口长约 181.8 km，无海湾地形地貌，混合陆海相潮汐河口的独特生境，孕育出分汊型河口的典型地形地貌、发育形态和演变趋势。长江口外的淤长特征是由西北向东南倾斜，呈河口三角洲形态，以－10 m 等深线为界，线上部分地形较为平坦，起伏平缓，线下部分的坡降则明显增大。在强潮流和大径流两大动力的共同作用下，长江口的涨落潮呈现出流路分离，因而在该处江中由西向东淤长形成逐级拓展的冲积型沙岛，主要有崇明、长兴、横沙和九段沙四大岛，面积总和已达 1 411 km^2。崇明岛将长江口一级分汊为南支和北支，长兴岛和横沙岛又把南支二级分汊为南港和北港，九段沙则将南港三级分汊为南槽和北槽。由此，长江入海口形成了“三级分汊、四口入海”的形态格局。

与此同时，在这些冲积岛的周边形成了数千平方千米的边滩湿地，新的沙洲、沙坝和水下三角洲也在不断发育和变化中，构成了长江河口湿地生态系统的主体（图 2－1）。分布在这些主要冲积岛与上海市所在长江三角洲东侧的广袤滩涂湿地目前仍在不断向外扩张，包括崇明东滩、横沙东滩、九段沙下沙东侧和南汇东滩；从地质史时间尺度来看，长江口这些新生湿地的形成历史都不长，最长也不过千年，短的则仅有百年，如九段沙露出海平面甚至还不到一个世纪。不断淤长和快速演替的新生滩涂湿地生态系统，成为长三角城市圈宝贵的潜在土地资源。

目前，长江口有 5 块重要湿地（横沙东滩面积过小，未列入），总面积约为 1 768.94 km^2，分别是：崇明东滩，面积 718.97 km^2；长江口南支南岸南汇东滩，面积 580.86 km^2；九段沙，面积 406.11 km^2；黄浦江，面积 37.98 km^2；大小金山三岛，面积 25.02 km^2（图 2－2）。然而，蔡友铭和田波（2014）组织的湿地资源调查表明，以上海市为例，近 10 年来湿地资源的分布、结构和功能发生了显著变化，特别是滨海河口湿地的总量和比例显著下降，而人工构建的替代性栖息地面积和比例显著增加。

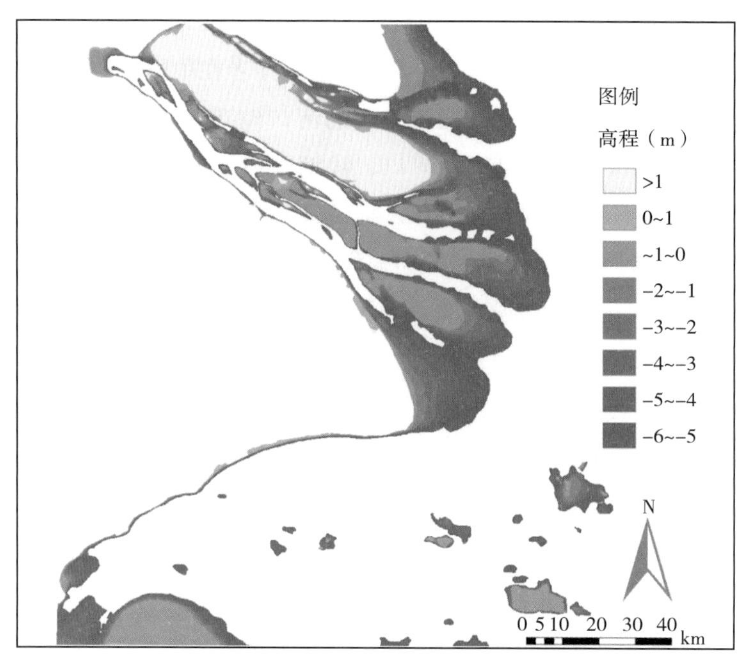

图 2-1 长江口湿地资源分布图

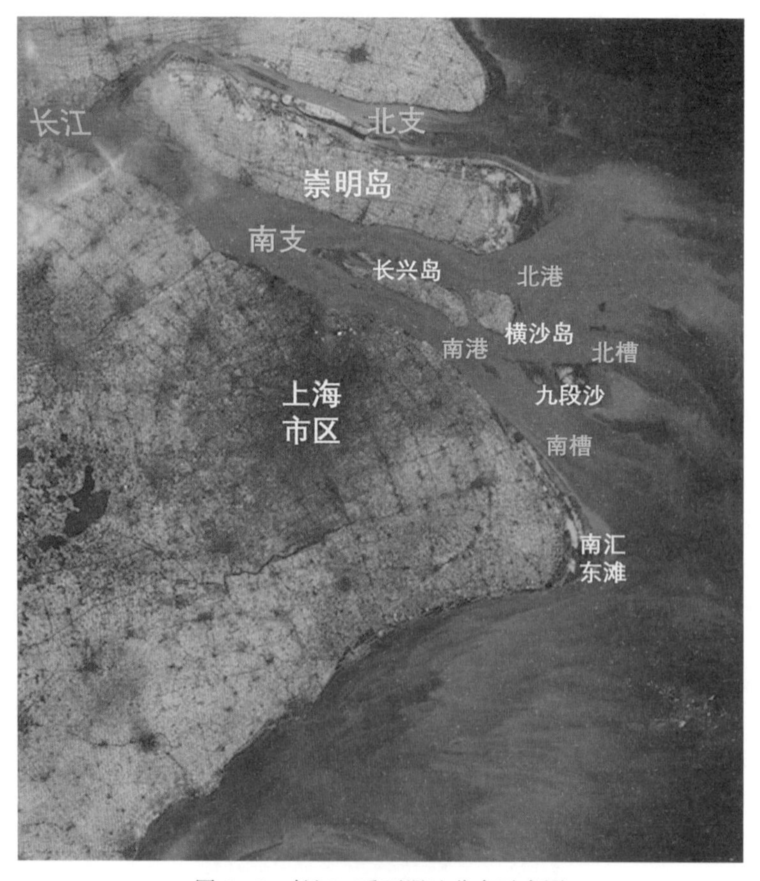

图 2-2 长江口重要湿地分布示意图

第一节　长江口促淤工程概况

距今3 000～3 500年前（商至西周早期），长江在今镇江一带入海，北岸在今扬州、江都、泰州、如皋一带，称廖角咀。南岸在今镇江、江阴、常熟、太仓、嘉定、青浦、松江、金山一带，称高家咀。直至公元1世纪，廖角咀与高家咀相距仍有180 km，入海口还在镇江、扬州之间的海门山。那时，上海市大部分地区还是汪洋一片。隋唐以后，中原地区人口大量南迁，长江流域人类活动开始频繁，由于耕种开垦山地对上游生态环境的破坏，造成水土严重流失，致使长江每年有大量泥沙下泄入海，持续沉积在长江口和杭州湾，日积月累，江边滩涂逐步淤积扩展，江口沙洲不断淤长变迁（Chen et al.，1998；赵庆英　等，2002）。

在漫长的岁月中，长江口陆域不断地向东南方向推进。距今1 200年前（中唐时期），每年平均推进约17 m。近200年来，最大速度每年平均推进达38 m。据地方志考证，1291年上海设县时，面积仅2 000 km^2，而目前上海陆域面积已超过了6 340 km^2，其中的62%（约3 930.8 km^2）来自于江、海滩涂的围垦。1 400年前（隋唐之际），崇明岛才从东布洲和江阴之间露出水面，当时称为东沙和西沙，面积仅10余 km^2，而现在崇明岛面积已有1 000多 km^2；长兴、横沙两岛露出水面则距今仅150～200年（清代后期）（Chen et al.，1998；徐宏发　等，2005；周念清　等，2007）。

1958年，崇明岛面积为608 km^2，之后由于有计划地大规模筑堤围垦，面积扩大更快，目前已超过1 110 km^2。崇明岛将成为21世纪上海市发展的重点，上海市人民政府已经将崇明岛的开发开放作为继浦东开发之后的又一项发展战略，并规划将崇明岛建成远东地区最繁华的岛屿之一，崇明岛将建成国家级绿色食品园区、国家级生态示范区、国家级休闲度假区。崇明岛最东头的部分称为东滩，它面临大海，被认为是全球重要生态敏感区，作为东亚-澳大利西亚迁飞路线上的重要候鸟停歇地，是已被列入《关于特别是作为水禽栖息地国际重要湿地公约》的重要国际湿地，列入《中国湿地保护行动计划》的中国重要湿地，以及列入《中国生物多样性行动计划》的具有国际意义的A2级湿地生态系统，同时，也是我国一级保护动物中华鲟幼鱼降海洄游过程中的重要栖息地。崇明东滩已建立国家级的鸟类自然保护区（核心区165.92 km^2、缓冲区10.7 km^2、试验区64.93 km^2），而长江口中华鲟自然保护区也已在崇明岛东滩水域建立，保护面积达276 km^2，这是我国第一个河口型鱼类自然保护区，将为珍稀鱼类的保护起到积极的示范作用。

长兴岛和横沙岛形成时间较晚，至今只有100～200年的历史。国家已经批准在长兴岛和横沙岛之间建立年交易量20万t以上的国家级中心渔港，为国家最高级别的渔港。岸线长度3 000 m以上，除了港区外，还将建设配套的加工、冷藏、运输、交易等功能

区。该渔港位于舟山、吕四和长江口三大渔场中心，将成为重要的水产品流通和贸易枢纽。横沙岛周围的浅滩，也是中华鲟降海洄游中的重要栖息地。

九段沙位于长江口和东海交汇处，由上沙、中沙、下沙和江亚南沙组成，东西长约 50 km，南北最宽处约 15 km，常年露出水面面积约 115 km。20 世纪 40—50 年代，长江几次大水在圆圆沙和横沙东滩沙尾发生切滩作用，北槽−5 m 等深线贯通并且不断扩大，九段沙成为南、北槽之间的一个涨潮淹没、落潮出露的沙岛。至 20 世纪 60 年代九段沙才真正露出水面，80 年代九段沙逐渐形成纺梭状轮廓，并保持至今。九段沙目前仍处于“原生态湿地”状态，有“上海最后的处女地”的美誉，2005 年国家批准建立“九段沙湿地国家级自然保护区”，目标是将九段沙湿地建成国际领先的湿地自然保护示范区。九段沙与崇明东滩一样分布有土著种海三棱藨草（*Scirpus mariqueter*）群落，同为东亚-澳大利西亚迁飞路线上的重要候鸟停歇地。

20 世纪长江口促淤工程主要集中在崇明岛的东滩和北滩，特别是中华人民共和国成立以来，50 余年的促淤围垦，使崇明岛的面积从中华人民共和国成立初期的 608 km^2，扩大到了 1 222 km^2（图 2-3）。长江口形成发展的历史，也是这个位列世界第一的河口沙

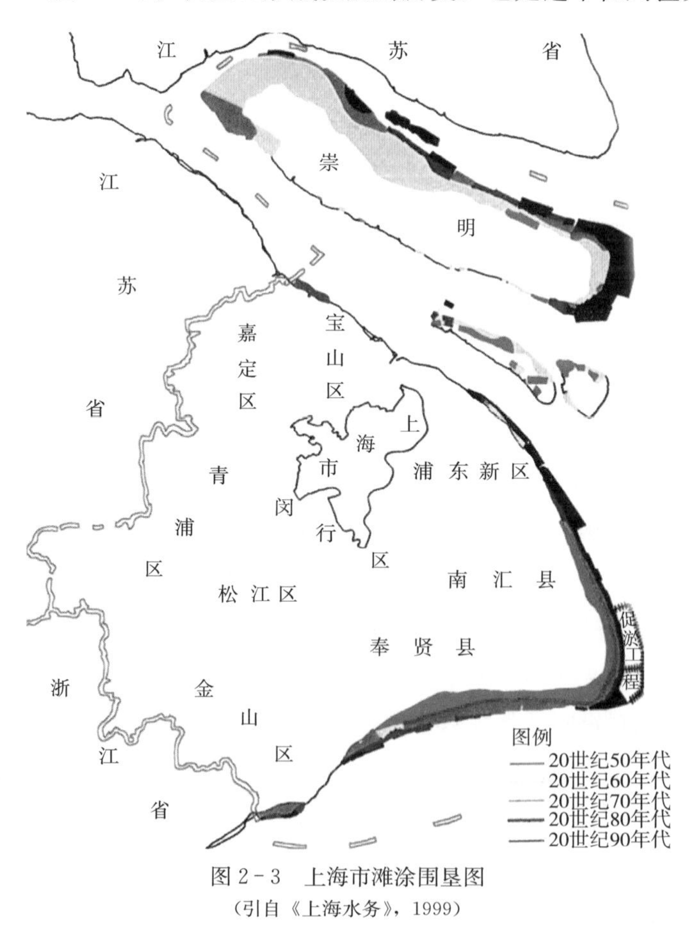

图 2-3 上海市滩涂围垦图
（引自《上海水务》，1999）

洲岛屿促淤、开发和利用的历史。随着长江中上游水土保持和三峡大坝等长江流域大型水利工程的实施，长江口的来沙来水量逐渐减少，长江口的淤长速度也逐渐趋缓，促淤工程也逐渐由高滩转向中滩和低滩。21 世纪以来，随着崇明生态岛建设的开展和推进（图 2-4），长江口的促淤造地工程开始转向崇明岛以外的横沙东滩、南汇东滩、九段沙（种青引鸟，属浦东机场配套建设）等系列促淤圈围工程。2003 年以来，长江口周边累计形成促淤面积 80 km^2，圈围面积近 20 km^2。

图 2-4 长兴潜堤后方圈围工程合龙施工图

（引自上海市滩涂造地有限公司）

长江口自中华人民共和国成立以来的围垦，主要集中在长江口三岛、长江江心沙洲和大陆边滩（表 2-1）。中华人民共和国成立初期由于长江携带了大量的泥沙，促淤和淤长的速度都很快，特别是崇明东滩不断增高扩大，每年向外淤长 80～200 m，不到数年即可进行滩涂围垦，对缓解长江三角洲地区土地资源的紧张发挥了重要作用。

在 20 世纪中，长江每年挟带 4.86 亿 t 泥沙至河口，长江泥沙主要经南支（崇明岛以南）向东南沿海输移，入海泥沙的分布情况大致为：60%左右在口门外向东扩散，扩散范围一般限于东经 123°以西，相应水深 50m 左右，已形成面积为 1 万 km^2 的水下三角洲（表 2-2）。20%～25%的泥沙沿海岸向南运移，夏季因台湾暖流西偏，浙闽沿岸流受偏南风影响贴岸北上，长江南移泥沙受阻，主要沉积在杭州湾以外，部分被潮汐拥入杭州湾内。冬季台湾暖流退缩东移，浙闽沿岸流受北风吹送影响南下，长江泥沙向南可达浙南、闽北沿海；余下 15%～20%的泥沙向北运移不远，因受苏北沿岸流阻挡，反被潮汐拥入崇明岛以北，沉积在长江口北支内，故长江向北部沿海的输沙量甚少。

表 2-1 长江口促淤圈围目标、方案和功能定位

滩涂名称		目标（万 hm^2）	促淤圈围时段	促淤圈围方案	圈围土地功能定位
长江口三岛	崇明南滩	少量	近期	少量圈围	码头用地
	崇明北滩	促淤 2.13 圈围 1.43	近、中、远期	促二围一	水产畜牧、农业
	崇明东滩	促淤 2.47 圈围 0.87	近、中、远期	东北部鸟类自然保护区只促不围	鸟类自然保护区
				其余近期只促不围，中期加快圈围，远期促二围一	生态绿地、生态农业
	中央沙	圈围 0.14	近期	结合青草沙水库建设，实施高滩圈围	生态农业
	青草沙	—	近期	青草沙水库圈围	水库
	长兴边滩	促淤 0.13 圈围 0.07	近期	促二围一	北沿：农副业生产
	横沙边滩	促淤 2.93 圈围 1.80	近、中、远期	近期只促不围，中期加快圈围，远期促二围一	旅游、长江口整治工程基地
长江江心沙洲	扁担沙	促淤 0.53 圈围 0.20	近、中期	近期只促不围，中期多促少围	湿地、生态绿地 农副业基地
	九段沙	促淤 3.33 圈围 1.00	近、中、远期	近、中期只促不围，远期促二围一	湿地自然保护区、农副业基地、长江口航道工程施工基地、港区基地
大陆边滩	宝山边滩	少量	近期	资源较少，少量促淤圈围	工业用地、港区、陈行水库
	浦东边滩	促淤 3.33 圈围 2.22	近、远期	近期少量促淤圈围，远期促二围一	港区、工业用地、交通用地、水库、旅游
	南汇东滩		近、中、远期	近期多促多围，中期只促不围，远期促二围一	临港新城、生态绿地
	杭州湾北沿	促淤 0.13 圈围 0.14	近、中期	资源较少，少量促淤圈围	工业、水产养殖、旅游

注：引自《上海市滩涂资源与利用规划》。

表 2-2　长江口主要江中沙滩面积统计

河段名	沙滩名	面积（km^2）		说　明
		1998 年	2001 年	
澄通	福姜沙	26.7	27.2	
	如皋沙群	28.9	31.5	含双铜沙、民主沙
		84.8	84.8	含长青沙、泓北沙、横港沙
	通州沙	77.0	78.5	
	狼山沙	13.6	12.9	
	新开沙	7.2	8.4	
	铁黄沙	23.3	23.3	
南支	新通海沙	26.6	27.5	
	白茆小沙	4.9	4.7	
	白茆沙	30.2	28.4	
	扁担沙	100.3	100.4	
	新浏河沙	17.0	15.4	含新浏河沙沙包
	中央沙	85.0		含青草沙、瑞丰沙（以理论基面，−2 m 等深线为边界）
北支	新村沙	10.3	15.4	−2 m 等深线为边界
	新隆沙	46.2	46.7	含黄瓜二沙（−2 m 等深线为边界）
南港	九段沙	223.7	229.8	以理论基面，−2 m 等深线为边界
	江亚南沙	22.9	14.1	以理论基面，−2 m 等深线为边界

注：引自《2001 年长江泥沙公报》。表内高程若无说明，皆为 1985 国家高程基准，沙滩以−5 m 等深线为边界。

根据河道地形图量算，三峡工程开始后，长江河口段 1998—2001 年累计冲刷量为 0.43 亿 m^3。从河段冲淤总量来看，长江口澄通河段（江阴鹅鼻嘴-徐六泾）、南支河段微冲，北支河段上半段（崇头-三和港）以淤积为主，北支下半段（三和港-连兴港）以冲刷为主（表 2-3）。

表 2-3　长江口 1998—2001 年泥沙冲淤量统计（万 m^3）

（引自 2001 年长江泥沙公报）

澄通	南支	北支		河口段小计
		上半段	下半段	
−0.051	−0.045	0.655	−0.991	−0.432

注：引自《2001 年长江泥沙公报》。正值表示淤积；负值表示冲刷。

一、物理促淤工程

长江口以物理方法进行的促淤工程，主要集中在横沙岛东端的横沙东滩和横沙浅滩，属于北槽和北港之间的大型滨海沙洲，同时，也是进行中的大型促淤圈围的重要区域。该地位于长江口口门中心地带，易于泥沙落淤而形成广阔的滩地。横沙东滩串沟将其分隔成东西两部分，西部为横沙东滩，东部为横沙浅滩。自 1998 年实施深水航道整治工程以来，横沙东滩及浅滩已陆续完成了六期的圈围工程（图 2－4）。

南汇东滩促淤圈围工程，主要位于浦东机场外侧促淤区以下的没冒沙水域，南侧紧邻上海市东南沿海的重点开发区域南汇及滨海新城临港开发区。工程总规模约为 147 km^2，是长江口历年来规模最大的低滩促淤圈围工程。以长江口南汇东滩促淤圈围工程大治河以南促淤区为例，促淤面积就达约 88 km^2。

二、生物促淤工程

从 20 世纪 60 年代开始，南京大学大米草及海滩开发研究所先后引入了 4 种米草属外来植物，分别是大米草（*Spartina anglica* Hubb）（1963 年）、互花米草（*S. alterniflora* Loisel）、狐米草［*S. patens*（Aiton）Muhl］和大绳草［*S. cynosuroides*（L.）Roth］（1979 年）（An et al.，2007）。大绳草无法在野外生存。狐米草在野外有性生殖能力有限，主要靠无性生殖扩张，分布范围始终有限。大米草引入后立即扩张，但随后又开始减退，目前正处于从中国海岸消失的过程中。目前，在中国海岸稳固建群并不断扩张的主要是互花米草（图 2－5）。

图 2－5　互花米草形态示意图

互花米草在长江口被首次报道是 1995 年，在崇明东滩北部发现，呈零星小斑块状分布，可能是江苏启东等地引种的互花米草繁殖体（种子或根状茎）通过潮汐作用自然传播而来（陈中义，2004）。至 2002 年年底，在北八滧以东的保护区核心区北侧滩涂上，其群落已扩展到 4.34 km^2。其后，为了快速促淤，获取更多的土地资源，自 2001—2003 年在东滩进行了两次较大规模的互花米草人工移栽（王卿，2007），移栽地点见图 2－6。2001 年，在图中Ⅳ区沿大堤呈南北向种植了 3.37 km^2 互花米草（其南北距离相当于从堤内的东旺大道至东旺东路)。2003 年，进一步在堤外三处进行了人工移栽，移栽面积为北八滧一带 3.7 km^2，东旺沙 0.6 km^2，团结沙 1.12 km^2。其中，北八滧人工种植互花米草的宽度为 500 m，单株种植，苗高 45 cm 左右，株行距离是 2 m×2 m（陈中义，2004)。后经保护区反对，东旺沙与团结沙两处的互花米草被人工拔除，但并未除净，东旺沙处仍有扩散。2003 年之后，互花米草种群迅速扩张，分布面积呈指数增长，在部分地区形成稳定密集的郁闭单种群落（monoculture)；至 2005 年，群落面积已达 18.91 km^2，成为东滩面积最大的植被类型。在Ⅴ区和Ⅳ区北部，互花米草入侵已导致原来的优势土著植物海三棱藨草的分布带变得极为狭窄乃至消失；而在Ⅳ区东部，海三棱藨草带的宽度已由 2002 年的 1.5～1.9 km 降至 2005 年的 200～400 m（王卿　等，2007)（图 2－6)。海三棱藨草群落是水鸟的重要栖息地，其种子与球茎是长江口候鸟重要的食物来源。因此，对于东滩鸟类自然保护区而言，互花米草入侵的生态后果不容忽视。

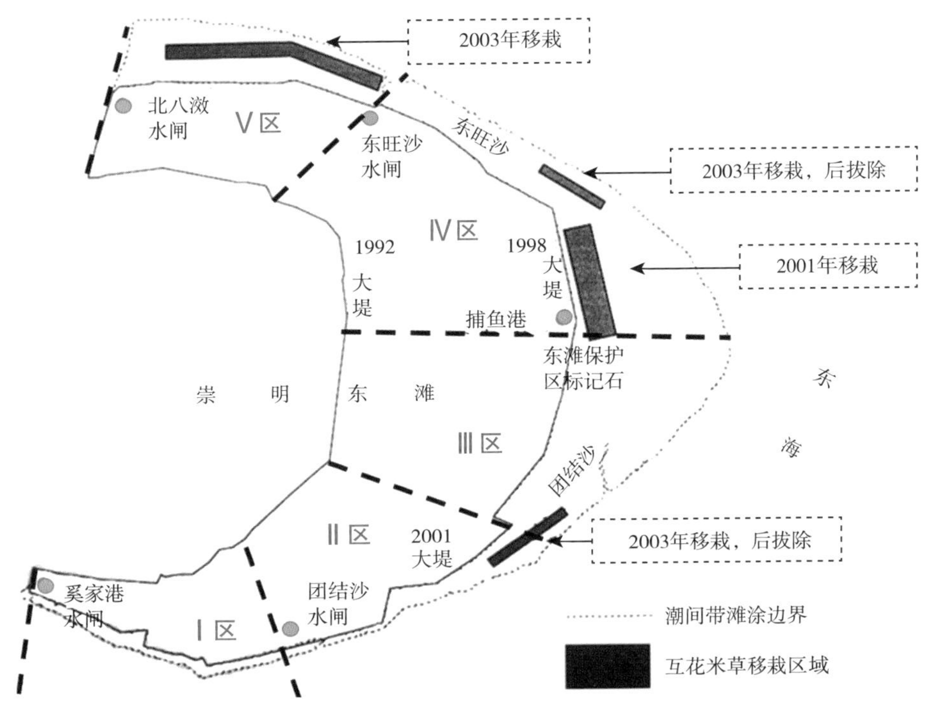

图 2－6　长江口崇明东滩互花米草人工移栽历史示意图

（仿陈中义，2004)

从王卿等（2007）显示的东滩植被时空变化动态来看，互花米草扩张的主要特点包括：①在海三棱藨草群落中扩散速度快于在芦苇群落中。这是因为互花米草的植株高度、密度和生物量均大大超过海三棱藨草，同时在高程梯度上，互花米草的生态幅宽，完全覆盖了海三棱藨草的狭窄生态位，而互花米草造成的快速淤积使滩面抬升，生境迅速变得对海三棱藨草不利，因此对海三棱藨草具有显著的竞争优势；而芦苇的高度更为接近乃至超过互花米草，在低盐度、淹水时间短的高潮滩对互花米草具有竞争优势，同时互花米草的促淤作用从长期来看，也有利于生境转变为更适合芦苇生长，因此互花米草很难完全取代芦苇。②扩张速度快，从建群到扩张间隔时间极短，几乎不超过两年。这一点同美国华盛顿州威拉帕海湾（Willapa Bay）中无意引入的互花米草在扩张前所经历的50年时滞形成鲜明对比。这是因为，无意引入是偶然的个别事件，带入的互花米草个体数量很少，故在入侵的早期和群落边缘，其种群扩张受到Allee效应限制。而人工有意移栽是为了使其能够在东滩快速定殖建群，这样在入侵地形成巨大的繁殖体压力，避免了入侵初期的Allee效应，缩短入侵时滞，加快扩张速度，提高了入侵成功率。因此，人工引种是导致互花米草在东滩入侵时滞短而扩张速度快的重要原因。另一方面，相对于美国，筑堤围垦造成中国海岸带整体堤外狭窄，盐沼潮上带常常缺失，也是有利于互花米草快速扩张的生境条件（马志军，2014）。③互花米草的分布主要位于东滩的北部，在捕鱼港以南入侵现象不严重，这一方面是由于人为引种的位置主要在北部。另一方面，更重要的是东滩北部是长江北支，江口狭窄，上游来水补充较少，受潮汐影响大；而东滩南部是长江南支，江面宽阔，受长江来水影响较大，因此造成了东滩北高南低的盐度梯度（孔亚珍 等，2004）。互花米草的最适生长盐度为10～20，而芦苇则低于5。同时在高盐度下，互花米草相对芦苇具有竞争优势，在低盐度下则反之（Haines & Dunn，1976）。这些因素造成互花米草在东滩南部的扩张速度减缓，较难入侵东滩南部的芦苇和藨草-糙叶薹草群落。

为了应对日渐严重的互花米草入侵扩张问题，从2013年起，“上海市崇明东滩鸟类国家级自然保护区互花米草生态控制和鸟类栖息地优化工程”获批执行（汤臣栋，2016）。该工程在复旦大学等多家高校与科研院所的研究成果基础上，创新性地使用了适合河口湿地特点的“物理-生物替代集成技术”治理模式，即采取“围、割、淹、晒、种、调”等人工强干预的综合治理方案，在筑堤（堤长25 km）圈围（修复面积24.19 km^2）的前提下，切断被围互花米草与潮汐咸淡水的联系，并于其生长的关键扬花期刈割地上部分，再配合一定水位的持续长江淡水浸淹，令互花米草的地下部分彻底死亡，达到根除目的。此后，于围堤内修建了完善水系，营造各类适合候鸟栖息的岛屿、浅滩、沙洲、池塘近10 km^2，同时人工栽种土著植物海三棱藨草和芦苇，进行种群重建与复壮，为鸟类提供食源。工程一期历时4年，至2016年年底，保护区内以小天鹅（*Cygnus columbianus*）为代表的越冬雁鸭数量明显回升，国家一级保护动物——中华秋沙鸭首次现身东滩，在生态修复区内栖息的鸟类已超过6万只（图2-7）。

在互花米草于长江口被首次报道的1995年，上海市批准进行了一项重大工程：浦东国际机场建设。由华东师范大学河口海岸研究所倡议，新机场建设的选址东移至海堤外潮汐湿地之上，工程3年期间共围淤18.6 km^2，同时为了减轻工程所造成的候鸟栖息地丧失，华东师范大学又提议在距离浦东国际机场最近的岛屿九段沙上进行种青、促淤、引鸟工程（陈吉余 等，2001）。1997 年 4 月开始，在中沙与下沙共引种芦苇和互花米草 90 hm^2（图 2－7）。经过 3 年监测，植物种群生长和扩散良好。后续遥感研究显示，九段沙潮滩在 1987 年、1996 年、2004 年时的 1 m 等高线所围面积分别为 53.09 km^2、81.30 km^2 和 114.17 km^2。也就是说，在 1996—2004 年期间的淤长速度与 1987—1996 年期间的相比，并没有因长江来沙量的减少而明显减慢，这被认为主要得益于长江北槽深水航道工程和上述种青引鸟生态工程的护沙促淤作用（何茂兵和吴健平，2007）。王卿等（2007）除了崇明东滩之外，也研究了九段沙的植被时空变化动态。结果显示，引种的互花米草表现出对引种的芦苇与土著种海三棱藨草的明显竞争优势，前者已占据了中沙与下沙的绝大部分面积。因此，九段沙面临着和崇明东滩类似的由互花米草带来的促淤效益与入侵危害。

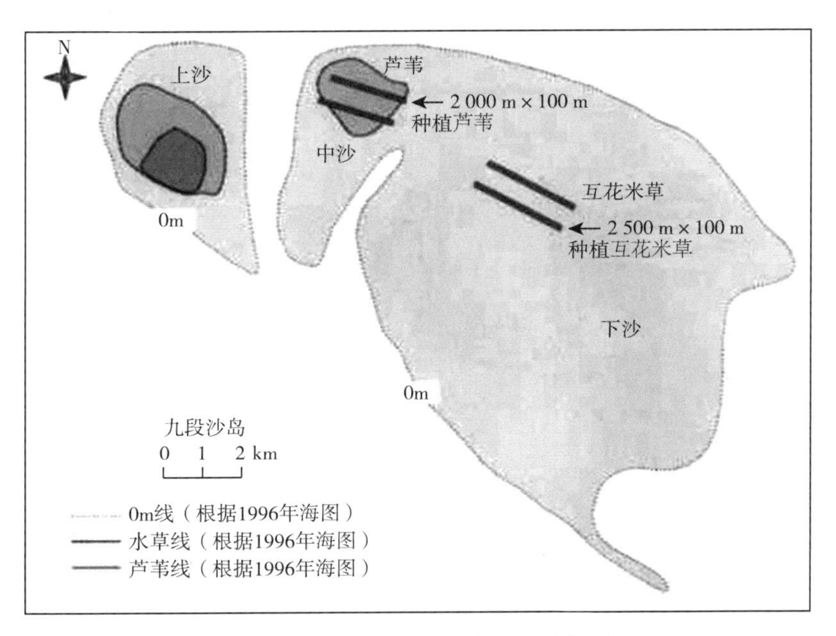

图 2－7　九段沙种青引鸟工程示意图

（改自陈吉余等，2001）

三、促淤圈围的意义和影响

从图 2－3 可以看出，一部长江口地区的历史，本身就始终与此处不断的淤长、人工圈围紧密联系在一起。人为的物理和生物促淤工程，在大方向上增加了长江口的湿地面积，是为地区的生态环境与社会经济可持续发展作出了巨大贡献的。但在具体执行过程中，生态系统的复杂性可能令不适当的规划设立产生严重的不良影响。例如，局部滩涂湿地的快速过度围垦大幅度占据湿地鸟类的栖息地，尤其是令河口与海岸湿地的堤外潮上带部分近乎完全丧失，影响了亚太地区鸟类的迁徙（图 2－8），对鸟类的种群结构和数量、驻留时间、活动范围等产生重要影响。研究表明，大面积的围垦对越冬小天鹅、雁鸭类、鹤类的影响尤其严重；而且对局部滩涂湿地的其他资源和湿地生态系统结构也带来了不可预见的影响，如围垦带来的湿地水文状况的变化以及由此引发的湿地植被演替和鸟类生态位更替的影响等，围堤阻止了海水的进入，加剧了海三棱藨草等盐生植物向陆生植物的演替（干晓静 等，2007）。处于这个湿地生态系统食物链顶端地位的湿地鸟类赖以生存的生活空间大部分被围占，食源也因围垦而大量丧失。与此同时，为了弥补潮滩面积损失而进行的促淤工程（如九段沙种青引鸟工程）中，引入了盐沼生态系统工程师——外来入侵种互花米草，又进一步造成了对候鸟十分重要的土著植物如海三棱藨草的竞争排斥乃至局地灭绝风险，令生境进一步恶化。

图 2－8　东亚地区水鸟迁徙路线图

目前，长江口局部滩涂湿地圈围过快，高滩（高程在 0 m 以上，仅高潮位时可能被淹没）资源几乎用尽，圈围工作重点转向中滩（高程为－5 m～0 m）。这个工程代价极高，既破坏生物栖息地，又影响水生动物的繁殖（高宇 等，2006c）。另外，长江的来沙变化、潮流与河流的相互作用，决定了上海滩涂淤长、利用和保护的潜力，应该对此进行全面的分析和预报，为科学决策提供基础。由于长江中上游水土保持力度加大，长江三峡水利枢纽等梯级电站开发建设，南水北调工程建设，长江泥沙来量将越来越少，必将对长江口滩涂湿地的淤长模式和规模造成较大影响。

此外，如崇明东滩互花米草生态控制工程所显示的，筑堤圈围本身作为技术手段是中性的，随出发点的不同也可以运用到入侵种治理、生境修复与土著物种的种群重建与复壮之中。因此，合理规划促淤圈围的时空设计，方能最大化其正面效应而减少不良影响。

第二节　冲淤变化研究

目前，盐沼植被与潮汐交互作用的研究大部分集中于前者对沉积物输送过程的影响（Yang et al.，2008）。这种影响主要表现为物理性作用，包括两种机制：作为障碍物降低波浪流速与能量，使其挟沙力下降，从而促进淤积；植物组织对悬沙颗粒的直接吸附。促淤直接作为外源输入增加土壤总碳氮库，而在植被群落增加土壤可利用碳氮库的过程中，物理性的消浪促淤、化学扩散以及需要根系活性的生物主动吸收都起到了重要作用（Wolanski et al.，2006）。

对长江口的潮沟口横向迁移物质通量研究中，颗粒碳的通量通常为负值，即表现为由近海向湿地生态系统的输入（图 2-9）。为使滨海河口湿地生态系统的碳循环过程达致闭合，进行同步的淤积实验显得尤为重要。其中，包含两种重要的机制：植物体拦截潮汐挟带泥沙的促淤作用；植物群落自身所固定的碳在生态系统中的累积与封存。通过埋板法和插杆法在崇明东滩进行了淤积量同步测定实验，在实验的前期还进行了大量的野外本底调查，如多次的高程测量等。

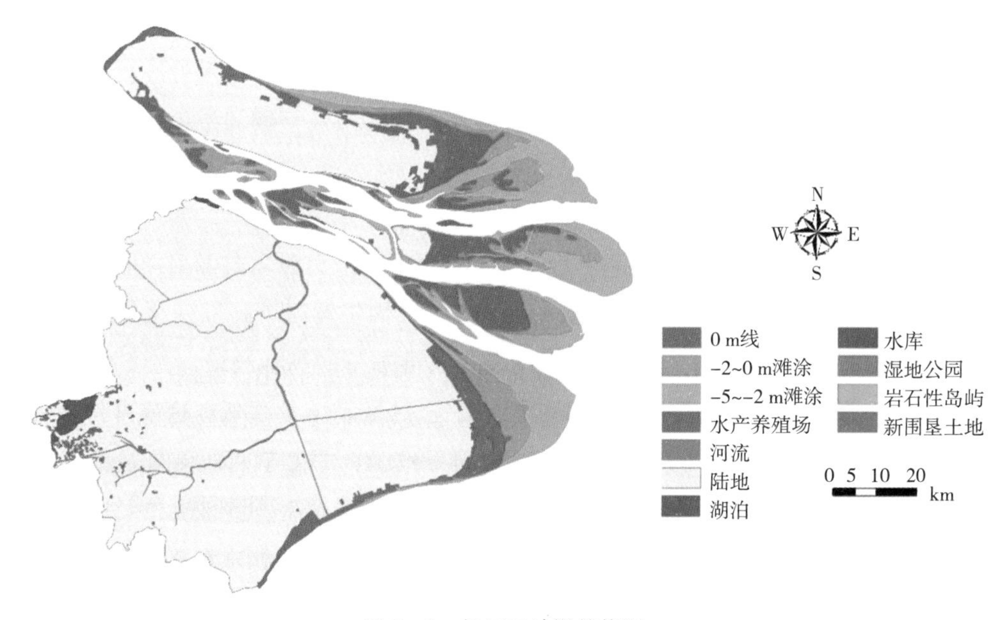

图 2-9　长江口冲淤趋势图

一、相对高程测定

以崇明东滩为例，东滩高程上限受人工大堤所限定，考虑到高程的差异情况，决定在崇明东滩保护区的区名标记石之南、北两处沿垂直大堤方向分别设置两条基本平行的样线，样线长度为 2.3～2.5 km，两条样线间距离 800～1 000 m。

直观上看，两条样线的高程较为相似，统计结果也表明差异并不显著。仅在距离大坝较近的位置高程有所差异，而这或许是因为在离大坝 0～500 m 的位置有较大的凹陷，形成水洼地所导致的（图 2－10）。

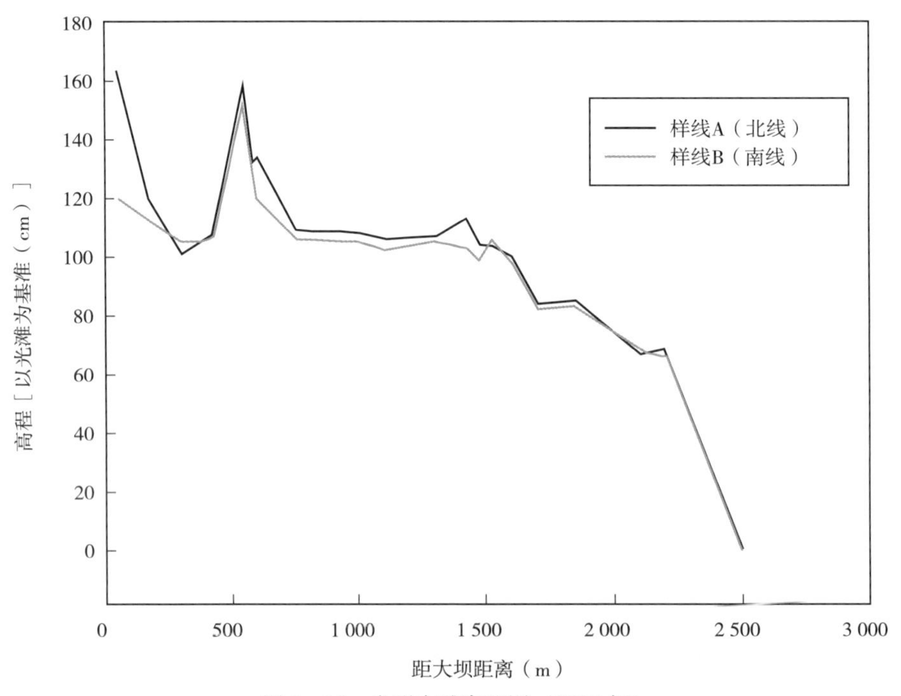

图 2－10　崇明东滩高程图（2005 年）

2008 年再次测量了崇明东滩的高程，在距离大坝的位置这个高程变化相对没有那么明显（图 2－11）。值得注意的是，同样以光滩为基准进行的高程测量，2008 年的实测最大高程（约 1.2 m）反而比 2005 年的实测最大高程（约 1.6 m）要低。这或许并未反映真实的高程随时间变化，而是由以下几方面的原因导致的：①由于两次测量是由不同的实验小组完成的，因此测量地点，主要是光滩的基准可能不一致；②即使在同一光滩进行测量，如果以光滩为基准的话，那么高程都是相对光滩的，而光滩本身也是不断发育和淤长的，不仅如此，而且淤长的速度还很快，这在笔者后续的淤积实验中可以得到很好的验证。

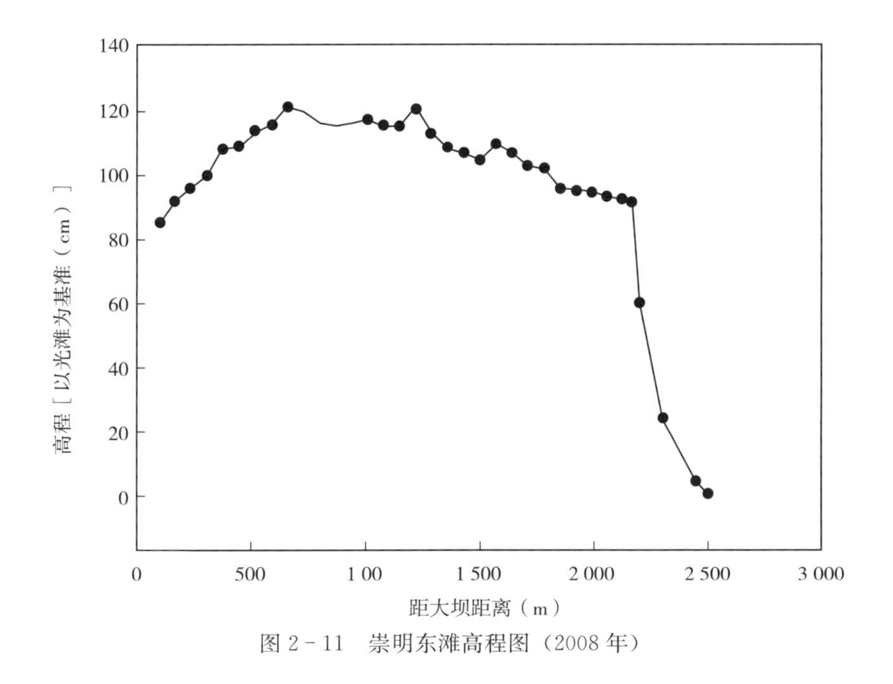

图 2 - 11　崇明东滩高程图（2008 年）

二、淤积量测定

为研究互花米草是否具有更强的拦截潮汐挟带沉积物的促淤作用（作为造成其群落中土壤总碳氮库显著高于芦苇群落的潜在重要机制），通过埋瓶法与埋板法测定了淤积量，并通过空地添加凋落物的野外操纵实验，来研究互花米草入侵增加土壤总碳氮库的具体细节（彭容豪，2010）。该研究侧重点是比较外来入侵种互花米草相对本地种芦苇，是否具有更强的促淤作用。

平行于大坎的野外试验设置如图 2 - 12 所示。2007 年 4 月初，在 A～E 的每样点内，4 对相邻的互花米草和芦苇群落配对中选取其中 1 对，在各群落内刈割出约 50 cm×50 cm 的无植被区域，其中一侧用于埋设内含原位与交换土柱的 PVC 管，剩余空地即用来布设淤积板和淤积瓶。2007 年 4 月 15 日，在无植被空地中钉入淤积板至与地面平齐。同时，将淤积瓶埋入淤积板旁土壤中，为防非淤积物掉落，瓶口高出土面约 0.5 cm。为便于日后找寻，淤积板一角穿孔，以铅丝系于淤积瓶口以及用竹竿标记（彭容豪，2010）。

淤积板埋设 1 年后，于 2008 年 4 月 15 日，用直径 5 cm 土壤环刀，在板面上方淤积物中以五点法打取土柱，沿土柱移除后露出的孔壁测量淤积高度（五点取平均）；五柱淤积物样品混合后带回实验室，称湿重后烘干至恒重，计算淤积物的干重与含水量（彭容豪，2010）。

彭容豪淤积实验中，互花米草群落内埋设的塑料板上方每年所收集的淤积物干重（38.60±3.33）kg/m^2，显著高于芦苇群落中的淤积物（21.42±2.16）kg/m^2，$P<0.01$）（图 2 - 13）。互花米草群落中埋设的塑料板上方每年所收集的淤积物的湿重

图 2-12 平行于大坝的淤积实验采样点

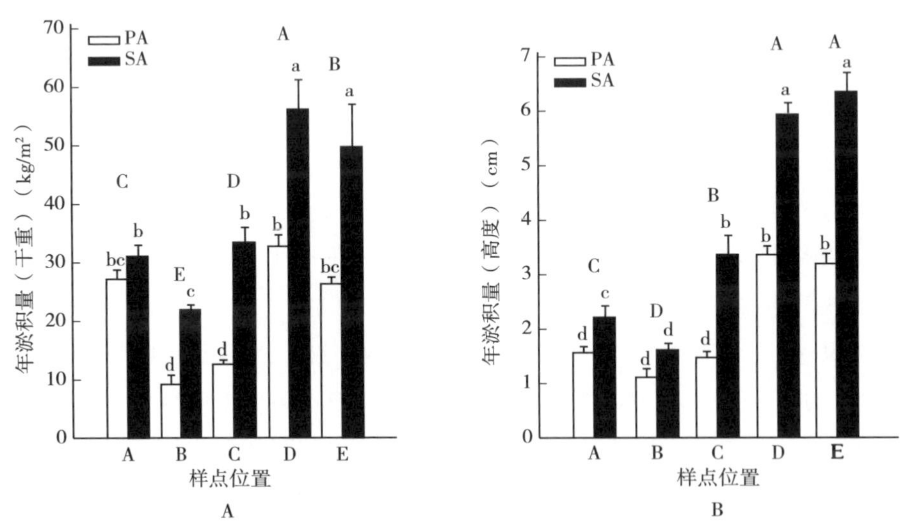

图 2-13 埋板法淤积物干重（A）和淤积高度（B）的空间分布

（横坐标为样点位置：A～E 为从北向南，详见图 2-12。图例中 PA 为芦苇群落，SA 为互花米草群落。方差棒代表标准误。柱体上方小写字母表示不同处理各组间差异情况，图上方大写字母表示不同采样时间整体的组间差异情况，字母按均值降序排列，标号含有相同字母的两组间差异不显著）

(65.27±6.94) kg/m² 和高度 (3.9±0.5) cm，均显著高于芦苇群落中的淤积物［湿重 (35.87±4.14) kg/(m²·a)，$P<0.01$；高度 (2.1±0.2) cm/a，$P<0.01$］，而淤积物含水量两者差异不显著［互花米草群落 (37.09±2.51)%g/g，芦苇群落 (37.10±2.20)%g/g，$P=0.99$］。

根据2005年和2008年高程调查的结果，高宇等（2012）在结合彭容豪的平行于大坝的淤积实验等前期工作的基础上，于开展横向碳通量野外实验的同时进行了沿潮沟的淤积实验，样点设计是根据图2-10和图2-11的高程图来确定的，如图2-14所示。实验中进行了若干方法改进。

图2-14　平行潮沟的淤积实验的采样点

根据彭容豪野外实践经验总结，淤积板埋下半年至一年之后，由于淤积物同郁闭植被的遮蔽，即便有GPS定位和竹竿标志，在野外仍很难找到当时布置的样点。因此，在淤积板的4个角上都连1根竹竿，以便在野外找到样点（从后来的结果来看，这种改进非常必要，因为即使采取了这一措施，在1年实验后仍然出现了有2处样点没有找到的状况）。

淤积板制作方法的改进如图2-15：取硬质PVC塑料板剪切为30 cm×30 cm正方形（A），钻上密布的小孔（B），以利于漏水；然后用磨砂轮将其中的一面打毛（D），以增加淤积板的附着力，使得淤积板更加接近真实的土壤。同时，准备1根约半米长的木柱（C），垂直钉于尖头木柱上方（E、F），即为淤积板。

为了淤积实验的长期进行，避免取样对淤积实验的影响，改进淤积量的测定方法，避免取出淤积板或采集板上土样。具体方法是采用坚硬笔直的细钢丝，分别在淤积板4个角附近的位置，竖直插入接触到淤积板后，将钢丝拔出。与标尺进行比对，根据钢丝附着的少量泥土和湿度判断钢丝插入的深度，从而进行读数测量（图2-16）。

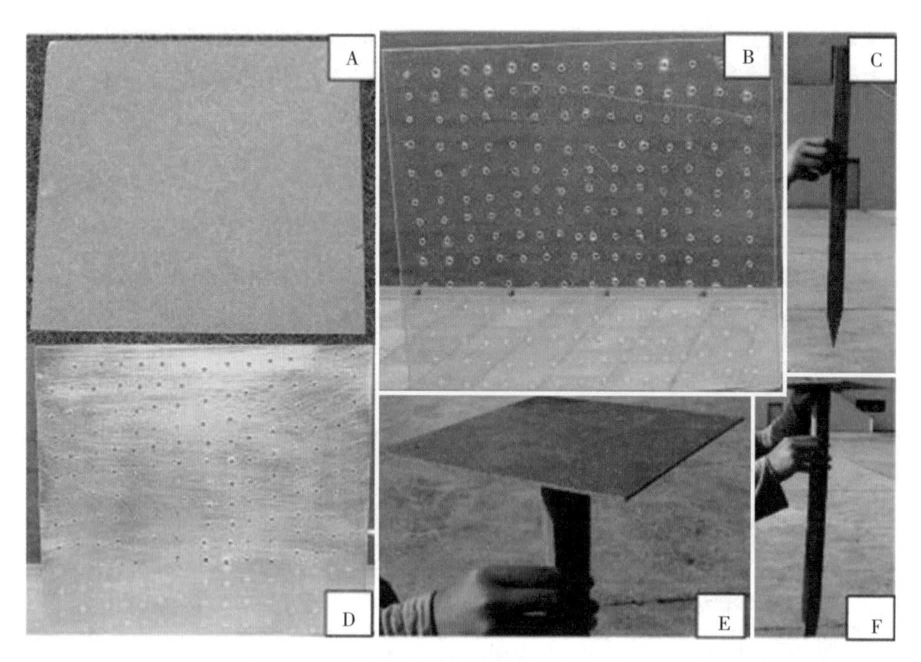

图 2－15　淤积量测定实验淤积板制作流程

图 2－16　淤积量的测定方法和土壤样品的分段采集

彭容豪还曾同时采取埋瓶法试图与埋板法互校，根据其测定结果来看，由于后者进入瓶内的土壤不再受到潮汐过程反复冲淤的影响，使得这个方法测得的结果与实际水动力过程和泥沙输移不相符合，从而造成对淤积量的高估，因此改进为插杆法测量淤积速率，与埋板法相互校验。充分利用与淤积板相连的竹竿，在与地面水平的位置标记上油漆，同时在地面上方 1 m 处的位置也标记上油漆，这样在以后测量淤积量的时候，既可以从地面油漆标记处也可以从地面以上 1 m 的标记处进行测量。每块淤积板与 4 根竹竿相配，每根竹竿都进行了标记（图 2－17、图 2－18），其均值可与淤积板上的淤积高度进行相互比较与验证。

图 2－17　淤积量测定实验淤积板与标志杆野外设置

图 2－18　插杆法测定淤积量实验的野外设置和标记

沿潮沟淤积实验进行近一年后，发现 28 个样点中，有 12 个样点不同程度地受到了自然或人为因素的干扰，因此，半年后实际收集到有效数据只有 16 个点。从收集的 16 个样点的淤积量来看，以 5 号样点为界（图 2－14），1～4 号样点高潮滩的淤积速度均不到 1 cm（距离 98 大堤小于 1 500 m 的 4 个样点）；而低潮滩的 6～7 号样点（距离 98 大堤 2 000～2 500 m的 2 个样点），淤积速度达到了 7 cm 左右（图 2－19）。可见潮水带来的泥沙在低潮滩淤积更多，而高潮滩的生态系统相对较为封闭，自身的碳循环过程所受外来泥沙淤积的影响较弱。

从空间上看，1～7 号样点有近 2 500 m 跨度的东西梯度上，总的高程差超过 100 cm（图 2-14）。在沿着潮沟方向的纵向梯度上，高程下降到海三棱藨草带之前存在如下现象：即微地形差异大到足以掩盖高程逐渐下降的梯度趋势。徐宏发等（2005）曾指出，在 1998 年筑堤围垦之前，东旺沙中部［相当于目前保护区Ⅳ区东部近 1998 大堤（以下简称 98 大堤）部分，见图 2-6］是一片二级潮沟沟尾组成的常年积水盐渍化低洼滩。根据彭容豪 2007 年野外预实验中的观察，从大堤向海的植被东西向分带呈一种“夹心面包”的结构：①堤旁很窄的纯芦苇带；②芦苇互花米草混生带；③较纯的互花米草郁闭带（对应堤旁低洼处，有芦苇小斑块）；④较纯的芦苇郁闭带（对应潮滩中部抬高处，有互花米草小斑块）；⑤较纯的互花米草郁闭带；⑥大小不一的互花米草斑块（杂有芦苇小斑块）；⑦海三棱藨草带（因被压缩至极窄，外带内带界限已很模糊）；⑧光滩。

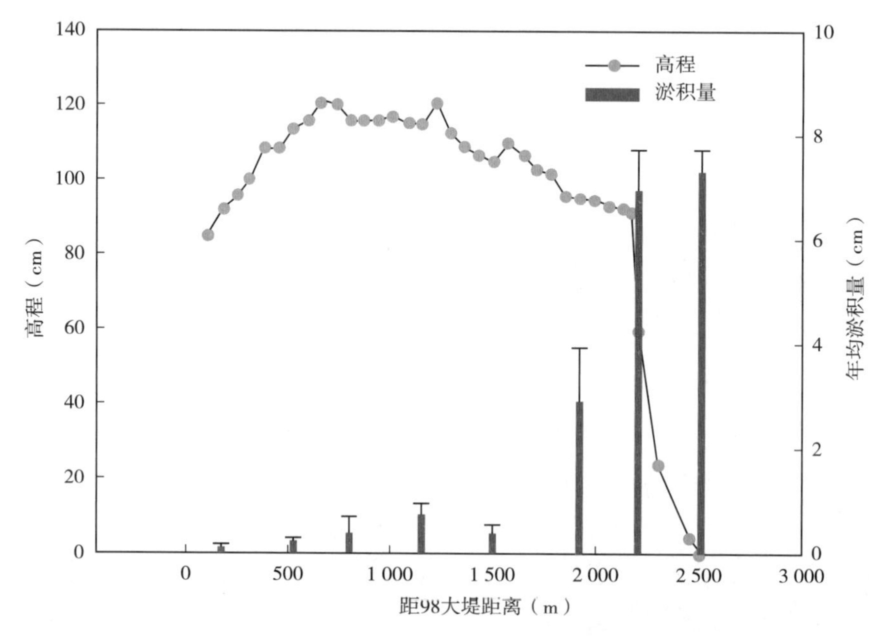

图 2-19　淤积实验淤积物高度的空间分布

在沿潮沟纵向研究冲淤变化的同时，进行横向通量的实验。在 6～7 号样点（图 2-19，距离 98 大堤 2 000～2 500 m 的 2 个样点），一年不到就有 7 cm 左右的淤积量。充分解释了为什么含有泥沙的颗粒碳是由近海向湿地输入的机制，为进一步闭合河口湿地生态系统的碳循环提供了重要的数据支撑。

沿潮沟淤积实验原计划是进行长期野外观察，每年进行一次淤积量的测定。遗憾的是实验进行到第 10 个月的时候，东滩保护区的互花米草生态控制工程已启动，后者在实验 2 号和 3 号样点之间挖出 1 条相当深长的沟渠，使得不仅 1～2 号样点的淤积实验无法继续，而且 3～7 号的样点的淤积量由于受到水文条件改变的影响，结果显示半年后的淤积量有些甚至下降了（图 2-14）。

虽然沿潮沟淤积实验的数据止于 10 个月，但其中对彭容豪淤积实验的改进对于长期观测实验的进行仍有参考价值：①在淤积板上打上密布的小孔，以利于漏水；并用磨砂轮将朝天的一面打毛，以增加淤积板的附着力，更加接近土壤的真实情况，使得淤积板更加接近真实的土壤。②充分利用原本作为野外实验样点标记的与淤积板的 4 个角上都连的竹竿，增加插杆法的方法进行同步的淤积量测定，即与地面水平的位置标记上油漆，同时在地面上 1 m 的位置也标记上油漆，在以后测量淤积量的时候，既可以从地面油漆标记处也可以从地面以上 1 m 的标记处进行测量。每个淤积板有 4 根竹竿，每根竹竿都进行了标记，意味着有 4 个重复。③为了避免取样对淤积实验的影响，在测量淤积量的时候并没有将淤积板取出来进行测量。而是用 1 根坚硬笔直的细钢丝，分别在淤积板 4 个角的位置，竖直插入接触到淤积板后，把钢丝拔出来和标尺进行比对，根据钢丝附着的少量泥土和湿度判断钢丝插入的深度，从而进行读数测量。注意插入的时候要避免穿过淤积板上的小孔。排除这一点的方法有三种参考：一是在 4 个角上每个角多测量几次，每次插入的深度应该是非常接近的；二是 4 个角上测量的淤积量大多也是比较接近的（除非淤积板有发生倾斜的情况）；三是埋板法测量和插杆法测量的值进行相互校验。④为了使得淤积实验可以长期进行野外观测研究，在设计选择土壤取样测定淤积土壤的碳含量的时候，并不破坏淤积板，也就是说，并不直接在淤积板上采集土样，而是在淤积板周围选取 4 个采样点，相邻样点间的距离不小于 5 m。这是因为假设在淤积的时候，一定范围内同一深度的土壤的碳含量是相对均一的。

从实验结果看，凋落物和水样引起的横向通量尚不足以解释与基于 MODIS 的 GPP_{MODIS}和通量塔测量的 GPP_{EC}之差即 ΔGPP。以 4～5 号样点为界（图 2 - 14），淤积的结果呈现出完全不同的结果，或许反映的也是两种不同的淤积机制。如图 2 - 19 所示，6～7 号样点（距离 98 大堤 2 000～2 500 m 的 2 个样点）的淤积速率非常快，近一年的时间就淤积了大约 7 cm 的高度，而 5 号样点也淤积了近 3 cm。这主要是由潮水携带的大量泥沙所导致的滩涂的淤涨。而 1～4 号样点（图 2 - 19，距离 98 大堤小于 1 500 m 的 4 个样点）的淤积量均未超过 0.8 cm，这 4 个样点的平均淤积量仅为 0.42 cm。随着高程的增加，离大堤变近，受到潮汐作用影响越小，泥沙输入也变少。因此，在 1～4 号样点的低淤积速率是可以理解的。同时，考虑到在低潮滩和中潮滩郁闭的互花米草群落对潮汐强度及泥沙的有效截留，泥沙输送会急剧减少。在这两个作用影响下，位于高程较高区域的淤积速率会较低。同时，由于潮汐作用干扰的减少，生态系统内部的凋落物更容易在本地累积，而不是外来输入，这会导致生态系统从一个更为开放的碳循环（横向通量和垂直通量都占较大比例）转化为一个比较封闭的碳循环（仅包括垂直通量），这会进而影响营养循环（图 2 - 20），这需要进一步的研究，尤其是同位素技术的引入，用以解释土壤碳库的来源。

综上可见，1～4 号样点（图 2 - 14 和图 2 - 19，距离 98 大堤小于 1 500 m 的 4 个样点）同时受到植被凋落物和潮水携带的泥沙的共同作用，并且在此笔者大胆假设植被凋落物的贡献以平均淤积量的10％来计算由凋落物引起的淤积，也就是每年0.04 cm的淤积量，那么根据湿土烘干后的平均含碳量为例（1 cm的淤积量，每平方米土壤的干重约为10 kg，以土壤的平均含碳量1.5％计算），凋落物淤积所导致的碳沉积对ΔGPP每年的贡献为6.0 g/m^2（以碳元素计）。

图2-20　淤积板在距离98大堤小于1 500 m的4个样点经常受长时间的水淹
（图中方框所示为淤积板）

与直接通过光合作用与凋落物降解等系统自身生理过程增加生态系统碳库的碳循环过程不同，在横向碳通量的进出过程中，碳通量的多少是由植物的可输入或输出的“潜力”所决定的。本章的研究结果显示，在快速淤涨的东滩湿地中，促淤作用，确切地说，较土著种更有效拦截利用潮汐输入中颗粒碳的生态系统工程师效应，是造成湿地生态系统尤其是光滩总碳库增加的重要机制。可以推断，在人类活动造成可利用形式的碳循环量近乎倍增的全球变化背景下，该机制在河漫滩、海滨与河口湿地这些周期性接受大量脉冲式外源碳输入的生态系统中起着重要作用（Yang，1998）。

第三节　冲淤模型模拟与演变规律

人类活动对滨海河口地区环境和过程的影响日趋明显，已成为当前全球变化研究尤其是国际地圈-生物圈计划（international geosphere-biosphere program，IGBP）中海岸带陆海相互作用（land ocean interactions in the coastal zone，LOICZ）研究的热点之一

（王如生 等，2015）。在单年至年代（以10年计）的较大时间尺度上，三角洲的冲淤演变主要受自然因素（如流域入海泥沙通量和海洋动力条件等）的控制。但在较短的时间尺度上，社会经济和政策导向因素（如深水航道工程和滩涂促淤工程等）的综合作用更为突出（杜景龙 等，2013）。

不断淤长和快速演替的新生滩涂湿地生态系统，成为了城市发展的潜在土地资源（高宇，赵斌，2006）。目前，结合在滨海/河口滩涂湿地生态系统直接进行淤积量测定和长期监测，对促淤围垦合理性进行的研究较少，一方面是由于滩涂湿地淤积量测量方法的缺乏，以及相关研究工作长期连续测定的难度大，干扰因素错综复杂（刘扬扬 等，2010）；另一方面淤积速率的实时数据，可能涉及城市发展规划的国家机密，无法及时和完全地公开发表。

当前，关于滨海河口三角洲前缘滩涂冲淤演变和促淤围垦的代表性研究往往是根据海图以及遥感数据，利用ArcGIS和DEM技术，在较长的时间尺度和较广的空间尺度上进行计算及分析区域发展演变的特点和规律（田波 等，2008）。但在注重生态预警研究的当下，要从较短的时间尺度上和较集中的空间尺度上，及时精准地监测滩涂的淤积量和淤积位置，这对滩涂促淤围垦工程的规划和实施非常重要（任璘婧 等，2014）。因此，需要结合滩涂淤积量的直接测量和长期监测，与湿地资源动态演变数据库形成交互验证，从而科学而又全面地反映滩涂促淤围垦工程环境评价的进展和实时动态（Tian et al.，2015）。

第三章 滩涂围垦历史及其影响

滩涂围垦是重要的土地利用变化驱动力，是指将沿海滩涂湿地中涨落潮位差相对较大的区域拦海筑堤，阻隔潮汐浸渍并将围堤内海水排出，造成可综合开发利用的土地，用于农业生产的工程。围垦区的滩涂可直接开发利用来种稻，通过事先整地翻耕和泡田洗盐，并在生育期灌水得当、管理科学，当年即可获得较高产量。围垦初期，也可对滩涂进行综合开发利用，先选种耐盐作物或一定比例的绿肥以改良土壤，宜农则农、宜渔则渔，并营建防护林以改善滩涂生态环境。

世界上土地资源不足的临海国家与地区，几乎都出现过围海争地的情况。滩涂围垦和开发最早始于荷兰，它所在的莱茵缪斯三角洲 3 500 km^2 的土地上，有 40%是围海而成的（陈吉余，2000）。须德海工程和三角洲工程是荷兰著名的围垦工程（李荣军，2006）。1932 年，须德海围海工程横截海湾颈部，形成艾瑟湖，从中围出 1 660 km^2 土地，而且使防海工程缩短了 300 km，并在湾内进行开发和滩涂作业（Carter，1988）。三角洲工程位于莱茵河、马斯河及斯海尔德河的三角洲地区，它是一项结合围堵海湾与河口治理的多目标工程，其主要目的是防止风暴潮灾害、改善航道、蓄淡水和改善水的管理，加大鹿特丹的淡水流量、防止海水入侵等，同时兼顾生态环境保护，直接保护农田达数千平方千米（周沿海，2004）。最近数十年来，不少临海国家加大围垦力度，除毗连海岸的陆地相继围出外，还出现离岸填筑人工岛工程。20 世纪 60 年代中期，日本神户的港岛填筑，继之以六甲人工岛，以及 1993 年完成的关西机场，都是建在水深 4～20m 浅海之上的（Chen et al.，1999）。香港新机场、澳门机场也都是依山傍海填筑而成。

中国是世界上最大的发展中国家，有悠久的围海造地和滨海水利建设的历史。在过去的数十年中，围填海、工业化和城市化为中国沿海经济的发展提供了支持（Yue et al.，2016），但发生在湿地和自然海岸线的大规模围填海活动，也给海洋资源和环境造成了巨大的压力。千百年来，中国的围海、围垦之地约达 1.0×10^5 km^2，约为荷兰国土（4.2×10^4 km^2）的 3 倍（李荣军，2006；高宇　等，2006c）。近 50 年来，由于人口增长，经济发展，以及城乡建设需要，围海力度逐渐加大。长江以北，有些海岸也筑起了海堤，这可以防止风暴增水所引起的海水漫溢。长江以南，则有多种形式围海：既有渐进式围海，也有堵坝式围海；从高滩围垦，渐有中低滩围海；有围堰促淤，也有围堰填海（郭元裕，1997）。随着技术的不断发展，围海工程取得显著成绩，50 年来全国围海面积达到 11 000～12 000 km^2（陈吉余，2000）。根据国家海洋局公布的数据，2002—2014 年期间，经政府规划统一围垦的总面积为 1 207 km^2，平均每年围垦 100 km^2。在 2002—2009 年期间，中国总围垦量快速增长，而 2009 年后稳步下降。围垦区域主要集中在浙江、福建、江苏、辽宁和天津，共占全国围垦总面积的 68.9%。其中，仅浙江省就围出了 1 650 km^2 的土地，相当于荷兰 20 世纪以来围海造地的总和（徐承祥　等，2004）；上海市围出了730 km^2 土地，相当于日本在第二次世界大战后全国围垦的总和（谢一民，2004）；珠江口仅珠海市就围出了 270 km^2 土地，接近于英国瓦希湾围垦面积总和（李取生　等，2007）；江苏省更是围出 2 270 km^2 土地（沈永明 等，2006）。这些新围土地都是当前改革开放的前沿地带，它们提供了约 2 000 万人的生存空间（Chen et al.，1999）。

第一节 滩涂围垦概况

长江河口是滨海湿地被长期大规模围垦的典型区域之一（Shen et al.，2015），是研究滩涂围垦的理想场所。在过去的 30 年间，长江口滨海湿地的总面积缩减了 36%（从 1985 时期的 1 647 km^2 减至 2014 时期的 1 047 km^2），其中，盐沼损失了 38%，光滩损失了 31%（图 3-1）。与此同时，围垦总面积累计 1 077 km^2，其值已经超过现存的滨海湿

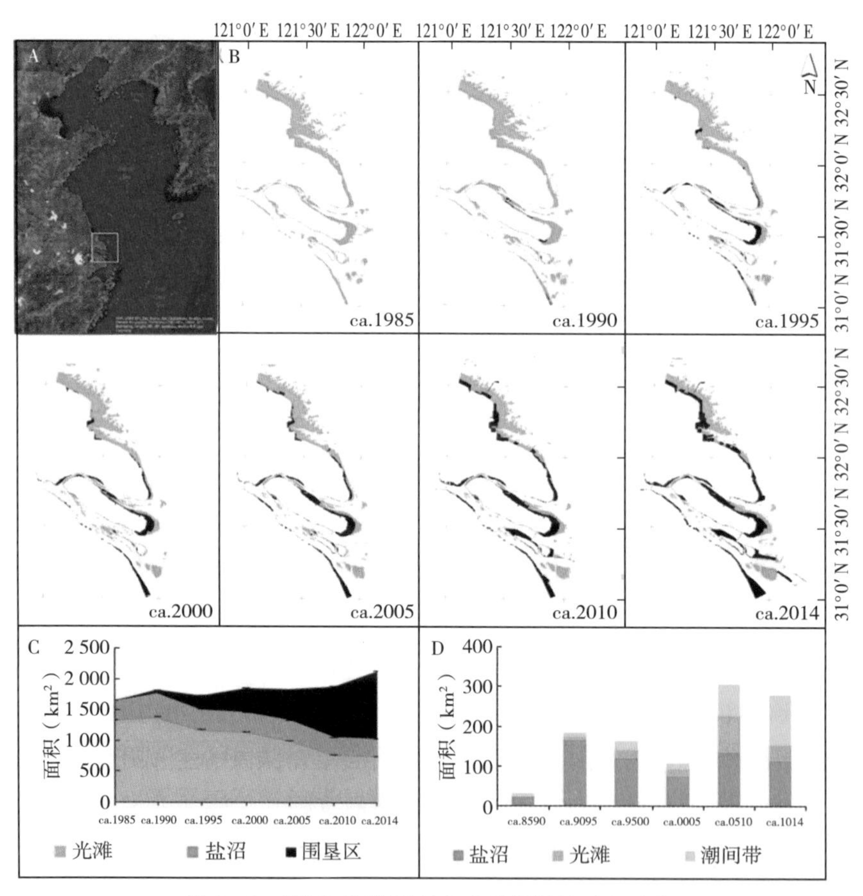

图 3-1 长江口滨海湿地和土地围垦的时空动态

A. 长江口在黄海区域的位置（图中方框所示） B. 过去 30 年间不同时期光滩、盐沼和土地围垦的动态变化，图例同 C C. 光滩、盐沼和土地围垦的估计面积变化，置信区间为 95% D. 围垦土地不同生境类型的面积变化

（ca. 8590：1985—1990 时期，ca. 9095：1990—1995 时期，ca. 9500：1995—2000 时期，ca. 0005：2000—2005 时期，ca. 0510：2005—2010 时期，ca. 1014：2010—2014 时期）

（修改自 Chen et al.，2016）

地面积。随着围垦的扩张，海堤不断向海推移，从盐沼进入光滩、近海水域。从 1985 至 2014，盐沼的圈围面积占围垦总面积的比例从 87%下降至 42%，而近海水域的圈围面积则从 13%上升至 45%（图 3-1）。

尽管上海市和江苏省的滨海湿地在过去 30 年间都经历了大规模围垦，但是动态过程相异。上海市滨海湿地的总面积缩减了 16%（从 1985 时期的 495 km^2 减至 2014 时期的 417 km^2），其中盐沼损失了 14%（从 1985 时期的 265 km^2 减至 2014 时期的 227 km^2），光滩损失了 31%（从 1985 时期的 230 km^2 减至 2014 时期的 190 km^2）（图 3-2，A）。与此同时，江苏省的滨海湿地缩减了 45%（从 1985 时期的 1 153 km^2 减至 2014 时期的 630 km^2），其中盐沼损失了 59%（从 1985 时期的 155 km^2 减至 2014 时期的 63 km^2），光滩损失了 43%（从 1985 时期的 998 km^2 减至 2014 时期的 567 km^2）（图 3-2，B)。同期的围垦面积，上海市累计 626 km^2，而江苏省累计 451 km^2。盐沼和光滩在上海市的面积减少速率均为 1.3 km^2/a，在江苏省分别是 3.1 和 14.4 km^2/a。围垦在上海市和江苏省分别以 20.9 km^2/a和 15.0 km^2/a 的速率递增。围垦速率的快速上升期，在上海市为 1990—1995 时期和 2005—2014 时期（图 3-2，C），在江苏省为 2005—2010 时期（图 3-2，D)。

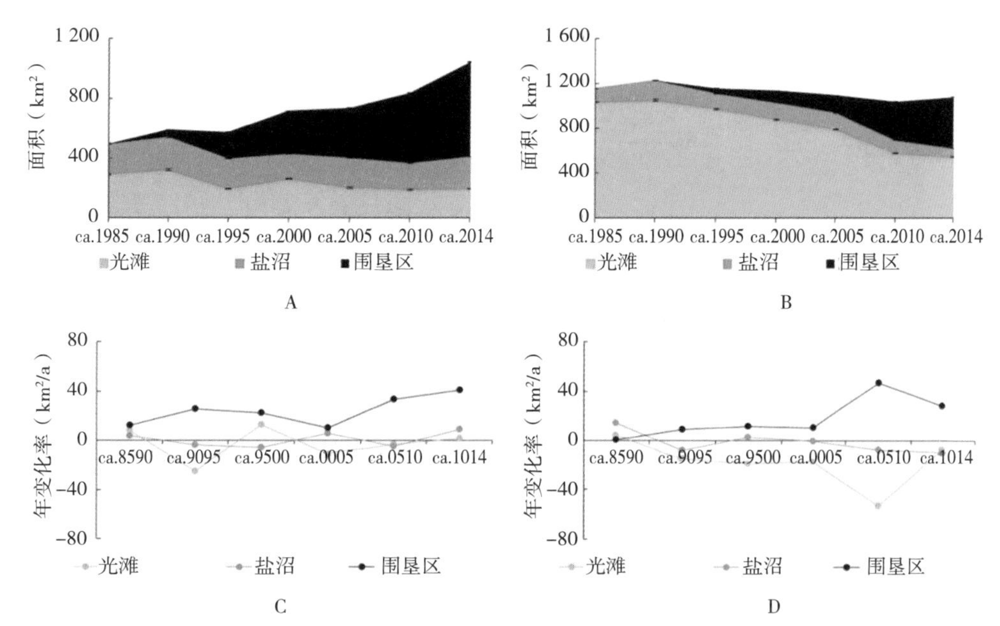

图 3-2　上海市和江苏的滨海湿地（盐沼和光滩）和土地围垦的面积变化及相对变化率

A. 上海市滨海湿地和土地围垦的面积变化（置信区间为 95%）　B. 江苏省滨海湿地和土地围垦的面积变化（置信区间为 95%）　C. 上海市滨海湿地和土地围垦的相对变化率　D. 江苏省滨海湿地和土地围垦的相对变化率，图例同图 3-1，C

（修改自 Chen et al.，2016）

1985—2014 年，长江口的土地围垦面积不断增加，已经超过现存滨海湿地的面积。随着技术和设备的进步，土地围垦不断向海洋扩张，从盐沼、光滩进入近海水域。上海市人口数量和人均 GDP 的增加，刺激了当地的土地需求，围垦滨海湿地是获得大量土地的主要来源，此种情形同样适用于江苏。面对土地需求，当地政府也出台相应的政策促进滨海湿地的圈围。

具体来说，上海市主要围垦的滩涂共有 8 处：即崇明北沿边滩、崇明东滩、崇明南沿的扁担沙、长兴岛头部中央沙青草沙、横沙岛尾部的横沙浅滩（铜沙）、浦东新区对面的九段沙、南汇边滩、杭州湾北岸边滩。其中，上海市很早就开始了对崇明滩涂湿地的围垦（图 3-3）。20 世纪 50～90 年代，崇明岛总共围垦的面积为 428 km^2（汪松年，2003）。随着上海市经济的不断发展，对土地资源的需求量越来越大，围垦的力度也逐渐加大。1991—2001 年，崇明岛共围垦约 135 km^2，比前一时段年均增加约 2.8 km^2（何小勤 等，2003）。2006—2010 年期间，崇明岛共围垦约 39.07 km^2（崇明水务局数据）。然而，由于 2013 年启动的互花米草治理与鸟类栖息地优化工程修建的堤坝在遥感上被识别为围垦，导致 2011—2015 年期间崇明岛共围垦约 52.46 km^2（表 3-1）。

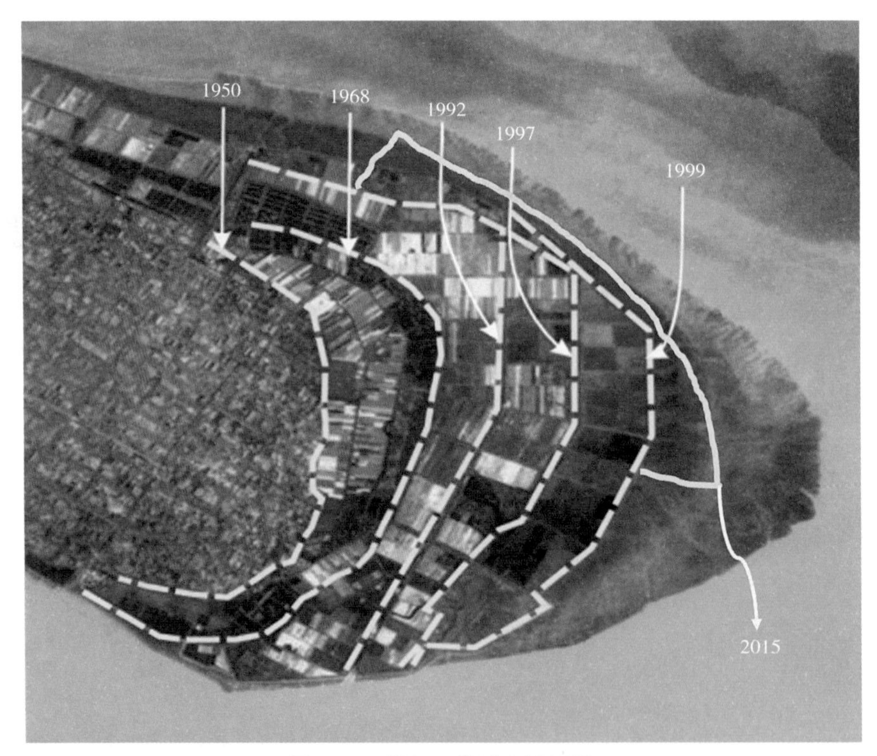

图 3-3　长江口崇明东滩围垦

由于长江携带的泥沙长期淤积，崇明东滩不断增高扩大，每年以 80～200 m 速度向外延伸，每隔数年即可进行围垦（李贵东 等，2008）。1966 年以来，已有 4 次大的围垦，海堤向外推进 10 多千米，现今崇明岛总面积的一半都是通过围垦获得。东滩的位置也不断向东移动，前哨农场是 20 世纪 60 年代后围垦形成的，而团结沙农场的建立是近年的事。崇明东滩在 20 世纪 60 年代后期至 90 年代初，没有进行大面积的围垦。近年来，特别是 1990 年、

1992 年、1998 年在崇明东滩有 3 次大规模的围垦，共围垦造地约 86.67 km^2（表 3－1 和图 3－3）（何小勤 等，2003；徐宏发 等，2005；高宇 等，2006c）。合理开发利用滩涂，对部分缓解上海市土地紧缺矛盾（计入圈围滩涂后上海耕地面积还是净减少约 1.07×10^3 km^2）、保证农业生产持续稳定发展等方面都起到了重要作用。从现有滩涂资源的总量看，虽然进行了多次的圈围，但上海市的滩涂资源总量仍维持在 2.4×10^3 km^2 左右，与 1982 年调查统计的滩涂资源总量相当（汪松年 等，2006、2007）。

表 3－1　崇明岛 1956—2015 年间围垦面积

围垦时间	围垦面积（km^2）	年均围垦面积（km^2）
1956—1965 年	248.99	24.90
1966—1975 年	116.26	11.63
1976—1985 年	34.35	3.44
1986—1995 年	98.88	9.89
1996—2005 年	99.47	9.95
2006—2010 年	39.07	7.81
2011—2015 年	52.46	10.49

注：1984 年之前的数据来自于崇明县志；1985—2010 年间的数据来自于崇明水务局。

由于上海市人多地少，土地资源紧缺，城市建设速度甚快，为了保证城市开发用地和农田用地之间的平衡，确实需要大量的土地资源。崇明滩涂自然就成了滩涂围垦造地的最佳场所。通过对滩地的围垦，增加了上海市的建设用地，还可用于开辟农田，发展养殖业和旅游业。在历史上由于交通条件的限制，崇明岛围垦的土地资源主要用于农业生产，包括渔业、畜牧业和种植业。中华人民共和国成立后一些围垦的土地资源，开始逐步用于工业生产和城市居民区的扩张，但农业生产仍是崇明围垦土地资源主要的利用方式。

滩涂围垦获得的宝贵土地资源，对崇明开发和上海经济发展曾经起到巨大作用。但是如何将东滩的土地资源的开发和当今保护区的生境和生物多样性的保护工作相协调，是自然保护区要长期面对的研究课题。近年来，随着区域经济的发展和人口的增长，崇明东滩承受来自周边越来越大的压力。

第二节　滩涂围垦影响与合理利用

一、滩涂围垦对生态环境的影响

围海造地形成新的人类生存空间，造就新的就业机会，它成为我国社会经济可持续

发展的重要支撑，这是可见效益的一面。但是我们也必须重视围海造地可能导致的负面影响。

首先，围海使湿地受到损失，物种濒危。在崇明东滩，围垦使得滩涂面积不断缩小，加速了泥沙淤积，导致海三棱藨草的地下球茎被深埋，直接干扰和破坏了鸟类的栖息地和觅食地，造成湿地鸟类中雁鸭类数量的下降，小天鹅几乎全群覆灭，鹤类中的白枕鹤已不再出现（Ma et al.，2002；栾晓峰 等，2002；赵平 等，2003；仲阳康 等，2006）。此外，还有捕捉鳗苗、捕捞底栖动物、放牧牛群以及收割芦苇等行为，给鸟类和湿地生境造成了巨大压力。

沿海滩涂为生物种群的生活和繁衍提供了多样的自然生态环境，这里物种丰富，并有多种国家珍稀野生动物。但是随着滩涂围垦和滥捕掠夺，生物种类逐渐减少，生物多样性受到严重破坏。目前，我国湿地损失率仍然居高不下，致使相当一部分海滨沼泽地消失。如我国红树林沼泽（图 3-3）面积从 300 km^2 减少为 60 km^2，损失率达 80%（许长新 等，2004）。这个比率大于美国沼泽损失率（53%）和菲律宾红树林损失率（67%）（赵学敏，2005）。海滨沼泽地的保存与候鸟迁徙和生物多样性保存有密切关系。

其次，盲目围海或造虾池鱼塘，致使有的围海，既不能种植，也不能养殖，这样的事例，已见于某些海岸地区。为了在沿海滩涂上促淤造陆、保岸护堤和改良土壤等，不少地方引种了大米草（*Spartina anglica*）、互花米草（*Spartina alterniflora*）等，因为大米草、互花米草耐盐耐淹，适应性广，在潮间带几乎均可生长。大米草的茎叶富有弹性，根系发达，可向下生长数十厘米甚至数米，具有消浪缓流和拦截泥沙等作用。大米草的分蘖和繁殖能力极强，年分蘖数可达几十株甚至上百株，同时其落籽能向外飘散生长，并迅速向四周蔓延。由于大米草的这些特性，实际上有些地方已经蔓延成灾（陈中义 等，2005；王卿 等，2006；吴晓雯 等，2006）。在福建三都湾，大米草侵占了 4×10^3 km^2的养殖堤地，其落叶和落籽随波逐流，在紫菜和海带等养殖地堆积，给滩涂养殖业造成了巨大的经济损失（冯利华 等，2004）。

此外，在华南沿海的一些港湾内，由于盲目围垦，导致港湾内纳潮量减少，潮汐通道发生淤积，航道变浅，以致航运不畅。

滩涂围垦会导致土地利用/土地覆盖变化，一般表现为地球表面生物属性的变化（Lambin et al.，2001）。土地利用变化，可能导致土地覆盖变化及相关的碳库变化（Bolin & Sukumar，2000）。每种土壤都具有其独特的碳承载能力，其稳定碳含量取决于植被的性质、降水和温度（Gupta & Rao，1994）。稳定的碳库，是流入和流出量之间平衡的结果（Fearnside & Barbosa，1998）。土壤碳库流入和流出之间的稳定，会受到土地利用变化的干扰，直到新的生态系统最终达到新的平衡。在这个不稳定的过程中，土壤可以根据流入和流出之间的比例，在碳源或碳汇的角色之间变化。

二、合理利用滩涂资源的必要性

合理利用滩涂湿地的资源不仅可以促进周边社区经济的发展，而且能在一定程度上解决湿地保护和管理所需要的经费问题，这在理论和实践上都是可行的，该方式在美国、加拿大和澳大利亚等国获得了一定成效。近年来，我国湿地保护区也开展了合理利用资源进行创收的实践工作。保护区创收工作的开展，一方面增加了保护区保护管理经费的来源，缓解了资金压力；另一方面，也提高了保护区周边社区经济和社会发展水平。

建立自然保护区是保护生态环境、生物多样性和自然资源最重要、最经济和最有效的措施。近几十年来，许多拥有丰富生物多样性资源的发展中国家仍然面临着资源过度利用和生物多样性遭受严重破坏的威胁，于是纷纷建立自然保护区来保护生物多样性资源。但是与美国、德国等发达国家人迹罕至的保护区相比，发展中国家的自然保护区内及周边人口众多，如中国平均每个保护区内定居人口近 1.5 万，周边社区人口 5 万多（苏扬，2004）。自然保护区是自然资源相对集中的地方，因而在自然保护区范围内不仅有社区居民放牧、垦殖、捕捞等经济活动，还有各级地方政府支持或参与的林业、矿业、旅游等资源开发活动（Silvius et al.，2000）。

长江口优越的地理区位孕育了平坦辽阔的滩涂湿地，为长江口水生动物提供了繁衍的载体，使得长江口成为我国渔产潜力最高的区域。长江口重要鱼类有 146 种，主要经济鱼类约 50 余种，保护动物包括世界珍稀种类白鳘豚、江豚、中华鲟等。资源动物最为著名的有中华绒螯蟹（幼苗）、鳗鲡（幼苗）和刀鲚等。每年长江口的自然湿地可提供近万吨的水产品，还是不少名贵水产品的种质保护区（表 3-2）。由于过度捕捞和环境污染，自然湿地的水产品产量逐年下降。研究湿地生态系统服务的直接经济价值，并将其纳入国民经济核算体系，才能促进自然资本开发的合理决策，避免损害湿地生态系统服务的短期经济行为，有利于湿地生态系统的保护，并最终有利于长江口滩涂湿地的可持续发展（苏扬，2004；徐宏发 等，2005）。

表 3-2　长江河口鱼类组成

目	科	种	淡水	海洋	河口	洄游
真鲨目 Carcharhiniformes	3	9		9		
鼠鲨目 Lamniformes	2	2		2		
角鲨目 Squaliformes	1	3		3		
扁鲨目 Squatiniformes	1	1		1		
鳐目 Rajiformes	9	19		19		
鲟形目 Acipenseriformes	2	2	1			1
鳗鲡目 Anguilliformes	5	10		9		1

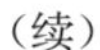
（续）

目	科	种	淡水	海洋	河口	洄游
鲱形目 Clupeiformes	2	16		11	2	3
鼠鱚目 Gonorhynchiformes	1	1		1		
鲤形目 Cypriniformes	3	53	53			
鲇形目 Siluriformes	3	8	7		1	
胡瓜鱼目 Osmeriformes	1	8			7	1
仙女鱼目 Aulopiformes	1	4		4		
灯笼鱼目 Myctophiformes	1	1		1		
月鱼目 Lampridiformes	1	1		1		
鳕形目 Gadiformes	2	2		2		
鮟鱇目 Lophiiformes	2	3		3		
鲻形目 Mugiliformes	1	5		2	3	
银汉鱼目 Atheriniformes	1	1		1		
颌针鱼目 Beloniformes	3	5	1	1	3	
鳉形目 Cyprinodontiformes	1	1	1			
金眼鲷目 Beryciformes	1	1		1		
海鲂目 Zeiformes	1	1		1		
刺鱼目 Gasterosteiformes	2	4		4		
合鳃目 Synbranchiformes	2	2	2			
鲉形目 Scorpaeniformes	7	16		14	1	1
鲈形目 Perciformes	38	107	10	69	28	
鲽形目 Pleuronectiformes	4	21		17	4	
鲀形目 Tetraodontiformes	5	22		18	3	1
合计 29	106	329	75	194	52	8

滩涂湿地不合理的开发利用，破坏了水生态系统的生态平衡，生物多样性丧失严重（Jin et al.，2007）。近年来，长江口滩涂湿地遭受到过度围垦、滩涂作业以及外来物种入侵的影响，导致生物多样性显著下降；牛群放牧使得大片草地被踩踏成寸草不生的“泥浆地”，危害动植物的生存，严重破坏生境多样性。近 20 年的资料对比发现，1998 年与 1983 年相比，浮游生物种类减少 69%，底栖生物种类减少 54%，底栖生物生物量减少 88.6%（陈吉余 等，2003）。国家重点保护野生动物，如中华鲟、白鱀豚、松江鲈、胭脂鱼、小天鹅等数量急剧减少，一些种类几乎绝迹，过境和越冬鸟类数量明显下降，经济水产品的产量也大大下降（全为民 等，2004）。例如，小天鹅的数量由 20 世纪 90 年代初期的 3 000～3 500 只下降到目前的 192 只（上海发布，2018），越冬雁鸭类的数量由 90 年代中期的数十万只下降到目前的数万只，2005 年 1 月的调查仅记录到水鸟 12 种、404 只（栾晓峰 等，2002；Ma et al.，2003；谢一民，2004；干晓静 等，2007）。20 世纪 80 年代和近年来水鸟数量的比较发现，只有少数水鸟的数量有所增加，而有近一半种类的数量下降了一个数量级（黄正一 等，1993；高宇 等，2006a）。

第三节　滩涂围垦影响评价

一、滩涂围垦影响评价意义

根据不同时期的卫片、航片和海图资料，长江口滩涂湿地大致可分为以下 5 种类型：①连续堆积型。近 50 年来均处于淤长堆积、岸线外移的变化中，如崇明东滩、南汇东滩。②人工稳定型。近 50 年来淤长和侵蚀大致平衡。自然条件下此类湿地并不多见，但在人工的护岸工程作用下，此类湿地在上海市非常普遍，长江口南边滩浏河口至吴淞段较为典型。③连续侵蚀型。近 50 年来一直遭受侵蚀、岸线后退湿地类型并不多见，如崇明南岸，20 世纪 60 年代以来采取全线丁坝护岸，使得岸滩侵蚀得以控制，但在台风暴潮期间仍有侵蚀存在。④先淤后冲型。由于水动力条件的变化，近 50 年来在前期淤长堆积，后期转为侵蚀为主。以杭州湾北岸较为典型，前期以淤长为主，20 世纪 80 年代以后则转变为侵蚀性。⑤先冲后淤型。由于人工护岸和水动力条件的变化，近 50 年来在前期以侵蚀为主，后期转为淤长堆积。较为典型的是杭州湾北岸东端芦潮港沿岸，1985 年之前以侵蚀为主，之后以淤长为主，同时水下斜坡快速向岸外推进（施玉麒 等，2003；刘敏 等，2005）。

以上海市为例，总的来说，湿地（近海及海岸湿地以－5 m 为界）的总面积在过去的半个世纪变化不大（图 3－4）。1959 年，上海市湿地总面积为 2 923 km^2；2000 年，湿地总面积为 3 082 km^2；2004 年，湿地总面积为 2 909 km^2（谢一民，2004）。尽管上海市湿

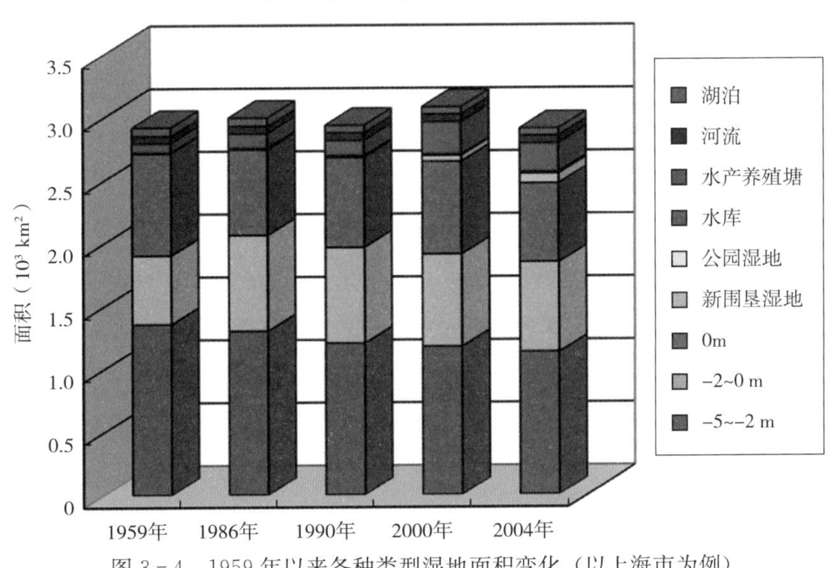

图 3－4　1959 年以来各种类型湿地面积变化（以上海市为例）

地的总面积变化不大，但不同类型湿地的面积变化各不相同。其中，近海及海岸湿地面积减少了 8.9%，湖泊湿地面积减少了 17.6%，河流湿地面积增加了 10.3%；而人工湿地面积增加了将近 3 倍（施玉麒 等，2003；谢一民，2004）。近海及海岸湿地，是上海市湿地面积最大的类型。其中，潮上带和潮间带为生物多样性最为丰富的区域。如果将潮上带和潮间带以及潮下带的面积变化分别进行分析，可以发现，1959—2004 年潮上带和潮间带的面积减少了 22.6%；而潮下带的面积减少了 3.1%（谢一民，2004；汪松年 等，2007）。

二、滩涂围垦影响评价方法

由于不同时相的遥感图像拍摄季节不同，潮汐作用影响对 0 m 线的识别，因此，不同时相遥感图像的围垦面积与滩涂湿地面积的变化可能存在较大误差。

根据湿地的定义，滩涂湿地不仅包括植被覆盖的区域和光滩，还包括 6 m 深海的区域，所以遥感图像拍摄时的潮位对湿地面积的计算有很大的影响。幸运的是，潮汐作用有一定的规律性，因此，这里选择遥感图像时采用阴历的时间来选取潮位最小的遥感数据，也就是月初和月中的中间时间段（初七、初八）以及月中和月末的中间时间段（廿二、廿三）的遥感数据作为数据源，同时结合目视判别来进行选择。

在 ESRI Arc View 软件的支持下，采用屏幕数字化或计算机自动矢量化来对分类数据进行矢量化处理。结合目视解译选取最易区分围垦范围和滩涂湿地范围的组合，进行校正，从而初步划定围垦范围和滩涂湿地范围。

对遥感图像进行景观分类时，湿地范围的选择标准对湿地面积的计算有很大的影响。赵斌等在对崇明东滩进行景观分类时，以植被覆盖的区域作为边界。而根据 1971 年在伊朗拉姆萨尔（RAMSAR）签订的《关于特别是作为水禽栖息地的国际重要湿地公约》的定义，湿地是指“长久或暂时性沼泽地、泥炭地或水域地带，带有静止或流动、或为淡水、半咸水、咸水体，包括低潮时不超过 6 m 的水域”。所以，这里的滩涂湿地不仅包括植被覆盖的区域，还包括光滩和 6 m 深的区域。研究之初，本期望利用海洋地形图将 6 m 深的区域确定出来，但不幸的是，崇明东滩的海洋地形图，整个测量周期的时间跨度达 32 年之久，完全不能满足 15 年研究尺度的要求。所以，本次研究只能利用卫星图片，以目视可辨别的 0 m 线作为湿地的外围边界，这个范围小于真实的湿地范围。计划在以后的研究中，通过不同潮位时拍摄的遥感图像，并结合实地高程测定的方法来模拟海洋等深图。目前，这个方法的具体实施方案已经确定，但这里限于篇幅，不再赘述。

崇明东滩受人为干扰的程度非常大，自然景观与人工景观并存。选取 1990 年 2 月、1997 年 6 月和 2000 年 12 月采集的上海地区分辨率为 30 m×30 m 的无云影像进行景观分类研究。其中，前两个年代的为陆地卫星专题图像（TM），后一个年代为增强陆地卫星专题图（ETM），划分为湿地（包括 98 大堤之外、6 m 深的区域）、水塘、城镇、林地和农田这样5种景观要素类型（Zhao et al.，2005a）。其他年代，没有进行景观分类处理，只是简单地区分出大堤内外边界，用以计算围垦前后湿地面积的变化。景观要素类型的地面调查判别分类标准见图3-5。

由于上面3个年代采集的遥感数据存在季节差异，所以直接使用可能存在一些问题，即季节变动的变化可能比实际发生在地面上的变化要大。为了减少这种风险，采取了下面三种方式来解决：

（1）对3年的大气条件进行了标准化处理，因为在3个年代采集的卫星图像，其大气条件很可能存在很大的差异。

（2）所选择的5个不同的土地覆被和土地利用类型，在遥感片（TM 4、3、2波段伪彩合成图像）上均可以清楚地区分出来。

（3）实地调查与走访相结合采集训练站点。从2004年秋季到2005年夏季进行了3次综合的野外地面验证，对于遥感数据的历史地面验证，采取携带着TM 4、3、2波段伪彩合成图像采访当地的居民，以用于确定和识别10多年前的土地利用类型。分类方法是综合采用非监督分类和监督分类的办法，通过野外采集的30个训练站点、14个地面控制点（GARMIN-12全球定位系统GPS测定）。

图3-5　景观要素类型图片

三、围垦的时空变化分析

受长江夹带的泥沙在河口区域的淤积以及人类围垦开发活动的影响，崇明东滩滩涂湿地的面积一直处于动态变化之中。随着滩涂湿地的不断扩展，滩涂围垦几乎是同步进行的，图 3-6 显示了崇明东滩自 1987 年以来的发展变化。崇明东滩 1987—2002 年滩涂湿地的面积和围垦的面积详见表 3-3。从图表中可以看出，滩涂湿地的面积逐年变小：从 1987 年的 197.05 km^2 锐减到 2002 年的 47.73 km^2，减少了 75.78%；而围垦活动每年都在进行，只是每年围垦的强度不同而已。其中有 3 次大的围垦：1990—1993 年围垦了

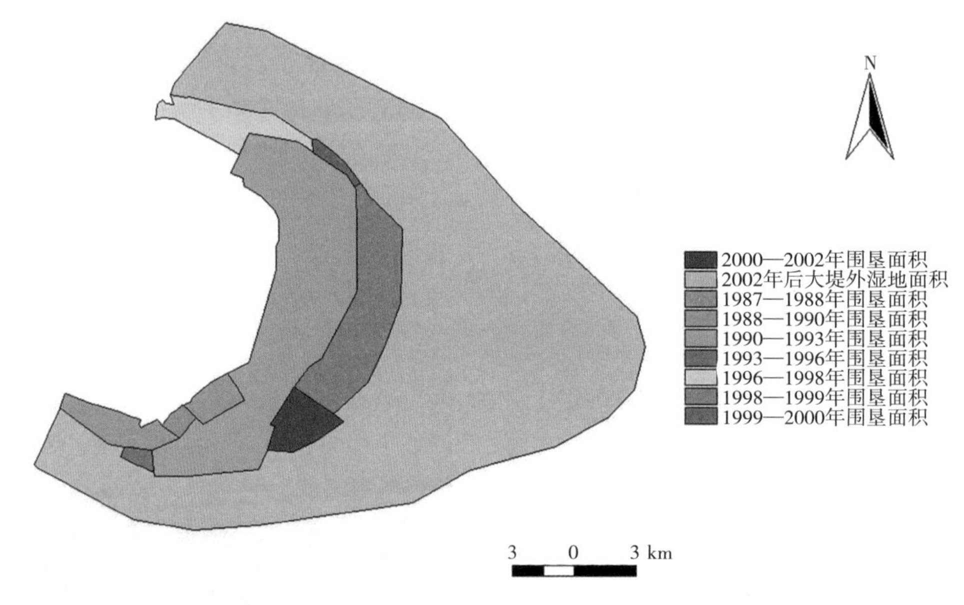

图 3-6 崇明东滩 1987—2002 年围垦面积示意图

表 3-3 围垦面积与滩涂湿地面积变化

年份（年）	围垦面积（km^2）	年围垦率（km^2/a）	湿地减少面积（km^2）	年湿地减少率（km^2/a）
1987—1988	1.36	1.36	23.54	23.54
1988—1990	6.44	3.22	8.67	4.34
1990—1993	60.77	20.26	59.99	19.99
1993—1996	1.10	0.37	25.70	6.42
1996—1997	9.14	4.57	25.70	6.42
1997—1998	9.14	4.57	20.01	20.01
1998—1999	23.13	23.13	8.55	8.55
1999—2000	1.33	1.33	2.33	2.33
2000—2002	6.09	3.05	0.54	0.27
1987—2002	109.36	7.29	149.33	9.96

60.77 km²，这相当于2002年滩涂湿地面积的1.27倍；1996—1997年和1998—1999年分别围垦了9.14 km²和23.13 km²，这两次围垦的面积超过了2002年滩涂湿地面积的一半。

从围垦面积与滩涂湿地面积的年变化率来看，1987—2002年滩涂湿地面积的年减少率为9.96 km²，比年围垦率的7.29 km²增加了36.54%（图3-7）。在实地的调查中还了解到，崇明东滩从1990年年底开始围垦团结沙（1991年围成），1991年开始围垦东旺沙（1992年围成），上述两次均为高滩围垦，围垦区为海拔3.6 m以上的自然潮滩。1998年在东旺和团结沙外建成现在的98大堤，属于中滩围垦，围垦高程为海拔2.5 m（徐宏发等，2005）。

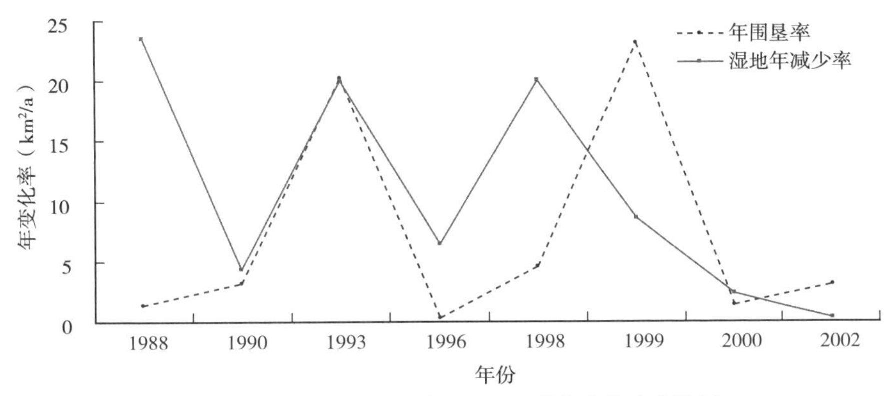

图3-7 围垦面积与滩涂湿地面积的年变化率曲线图

崇明东滩淤长最快处，1982—1988年涨出1 700 m，平均每年约为280 m；1991年围垦后，滩面宽度变窄，自然植被破坏，影响自然促淤，淤长速率明显减慢，平均每年178 m左右（陈吉余，2000；何小勤 等，2003；施玉麒 等，2003）。围堤外的海三棱藨草所剩无几，即使是海三棱藨草发育良好的捕鱼港口，也只有近100 m深的滩地。由于对东旺沙的过度围垦，芦苇群落被围垦于堤坝内部，并逐渐被白茅等植物所替代。围堤阻止了海水的进入，加剧了海三棱藨草等盐生植物向陆生植物的演替。处于这个湿地生态系统食物链顶端地位的湿地鸟类赖以生存的生活空间大部分被围占，食源也因围垦而大量丧失（赵平 等，2003；仲阳康 等，2006）。

过度围垦和大幅度的侵占湿地鸟类栖息地，影响了亚太地区鸟类的迁徙，不仅对鸟类的种群结构和数量、驻留时间、活动范围等产生重要影响，而且对崇明东滩的生态系统结构也带来了不可预见的影响。如围垦带来的湿地水文状况的变化，以及由此引发的湿地植被演替和鸟类生态位更替的影响等。

如果对崇明东滩湿地面积的逐年减少进行评估，1990—1997年的年平均减少面积为7.88 km²，而1997—2000年的年平均减少面积增加为13.53 km²（图3-8和表3-4），呈现出明显的增加趋势。但崇明东滩湿地的年增长面积只有12 km²，如果按照这种速度进行下去的话，崇明东滩的湿地迟早会消失殆尽，值得引起我们关注。

图 3-8 崇明东滩湿地面积变化示意图

表 3-4 湿地面积的减少

年份（年）	1990	1997	2000
面积（km^2）	134.32	79.15	38.56
年减少面积（km^2）		7.88	13.53

随着三峡工程的实施，以及 1998 年洪灾后在长江上游地区实施的植被恢复、控制水土流失的长江流域生态恢复工程，泥沙的来源和流量对下游的冲击产生重要影响，滩涂的淤长速率也因此放慢（Chen et al.，1998；Feng et al.，1998）。1949—1984 年：年平均输沙量为 4.86×10^8 t；1985—1999 年：年平均输沙量为 3.53×10^8 t；近 15 年年输沙量减少 1.33×10^8 t。初步估计，21 世纪长江入海水量将减少 20%以上，入海泥沙量减少 15%以上（Lin et al.，2005）。随着世界工业的不断发展，温室效应日趋明显，全球气候正逐渐变暖。同时，区域地壳下沉和因抽取地下水而引起的地面下降，从而引起海平面的缓慢上升，并由此而引起滩涂水位的变化。随着滩涂围垦的加剧、未来海平面的上升和河流泥沙大量减少，将导致潮滩植被进一步破坏。这是因为海岸侵蚀和滩涂围垦的加剧使潮滩不断变窄，植被生长空间缩小；潮浸频度提高，造成湿地类型退化；入海径流量减少，使河口生态条件改变，潮滩含盐量增加，影响甚至破坏芦苇和各种莎草植被。因此，未来湿地的淤长作用将趋于减弱，海平面上升极可能导致崇明东滩湿地的减少。

四、围垦后土地利用变化

（一）崇明东滩

崇明东滩主要的土地利用方式，有湿地、水塘、城镇、林地和农田等。在对遥感图像目视人工解译的基础上，借助 ERDAS 图像处理软件中分类模块的监督分类模块进行分类。主要包括以下步骤：根据可以识别的地物对卫星数据进行训练，用监督分类自动识别具有相同特征的像元，再对分类结果进行评价，进行局部修改，最终形成土地利用分类图（图 3－9）。

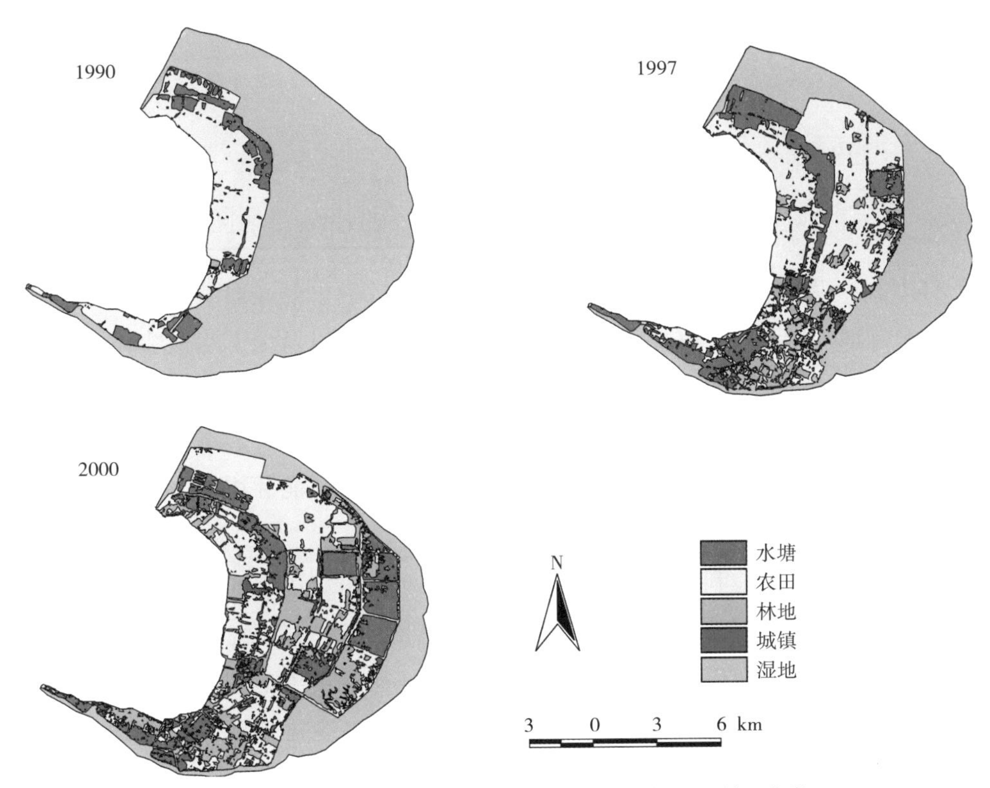

图 3－9　崇明东滩 1990 年、1997 年和 2000 年土地利用分类

需要注意的是，由于该研究区较明显地以最外围海塘为界，分为人工景观区域和自然景观区域，如果将整幅图像进行计算机监督分类会产生一些问题。例如，在遥感图像上有一些地物（如大堤内农田和潮滩湿地中的芦苇）的光谱特性非常接近，即常说的异物同谱，会导致混分；再比如潮滩湿地中的洼地积水区域与水塘的光谱特征也比较接近，所以仅仅依靠计算机监督分类还不能得到令人满意的分类结果。这时就需要目视解译的辅助，利用地物的空间特征如形状、大小、阴影、纹理、图型、位置和布局等进行综合分析，并结合先验知识和实地调查，纠正错分的地物分类。最后将得到的分类结果进行重新计算，得到各分类单元的面积（表 3－5）。

从各土地利用类型的百分比变化情况来看，1990 年滩涂湿地占近 78％，农田超过 16％，水塘水体超过 5％；1997 年分别变为 43.67％、36.39％和 14.53％；到 2000 年，滩涂湿地只有 25.27％，而其他两种土地利用类型分别为 36.70％和 17.24％。林地和城镇用地，在 10 年中一直处于增加状态。总之，只有湿地这种土地利用类型 10 年中不断减少，而其他的 4 种类型一直在增加（表 3－5）。

表 3-5　崇明东滩 1990、1997 和 2000 年土地利用方式

景观类型	1990 年		1997 年		2000 年	
	面积（km^2）	覆盖率（%）	面积（km^2）	覆盖率（%）	面积（km^2）	覆盖率（%）
水塘	11.41	5.36	26.34	14.53	32.92	17.24
农田	34.71	16.38	65.97	36.39	70.09	36.70
林地	0.80	0.37	9.54	5.26	38.63	20.23
城镇	0.04	0.01	0.29	0.15	1.08	0.56
湿地	164.84	77.88	79.15	43.67	48.27	25.27
合计	211.80	100.00	181.29	100.00	190.99	100.00

总体上看，崇明东滩的湿地是在不断减少的，负效应也是显而易见的。随着湿地的减少，残余湿地不能有效地提供沉积物和营养供给、防洪以及地下水供给等许多方面的功能；也不能满足一些物种对最小栖息地面积的要求。同时，捕食和被捕食之间的关系也会发生许多改变。随着沼泽与湿地斑块边缘/内部比率的增加，边缘效应的作用显著增强，如改变的小气候、干扰和除草作用增加、外来种入侵可能性增大。斑块间的动力学过程也会发生改变，物种的散布和能量流也会发生改变。

定量地描述区域土地利用变化速率，对比较土地利用变化的区域差异和预测未来土地利用变化趋势都具有积极的作用。根据单一土地利用类型动态度，计算出研究区 5 种土地利用类型覆盖率的年变化（表 3-6）。近 10 年来，研究区土地利用变化速率极快，年均变化速率达 2.91%。在各种土地利用类型中滩涂湿地的变化速率最大，1990—1997 年和 1997—2000 年的年变化速率分别为 4.89%和 6.13%。其中，除了湿地的覆盖度减少外，其他 4 种土地利用均有不同程度地增加。

表 3-6　单一土地利用类型覆盖率的年变化（%）

景观类型	水塘	农田	林地	城镇	湿地
1990—1997 年	+1.31	+2.86	+0.70	+0.02	−4.89
1997—2000 年	+0.90	+0.10	+4.99	+0.14	−6.13

（二）崇明岛

根据对 1990 年、2000 年、2010 年和 2015 年崇明岛土地利用图和围垦堤坝分布数据的分析，1990 年，崇明岛的主要土地利用类型为水田（938.18 km^2）、水库坑塘（77.68 km^2）和居工用地（50.83 km^2），该三类土地利用类型共约占整个区域土地面积的 95.7%；2000 年，崇明岛的主要土地利用类型为水田（1 043.92 km^2）、水库坑塘（115.18 km^2）和居工用地（30.03 km^2），该三类土地利用类型共约占整个区域土地面积的 96.0%；2010 年，崇明岛的主要土地利用类型为水田（1 087.99 km^2）、水库坑塘

(79.54 km^2) 和居工用地 (74.49 km^2),该三类土地利用类型共约占整个区域土地面积的 94.2%;2015 年,崇明岛的主要土地利用类型为水田 (1 106.41 km^2)、水库坑塘 (89.46 km^2) 和居工用地 (77.85 km^2),该三类土地利用类型共约占整个区域土地面积的 92.4%。在 1990—2015 期间,水田、水库坑塘和居工用地占区域总面积的比例呈现逐年下降的趋势(表 3-7)。此外,旱田和绿地在 1990—2015 年间面积呈现剧烈变化的过程,但其所占该区域总面积比例较低。

表 3-7 1990—2015 年间崇明岛各类土地利用类型的面积及占总区域面积的百分比

土地利用类型	1990 年		2000 年		2010 年		2015 年	
	面积 (hm^2)	比例 (%)	面积 (hm^2)	比例 (%)	面积 (hm^2)	比例 (%)	面积 (hm^2)	比例 (%)
旱田	433.85	0.39	8.43	0.01	3 080.11	2.34	1 181.89	0.86
河口湿地	2 984.08	2.68	3 928.86	3.17	3 183.13	2.41	5 805.70	4.21
河渠	1 282.75	1.15	48.91	0.04	1 284.74	0.97	1 395.15	1.01
居工用地	5 083.83	4.56	3 003.47	2.43	7 449.59	5.65	7 785.30	5.65
绿地	45.78	0.04	951.11	0.77	133.13	0.10	2 119.01	1.54
水库坑塘	7 768.50	6.97	11 518.58	9.30	7 954.35	6.03	8 946.02	6.49
水田	93 818.71	84.20	104 392.00	84.29	108 799.53	82.50	110 641.29	80.25

在 1990—2015 年间,崇明岛沿海堤坝逐年向海域扩张,大量的湿地被围垦。1990—2000 年间,围垦了约 127.24 km^2 的土地,其中,转化为水田 67.87 km^2、水库坑塘 20.38 km^2、河口湿地 34.28 km^2、绿地 3.66 km^2、居工用地 0.78 km^2、河渠 0.24 km^2,旱田面积无变化。2000—2010 年间,围垦了约 85.99 km^2 的土地,其中,转化为水田 45.06 km^2、水库坑塘 11.01 km^2、河口湿地 26.54 km^2、旱田 0.58 km^2、居工用地 1.14 km^2、河渠 1.64 km^2,绿地面积无变化;2010—2015 年间,围垦了约 52.46 km^2 的土地,其中,转化为水田 3.57 km^2、水库坑塘 6.39 km^2、河口湿地 35.60 km^2、绿地 6.49 km^2、居工用地 0.05 km^2、河渠 0.34 km^2,旱田面积无变化(表 3-8)。

表 3-8 1990—2015 年间崇明岛各类土地利用类型围垦面积及占总围垦面积的百分比

土地利用类型	1990—2000 年		2000—2010 年		2010—2015 年	
	面积 (hm^2)	比例 (%)	面积 (hm^2)	比例 (%)	面积 (hm^2)	比例 (%)
旱田	0	0	58.19	0.68	0	0
河口湿地	3 428.56	26.95	2 654.41	30.87	3 560.64	67.87
河渠	24.33	0.19	164.64	1.91	34.60	0.66
居工用地	78.84	0.62	114.40	1.33	5.63	0.11
绿地	366.26	2.88	0	0	649.24	12.37
水库坑塘	2 038.80	16.02	1 101.16	12.81	639.18	12.18
水田	6 787.14	53.34	4 506.36	52.40	357.15	6.81

由此可以看出，从1990年以来，被围垦的湿地中，除了36%仍然保持在湿地状态，剩下的45%被转化为农业用地，其中绝大多数为稻麦轮作田（表3-8）。从被围垦的区域来看，在1990—2000年，主要集中在崇明岛东滩湿地；而在2000—2010年，主要集中在崇明岛北部。这与崇明东滩湿地在1999年被湿地国际亚太组织接纳为“东亚-澳大利西亚迁徙涉禽保护区网络”成员单位、在2002年成为国家重要湿地相关，导致其在2000年以后没有围垦现象发生。有趣的是，在2010—2015年，崇明东滩也有围垦现象发生，然而这是因为互花米草治理与鸟类栖息地优化工程修建的堤坝，导致在遥感上被识别为围垦。

五、土地利用变化对生态系统碳通量的影响

尽管化石燃料燃烧是人源碳排放的主要来源，但土地利用变化导致的碳排放量占过去150年人源碳排放总量的33%（Houghton，1999）。在全球范围内，土地利用/土地覆盖变化导致的净碳排放量约为（1.0±0.8）Pg/a（Le Quéré et al.，2015）。传统的碳循环研究，只关注土地利用方式变化之后的直接排放，而忽略了其导致的其他间接碳排放。因此不能完整反映碳通量的变化。本小节通过建立生命周期模型，估算崇明岛农业围垦区域农业生产全过程的碳排放，明确生命周期各阶段的碳效应，为崇明岛低碳农业发展提供依据。

（一）生命周期评价

生命周期评价（life cycle assessment，LCA），关注某一产品或某一生产系统整个生命周期，从原材料开采、物资生产使用、到最终回收处理的过程（ISO，2006），包括了整个生命周期中产品、过程以及服务对环境的影响（Thomassen et al.，2008）。它要求收集系统全周期所有的消耗与排放，并评价这些消耗与排放的环境影响（Baumann，2004）。这将使得人类对产品/活动整个生命周期环境影响有更充分的认识，从可持续发展的角度采取更合适的措施（Guinée & Heijungs，2011）。生命周期评价可以分为四个部分：定义目标和范围、生命周期清单分析、生命周期影响评价和结果解释。这种方法最初是用于评估工业生产的影响，后来逐渐被应用于更广泛的领域包括农业（Roy et al.，2009；Müller-Lindenlauf et al.，2010；Yan et al.，2011；Koellner et al.，2012；O’Brien et al.，2012；Tuomisto et al.，2012）。

不同于工业系统，农业系统的特点包括来自非点源的间歇性温室气体通量，受天气和气候、土壤类型及农业活动影响的高度系统变异性（Miller et al.，2006）。在这种背景下，整体取向的分析方法如LCA，可能更有利于衡量作物生产系统所有的温室气体排放和其他广泛的环境影响。LCA所针对系统的完整性，使得它囊括生产周期中所有阶段的

环境影响。在大多数农业 LCA 中，能源消耗、温室气体排放、富营养化、土壤酸化及毒性都包含在环境影响类别之中（Meier et al.，2015）。此外，LCA 能够通过评价环境影响以达到系统可比较性和改进的目的（Biswas et al.，2008）。

目前，在农业 LCA 的研究领域，关于如何解释农业系统中的土壤碳库变化、气候变化影响类别中延迟排放的温室气体或产品碳足迹（carbon footprint，CF）等方面尚未达成共识（Brandão et al.，2013；Guinée et al.，2009）。碳足迹不同于完整的 LCA，它将全球变暖潜能值（global warming potential，GWP）视为唯一的影响类别（ISO，2013）。同时，一些研究人员认为土壤有机质的动态变化也应当成为一个单独的影响类别，用于评价土壤质量变化（Brandão et al.，2011）。

土地利用变化，包括直接土地利用变化和间接土地利用变化。改变土地所种植的特定作物类型，将导致不同的土地覆盖/利用，发生间接土地覆盖/利用变化，而这种情况下对先前土地利用的需求仍然存在（如农业用地改变作物类型发生间接土地利用变化，但土地利用类型仍为农业用地）（Klöpffer，2014）。已有农业 LCA 中，针对间接土地利用变化的评价已大量开展，主要关注包括作物种植转化为生物能源与生物燃料生产对温室气体平衡的影响（Fazio & Barbanti，2014）。对于直接土地利用变化和土地管理变化，由于当地条件的变化和可靠实地数据的缺乏，碳库变化的程度存在相当大的不确定性（Börjesson & Tufvesson，2011），研究相对不足。

（二）不同阶段的碳排放分析

1. 原材料开采阶段

本研究的原料开采阶段，分为农资所需原料部分和田间作业所需原料部分。由于农业活动所需物资（化肥、农药、电力、柴油）生产过程均是使用次级能源（柴油、燃煤、电力），次级能源需要通过开采初级能源（原煤、原油、天然气）进行次级能源生产过程得到。因此，根据田间管理记录中农资和田间作业所消耗的物资量，结合文献（袁宝荣，2006；狄向华，2005），换算出次级能源生产量和对应的初级能源开采量，并获得初级能源开采与次级能源生产的碳排放因子，据此计算出原材料开采阶段所有初级能源的排放量。初级能源开采的碳排放因子分别为：原煤产生的当量 CO_2 为 0.29 t/t，原油产生的当量 CO_2 为 0.08 t/t，天然气产生的当量 CO_2 为 0.1 kg/m^3；次级能源生产碳排放因子分别为：柴油产生的当量 CO_2 为 0.28 t/L，燃煤产生的当量 CO_2 为 0.29 t/t，电力产生的当量 CO_2 为 0.001 14 t/(kW·h)。需要注意的是，崇明电力有 7%左右来自清洁能源，因此，核算其所消耗初级能源量时，按耗电量总量的 93%进行换算。计算后所得结果如表 3-9 所示。在生产农资（尿素、复合肥、农药）所需原料过程中，次级能源生产产生的当量 CO_2 排放量为 4.667 t/hm^2，初级能源开采产生的当量 CO_2 排放量为 1.756 t/hm^2。在生产田间作业物资（柴油、电力）所需原料过程中，初级能源开采产生的当量 CO_2 排放量为 0.096 t/hm²。

表 3-9　农田生产生命周期原材料开采阶段碳排放

产物	次级能源产生的当量 CO_2 排放 (t/hm²)		初级能源开采产生的当量 CO_2 排放 (t/hm²)			当量 CO_2 排放总量 (t/hm²)
	燃煤	电力	原煤	原油	天然气	
尿素	0.559	1.196	0.735	0.001	*	2.491
复合肥	0.690	2.222	1.018	0.002	*	3.932
农药	*	*	*	*	*	*
柴油	—	—	0.002	0.012	*	0.014
电力	—	—	0.081	0.001	*	0.082

*　表示值太小不予考虑。

2. 农资生产阶段

农资生产阶段碳排放，主要包括化肥（尿素、复合肥）和农药生产过程中投入的次级能源（燃煤、电力）引起的碳排放。农资生产阶段排放系数的确定，根据 Zhang et al.（2013）的研究成果，可以确定燃煤的当量 CO_2 排放因子为 0.029 t/t，电力的当量 CO_2 排放因子为 0.000 703 t/(kW·h)，具体结果见表 3-10。3 种农资生产过程所导致的当量 CO_2 排放合计为 2.344 t/hm²。

表 3-10　农田生命周期农资生产阶段碳排放

处理	消耗资源产生的当量 CO_2 排放量 (t/hm²)		当量 CO_2 排放总量 (t/hm²)
	燃煤	电力	
尿素	0.056	0.776	0.832
复合肥	0.069	1.443	1.512
农药	0.161×10^{-6}	1.466×10^{-5}	1.482×10^{-5}

3. 种植阶段

在本研究中，农田种植阶段的碳排放，包括各项田间作业导致的人类活动碳排放与农田温室气体排放。这些田间作业活动，包括田间管理过程施用农药化肥，灌溉、晒场过程中的电力消耗，翻耕、收割等过程的柴油消耗导致的碳排放。由于崇明电力有 7%左右来源于可再生能源，因此，只将耗电量的 93%结合电力排放因子计算。电力的碳排放因子根据国家发展与改革委员会于 2015 年发布的中国区域电网基准线排放因子，采用华东区域电网排放因子，通过单位换算得到华东地区电力的当量 CO_2 排放因子为 0.000 703 t/(kW·h)。根据相关文献（袁宝荣，2006；狄向华，2005），可以确定柴油的当量 CO_2 排放因子为 0.002 56 t/L。农药产生的当量 CO_2 排放因子为 4.733 t/t，化肥的当量 CO_2 排放因子根据化肥中有效元素（N、P、K）的成分含量确定，纯氮肥的当量 CO_2 排放因子为 0.004 005 t/kg，纯磷肥的当量 CO_2 排放因子为 0.003 894 t/kg，纯

钾肥的当量 CO_2 排放因子为 0.005 213 t/kg。计算所得农田种植阶段人类活动导致的碳排放如表 3－11 所示。

表 3－11　农田生产生命周期农田种植阶段产生的当量 CO_2 排放（人类活动）

柴油 (t/hm^2)	电力 (t/hm^2)	化肥 (t/hm^2)	农药 (t/hm^2)	当量 CO_2 排放总量 (t/hm^2)
0.346	0.378	1.864	0.138	2.726

对于农田生态系统本身所排放的温室气体部分，使用涡度协方差技术计算出的农田生态系统年 NEE 数值，当量 CO_2 排放为－2.268 t/hm^2。根据 UNEP－IESD 发布的《崇明生态岛碳源碳汇核算研究报告》得到水稻种植期间的 CH_4 排放量为 0.225 t/hm^2，通过 IPCC 报告中的 GWP 值换算得到 CH_4 排放的当量 CO_2 为 5.625 t/hm^2。将人类活动的碳排放、农田生态系统 NEE 和水稻种植期间的 CH_4 排放量进行累积，得到农田种植阶段的当量 CO_2 排放总量为 6.083 t/hm^2。

那么结合以上三个阶段的估算，农田生产全生命周期当量 CO_2 排放总量为 14.946 t/hm^2。其中，材料开采阶段和田间种植阶段都是农田生命周期碳排放的主要来源，其各自碳排放分别占总量的 43.6％和 40.7％。

根据碳效益的计算公式 Cdebt＝NEE _ CO_2＋25×NEE _ CH_4＋C _ prod＋C _ farm，湿地不存在生产和农业耕种等活动，因此仅考虑 CO_2 和 CH_4 的排放，那么湿地的当量 CO_2 效益为－12.34 t/hm^2。将湿地和农田的碳效益相比，得到湿地转化为农田后，当量 CO_2 效益变化为 27.29 t/hm^2。

（三）与其他研究的比较

之前，已有一些有关农田生命周期评估的结果发表，如在水稻种植方面，曹黎明（2014）评估崇明长江农场水稻生产的当量 CO_2 排放量为 11.811 t/hm^2；董珑丽（2014）评估崇明岛整体水稻生产的当量 CO_2 排放量为 9.731 t/hm^2；王明新（2009）对太湖高产水稻的生命周期评估当量 CO_2 排放结果为 32.896 t/hm^2。在小麦种植方面，江苏（李贞宇，2010）小麦生产生命周期当量 CO_2 排放为 2.959 t/hm^2，山西、山东、山西、河北、河南（徐小明，2015；王明新，2006；梁龙，2009）的小麦生产生命周期当量 CO_2 排放范围为 2.218～6.751 t/hm^2。将这些国内相似研究的水稻和小麦生命周期当量 CO_2 排放量累计求和，其范围为 11.949～39.647 t/hm^2。本研究生命周期碳排放总量与国内其他研究结果总量相比处在较低的水平，接近崇明和江苏相关研究的结果。其中，水稻生产碳排放量远低于太湖高产水稻和广西两季稻的碳排放量，而小麦生产碳排放量低于河北、山西的小麦生产碳排放量。一方面，这种差异可能与地域差异有关，本研究的结果与长江三角洲其他研究较为接近，与地理条件迥异的区域差异明显；另一方面，这与农业管理强度可能也有关系，如太湖高产水稻生产的碳排放远高于崇明和江苏的研究结果。具体就各个阶段排放量所占比例而言，本研究中原材料开采阶段和农田种植阶段为主要碳排放阶段，所占比例分别为43.6%和40.7%，与国内其他研究结果相比存在明显差异。在已有的小麦生命周期研究中，农资生产和农田种植阶段为主要碳排放阶段，所占比例范围分别为42.5%～68.2%和21.1%～50.5%。在已有的水稻生命周期研究中，主要碳排放阶段多判定为农田种植阶段，其贡献范围为21%～77.1%；其次为农资生产和田间作业阶段，这与水稻种植期间释放大量CH_4密切相关。出现主要碳排放阶段差异的原因，主要包括生命周期范围的界定、数据来源的不确定性、区域差异等。已有研究多关注单一作物生产的生命周期，本研究生命周期涵盖了水稻和小麦两个生产过程，其各阶段碳比例自然与单一作物结果存在差异。同时，不同研究温室气体排放系数选择的差异也会导致结果的差异。

本研究在完成生命周期评估时主要存在以下不确定性：①本研究只获得了一年的田间管理记录，缺乏长期的平均统计数据。而不同年份田间耕作过程中使用的化肥农药及燃料消耗均存在一定差异（Gibbons，2006）。季节和天气的变化也可能对农业活动产生深远的影响，事实上，采用多年平均值可能才是最为准确的数据（Caffrey，2013）。②由于缺乏相关统计数据，本研究没有计算曹黎明等研究所包括的秸秆还田、稻谷加工和运输等过程，这些过程均会导致大量的碳排放。Roer（2012）的研究，已经证明了系统边界对结果影响的显著性；Cooper（2011）的研究结果，也认为农业生命周期评估的系统终止边界设置为自然果实长成即可，因为农产品加工过程是属于另一个加工业系统。③由于缺乏田间实测的CH_4通量数据，本研究计算农田温室气体排放时使用了文献中崇明水稻田平均的CH_4排放量，这与实际情况可能有所出入。而水稻种植的淹水期阶段是关键的CH_4释放源，是温室气体排放的第四大农业排放源（Smith，2008）。这一数据的不确定，可能导致农田生命周期碳排放的总量偏低。④实际排放因子在不同区域和不同操作条件下均存在差异，而由于资料有限，本研究采用的都是区域统一的平均值，可能对评估结果产生深刻影响。

与国内相似研究相比，在崇明当地农场的农业生产过程中，所消耗农资的原材料开采阶段和农田种植阶段所造成的碳排放，是整个生命周期全碳排放量的主要构成部分。原因主要有两个：一是高频率、大量的化肥施用；二是水稻种植过程中释放的大量CH_4。中国在粮食生产的过程中，消耗了全球化肥总量的1/3（Zhang，2012）。事实上，中国的水稻氮肥平均利用率仅有31.11%（Huang，2010），而亚洲其他国家管理良好的农田的氮肥利用率可达61%（Cassman，2002）。与国内其他地区水稻田相比，根据潘根兴等（2003）对江苏太湖水稻田的研究，在保证水稻产量为9 t/hm^2的前提下，所需纯氮量可以减少至210 kg/hm^2，也远低于跃进农场在水稻生产阶段所耗量。现阶段中国南方水稻-小麦轮作区域和中国北方的小麦-玉米轮作区域的氮肥使用量可以减少30%～60%，依然能够维持农田的产量（Ju，2009）。因此，为了有效减少农业生产的温室气体排放，一方面，需要提高氮肥利用率、减少氮肥使用量，更多使用测土配方的复合肥，适当种植绿肥；另一方面，针对原材料开采和农资生产阶段的高碳排放量，需要考虑在化肥生产过程中更多采用清洁能源，实现节能减排。

第四节　滩涂围垦驱动分析及发展对策建议

一、围垦区扩展变化的驱动力分析

滩涂围垦不仅受自然因素的制约，而且还受社会经济条件和政策导向的影响。滩涂围垦的扩展速率及围垦区土地利用/土地覆盖变化，在很大程度上取决于区域滩涂资源自然条件和人类活动的综合作用。滩涂围垦区的空间分布和利用方式，在大环境背景上由自然因素控制；而人类的社会经济活动，又对其演变有着极大的影响（周沿海，2004）。

滩涂围垦的自然驱动力，是指影响滩涂围垦区空间分布及其利用方式的生物地球物理因子。围垦以滩涂为空间载体，滩涂的发育程度对围垦区的分布及开发的难易起着控制作用，而海底地貌、河流入海携带的泥沙含量及潮流的变化等，对滩涂的形成和发育有着深刻的影响，使滩涂资源的属性、面积和分布特征均有明显的区域差异性。同社会经济因素相比，较短时期内，自然因素变化的速率显得较缓慢；但在较长时期内，它对滩涂的生长发育起着控制作用，进而深刻地影响着滩涂围垦区的空间分布和利用方式（Chen et al.，1999）。

海岸线的发育状态与海底地貌共同决定滩涂湿地的分布，地势平坦的区域水深较浅、水动力条件较弱，有利于形成成片的滩涂，为滩涂围垦提供物质基础。崇明东滩是泥沙堆积地貌，自海堤向外形成微缓的斜坡，根据潮汐作用的潮位和滩面高度，又构成了潮上滩、高潮滩、低潮滩三种不同的微地貌生境，具有不同的动植物群落和底栖动物类群。沟汊纵横，形成了特有的网状水系是东滩另一个微地貌特征，同时从长江带来的泥沙促使其不断地向外淤长，形成一种动态的滩涂湿地，成为控制长江口围垦区空间发展的物质基础及今后围垦的发展方向（Chen et al.，1998；陈吉余 等，2003）。

长江入海携带的泥沙为滩涂湿地的形成和发育提供了部分物质基础，长江含沙量的多寡和入海径流量的大小，对滩涂发育的速度有很大的影响。巨量的水沙下泄不仅对长江河口，而且对临近陆架海域的水文和沉积都有重大影响，多年来许多研究工作者已经从不同的角度对这些影响进行了讨论。上游重大的水利工程（三峡大坝的修建和南水北调工程）以及近年来越来越多的风暴潮等特殊气候条件也可能通过改变泥沙沉积速度，间接地影响滩涂湿地生态系统的发育（Lin et al.，2005）。

长江中下游河道水量及其变化规律，主要取决于流域降雨的时空分布。根据统计资料，进入河口区的径流量有一半来自上游，一半来自中下游流域。长江上游来沙量的变化，对于中下游及河口区输沙规律的变化也起着重要作用，上游的金沙江和嘉陵江是长江流域的主要产沙区。此外，长江来沙又以悬沙为主，占总输沙量的98%左右，这就为河口三角洲的形成提供了丰富的泥沙来源，而这些陆源物质是滩涂进一步发育的基础（Lin et al.，2005；汪松年 等，2006）。另外，长江携带的泥沙量具有明显的季节性变化，与水量相比分布更加不对称，它是导致滩涂发育速度存在区域差异的主要因素，进而影响着不同区域围垦的未来发展潜力。三峡水库运行 80 年后，大通站年输沙量为 4.206×10^8 t；而 1981—1994 年大通站实测年平均输沙量为 4.048×10^8 t，也就是说，三峡建成运行后，下游大通站要经过约 80 年才能恢复到建库前的输沙量水平（表 3－12）（Lin et al.，2005；汪松年 等，2007）。

表 3－12　三峡水库建库后大通站年输沙量

运行年份（年）	1～10	11～20	21～30	31～40	41～50	51～60	61～70	71～80
年输沙量（10^8 t）	3.268	3.251	3.463	3.700	3.708	3.870	3.986	4.206

南水北调中线工程从丹江口水库调水，调走的主要是库内清水，丹江每年的下泄水量将相应减少（9～15）$\times10^9$ m^3。由于下泄水量的减少，导致下泄泥沙量同步减少。假定调水水体的平均含沙量为 0.12 kg/m^3，调水后长江干流可以按照平均每年减少泥沙（1.06～1.77）$\times10^6$ t 来估计。由于南水北调东线工程是由江都扬水站取水，取水含沙量可以认为和长江年平均含沙量相同。所以，实施东线调水工程后将使长江江都以下每年减少径流量（1.0～1.5）$\times10^{10}$ m^3，如果平均含沙量约 0.36 kg/m^3，年减沙量将达（3.60～5.4）$\times10^6$ t。沿江的取水每年如按（2.4～4.0）$\times10^{10}$ t 计，可能引起减沙（8～12）$\times10^6$ t（Feng et al.，1998；Lin et al.，2005）。

潮汐作用对滩涂围垦的驱动作用，主要通过影响滩涂发育来实现。水是滩涂湿地生态系统中物质迁移最重要的媒介，与其他环境因子耦合作用于湿地的生物地球化学过程，影响湿地中元素的循环与转化、物质的滞留和去除、污染物净化、沉积等功能。滩涂湿地的潮汐过程直接控制着湿地生态系统的形成与演化，而水文情况制约着湿地土壤的诸多生物化学特征，从而影响湿地生物区系的类型、湿地生态系统结构和功能。潮流的大小和流向共同塑造了不同的水动力环境，在水动力大的崇明南岸，泥沙不易沉积，影响到滩涂的发育，在这类地区不利于滩涂围垦。相反，在水动力较弱的崇明东滩，微弱的水动力环境极有利于泥沙的沉积，若在泥沙供给充足的情况下，滩涂发育迅速。

社会经济因素在短时期内对滩涂围垦的分布及面积扩展的作用显得更为重要。自然因素制约滩涂湿地的生成和发育，但滩涂围垦区的生成和扩展主要依赖于劳动力、资金和技术。在人口稀少、土地需求容易得到满足的早期人类社会中，虽然滩涂空间分布客观存在，但沿海滩涂不存在围垦问题或几乎不需要围垦，滩涂围垦是人类社会经济发展到一定水平的必然结果。因此，人类社会经济因素是滩涂围垦区形成、拓展的主要驱动力之一。人类社会是通过一定工程项目的实施来实现滩涂围垦的。而滩涂围垦的空间分布和面积扩展受到人口压力、经济效益和政策导向等因素的制约：这些因素也是滩涂围垦的主要驱动力。滩涂围垦的驱动力，是人文因素和自然因素共同作用的结果。

人口压力对滩涂围垦变化的影响因子，包括人口的数量、密度、质量、结构等。长三角地区是一个人多地少的区域，这里人口增长较快，人口的增长导致了人均土地资源占有量的下降，造成了对土地的重大压力和许多矛盾。滩涂围垦对环境带来的影响是显著的，在目前情况下，大多数滩涂围垦主要考虑滩涂围垦投入与产出的差值，而较少考虑环境成本。若是差值为正，意味着滩涂围垦有利可图，从而驱动着滩涂的围垦。若把滩涂围垦可能带来的负面环境效应成本也纳入滩涂围垦开发利用成本之列，则会遏制不利于环境的滩涂围垦。另外，滩涂的不同开发利用方式带来的收益也有所不同，滩涂敞开型放养所得收益明显低于封闭型放养，促进了围垦工程的实施。

国家建设方针政策对滩涂围垦区的变化影响重大，国家为了保护耕地，同时也为了保证非农业用地的需要，鼓励开荒围垦，增加耕地面积，以达到耕地数量的占补平衡。在这种土地利用政策的驱动下，促进了滩涂的围垦。用于作为补充耕地的滩涂围垦地大多数是低产田，耕地占补平衡要求的等质事实上难以实现。从农业用地产出水平计算，同等数量的滩涂围垦地与耕地的增减，并不能达到粮食产量实际上的增减平衡。因此，以耕地供给城市建设、工业发展，以滩涂围垦地来补充耕地的土地循环使用模式，必将引起耕地质量的下降，是不可持续的。

二、滩涂围垦可持续发展的对策建议

民以食为天，土地是源源不断提供我们粮食、蔬菜以及各种副食品的基地，人们的衣、食、住、行都离不开土地，土地问题是关系国计民生的大问题。为了合理利用有限的土地资源，加强对土地利用的宏观调控和计划管理，平衡土地供求总量，优化土地配置，促进长三角地区国民经济持续、快速、健康发展和人民生活水平的不断提高。促淤和圈围的滩涂湿地，主要用于长三角地区总体规划中确定的生态农业、生态绿地、自然保护区、城镇用地、工业用地、对外交通用地、市政用地等。

通过长江口滩涂湿地保护与合理利用规划，一方面达到长三角地区土地利用总体规划的土地供求平衡，另一方面达到湿地总量动态平衡；按照社会、经济、生态环境对土地的需求，持续、集约、高效利用土地资源，并改善湿地生态系统的结构，逐步实现湿地利用和湿地结构的双优化。

（一）建立并完善滩涂围垦的科学评价指标体系

为了更好地管理上海市湿地资源监测站点，实现数据的科学采集、科学分析，建议在市区设立上海市湿地资源监测中心，负责和全国湿地资源监测中心的协调和技术联络，负责上海市监测技术规程制定、野外监测调查、动态分析和预测、定期编制湿地资源消长报告以及社会化服务等。监测中心挂靠在上海市野生动物保护管理站，隶属于上海市绿化管理局，监测中心需要配置与监测站点数据相互传输的通信系统、GIS 地理信息系统工作平台和监测数据库以及相应的网络等，同时应加强人才的引进和培养，确保监测数据的可靠、准确、及时、全面。

（二）建立滩涂围垦信息化管理

围绕建设生态型城市的目标，以及长江三角洲范围内湿地保护研究和管理的合作，着力建设长江口滩涂湿地保护和管理公共研究平台。根据城市湿地保护管理工作的需要，依托有关高校合作组建长江河口湿地研究中心，服务于上海市及长江三角洲野生动植物及湿地保护科学研究、技术支持、保护管理、人才培养和国际交流等方面的工作，成为向社会普及野生动植物及湿地保护知识的重要基地，努力提高市民的湿地保护意识，在全社会树立新的资源环境观。

建立长江口滩涂湿地生物多样性信息系统以及湿地动态演变数据库。配合崇明现代生态岛的建设，依托高校，规划建立湿地科学与生态工程重点实验室，提升湿地研究、保护、管理技术的输出功能，要立足国内，辐射韩国、日本、朝鲜、新加坡、马来西亚等国家，提供湿地管理培训、国际交流与合作活动基地，努力使上海成为国家履行国际湿地公约的重要对外窗口。因此，要努力争取国家林业局、市科委的支持，在崇明东滩国际重要湿地建立全国湿地保护和管理的研究培训中心，为全国湿地保护、管理和研究提供人才培训服务。

（三）退化湿地的修复和重建

湿地的修复和重建是通过人类活动，把退化的湿地生态系统恢复成健康的功能性生态系统。生态恢复的目标，一般包括景观的恢复、生态环境的恢复、生态系统结构与功能的恢复以及生物种群的恢复等几个方面。作为一种特殊的生态系统，湿地的生态恢复主要侧重于适宜水文学的恢复、特殊生境与景观的再造、湿地植物的再引入与植被恢复、物种多样性的丰富、入侵物种的控制等。动植物多样性的恢复与湿地水文生态条件的改善密切相关，本地植物种类的引入与恢复以及景观的复合性有利于动物多样性的恢复。

在现有崇明东滩生态示范区的基础上，继续开展对已破坏或退化湿地的修复和重建工作。在崇明东滩、崇明北沿、南汇东滩、海港新城周边区域、长兴横沙两岛周边区域引导鱼蟹塘等人工湿地进行示范性的适宜性改造，在满足渔业生产的同时，增加水鸟栖息地的生态服务功能。

退化湿地的修复和重建，要尽可能采用工程与生物措施相结合的方法恢复，利用水文过程加快恢复（利用水周期、深度、年或季节变化、持留时间等改善水质），恢复潮水的干扰，控制污染物的流入，修饰湿地的地形或景观，改良湿地土壤（调整有机质含量及营养含量等）。根据目前国内外对各类湿地恢复项目研究的进展来看，主要有以下几项技术：废水处理技术，包括物理处理技术、化学处理技术和氧化塘技术；点源、非点源控制技术；土地处理（包括湿地处理）技术；光化学处理技术；沉积物抽取技术；先锋物种引入技术；土壤种子库引入技术；生物技术，包括生物操纵、生物控制和生物收获等技术；种群动态调控与行为控制技术；物种保护技术等。

（四）滩涂湿地的动态保护管理

长江每年输沙量约为 4.86×10^8 t，这些泥沙大部分沉积在河口及其附近地区，成为河口地区滩涂发育的物质基础（赵庆英 等，2002）。由于这些巨量泥沙的供应，长江口每年新增湿地 20 km^2（周念清 等，2007）。随着崇明东滩每年向外延伸，滩涂湿地发生演替。植被的生长可以指示地表的高度，如芦苇带，标高 3.3 m 以上；藨草（*Scirpus triqueter*）和海三棱藨草，标高 2.8～3.3 m（徐宏发 等，2005）。随着滩涂的淤长，滩涂植被也随之外移。在滩涂内侧由于逐年的淤长，高程逐渐升高，盐生植被逐步演替为芦苇群落，并成为足够宽的潮上带，若干年以后就可进行适当的围垦，而不是现在对滩涂生物多样性最丰富的潮间带进行围垦。因此，充分运用“3S 技术”，探讨湿地发育和形成的机理，指导科学围垦和土地利用规划，是非常迫切也非常实用的方法。同时，还可以通过动态保护管理，进一步对围垦在经济、生态和环境上的得失作出正确的评价。

（五）长江口滩涂湿地合理利用策略

进一步深入研究长江口水流、泥沙的运动规律，深入研究潮汐河口水流挟沙、风浪掀沙、泥沙絮凝等复杂机理。在此基础上，统筹兼顾综合考虑生态环境、湿地保护、国土资源的需求以及河势控制等各方面的因素，制订出切合实际的长江口滩涂开发利用规划。

坚持开发与保护并举的方针，本着“加快促淤、保护生态、适度圈围、有效利用”的指导思想，以滩涂资源的动态平衡和有序的开发利用，来保障上海市经济社会的可持续发展。目前，长江口中、低滩涂资源仍非常丰富。因此，近期应尽可能地多促少围，建设一些拦沙工程拦截入海的泥沙，促使低滩向高滩转化，创造出更多更丰富的滩涂资源。

坚持围垦与整治相结合，充分考虑利用长江口深水航道疏浚泥沙促淤造地，结合长江口北支的束窄、长江口南北港分流口整治和长江口白茆沙河段整治工程的实施进行围垦造地。

根据潮流输沙和风浪掀沙的特点，充分利用长江口门区充沛的泥沙资源进行促淤围垦。中华人民共和国成立以来，虽然围垦了大量滩涂，但长江每年下泄的 4.72×10^{8} t 泥沙中仅有 6.1%被利用成陆，其余绝大部分沉积在长江口和杭州湾，并在口门区形成数千平方千米的拦门沙（Chen et al.，1999；许长新 等，2004）。因此，采用生物促淤、工程促淤、堵汊促淤等行之有效的促淤方法，同时进行捕沙器具的研究以提高促淤工程的效率，是今后长江口滩涂促淤围垦的主要方向。

长江口区域广阔，各片滩涂有其自身的特点和开发需求。因此，有必要在开发利用中，因地制宜地实行不同的方针。在崇明北沿、横沙东滩、江心沙洲、南汇和杭州湾边滩等区域，实行“边促边围”，以力争上海市耕地的“转补平衡”；在崇明东滩、九段沙、深水航道内侧等区域实行“多促少围”或“促而不围”，以形成和保留足够的湿地，满足生态环境的需要及储备必要的滩涂资源；在长兴岛青草沙区域则实行“不促不围”，以留作淡水水库的备用之地。

第四章
湿地植物群落格局及其监测

第一节　盐沼湿地植物群落的组织机制

盐沼是世界上主要的、广泛分布的潮间带生境，植被以草本盐生植物为主。它通常形成于潮汐作用比较温和、侵蚀并不剧烈、光照等资源充足的沉积性海岸带，其起源和发育取决于侵蚀和沉积过程与海平面升降之间的微妙平衡（Silvestri & Marani，2004）。盐沼是世界上生产力最高的生态系统之一，具有重要的生态系统服务功能（Costanza et al.，1997；Levin et al.，2001），然而它又是对环境变化十分敏感的脆弱系统（Adam，2002）。作为景观汇，盐沼湿地能够接受河流、海洋、陆地和大气输入的大量水分、有机质、营养盐等资源（Zedler & Kercher，2004），支持捕食食物链和碎屑食物链上丰富的物种（全为民，2007），对于生物多样性的维持以及生物地球化学循环过程都具有不可替代的作用。

一、群落的垂直结构与水平分化

很多群落都有明显的垂直成层现象，根据形态上的差异可以分为多个层次。盐沼湿地的优势物种大都是草本，分层不如森林那么复杂，但致密的冠层对于一些光照需求较高的物种［如海三棱藨草（*Scirpus mariqueter*）］的更新仍然会产生很大影响。因此，群落的垂直成层结构与其水平分布格局间存在着密切联系。盐沼中竞争优势种通常具有较大的个体，对于光照及土壤营养的获取能力较强，常常形成大片的单物种群落。其密集的冠层下方几乎没有其他植物能够生长，而竞争能力较弱的机会主义物种只能凭借较强的扩散能力占据干扰形成的空白斑块（bare patch）（Bertness & Ellison，1987）。

植物地下部分的根系也存在分层现象，这种生态位的分化对群落的稳定性起到了重要作用。童春富（2004）的研究发现，长江口盐沼中，藨草（*Scirpus triqueter*）的根系相对较浅，避免了与海三棱藨草强烈的地下竞争，这可能是两者得以共存的机制。根系分布还与种群年龄有关，崇明东滩年轻互花米草（*Spartina alterniflora*）种群的地下生物量较低，主要分布于 0～20 cm 的深度；而年老种群的根状茎和细根，则集中于 10～30 cm的土层内（王金庆，2008）。

群落内各组成物种还有水平格局的分化，其相互关系更为复杂。盐生植物在盐沼中的空间分布不是随机的，常常形成边界较为明显的条带，这种现象激起了学者对植物分带研究的兴趣。目前，人们已经普遍接受盐沼植物群落的分带是由环境与生物因子的相互作用共同造成的（Bertness & Pennings，2000；汪承焕 等，2007）（图 4－1）。

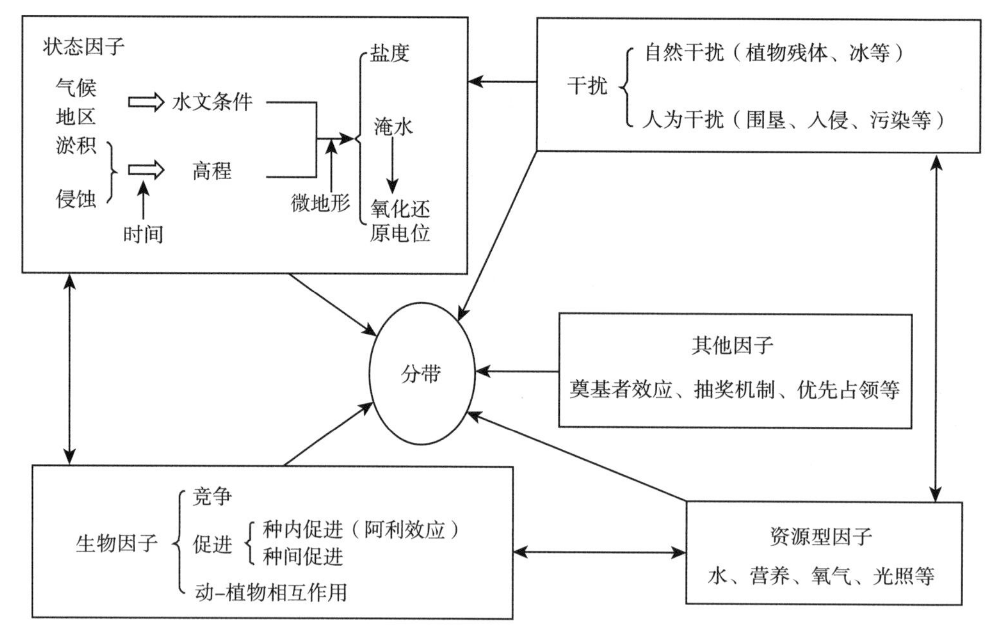

图 4-1 盐沼植物群落分带机制的概念框架

（汪承焕 等，2007）

环境梯度比较明显的潮汐盐沼中，在胁迫严重的一端，物种分布界限通常由其胁迫耐受能力决定；而在环境适宜的另一端，物种的分布界限往往由多种其他因素（竞争、干扰、取食等）决定（Snow & Vince，1984；Bertness，1991；Pennings & Callaway，1992）。许多研究表明，潮间带的藻类等水生生物分布上限受生理耐受能力限制，而下限则由竞争能力决定（Lubchenco，1980；Bertness，1991）。对于维管植物而言，情况则正好相反，近海端受潮汐作用影响大，水淹时间长，胁迫比较严重。由于竞争能力和胁迫耐受能力之间往往存在着权衡，竞争优势种得以占据靠近陆地的良好生境而将一些胁迫耐受能力较强的物种排挤到靠海的恶劣生境中（Bertness，1992；Bertness & Pennings，2000）。当然也存在例外，德国北海沿岸的一种披碱草（*Elymus athericus*）其分布下限就受到滨藜属植物 *Atriplex portulacoides* 的竞争限制，而与环境胁迫无关（Bockelmann & Neuhaus，1999）。环境梯度不明显或者变化不规律的地区，分带的机制则有所不同。在潮汐作用影响较小的不规则淹水地区，淹水特征主要由降水和风向所决定（Stout，1984；Costa et al.，1988）。

二、群落分布格局的影响因素

（一）生活史早期事件

建群早期的事件对于调控植物沿环境梯度的分布具有重要影响（Keddy，1989；Davy，2000）：某些情况下，竞争优势可能是通过抽奖机制或者繁殖体建成后对资源的优先利用而形成的（Costa et al.，2003），奠基者效应也会影响群落结构（Scholten et al.，1987）。例如，美国新英格兰盐沼中狐米草（*Spartina patens*）和灯心草（*Juncus gerardi*）的分带可能取决于物候差异，灯心草生长季开始较早，先于狐米草萌发而抢占了空白生境（Bertness，1991）。

此外，繁殖体的散布特性对于成体的分布格局也具有重要影响。例如，在一处红树林沼泽中，各个物种的幼苗在滩涂不同区域都能正常生长，成体的带状分布是由繁殖体传播能力的差异造成的（Rabinowitz，1978）。对于进行有性繁殖的盐沼植物而言，种子的传播和散布对其分布有着极为重要的影响。非生物（风、水、雨滴）及生物媒介（动物、人类）都能成为种子传播的载体，并起到各自不同的作用。许多盐沼植物的种子都能够长时间漂浮在水面，随水流远距离传播（Koutstaal et al.，1987）。潮汐作用对其在大尺度上的扩散、定居起到重要的作用（Huiskes et al.，1995）。而局域尺度上的种子散布，则同时受到种子特性、潮汐作用及地上植被等的影响。在崇明东滩，互花米草入侵后提高了群落的地上生物量，使大量海三棱藨草种子在高潮带不适于萌发的区域被截留，这对于其种群更新造成了很大影响，限制了海三棱藨草带向海的扩张（Wang et al.，2009）。在荷兰一处海岛的盐沼中，野兔及黑雁（*Branta bernicla*）在高潮带和低潮带的取食虽然降低了种子萌发率，但有助于其传播和扩散，进而影响到植物群落的空间格局（Chang et al.，2005）。

（二）环境异质性

盐生植物的萌发、生长和繁殖取决于其一系列的生理需求，包括充足的能量输入和必需营养物质的供应。光、水分、氧气、大量营养物质和微量营养物质，以及各种限制性因子，如土壤孔隙水的高盐度、低营养离子浓度、基质的厌氧条件、高浓度硫化物、浸没时温度的变化、光周期改变、潮水冲刷以及泥沙掩埋等一系列环境胁迫，都对盐沼植物的生理过程有重要影响。长期以来，研究者一直认为对环境因子适应能力的差异是盐沼植物群落分布的决定因素，并进行了大量的相关研究（Cooper，1982；Ungar，1991，1999；Noe & Zedler，2000）。

盐度和淹水是盐沼生态系统中最重要的两个环境因子，只考虑这两者，就可以将大部分植被带区分开来（Vince & Snow，1984）。盐分对植物的生理影响，主要表现在钠离子和氯离子的直接毒性、对其他离子吸收的干扰以及破坏渗透平衡三个方面（Zhu，2001）。不同植物对盐度的生理反应有很大差异，因而在不同的生境中，其存活与表现也存在差异。例如，盐角草属（*Salicornia* spp.）植物在咸水环境中生物量最大，一定的盐度对碱蓬属（*Suaeda* spp.）和滨藜属（*Atriplex* spp.）植物的生长有促进作用（Caldwell，1974）；而其他盐生植物的生长，通常随盐度增加而受到抑制（Ungar，

1991)。除了总盐度之外，离子组成也会对盐沼植物产生影响。西班牙东南部的盐沼中，K^+/Na^+比和Ca^{2+}/Mg^{2+}比是影响植物分布的重要因素（Ariza & Silla，2000）。

淹水的主要效应是降低土壤含氧量和氧化还原电位（Crawford，1992；Ewanchuk & Bertness，2004）。植物会采取不同的策略适应周期性淹水，有的形成通气组织，将空气从地上部分输送到根系，使其在土壤饱和的条件下仍然能够进行呼吸（Ungar，1991；Visser et al.，2000），还有的通过增大地上部分的孔隙体积，以利于向根系提供足够的氧气。湿地植物的组织孔隙度可达60%以上（Armstrong，1982），大大高于陆生植物的2%～7%（Silvestri & Marani，2004）。由于应对缺氧条件的机制不同，淹水对植物萌发过程和呼吸作用的影响也存在差异，因此，淹水及其造成的土壤饱和，是另一个决定盐沼湿地植物分布与表现的重要因子。

淹水造成的缺氧条件还会导致一系列反应，改变土壤的化学性质，对根系造成胁迫（Pezeshki，2001）。当有限的氧气很快被根系、微生物和还原物质耗尽之后，其他底物会被利用作为电子受体，相应的产物如还原态的锰离子、铁离子、硫化物会很快积累达到毒害水平（Silvestri & Marani，2004）。盐沼土壤基质中常常会积累较高浓度的硫化物，这是由于厌氧环境中，硝酸盐的有效性会受到限制；而河口、盐沼和海洋的沉积物常常含有来自海洋的足量硫酸盐，使硫酸盐还原成为厌氧代谢中的优势途径（Chapin et al.，2004）。植物对土壤化学性质改变的响应是有差异的，这在很大程度上决定了其分布范围的差异。例如，米草属（*Spartina* spp.）植物主要生长在还原性土壤基质上，而海滨碱茅（*Puccinellia maritime*）和盐滨藜（*Halimione portulacoides*）生长的土壤则是氧化性的（Beeftink，1977；Armstrong，1982），尤其是盐滨藜，通常只发生在导水率较高而地下水位较低的潮沟边缘。相反，欧洲米草（*Spartina maritime*）则往往出现在还原性强、硫化物含量高而其他植物无法生存的区域。此外，淹水还会改变照射到植物上的光的强度和组成，影响光合作用。

高程是直接决定盐度和淹水程度的重要因素，常被用作表征环境梯度的综合变量。受潮汐作用的影响，在大尺度上淹水频度和土壤缺氧程度随高程升高而降低（Howes et al.，1981）。盐度变化的趋势则更为复杂，除了潮水带来的盐分补充之外，盐度还与气温、降水等气候因子相关。高纬度地区蒸散作用较弱，盐度仅受海水供应限制，随高程升高而降低；低纬度地区由于蒸散作用较强，盐度随高程先升高后降低，在平均高潮位附近达到顶峰，可超过海水数倍（Pennings & Bertness，1999）。因此，在北美低纬度盐沼中，盐度决定了互花米草的分布上限（Pennings et al.，2005）。盐度和淹水对植物的相对重要性，也会随高程发生变化。在地中海型气候的生态系统中，盐度随高程升高而增加，淹水和盐度梯度正好相反，在中潮带形成了两个因子都较为温和的适宜生境，物种分布的边界集中于这一竞争最为激烈的区域（Pennings & Callaway，1992）。

由于受到微地形的影响，淹水时间与高程之间并不一定存在良好的相关关系。相比于高程，实测淹水频率能够更好地解释植物的分布（Bockelmann et al.，2002）。地形异质性较大的盐沼中，在景观中的位置（离海湾、潮沟的距离）对植物群落的分布也很重要（Zedler et al.，1999）。作为排水和淹水的通道，潮沟周围的土壤通气状况较好，适于植物生长，因而潮沟系统的密度和分布是盐沼植物群落分布格局的主要驱动力之一。Sanderson et al.（2001）研究了美国加州的帕塔鲁马（Petaluma）盐沼，建立了植被分布与潮沟特征关系的模型，只用一个参数（通过潮沟大小及与潮沟的距离计算）就能很好地解释植物的空间分布格局。土壤排水能力的差异，也会影响淹水时间并造成植物的斑块状分布（Pennings & Callaway，1992）。Silvestri et al.（2005）的研究表明，土壤盐度和潮汐体系是决定盐沼植物分布的重要因子，但它们很可能是通过影响地下水动态而间接起作用的。事实上，盐沼地下水的动态显著影响着氧气有效性，其异质性可以解释不同盐沼间观察到的差异。此外，土壤类型、导水率和不饱和特征等也都是重要的参数，其高度变异性可能是盐沼植物群落复杂分布格局的成因（Ursino et al.，2004）。

淤积速率是一个比较特殊的因子，它决定了盐沼是否处于演替进程之中。快速淤积的盐沼植物群落分带格局会随时间而变化，种内相互作用也会在演替过程中发生改变（Castellanos et al.，1998）。需要注意的是，沉积之后底质会发生干燥和压缩，底质剖面中有机质降解和贮存水的变化甚至可能抵消淤积作用，并导致盐沼表面降低（Davy，2000）。因而，有些情况下淤积并不能很好地反映高程变化（Cahoon & Lynch，1997）。

盐沼生态系统通常存在着氮限制（Valiela & Teal，1974），由于潮水带来的外源补充较少，有效氮含量在高潮带较低（Chambers，1997）。尽管不同盐沼植物群落之间氮含量的差异并不是很大（Buresh et al.，1980），但增加营养供应通常都能提高植物的生产力和水分吸收量。然而，当存在其他环境胁迫的限制时，植物生长与土壤总氮和铵氮含量之间不存在相关性（Buresh et al.，1980）。Levine et al.（1998）的开创性工作，揭示了营养供应在盐沼植物群落组织中所起的重要作用。经过施肥处理后，盐沼湿地中优势物种间的竞争结果发生了逆转：互花米草在和狐米草的竞争中占据了优势，而后者则排挤了原先的竞争优势种灯心草。进一步研究表明，这种竞争结果的改变在整个高程梯度上都很明显，在新英格兰地区（New England）的其他盐沼中同样存在，并可能导致盐沼植物群落分布格局出现大规模变动。也有研究得出了不同的结果，在密西西比（Mississippi）一处盐沼中，施氮促进了互花米草向黑针灯心草（*Juncus roemerianus*）群落的入侵，但并未降低地下竞争的强度。这是由于灯心草对空间的抢先占领及对低氮条件的耐受导致了两者的分带，而之前的研究可能没有区分对营养缺乏的耐受能力和竞争获取营养的能力（Brewer，2003）。

除了营养物之外，其他资源的有效性也会对群落格局产生重要影响。盐沼的大部分区域水分供应比较充足，并不是一种限制性资源。然而，在潮汐不能经常到达的高潮带，夏季土壤表层的失水会十分严重，此时，水分供应对于抗旱能力较弱的盐沼植物显得尤为关键。光也是相对比较重要的资源型因子，光照强度在盐沼湿地的不同区域基本上是比较均匀的，但会受到植物盖度、密度及淹水时间等因素的影响。当地下资源比较丰富的时候，植物对光的竞争会占据主导地位（Emery et al.，2001），使地上生物量分配较多的物种获得竞争优势，从而对植物群落格局产生重要影响（Ewanchuk & Bertness，2004）。通常，高潮带的优势多年生植物在与中低潮带物种的竞争中占据优势，这主要是由于其个体较大，遮阴使冠层下其他植物的生长、繁殖（Ellison，1987；Chen et al.，2004）、萌发（陈中义 等，2005）受到强烈抑制。此外，遮阴还会产生一些其他效应，如降低表层土壤的盐度和温度（Bertness et al.，1992），这对于部分一年生植物种子的萌发和空白斑块内的次生演替过程都有重要影响。

不同因子间的交互作用，使盐沼植物群落的组织机制更为复杂。如盐度、淹水对盐角草的生长与离子吸收有交互作用（Cooper，1982），干旱会加剧高盐胁迫对盐沼湿地植物营养吸收的负面影响（Brown et al.，2006），其他环境因子如盐度、氧化还原电位、硫化物浓度等也会影响植物的营养吸收能力（Ungar，1991）。盐度和氧化还原电位对互花米草与狐米草的影响也存在交互作用：好氧条件下，两者铵离子的吸收速率都随盐度升高而降低；厌氧条件下，互花米草的铵离子吸收速率不受盐度影响，而随着盐度升高，狐米草的铵离子吸收速率下降得更快（Morris，1980）。

（三）植物种间相互作用

不同物种适宜生存的环境之间往往存在着重叠，因此，种间相互作用对于植物群落分布格局具有至关重要的影响。由于不同植物之间非特异性的相互作用，群落中某些物种的存在和丰度取决于其他特定物种的存在与丰度（而非个体对环境的响应）（Wilson，1994），同资源种团的存在就是植物群落组织的一种表现。威尔士（Wales）北部一处盐沼中，主要物种可以分为两个类群（窄叶类与阔叶类），每一类内部的物种通常不能共存，这可能是由于结构相似的冠层之间相互作用更为强烈（Wilson & Whittaker，1995）。由于植物间相互作用的范围有限（Pacala & Silander，1990），因此，这种组合规律在小尺度上最为明显（Watkins & Wilson，1992）。

资源供应、环境胁迫与种间竞争存在着相互作用。尽管群落中优势种的竞争能力较强，但通常耐受干扰的能力较差，因而并不是在所有情况下都占据优势地位。在罗得岛（Rhode Island）的一处盐沼中，中潮带被植物残体覆盖的频率很高，强烈的干扰抑制了优势物种狐米草和灯心草的生长，使机会主义物种美国盐草（*Distichlis spicata*）的盖度显著增加（Brewer et al.，1998）。还有研究发现，某些盐沼植物对营养胁迫和淹水胁迫的适应发生了分离（Emery et al.，2001）。新英格兰盐沼中，互花米草适应淹水频繁的低潮带而灯心草适应高潮带低氮的生境，它们的地下竞争能力与胁迫耐受能力之间存在权衡。淹水胁迫增大时，只有互花米草能够生存，并不存在竞争；当营养供应增加时，竞争结果发生了改变，原先的胁迫耐受者成为了竞争优势者，这与 Tilman（1997）的资源比率模型和 Grime（1977）的 CSR 理论均有出入。因此，研究盐沼植物群落的结构和过程时，对资源供应和环境胁迫的区分是十分必要的（Emery et al.，2001）。

近年来，随着对促进作用认识的深入，种间正、负相互作用在群落组织中的相对重要性，成为植物生态学家最为关注的问题之一（Holmgren et al.，1997；Tielborger & Kadmon，2000；Callaway，2007）。大部分情况下，这两种作用同时存在，其平衡取决于环境胁迫的程度（Bertness & Callaway，1994；Brooker & Callaghan，1998）。在胁迫生境中，促进作用比较常见，它对植物生存具有重要意义。新英格兰南部的盐沼中，次生演替（Bertness & Shumway，1993）、种苗建成（Bertness & Yeh，1994）、分带边界（Bertness & Hacker，1994）和植物多样性（Hacker & Bertness，1999）都受到正相互作用的影响。在低纬度地区的中潮带，由于盐度较高，会形成植物无法生长的区域——盐盘，随后发生从耐盐植物开始的次生演替。在此过程中，耐盐的先锋物种侵占空白斑块后遮蔽了基质，减少蒸发，使土壤盐度下降，从而促进了其他竞争优势种的定居（Bertness，1991）。在一些区域还存在种内促进作用。例如，先锋物种互花米草在其群落边缘存在阿利效应，种子产量相比于密集分布区域显著降低（Davis et al.，2004）。滩涂前沿的移栽实验结果表明，互花米草的幼苗和小斑块中通气组织较少而不能明显改善环境，只有较大的斑块才能有效氧化周围基质，在缺氧环境下生长良好（Bertness，1991）。

最近的研究发现，许多群落是等级化组织的，其中，建群种的促进作用处于基础地位。盐生植物群落中，在恶劣生境中定居的维管植物改良了环境，而其他受益者则互相竞争占据这些生境（Bruno，2000；van de Koppel et al.，2006）。Altieri et al.（2007）对罗德岛卵石海滩群落的研究发现，罗纹贻贝（*Geukensia demissa*）的次级促进作用（提供裂缝和坚硬的基质），增加了藤壶和片脚类动物的密度，但它依赖于建群种互花米草的初级促进作用（遮阴和固定基质）产生的适宜生境。这一系列的促进作用及间接效应形成的级联促进，对于理解群落结构与组织过程具有重要意义（Altieri et al.，2007）。

当群落内有多个物种共存时，两个物种间的直接相互作用会受到其他物种的修饰，从而产生间接相互作用（Connell，1990）。在许多情况下，间接作用决定着植物群落的结构和组织（Strauss，1991）。多物种间的直接作用通常表现为竞争，而间接作用则以促进居多（Miller，1994），它们都有时空变化（Cheng et al.，2006）。当一个物种对另一个物种的间接正效应超过了它们之间的直接竞争效应时，就产生了间接促进作用（Levine，1999）。当不同物种间的竞争机制存在差异时（限制性资源不同，或者获取资源的方式不同），间接促进更可能发生。在北加利福尼亚州一处河岸植物群落中，一种薹草（*Carex nudata*）形成的稳定草丛直接促进了其他物种的生长。此外，通过对次优势物种多斑沟酸浆（*Mimulus guttatus*）的竞争抑制，它对蛇苔（*Conocephalum conicum*）与红龙头（*Mimulus cardinalis*）等物种具有间接促进作用（Levine，1999）。许多物种对单个目标种直接效应的累积（即弥漫效应）（Vandermeer，1990），也会改变物种之间的两两相互作用。Callaway 和 Pennings（2000）的研究发现，在卡宾特利亚（Carpinteria）的盐沼中，高潮带植物间同时存在直接竞争、直接促进以及间接促进作用。节黎属植物 *Arthrocnemum subterminale* 的存在，缓冲了 *Monanthechloe littoralis* 对其他物种的竞争效应。其具体机制可能有两种：①*A. subterminale* 通过竞争抑制 *M. littoralis*，而间接促进了拟漆姑（*Spergularia marina*）和加利福尼亚补血草（*Limonium californicum*）；②*A. subterminale*对假牛鞭草（*Parapholis incurva*）和金原野属植物 *Lasthenia glabrata* 的直接促进作用，抵消了 *M. littoralis* 的负效应（即弥漫效应）。植物间直接和间接的正效应缓冲了优势种的竞争效应，使高潮带得以维持较高的生物多样性。目前，综合性的观点认为，植物间的相互作用是正效应和负效应成分的复杂组合（Callaway & Walker，1997；Brooker & Callaghan，1998）。我们只有对植物相互作用的各个组分都有了充分的理解，而不是仅仅关注净效应，才能对群落动态作出准确预测。

（四）植物与其他营养级生物间相互作用

消费者的取食具有空间异质性，不仅影响植物种群密度，也会改变植物群落的结构和多样性。在马里兰州（Maryland）Assateague 岛的盐沼中，野马选择性取食互花米草，使其在与美国盐草的竞争中处于劣势（Furbish & Albano，1994）。盐角草（*Salicornia europaea*）在某些潮滩的分布下限，是直接由端足类动物旋卷蜾蠃蜚（*Corophium volutator*）决定的（Gerdol & Hughes，1993）。新英格兰的罗得岛盐沼中，狐米草和美国盐草的花和种子被一种草螽属昆虫 *Conocephalus spartinae* 大量取食，严重影响了其有性繁殖；而同一生境中的互花米草和灯心草由于受到的取食压力较小，可以有效地进行种苗更新（Bertness et al.，1987）。在巴西南部一处不规则淹水的盐沼中，由于没有明显的环境因子梯度，螃蟹对互花米草的选择性取食，使胁迫耐受种密花米草（*Spartina densiflora*）在中潮带占据优势（Costa et al.，2003）。

另一方面，植物之间也会通过对草食动物、传粉者、寄生生物、病原体和分解者的影响而产生营养级介导的间接相互作用（如似然竞争）（Connell，1990）。例如，Pennings 和 Callaway（1996）发现，加利福尼亚一处盐沼中的寄生植物盐沼菟丝子（*Cuscuta salina*）通过抑制竞争优势种弗吉尼亚盐角草（*Salicornia virginica*），从而间接促进了加利福尼亚补血草和盐沼瓣鳞花（*Frankenia salina*）的生长。

（五）干扰

盐沼的特殊地理位置，使其受人类活动的影响比其他生态系统更大、更频繁。几个世纪以来，盐沼被人类以各种方式改造或破坏，包括物理性的围垦、资源利用、水体污染以及生物入侵等，这些都是导致海岸带盐沼生态系统退化和生态系统服务价值降低的主要原因（Silliman et al.，2008；Gedan et al.，2009）。围垦是最直接、影响最大的一种人为干扰形式。潮上带和部分高潮带被围入堤内后不再受潮汐作用影响，破坏了该区域的原生植被并使自然演替序列中断，这使得湿地生态系统发生快速陆向演替，环境因子及物种组成都变得更为接近陆地生态系统（闫芊，2006）。对盐沼湿地的经营、管理和利用，如放牧（Tessier et al.，2003）、火烧（Lin et al.，2002）、收获（Minchinton & Bertness，2003）等，也都会对植物群落的组成与分布格局产生影响。一些人为干扰，还会通过改变环境因子而造成间接影响。例如，修筑大坝、引水等工程改变了水资源分配格局，从而使盐度梯度发生变化，对河口盐沼会产生显著影响（Culberson，2001）。富营养化使营养供应增加，改变种间竞争格局和分带边界（Emery et al.，2001），并造成盐沼退化（Bertness et al.，2002）。

外来种的引入是另一个严重的问题。近年来，生物入侵不仅造成了巨大的经济损失，而且产生了严重的生态后果，这一问题正日益受到人们的重视（Mack et al.，2000）。物种组成变化对生态系统过程的影响，通常比大气组成和全球气候变化的直接影响更大。生物入侵对湿地生态系统的影响，主要包括以下几个方面（Zedler & Kercher，2004）：①改变生境结构。互花米草入侵将美国西北部滨海湿地的光滩转变为盐沼，破坏了牡蛎的栖息地和鸟类的觅食地。芦苇（*Phragmites australis*）通过增加淤积速率（Rooth et al.，2003）和有机质生产使滩面高程抬升，将许多小潮沟填没（Lathrop et al.，2003），对盐沼地形产生多重影响。当滩涂高程抬升速率高于海平面上升速率时，基质变得更干；而潮沟被填平后，游泳动物进入盐沼的途径减少了。这些效应都破坏了对水生动物幼体而言十分重要的微生境。②降低生物多样性。入侵植物通常会降低本地动物和植物的多样性（Werner & Zedler，2002；Kercher & Zedler，2004）。互花米草入侵崇明东滩之后，打破了原先土著植物芦苇和海三棱藨草的分带格局，在两者之间形成了一个新的分布带，最终可能完全取代原有的先锋物种海三棱藨草（陈中义，2004；王卿，2007），使盐沼植物群落格局发生根本改变。这将进一步影响昆虫、底栖动物、鸟类和鱼类的群落结构、多样性、多度及分布（陈中义，2004；童春富，2004；张衡，2007；Li et al.，2009；Wu et al.，2009）。此外，生物多样性的降低可能会导致群落可入侵性增加，形成一个正反馈过程。③影响生产力、营养物质循环和微生物群落。入侵种若与土著植物在生物量、生产力、化学成分、形态或物候上存在差异，就会影响土壤的营养循环动态（Ehrenfeld，2003）。在九段沙，互花米草入侵后，由于其具有更长的生长期、更高的光合作用速率，因而增加了生态系统的碳库；而其凋落物分解过程中的共生固氮作用（Currin & Pearl，1998）则导致了更多氮进入生态系统（廖成章，2007；Liao et al.，2008）。互花米草入侵也改变了九段沙土壤的细菌群落结构（王蒙，2006；Wang et al.，2007），这对于碳、氮、硫等物质的生物地球化学循环过程会造成一定的影响。④改变食物网结构。入侵植物可以通过不同途径影响食物网，包括改变食物的数量和质量、食物的获取难度以及对捕食者的敏感性等。互花米草入侵崇明东滩，改变了一些鱼类和大型无脊椎动物的食源构成，并可能由此改变长江口盐沼湿地食物网的能量基础，即由入侵前以藻类为主转变为以互花米草碎屑和藻类的混合有机碳为主。目前，以互花米草和底栖微藻为能量来源的碎屑食物链，已成为长江口盐沼湿地食物网的主要能流途径（Quan et al.，2007；全为民，2007）。

许多自然干扰也会对盐沼植物群落产生影响。植物残体的长期覆盖常造成优势物种死亡，形成空白斑块，并为机会主义物种的入侵提供生态位，引发次生演替（Bertness & Ellison，1987）。不同高程和不同季节残体覆盖发生频率的差异，决定了干扰依赖种的特定分布格局（Valiela & Rietsma，1995）。高纬度地区冬季海水冰冻十分严重，限制了低潮带植被的生长（Ewanchuk & Bertness，2004b），冰块的机械摩擦也会对高潮带植物产生一定影响，形成空白斑块（Hardwick-Witman，1985）。干扰还常常与环境因子相互作用，从而影响植物成体的存活与种苗更新，并决定自然群落的物种组成。例如，植物残体的覆盖可能会与土壤排水能力相互作用，在排水不畅、通气状况较差的区域，由于氧气从叶片向根部的传输受到限制，增强了干扰的强度（Brewer et al.，1998）。

三、群落的生物多样性

对群落物种多样性和构成的解释与预测，是生态学的中心问题之一（Huston，1994）。盐沼的环境胁迫较强，只有能够耐受高盐度、高频率水淹和缺氧条件的植物才能够生长，因而其生物多样性通常较低。最常见的盐沼植物，包括盐角草属（*Salicornia* spp.）和米草属（*Spartina* spp.）的许多物种，广泛分布于世界各地。它们通常是最早在光滩定居的先锋物种，通过固定基质、促淤、降低土壤还原性等一系列生境改良作用引发演替进程。随后，补血草属（*Limonium* spp.）、车前属（*Plantago* spp.）、莎草科（Cyperaceae）和灯心草科（Juncaceae）植物得以侵入并占据这一生境。因此，盐沼植物的多样性通常随着高程的升高而增加。当然，这一式样并不是一成不变的。在新英格兰南部一处盐沼中，中潮带上部由于缺少竞争优势种，种间促进作用比较明显，因而植物多样性高于胁迫较大的中潮带下部和竞争激烈的高潮带（Hacker & Bertness，1999）。

除了物种多样性之外，种下水平的多样性对于群落与生态系统也很重要。一项研究发现，优势种互花米草的遗传多样性，会使生物间的相互作用及生物对环境因子和干扰的响应多样化，影响群落的结构与功能（Proffitt et al.，2005）。

四、群落的时间格局

光、温度和湿度等环境因子都具有明显的时间变异性，受这些因子的影响，群落的组成与结构也随时间序列发生相应的变化，这就是群落的时间格局（郑师章 等，1994）。气候四季分明的温带、亚热带地区，植被的季相是对群落时间格局最明显的反应。群落演替，实际上是群落在更大尺度上的时间格局。潮间带盐沼的起源通常是由于潮滩沉积速率的增加，导致高程升高、土壤淹水频率降低，从而为先锋植物的定居创造了条件（Lawrence et al.，2004）。植物群落建成之后，碎屑逐渐积累，无机物沉积速率增加，滩面被植物根系固定；随后其他植物的定居（Van Wijnen et al.，1997）进一步固定了土壤基质。盐沼的存在，取决于沉积物输送过程、滩面下陷、海平面上升和植被动态之间精细的平衡及交互作用（Silvestri & Marani，2004）。

盐沼植物群落的演替与其空间分布格局之间往往具有一定的联系。有学者认为，植物群落空间上的分带代表了演替的时间序列（Chapman，1976），演替是盐沼植物群落分带的驱动力（Ranwell，1972）。Davy（2000）总结了以下几种不同的盐沼植物群落分带机制：①静态分带，由繁殖体能到达某一区域的物种对潮间带物理环境的耐受能力以及种间相互作用决定；②动态分带，发育中的盐沼对演替序列在空间上的重演；③过去演替的遗留，处于稳定状态的成熟盐沼对历史上演替时间序列的重演。演替与其他驱动分带的因素并不能截然分开，事实上，演替本身就是生物通过物理或者化学作用改变环境，使其适宜于新的物种生长。上述分带机制的区分主要考虑了盐沼本身的发育状况，然而无论是静态分带还是动态分带，环境和生物因子都起着决定作用。

五、群落组织机制的变化

资源竞争（Connell，1983）、化感作用（Williamson，1990）以及促进作用（Callaway，1995），在植物群落的组织中都起着重要作用。竞争与促进作用不是独立的，在同一群落内甚至相同个体上会同时出现，产生复杂可变的效应（Callaway & Walker，1997）。竞争与促进间的平衡，会随物种的生活史阶段（Pugnaire et al.，1996）、生理特性（Callaway & King，1996；Holmgren et al.，1997）、与其他物种的间接相互作用（Miller，1994）以及环境胁迫强度（Bertness & Callaway，1994）而改变。

生活史阶段（包括种子、幼苗、幼体、繁殖前成体、繁殖期成体和衰老成体等）会影响植物间相互作用的结果。幼苗依赖于其他物种促进作用影响的例子，在沙漠（Franco & Nobel，1988）、稀树草原（Vetaas，1992；Callaway et al.，1996）、森林（Guevara et al.，1986）、灌木林（Fuentes et al.，1984）、盐沼（Bertness & Hacker，1994）和草地（Greenlee & Callaway，1996）中都存在。在许多情况下，一些受保护植物促进的物种，在成熟后会反过来对保护植物产生强烈的竞争作用。除了生活史阶段，促进作用的强度还取决于保护植物与受益者的年龄与相对个体大小（Flores-Martinez et al.，1994）。此外，植物的密度也会改变竞争和促进间的平衡。例如，演替早期物种的密集植丛常常会抑制演替后期物种的定居（Walker，1994），而分散的个体对演替后期物种则具有中性或正效应（Walker & Chapin Ⅲ，1987）。

人们已经认识到环境胁迫会改变植物的种间相互作用，进而影响群落的组织机制。有研究者发现，一些物种在干旱环境中受到遮阴时生长更好（即保护植物现象），而在湿润环境中则正好相反。这是由于湿润环境中光限制超过了水分限制，抵消了冠层下湿度增加带来的益处；而在干旱环境中水分限制比光限制更重要，冠层下光照减弱的负效应被湿度增加带来的益处抵消了（Holmgren et al.，1997）。厌氧基质中温度的变化，会导致具有通气组织的湿地植物间的竞争与促进作用发生改变。室内受控实验结果表明，北落基山（Northern Rockies）湿地常见植物湿地勿忘草（*Myosotis laxa*）在土壤温度较低时，受到宽叶香蒲（*Typha latifolia*）氧化基质的促进作用（Callaway & King，1996）；而土壤温度较高时，两者之间则具有竞争效应（Callaway & Walker，1997）。Bertness & Callaway（1994）提出的胁迫梯度假说概念模型认为，环境恶劣或者取食压力较大的地区促进作用更为常见，而在适宜的生境中则是竞争起主导作用，这一模型已有许多实验证据支持。在新英格兰盐沼中，假苍耳属灌木 *Iva frutescens* 在高盐环境中能够降低冠层下方的土壤盐度，从而促进幼苗生长；然而，通过浇水减弱高盐胁迫后，成体与幼苗以及幼苗之间的竞争变得十分强烈（Bertness & Yeh，1994）。同一处盐沼中，低潮带周围其他植物的存在，提高了假苍耳属灌木 *Iva frutescens* 和灯心草的适合度；而在盐度较低的高潮带，这两种植物则受到周围植物的竞争抑制（Bertness & Hacker，1994）。类似地，浇水也能消除美国盐草和狐米草对灯心草的促进作用（Bertness & Shumway，1993）。更大尺度上，对种间关系年际变化的研究同样表明，湿润凉爽（即胁迫较小）的年份，丛生禾草与芥属植物 *Lesquerella carinata* 间互相竞争；而干旱炎热的年份，丛生禾草则对 *L. carinata* 有促进作用（Greenlee & Callaway，1996）。然而，也有学者发现，在极端恶劣的环境中，种间竞争作用会变得较为强烈（Maestre & Cortina，2004）。因此，Cheng（2006）提出的修正模型认为，正相互作用在中等环境下最为显著；而在极端恶劣和适宜生境中，其重要性会减弱。

由于不同地区气候及环境条件的差异，种间相互作用存在着地理变异（Bertness & Pennings，2000；Bertness & Ewanchuk，2002）。近年来，盐沼植物群落组织机制的纬度变异成了研究热点。气温是受纬度影响最大的气候因子，它会影响悬浮颗粒沉降、营养循环和泥炭积累，并最终改变盐沼植物群落的空间格局（Bertness，1988）。低纬度地区气温高、盐度大，盐度通常是比较重要的胁迫；而在高纬度地区，淹水则成为最主要的决定因子（Pennings et al.，2005）。由于低纬度地区气候比较适宜，环境胁迫较弱，消费者通常在群落组织中起到更大的作用（Vermeij，1978）。

另一种假说则认为，进化过程中的自然选择作用，使同一物种在不同地区表现出不同的生理适应和耐受能力，从而缓冲了植物群落组织机制在大尺度上的地理变异。如果这种假设成立，那么北美东南部的盐沼植物就会比北部更耐盐，而不会更依赖于周围其他植物对环境的改良，分带边界也不会更多地取决于盐度（Bertness & Pennings, 2000）。近来已有研究证实了这种假说，新英格兰南部盐沼中土壤盐度更高，但植物耐盐能力更强，因而促进作用反而较弱（Pennings et al., 2003）。事实上，在高离子浓度、低水势、土壤缺氧、潮水冲刷等造成的选择压下，盐沼植物在不同程度上形成了生理、形态和生活史特征上的差异，而且选择压会受到潮汐循环、天气、地形等影响而产生时空变化（Davy & Smith, 1985; Davy et al., 1990）。互花米草、狐米草等分布广泛的盐沼植物，不同种群间都存在着耐盐能力和形态上的差异（Hester et al., 1996, 1998）。因此，盐沼植物相互作用的格局在大尺度与中小尺度上有所区别，由于大尺度上自然选择过程的影响，不同环境下种间关系的变化趋势通常只在中小尺度上比较明显。

全球变化也会直接影响物种的适应能力和分布格局，同时可能通过改变种间相互作用关系，从而影响盐沼植物群落结构。海平面上升会导致低潮带淹水频度和持续时间的增加，并使盐度上升、侵蚀加剧，直接改变先锋物种的分布区域（Donnelly & Bertness, 2001）。当海平面上升速度超过淤积速度时，低潮带物种会逐渐向高潮带扩展，而由于人类对海岸带的开发利用，高潮带物种向内陆的迁移则受到了限制，其生存正面临严重威胁，这一现象被称为海岸带压缩（Allen, 1992）。在 C_3 和 C_4 植物共存的盐沼中，CO_2 浓度升高，使藨草属 C_3 植物 *Scirpus olneyi* 在混生群落中的表现大大提高，对干旱和高盐胁迫的耐受能力也有所增加，可能导致其分布区域向中高潮带扩张（Arp et al., 1993）。此外，气温、降水格局的改变，也会通过改变盐度而影响植物分布格局。

第二节　盐沼湿地优势植物种反射光谱辨识

入侵植物的快速扩张，是威胁生态系统功能和生物多样性的罪魁祸首之一（Henderson et al., 2006; Mooney & Cleland, 2001）。河口/滨海湿地是最容易遭受外来植物入侵的生态系统之一，入侵植物直接破坏湿地提供的多种多样的生物栖息地与生态系统功能，导致不可挽回的损失（Bakker et al., 1993; Windham & Ehrenfeld, 2003）。因此，精确和及时地获取外来入侵植物的空间分布成为当务之急。

遥感及时地获取大空间尺度植被信息的能力，毫无疑问使其成为目前解决这个问题的最佳手段（Underwood et al., 2003; Ustin et al., 2001）。但是，因为遥感数据其实反映的是地物的反射光谱特征，如果遥感器不能探测到植物之间可分辨的反射光谱特征，那么遥感手段是无法成功辨别它们的。由于植物的反射光谱特征具有随生长周期变化的特点，因此，什么时候外来入侵植物和本地植物存在可分辨的反射光谱特征以及这些反射光谱特征存在于哪些特定波段，便成为外来入侵植物遥感监测中的重要问题。要解决这两个问题，地面高光谱测量或称野外光谱测量，是一种很好的方法。

地面高光谱测量在仪器测量光谱范围内，用很窄的波谱带宽（通常小于 10 nm）连续采样，从而获得地物的连续光谱信息和更多精细以及局部的光谱吸收或反射特征。这些光谱特征非常有利于地物的精细识别和分类，能大大改善对植被类型的识别和分类精度，提高植被参数的估测和反演精度。前人在实验室进行了大量高光谱测量研究，以寻找不同植物种独特的光谱特征。其中，一些早期的工作通过观察植物光谱的形状进行视觉区分（Elvidg，1990；Vogelmann & Moss，1993）；而后期的工作逐渐发展为通过量化和统计学的方法，寻找不同植物种独有的光谱特征（Atkinson et al.，1997；Cochrane，2000；Daughtry & Walthall，1998；Gausman et al.，1973；Klemas，2001）。虽然这些工作为了解植物的光谱特性和理解遥感图像做了必不可少的工作，但是在野外，由于植物冠层光谱受到诸如大气状况、土壤背景、水分含量、光照强度和几何属性、混合光谱以及其他环境因子的复杂影响，其光谱特征可能与实验室测量结果明显不同。因此，大量研究需要进一步了解植物在野外的光谱特征。于是，野外植物冠层光谱特征的识别研究开始大量出现。在已经发表的研究当中，既有对植物进行群落水平分类研究的（Asner，1998；Franklin，1994；Gong et al.，1997；Kalliola & Syrjanen，1991；Salajanu & Olson，2001；Ustin et al.，2001），又有对单一物种进行精确识别研究的（Koger et al.，2004；Schmidt & Skidmore，2003），也有不少针对湿地进行的研究（Hobbs & Shennan，1986；Schmidt & Skidmore，2003；Thomson et al.，1998）。这些成功的研究表明，地面高光谱测量具有很强的区分不同植被类型的能力，并为航空和航天遥感植被监测提供了非常重要的参考信息。

航天和航空传感器可以分为多光谱和高光谱两种。多光谱传感器以少数几个（3－7）宽波段收集数据，因此，可能掩盖一些能被高光谱传感器探测到的小的、局部的光谱特征（Koger et al.，2004；Schmidt & Skidmore，2003）。但是，多光谱遥感数据相对于同样空间分辨率的高光谱遥感数据，其数据量要小得多，不会给传输造成太大困难，因而目前的高空间分辨率卫星遥感数据源大多是多光谱的。不过，监测植被还可以通过计算植被指数，加强植被与其他地物之间的可分辨性。植被指数是不同波段（或者是波长）之间数学运算后的新值，利用植被反射率在不同波段的对比增强可分辨性。用来监测植被最常用的植被指数是归一化植被指数（NDVI）与比值植被指数（RVI），因为植被通常在近红外波段表现出高的反射率而在红波段表现出低的反射率，而这两个指数通过比值增强这种反差信息。利用多光谱信息和 NDVI 识别单一物种的例子有：在黑小麦中识别野燕麦（Lamb et al.，1999），在牧场和草地识别橘色山柳兰和春白菊（Lass & Callihan，1997），在黄豆中识别黄矢车菊（Lass et al.，2000）等。然而，由于物种光谱特征的独特性，我们依然需要进行很多工作研究更多物种的反射光谱特征，以了解它们的多光谱反射特征以及植被指数特征，便于遥感监测。另一方面，技术的进步已经使得航片可以兼具高空间分辨率和高光谱分辨率的特征。高光谱遥感图像在植物识别中的优点是很明显的，它们光谱分辨率高，连续的光谱使得根据光谱数据库进行光谱曲线直接匹配识别植被类型成为可能；它们波段多，提供更为丰富的信息，可以解决在多光谱遥感中不能解决的物种探测和分类问题。因此，高光谱遥感图像在植被监测领域有着更为广泛的应用。例如，监测入侵加利福尼亚三角洲生态系统的外来植物葶苈子和凤眼蓝（Hestir et al.，2008），对入侵佐治亚州西部的野葛进行空间分布制图（Cheng et al.，2007），对入侵美国威斯康星州格林湾西部的芦苇进行空间分布制图（Pengra et al.，2007）等。地面高光谱测量能够测量仪器设计波谱范围内的连续反射光谱曲线，因而可以同时为高光谱遥感和多光谱遥感提供植被光谱特征参考信息。

在很多国家，互花米草是一种典型的入侵河口/滨海湿地的外来种。它在长江河口崇明东滩等湿地的入侵，严重威胁了当地的生物多样性和生态系统功能。为了控制其进一步扩张，上海市政府每年都投入大量经费对其进行治理。无论采用什么方法管理或控制互花米草，决策者最为迫切需要的就是其空间分布信息。大尺度的空间信息获取需要借助遥感手段，因此，研究互花米草以及与它竞争的其他土著优势物种在不同时期的光谱特征，可以为航天与航空遥感监测提供重要的时间与光谱参考信息，为其遥感分类提供重要的先验知识。

东滩的植被呈分带现象，海三棱藨草在滩涂分布于较靠近海的低潮位区域，而芦苇与互花米草多分布于中、高潮间带。在遥感图像中要准确区分这三个物种存在一定的困难，尤其是芦苇与互花米草在颜色、纹理等方面较为相似，易于混淆。本节利用地面高光谱测量技术，以上海市崇明东滩为研究地点，主要探讨以下几个问题：

（1）外来种互花米草及土著种芦苇和海三棱藨草的反射光谱特征如何随物候的改变而改变。

（2）不同时期，上述三个物种在哪些波段上彼此存在显著差异，这些波段有可能被航天或航空传感器捕获而用于其空间分布分类制图。

（3）一年当中，哪个时段是崇明东滩植被遥感监测的最佳时期。

一、优势盐沼植物反射光谱及 NDVI 随时间的变化

互花米草植被光谱反射率的红边陡坡特征与绿峰特征，在 5 月底至 11 月底之间较为明显；而在 12 月底至 5 月初期间，互花米草反射光谱曲线中红边陡坡特征与绿峰特征不明显或者完全消失（图 4－2）。这说明，从当年 12 月至翌年 5 月初，互花米草处于枯萎状态，叶绿素含量低；而在同年 5 月底至 11 月底，互花米草处于生长状态，叶绿素含量高。虽然在 12 月底至 5 月初期间，互花米草的反射光谱特征失去了典型的植被特征：在

近红外区的反射率不高，红边的陡峭度也不高，但是它仍然与裸地的反射光谱特征差异明显（图 4－2）。该结果与野外物候调查所观察到的互花米草的物候特征相一致。

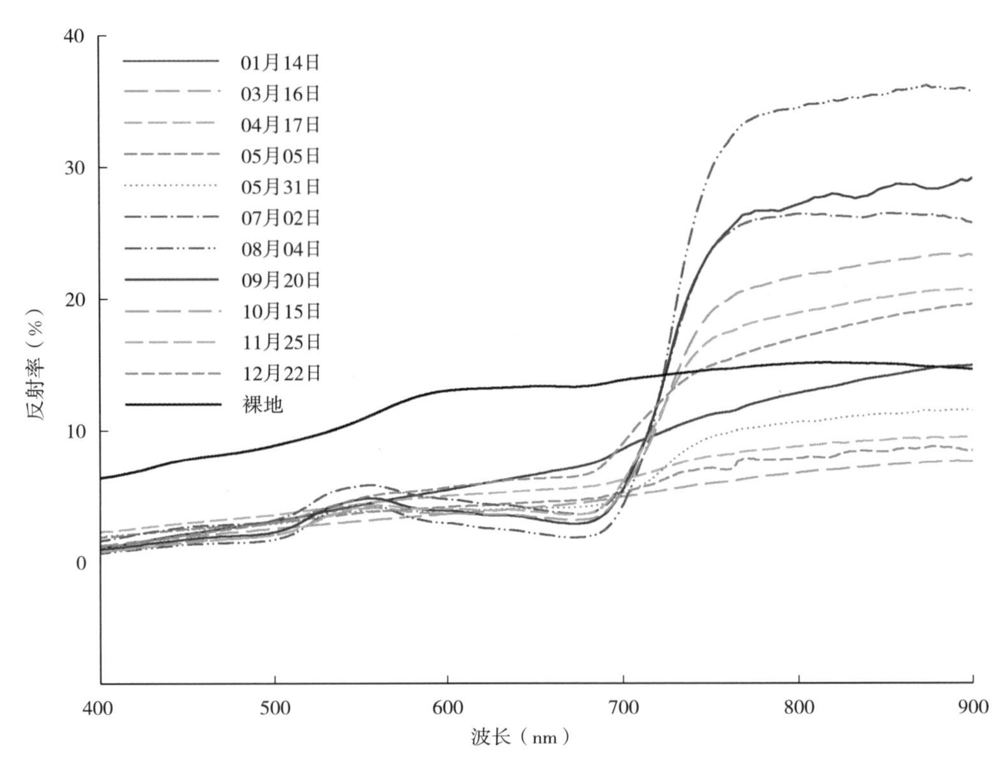

图 4－2 互花米草在一年当中不同时间的反射光谱特征曲线

互花米草蓝光波段和绿光波段呈现一致的变化趋势，但是不能体现其物候特征随时间的变化；而红光波段和近红外波段变化趋势相反，但是它们均能很好地体现互花米草物候特征随时间的变化（图 4－3）。这与植物在生长期强烈吸收红光和反射近红外辐射密切相关，NDVI 通过计算归一化比值增强了植被的这种反射特性，因此，最好地反映了互花米草的物候期随着时间的周期变化。5 月底，互花米草已经生长到一定高度，此后处于迅速生长和生物量积累时期；8 月初，互花米草红光波段反射率达到最低值，近红外反射率达到最高值，NDVI 达到最高值，说明 8 月初互花米草处于生长的顶峰期，叶绿素含量最高；从 9 月开始，互花米草 NDVI 开始下降（图 4－3），这可能是由于互花米草在经历生长旺季以后，积累了一定的生物量，在之后开始转入繁殖生长阶段，光合作用速率下降。

芦苇的光谱反射率红边陡坡特征与绿峰特征，从 4 月中旬开始至 10 月中旬期间较为明显；而在 11 月底至翌年 3 月中旬期间，芦苇反射光谱中红边陡坡特征与绿峰特征不明显或者完全消失（图 4－4）。根据物候观测，从当年 11 月初至翌年 3 月中旬，芦苇处于大部分或者完全枯萎状态，叶绿素含量低；而在同年 4 月初至 10 月底，芦苇处于生长状态，叶绿素含量高。在7月、8月、9月、10月4个月份，由于芦苇与互花米草均处于生长期间，均具有典型的植被光谱曲线特征，因此光谱曲线形态非常相似。虽然在当年11月底至翌年3月中旬期间，芦苇的反射光谱特征失去了典型的植被特征，但与互花米草一样，仍然与裸地在可见光光谱区间反射特征差异明显（图4－4）。该结果与野外物候调查所观察到的芦苇的物候特征相一致。

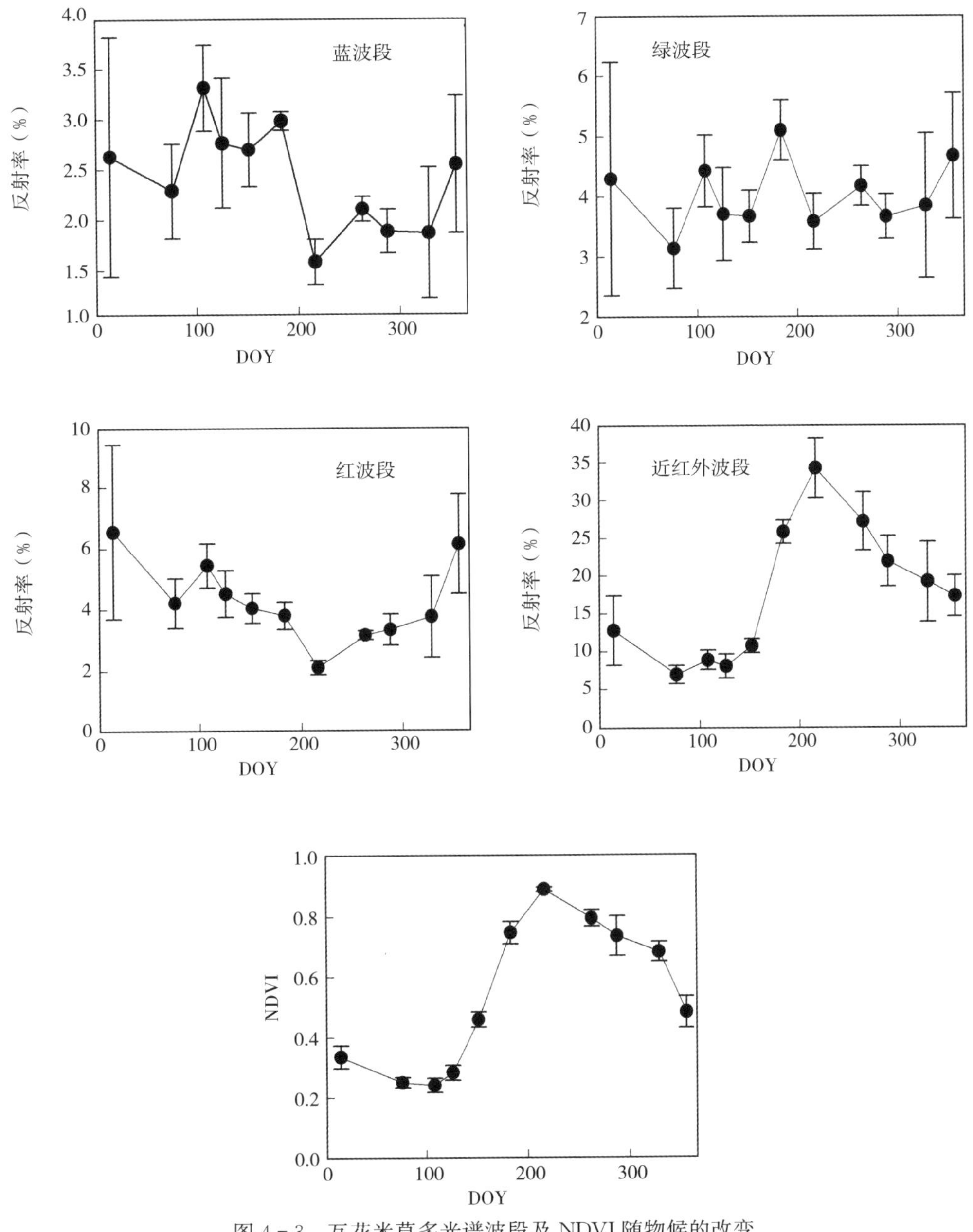

图4－3　互花米草多光谱波段及NDVI随物候的改变

（DOY：Days of year）

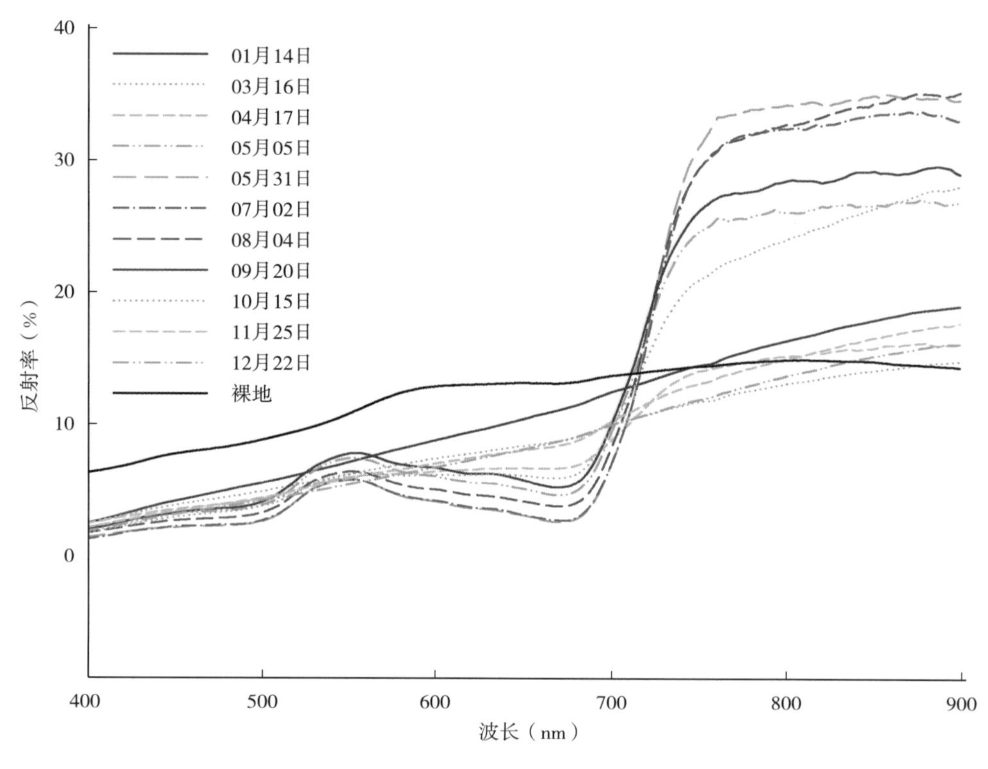

图 4－4　芦苇在一年当中不同时间的反射光谱特征曲线

芦苇多光谱波段中的蓝光波段和绿光波段同样表现出一致的变化趋势，但是无法体现芦苇物候特征随时间的变化；而红光波段和近红外波段变化趋势相反，却均能很好地体现芦苇物候特征随时间的变化（图 4－5）。NDVI 通过计算归一化比值增强了反射特性，因此最好地反映了芦苇的生长状况，即不同物候期 NDVI 差异最为明显。根据芦苇物候实地观测：4 月初，芦苇开始发芽生长，4 月中旬，芦苇已经生长到一定高度，此后进入迅速生长和生物量积累时期；5 月底至 6 月初，其红光波段反射率达到最低值，近红外反射率达到最高值，NDVI 达到最高值，即此时间附近，芦苇达到生长的顶峰期，叶绿素含量最高；从 8 月开始，芦苇的光合作用速率下降，NDVI 开始呈现明显下降趋势（图 4－5）；9 月中旬，芦苇已见抽穗；10 月进入繁殖期，出现黄色花序。

海三棱藨草的光谱反射率红边陡坡特征与绿峰特征，出现在 5 月初至 10 月初之间，随后逐渐减弱；而在当年 11 月底至翌年 4 月中旬期间，海三棱藨草反射光谱中红边陡坡特征与绿峰特征不明显或者完全消失（图 4－6）。根据野外观测，10 月底开始，海三棱藨草就开始变黄枯萎；从当年 11 月中上旬至翌年 3 月中旬，海三棱藨草完全处于枯萎状态，叶绿素含量非常低。在很多地方，地上部分植株被潮水冲刷干净，到了 4 月，已经基本见不到站立凋落物，新生幼苗开始发芽；5 月初至 10 月初，海三棱藨草大部分或者完全处于生长状态，叶绿素含量高。在 7 月、8 月、9 月、10 月这 4 个月份，它与芦苇以及互花

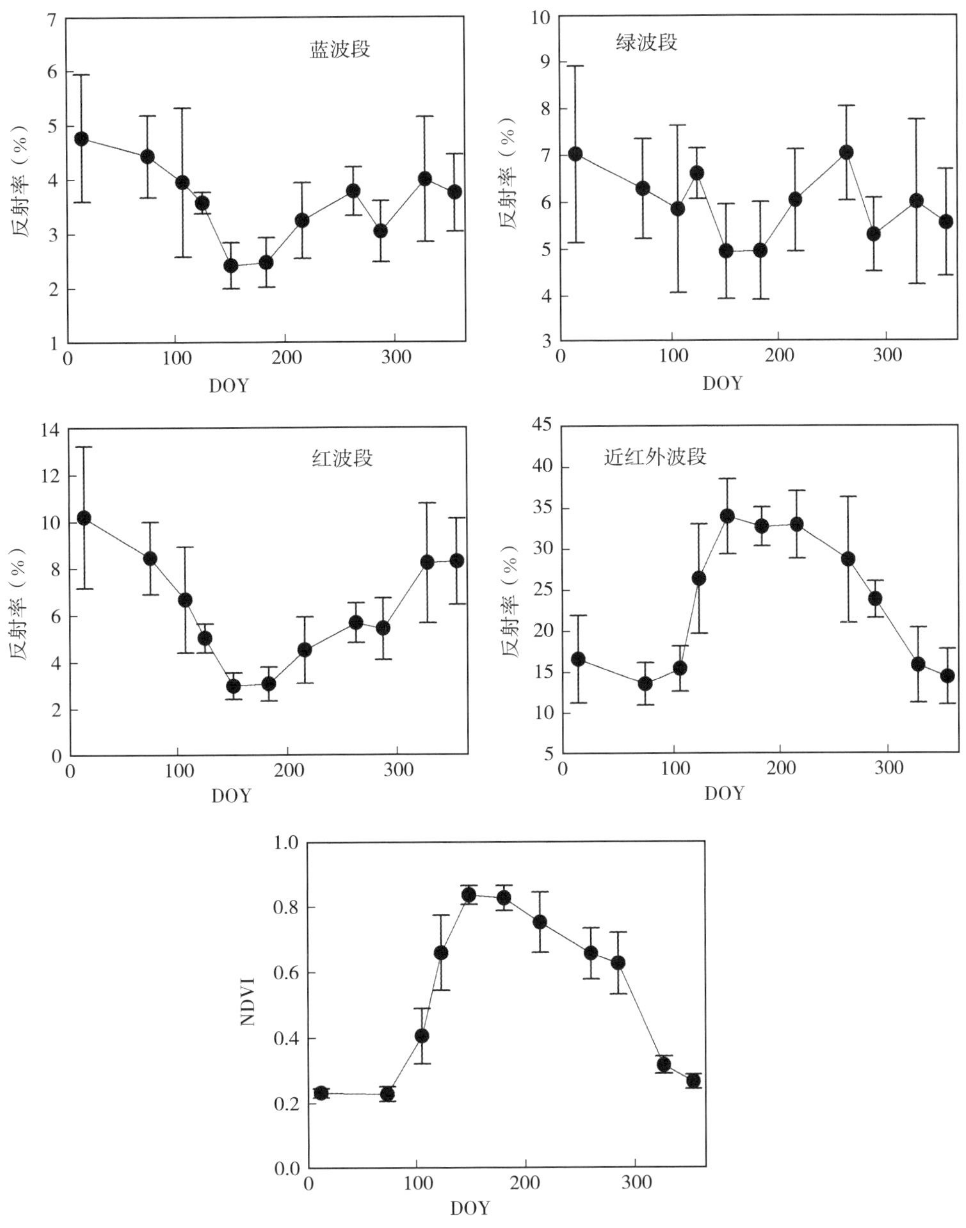

图 4-5　芦苇多光谱波段及 NDVI 随物候的改变

（DOY：Days of year）

米草均处于生长期间，因此，光谱曲线形态非常相似，但相似度低于芦苇与互花米草间的相似度，且它在反射率值大小上与芦苇和互花米草差异较大。如在 5 月初和 8 月初，海三棱藨草在近红外波段的反射率均明显低于芦苇和互花米草，这与它生长在低潮滩有关，低潮滩绝大多数时间处于地表湿润状态，在生物量不高的时候，受地表背景影响比较大。潮间带低潮位区域常年湿润或有地表水存在，由于水分含量高，强烈吸收近红外波段的光谱能量，容易使海三棱藨草在近红外波段反射率较芦苇和互花米草低。海三棱藨草在其非生长期间，由于植株高度矮，枯萎之后盖度较低，因此，其冠层反射光谱相比于芦苇和互花米草更加接近裸地的反射光谱。

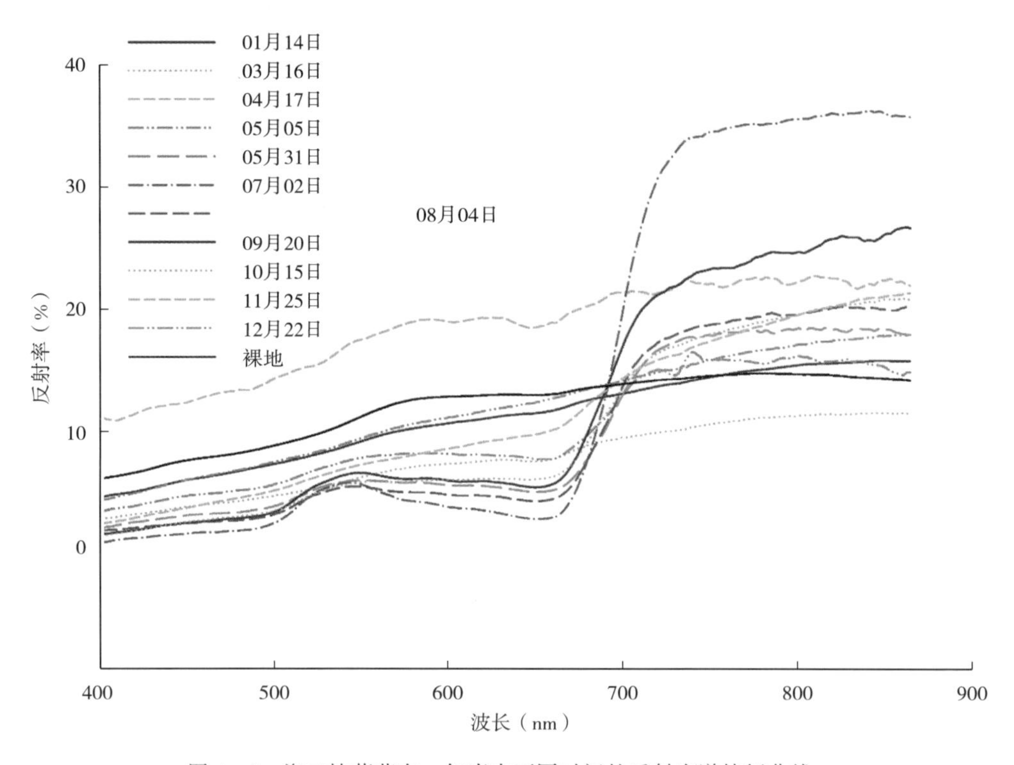

图 4-6　海三棱藨草在一年当中不同时间的反射光谱特征曲线

海三棱藨草多光谱波段的蓝光波段和绿光波段与芦苇和互花米草的情形一样，表现出一致的变化趋势，但是无法体现海三棱藨草物候特征随时间的变化；而红光波段和近红外波段表现出相反的变化趋势，但是均能很好地体现海三棱藨草物候特征随时间的变化（图 4-7）。NDVI 最好地反映了海三棱藨草所处的物候期。比较图 4-3、图 4-5 以及图 4-7，红光波段和近红外波段对于海三棱藨草物候期的反映，不如芦苇和互花米草，甚至在近红外波段出现了一定的波折。这主要是由于海三棱藨草的冠层高度较低，且定居于即使在最低潮也受潮汐影响较大的中低潮滩，背景非常湿润或可见地表水，由于水分强烈吸收近红外波段辐射，使其在非生长高峰期容易受到地表水分状态的影响。根据实地物候调查，4 月中旬，海三棱藨草开始发芽生长；5 月初，已经生长到 20～30 cm 高度，此后进入迅速生长和生物量积累时期；7 月初，其 NDVI 达到最高值，即到达生长的顶峰期；从 8 月开始，海三棱藨草 NDVI 开始明显呈现下降趋势；11 月底，海三棱藨草就已经完全处于枯萎状态（图 4-7）。海三棱藨草的生长周期短于芦苇和互花米草，主要集中在 5 月初至 10 月初。

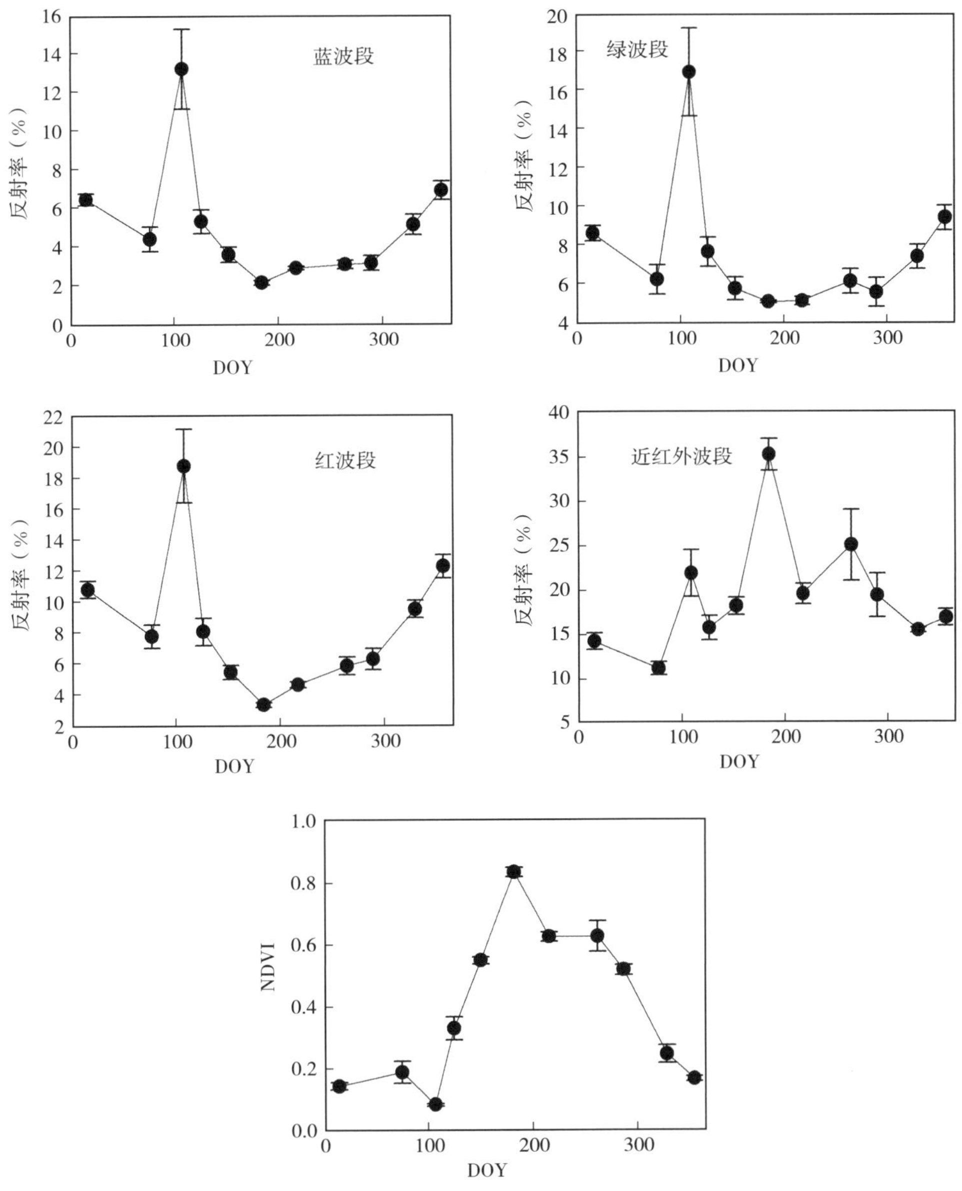

图 4－7　海三棱藨草多光谱波段及 NDVI 随物候的改变

（DOY：Days of year）

二、优势植物以及裸地在同一时相高光谱差异

本研究的主要目的是为航空和航天遥感提供可分离的参考波段。因此，地面高光谱的分离距离越大，才越有可能在卫片和航片上显示出分离性。

（一）芦苇与互花米草的高光谱差异

1月芦苇与互花米草的反射光谱曲线形状相似，但芦苇的反射率均高于互花米草；3月两者的反射率曲线更为接近，整个光谱曲线较为平坦，没有明显的波峰和波谷；4月的光谱反射率特征也是如此。然而到了5月，芦苇与互花米草的光谱反射率出现了极为明显的区别：芦苇的光谱出现了典型植被的特征，具有在近红外区域的高反射率，陡峭的红边和绿峰，而互花米草的光谱特征与4月相似。这种差异在7月的光谱反射率中不再存在，因为互花米草的光谱曲线也表现出典型的绿色植物光谱特征，与芦苇的光谱曲线在形状和反射率大小上都很相似。所不同的是在550～700 nm波长范围内，互花米草的反射率稍高于芦苇，在近红外区域内两者的曲线几乎重合。8月，芦苇与互花米草的差别主要表现在近红外区，互花米草在该区域内的反射率高于芦苇，而在其他波长范围内，芦苇与互花米草的光谱特征相似；9月芦苇、互花米草间的差异与8月差别不大；10月，芦苇在绿峰部分的反射率与互花米草的反射率差距加大，在近红外区域两者的光谱曲线再次重合；12月，随着芦苇与互花米草的枯萎，它们的反射光谱曲线均失去了红边和绿峰等特征，形状相似，芦苇在500～700 nm附近的反射率在数值上大于互花米草（图4-8）。

通过对芦苇与互花米草反射光谱曲线特征的初步分析，进一步在每个5 nm的区间上对两者进行统计学分析。由于无法确定光谱数据是否符合正态分布，因此，使用Mann-Whitney U非参数检验，来比较在哪些波段上芦苇与互花米草的光谱具有显著性差异。

非参数统计检验结果表明，4月在400～900 nm范围内，互花米草与芦苇的光谱都不具有显著性差异。在5月，芦苇与互花米草的光谱反射率则在大部分的波段上都具有显著性差异，尤其从650～900 nm的红光、近红外光波段，对每个5 nm波段位置做U检验的结果差异都是显著的；而在420～500 nm的蓝光波段，两者的光谱之间没有显著性差异。7月芦苇与互花米草的光谱反射率在400～900 nm所有的波段上都没有显著性差异，说明7月不适合在遥感上区分这两种植被。9月芦苇与互花米草的差异也不明显，两者的光谱出现显著性差异的波段主要在近红外区域810～900 nm，在420 nm附近也有两个波段位置出现显著性差异。10月也是较好的区分芦苇与互花米草的时期，从400～720 nm的波段区间中，芦苇与互花米草的反射光谱都有显著性差异（图4-9）。

通过包络线去除处理，芦苇与互花米草在4月有显著性差异的波段位置数目明显增加了，在5月增加了在420～520 nm的显著性差异，7月增加的显著性差异位置则出现在近红外区域。对于9月和10月的光谱数据，包络线去除处理前后，U检验有显著性差异的波段位置有较大的变化。包络线去除后，在9月出现了近红外区域的显著性差异，而原来一些出现在可见光范围内的显著性差异则消失了。同时笔者还观察到，10月也有相似的现象发生（图4-9、图4-10）。

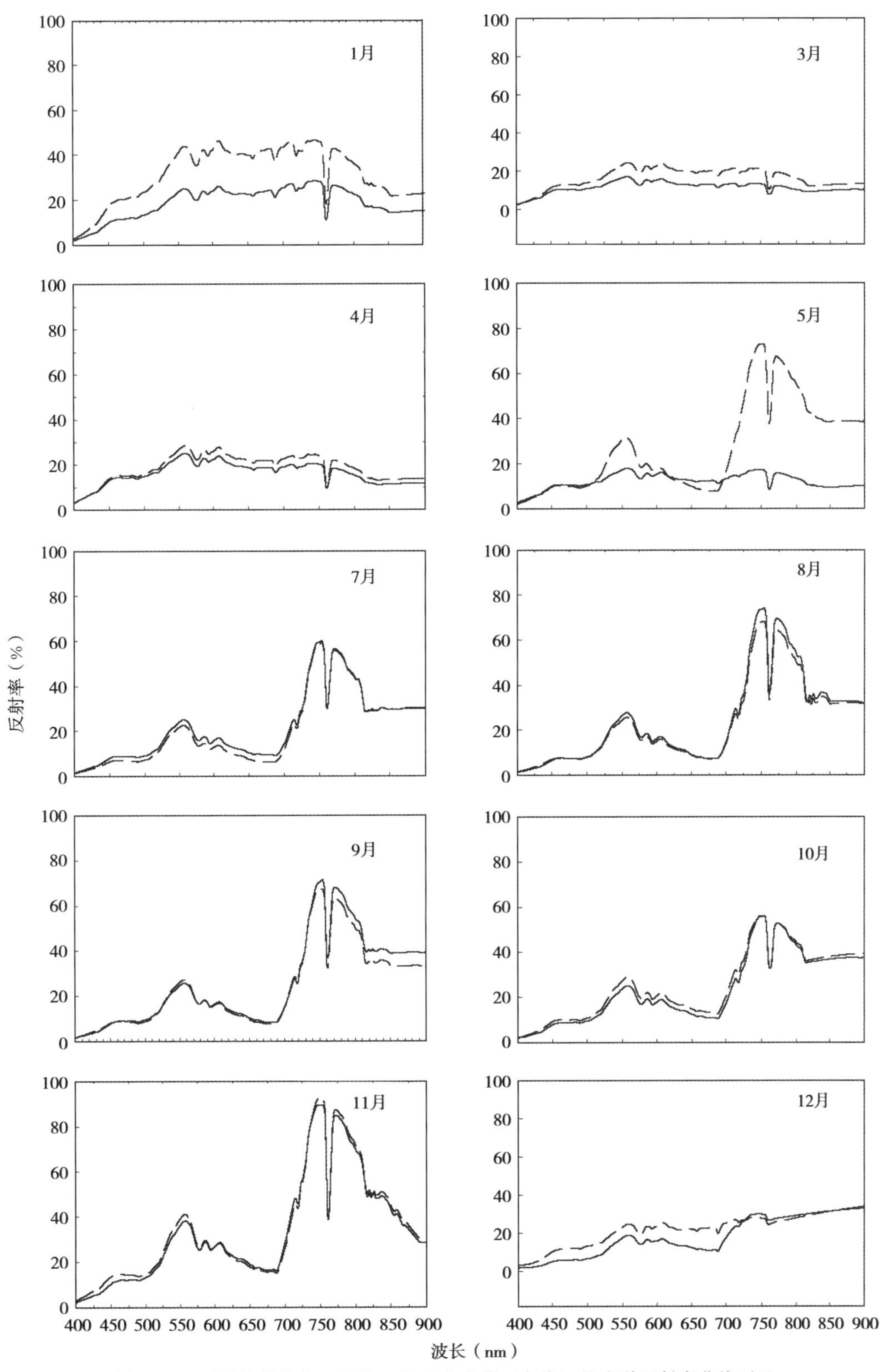

图 4－8　不同月份芦苇（虚线）与互花米草（实线）的光谱反射率曲线对比

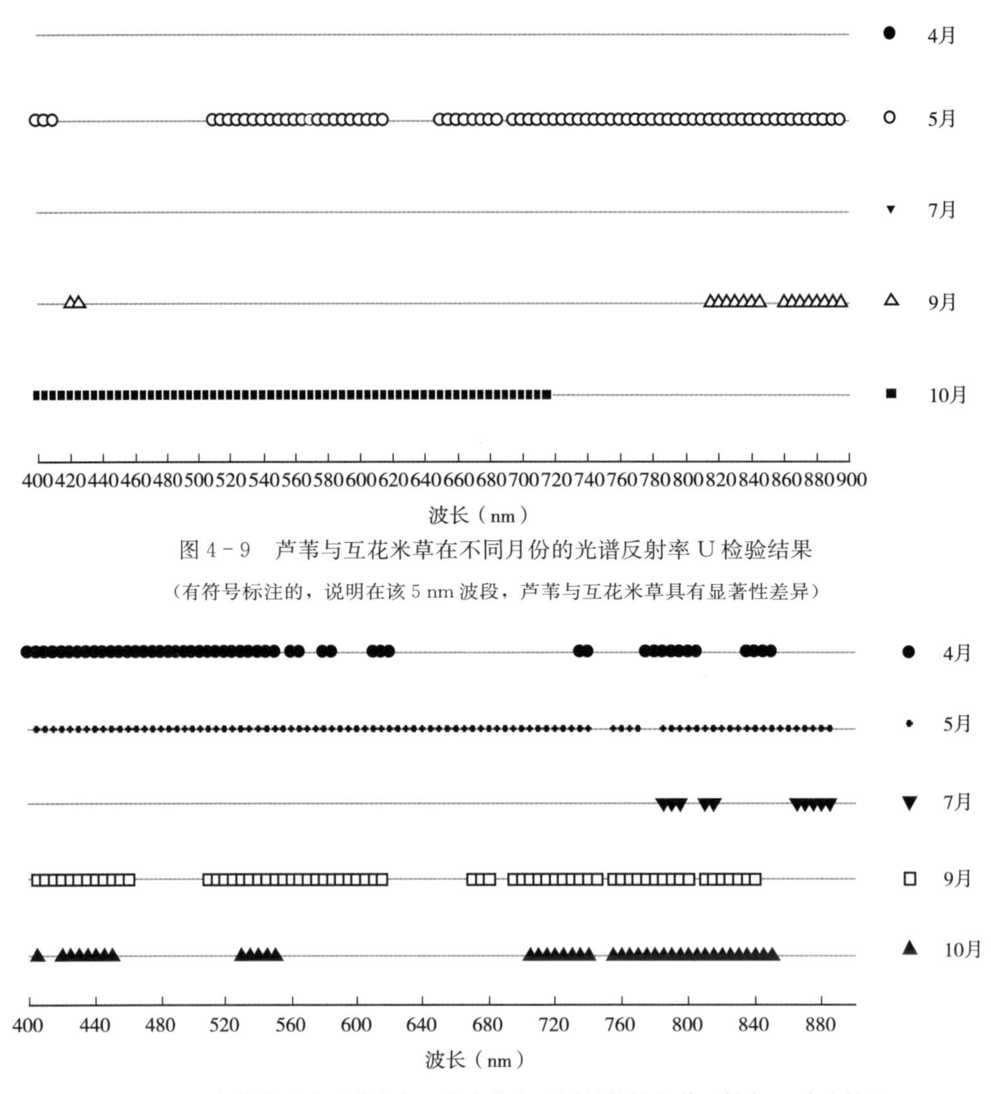

图 4－9　芦苇与互花米草在不同月份的光谱反射率 U 检验结果

（有符号标注的，说明在该 5 nm 波段，芦苇与互花米草具有显著性差异）

图 4－10　包络线去除后芦苇与互花米草在不同月份的光谱反射率 U 检验结果

与 Mutanga et al.（2003）的研究结果相似，本研究得出，利用包络线去除对光谱反射率进行处理，可以使不同反射光谱之间的差异性更为显著，这主要是由于包络线归一化技术可以降低环境条件对光谱反射率的影响（Schmidt & Skidmore，2001）。另外，Schmidt & Skidmore（2001）也指出，经过包络线去除处理后的光谱数据的统计检验结果与原光谱曲线有所差异。包络线去除中的归一化处理，可以降低近红外区域内同类植被光谱间的较大变异性，从而增加了不同类别光谱之间的显著性差异。

（二）其他物种间的高光谱差异

除 7 月 2 日以外，互花米草与海三棱藨草在各个时期均存在可分辨的高光谱波段，并且在 3 月中旬与 5 月初，它们在所有高光谱波段上反射率均存在显著差异（图 4－11）。

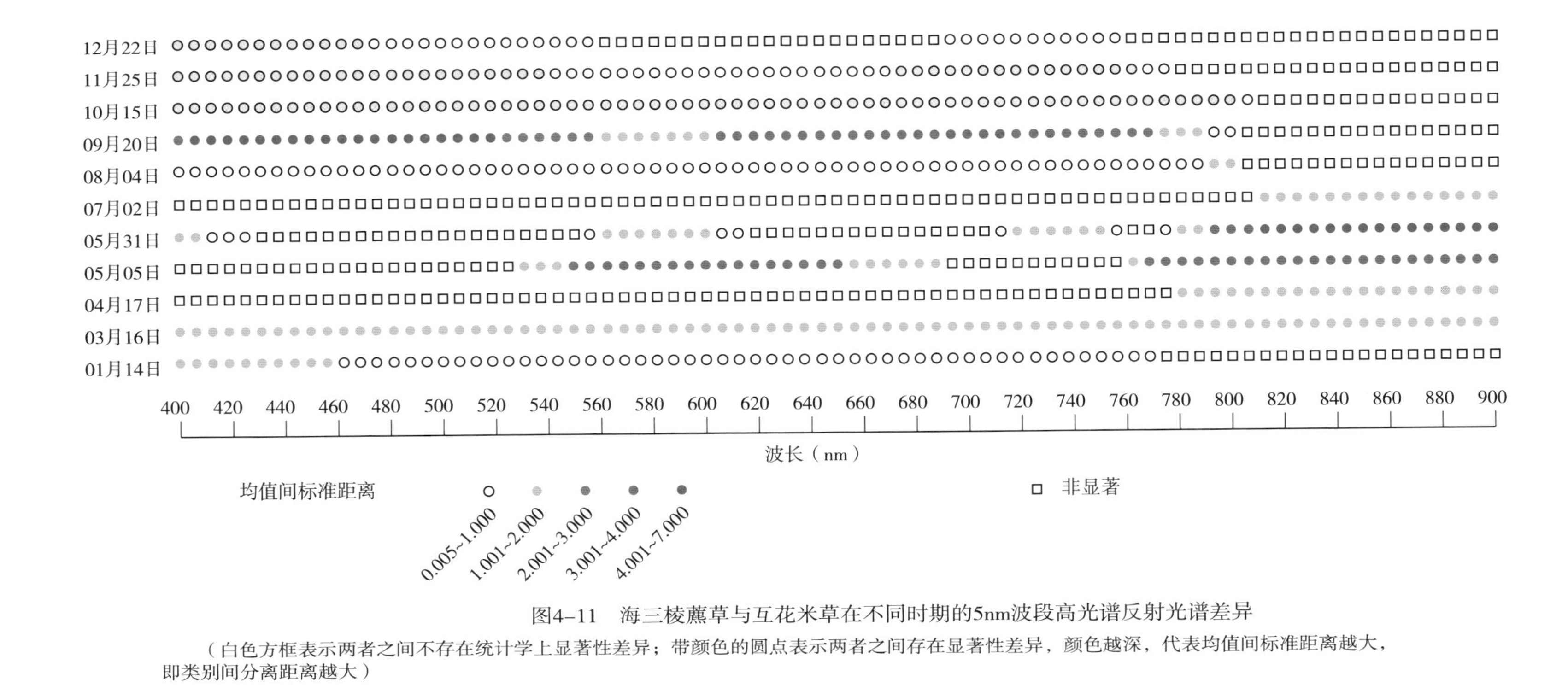

图4-11　海三棱藨草与互花米草在不同时期的5nm波段高光谱反射光谱差异

（白色方框表示两者之间不存在统计学上显著性差异；带颜色的圆点表示两者之间存在显著性差异，颜色越深，代表均值间标准距离越大，即类别间分离距离越大）

从整体上看，互花米草与海三棱藨草之间的光谱分辨性，要高于互花米草与芦苇之间的光谱分辨性，这可能与海三棱藨草生长的最大高度和非生长期盖度均明显低于互花米草，以及海三棱藨草容易受地面土壤背景影响有关。区分互花米草与海三棱藨草最好的时间是5月底至6月初以及8月初。其他时间，如当年9月下旬至翌年1月中旬，互花米草与海三棱藨草在可见光波谱区间也具有一定的分离性。

芦苇与海三棱藨草最好的分辨时间为5月底至6月初及8月初（图4-12）。5月底至6月初，最好的分辨波段集中在近红外光波谱区；8月初，最好的分辨波段集中在可见光波谱区间。虽然12月下旬两者在400～460 nm蓝光波谱区的5 nm波段上有着较高的分离距离，但是蓝光波谱区能量弱，受大气影响严重，所以12月下旬并不适于通过遥感监测芦苇和海三棱藨草。其他时间，如5月初，在可见光和近红外波谱区间，也具有某些分离距离较大的高光谱波段。但在其他时间，两者之间存在显著差异性的高光谱波段不多，且其均值间标准距离也不大。因此，芦苇与海三棱藨草之间的分离性，远不如外来种互花米草与芦苇和海三棱藨草之间的分离性。这在一定程度上说明，外来种相对于本地物种，更加容易监测。

对于湿地植被遥感监测，如果在一景图像上就能分离各个植物物种无疑是最好的，因为这样不仅节约购买图像的成本，技术上也更加容易实现。根据不同时期互花米草、芦苇以及海三棱藨草三者两两之间均存在显著性差异的高光谱波段的分布状况可以发现，5月底至6月初是同时分辨它们的最好时期，其次是9月底至10月初、5月初以及12月下旬（图4-13）。不过，在12月下旬，虽然3种植被在400～430 nm波段平均均值间标准距离较大，但是此波长范围处于蓝光波谱区，经过大气层散射严重，太阳辐射能量在此窗口十分微弱，难以应用到遥感分类上。

要更加有效地监测湿地植被，除了各种植被之间必须存在可分离的光谱特征外，在各种植被与裸露的土壤背景之间也必须存在可分离的光谱特征。实地测定结果表明，芦苇、互花米草以及海三棱藨草与裸地在各个时期均具有良好的光谱分离性（图4-14至图4-16）。除4月17日海三棱藨草以外，裸地与3种植被在400～700 nm波段的可见光波谱区间，均具有显著差异性和高均值间标准距离。此外，在植物生长高峰期，近红外光波谱区间的高光谱波段在裸地与3种植被之间，也存在显著差异性和高均值间标准距离。不过，也有些高光谱波段，如710～730 nm的一些波段，多数时期裸地与各植被之间不存在显著性差异，而这些波段又往往是区分各种植被的最佳波段之一。综合考虑以上情况，5月底至6月初是遥感监测东滩外来种互花米草以及其他植被的最佳时期，其次是9月底至10月初、12月下旬以及5月初（图4-17）。

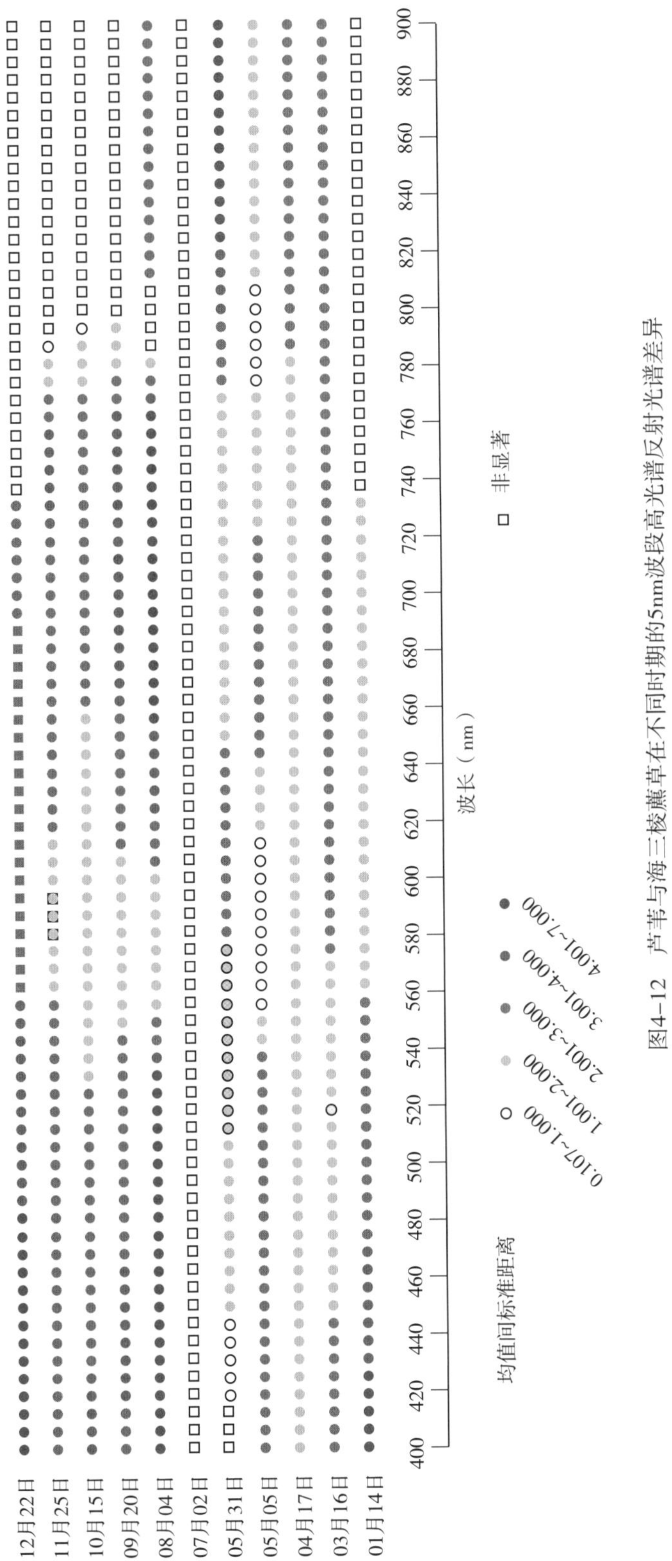

图4-12　芦苇与海三棱藨草在不同时期的5nm波段高光谱反射光谱差异

（白色方框表示两者之间不存在统计学上显著性差异；带颜色的圆点表示两者之间存在显著性差异，颜色越深，代表均值间标准距离越大，即类别间分离距离越大）

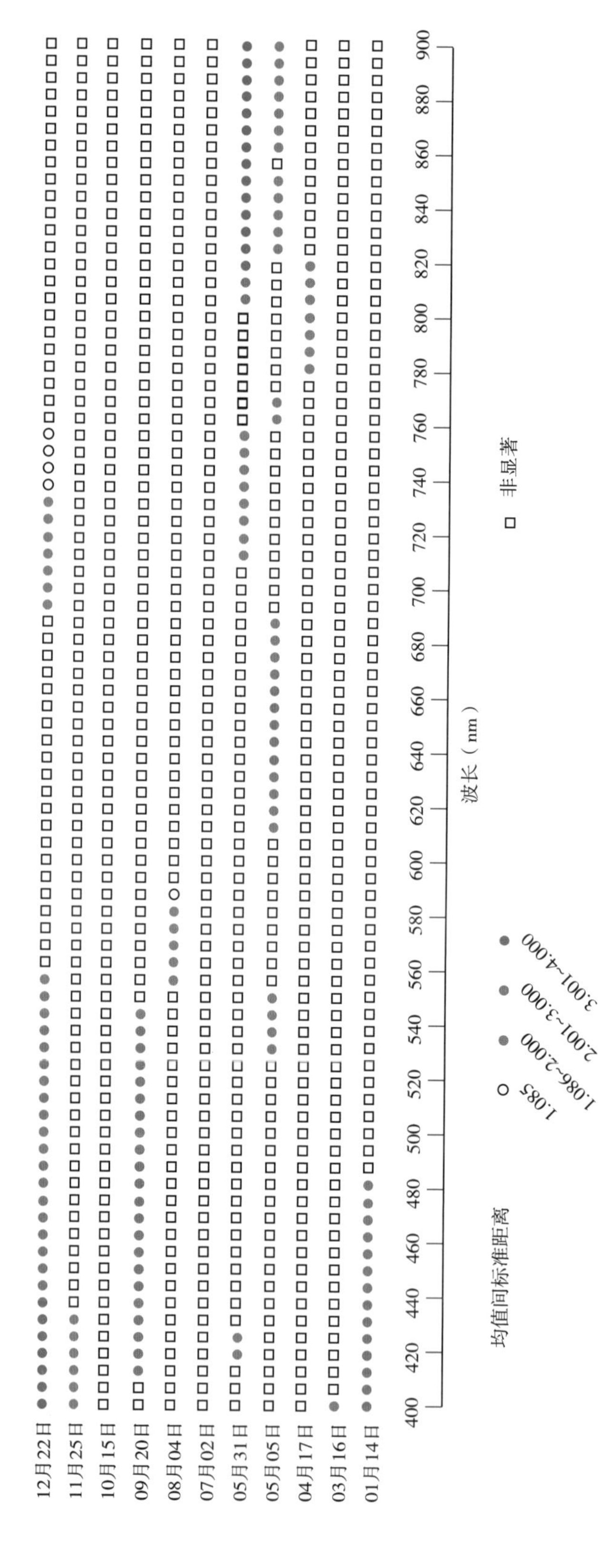

图4-13 不同时期芦苇、互花米草以及海三棱藨草两两之间存在显著差异性的5nm波段

（白色方框表示两者之间不存在在统计学上显著性差异；带颜色的圆点表示两者之间存在显著性差异，颜色越深，代表均值间标准距离越大，即类别间分离距离越大）

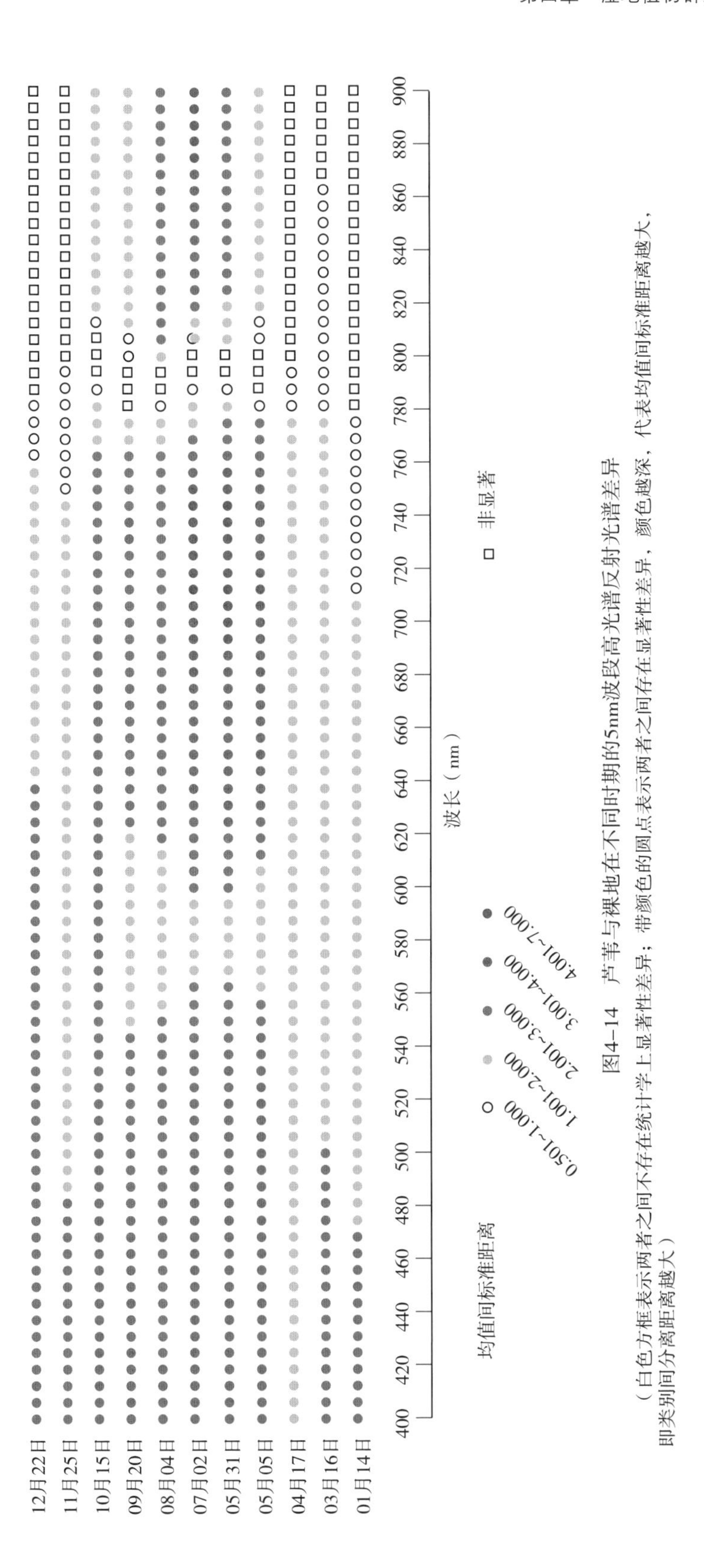

图4-14　芦苇与裸地在不同时期的5nm波段高光谱反射光谱差异

（白色方框表示两者之间不存在统计学上显著性差异；带颜色的圆点表示两者之间存在显著性差异，颜色越深，代表均值间标准距离越大，即类别间分离距离越大）

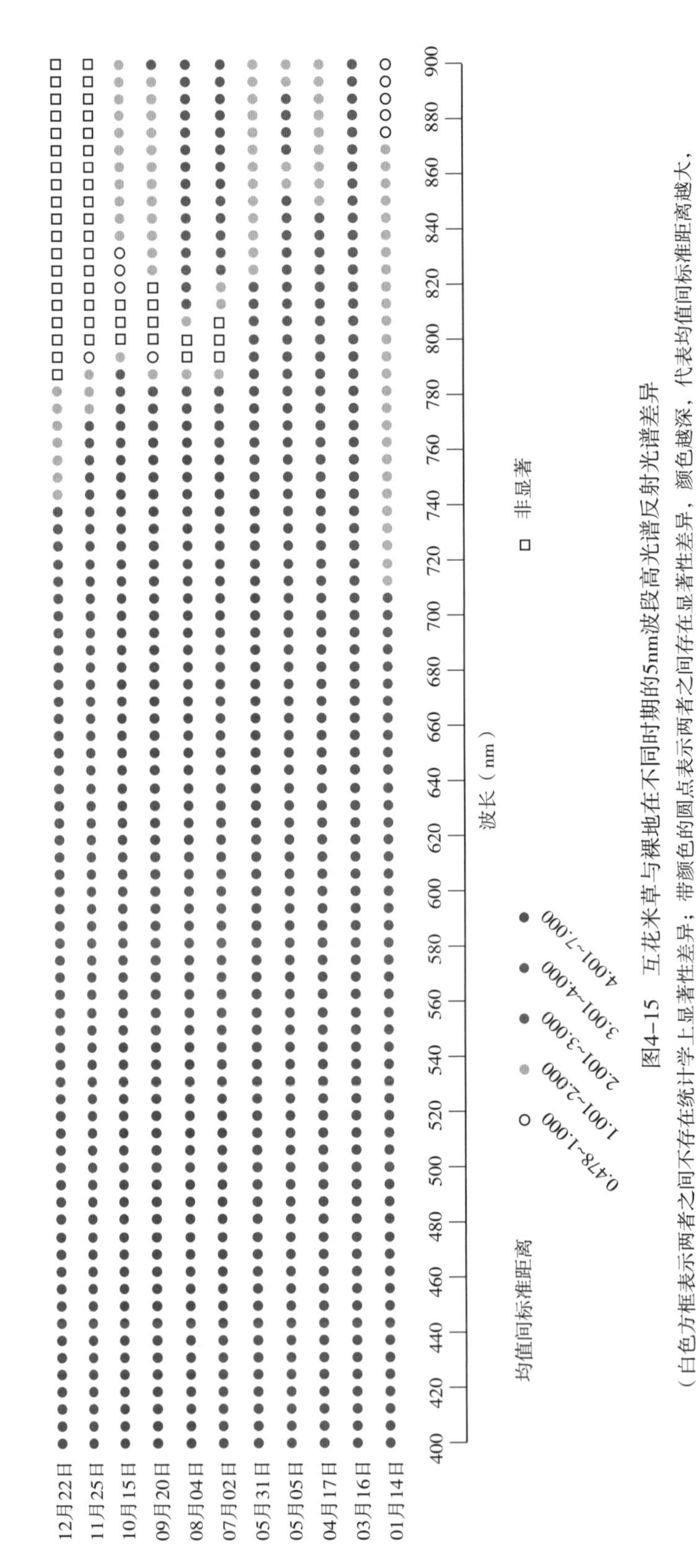

图4-15 互花米草与裸地在不同时期的5nm波段高光谱反射光谱差异

（白色方框表示两者之间不存在统计学上显著性差异；带颜色的圆点表示两者之间存在显著性差异，颜色越深，代表均值间标准距离越大，即类别间分离距离越大）

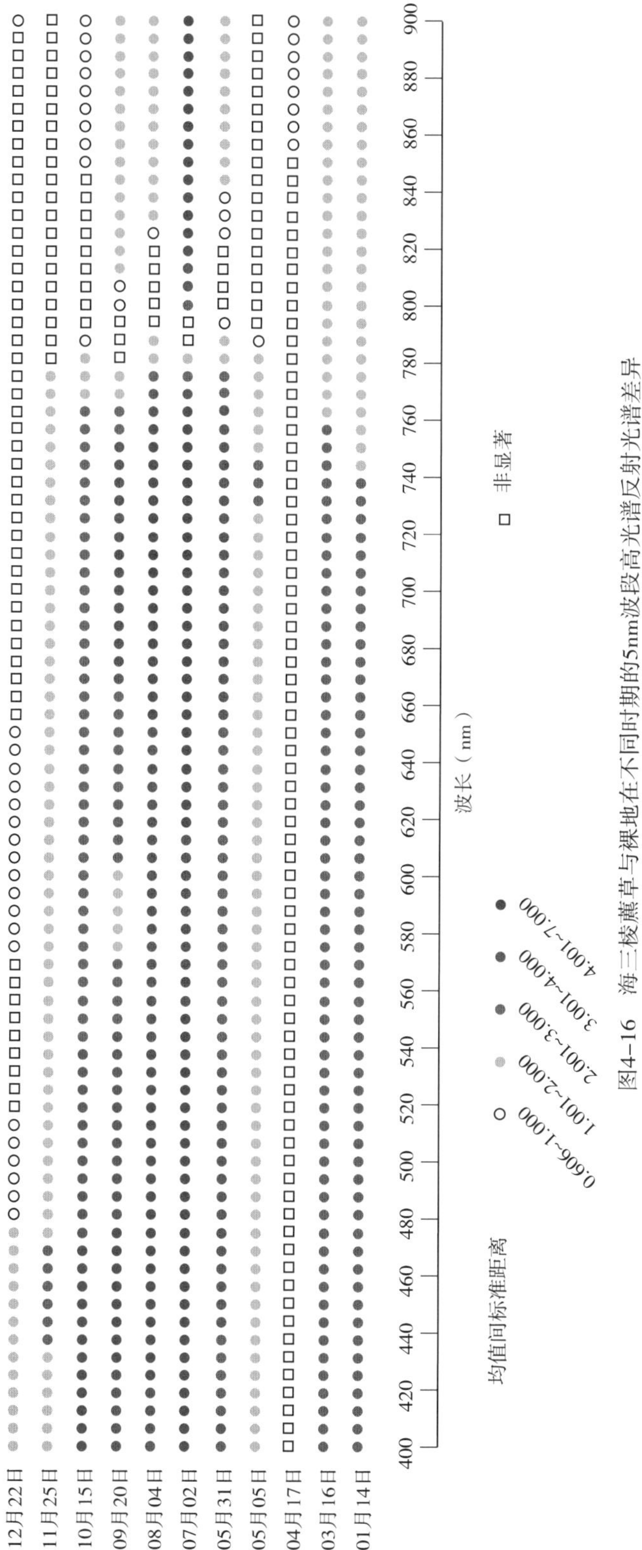

图4-16 海三棱藨草与裸地在不同时期的5nm波段高光谱反射光谱差异

（白色方框表示两者之间不存在统计学上显著性差异；带颜色的圆点表示两者之间存在显著性差异，颜色越深，代表均值间标准距离越大，即类别间分离距离越大）

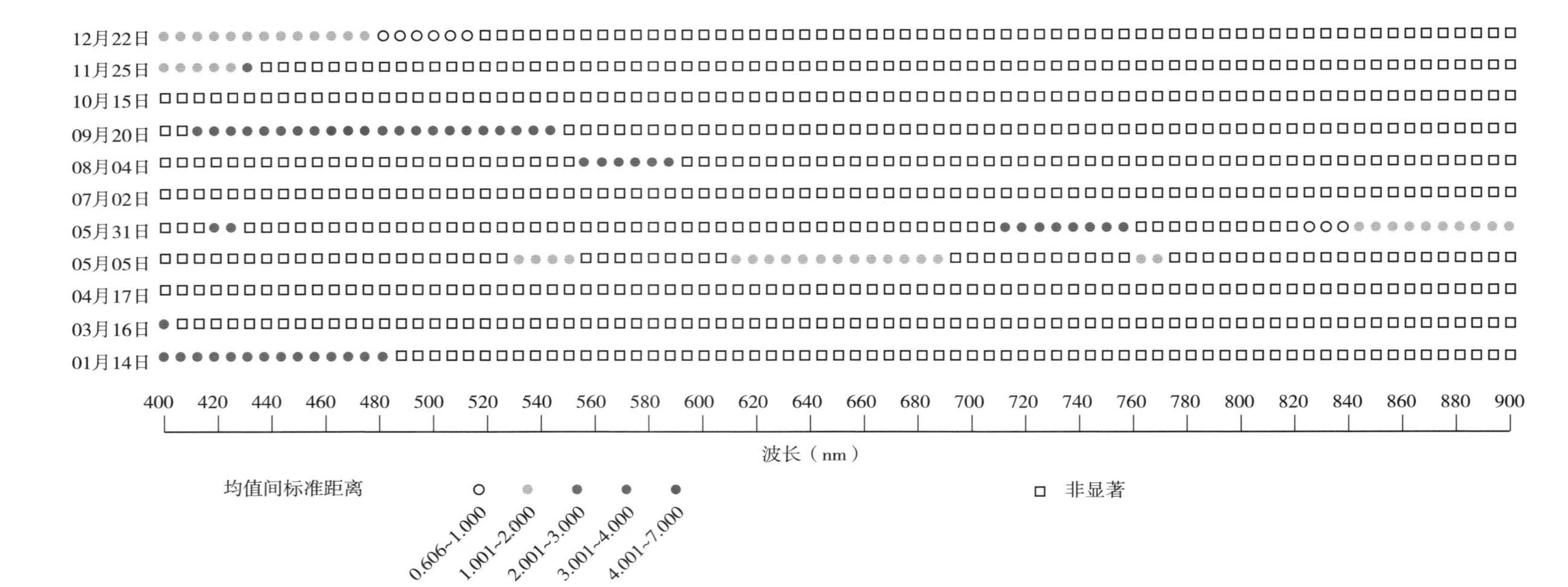

图4-17　不同时期芦苇、互花米草、海三棱藨草以及裸地两两之间存在显著差异性的5nm波段

（白色方框表示两者之间不存在统计学上显著性差异；带颜色的圆点表示两者之间存在显著性差异，颜色越深，代表均值间标准距离越大，即类别间分离距离越大）

三、优势植物以及裸地在同一时相多光谱差异

多光谱波段虽然光谱分辨率低，有可能掩盖不同植被之间更加精细的光谱特征差异，但是它每个波段收集的能量更多，也有可能增加两个类别间的光谱分离距离。单从多光谱波段考虑，芦苇与互花米草之间的多光谱分辨性基本与高光谱一致，最好的分辨时间仍然是5月底至6月初和9月底至10月初（表4－1）。从4月中旬至7月初，由于芦苇与互花米草生长开始的时间和速度不一致，它们的主要光谱特征差异受叶绿素含量影响主要存在于近红外波段；而在其他时间，两者或同处于枯萎期，或同处于繁殖期，光谱差异由叶绿素含量、其他色素以及和花和果实的结构与形态共同控制，因此，主要表现在蓝、绿、红等可见光波段。植被指数并不能够在任何时期任何情况下加强差异性。虽然NDVI和RVI在各个时期的芦苇与互花米草之间均存在显著差异性，但是均值间标准距离相对于高光谱波段明显增大的只有1月14日、5月31日、11月25日与12月22日。如果考虑使用NDVI分类，分辨芦苇与互花米草最好的时间，将是5月底至6月初以及11月下旬。其他指数的表现不如NDVI和RVI，但是也会在某些时期表现出更好的分离性，如EVI在4月17日均值间标准距离最大，VNVI在5月5日均值间距离最大，因此，这些指数在某些特殊时期都有可能增强芦苇与互花米草之间的分离性。

表4－1 芦苇与互花米草在多光谱波段以及常用植被指数之间的均值间标准距离

日期	B	G	R	NIR	NDVI	RVI	RB	VNVI	ANVI	EVI
1月14日	0.91	0.72	0.61	#	1.92	1.85	2.16	1.74	2.01	#
3月16日	1.76	1.81	1.78	1.71	0.49	0.48	#	#	#	1.32
4月17日	#	#	#	1.60	1.54	1.29	#	1.44	1.58	2.59
5月5日	0.98	2.21	#	2.21	2.73	1.82	1.25	2.55	2.60	2.26
5月31日	#	0.87	0.99	4.21	7.10	3.62	2.88	4.72	6.37	5.57
7月2日	#	#	#	1.79	1.14	1.02	#	#	1.65	1.56
8月4日	1.82	1.58	1.47	#	1.33	1.90	#	1.52	1.57	#
9月20日	2.97	2.14	2.53	#	1.25	1.16	#	2.06	1.80	#
10月15日	1.52	1.41	1.15	#	0.65	0.67	#	0.62	0.77	#
11月25日	1.19	0.73	1.15	#	6.07	4.62	0.51	6.43	5.90	1.80
12月22日	0.87	#	0.61	#	2.87	2.49	0.92	2.00	2.37	2.08

注：#表示无显著性差异，故均值间标准距离未计算。

虽然在7月2日不存在可显著区分海三棱藨草与互花米草的多光谱波段以及植被指数，但是从整体上看，海三棱藨草与互花米草之间的多光谱分辨性要高于芦苇与互花米草之间的分辨性（表4－2），这与高光谱部分的分析一致，原因也是同样的。多光谱分辨海三棱藨草与互花米草的最佳时间是8月初和4月中旬，其他时间，如从当年9月中旬至

翌年1月中旬，海三棱藨草与互花米草之间也具有良好的分辨性。这个结果也基本上与高光谱部分分析一致。NDVI是表现最好的植被指数，在多数时期可以明显增强海三棱藨草与互花米草两者之间的分离距离。此外，其他指数也在某些时期表现出最好的分离性，如8月初的VNVI和12月下旬ANVI。因此，根据不同的时间，应该考虑使用不同的植被指数来增强分类效果。

表4-2　海三棱藨草与互花米草在多光谱波段以及常用植被指数之间的均值间标准距离

日期	B	G	R	NIR	NDVI	RVI	RB	VNVI	ANVI	EVI
1月14日	2.54	1.84	1.22	#	3.89	3.44	8.64	4.78	5.80	1.77
3月16日	1.89	2.15	2.23	2.16	1.20	1.21	#	1.22	0.88	#
4月17日	3.95	4.34	4.26	3.33	5.61	4.75	1.72	6.92	4.39	0.79
5月5日	2.01	2.56	2.12	2.60	#	#	#	#	#	2.10
5月31日	1.15	1.98	1.45	3.91	2.41	2.45	#	0.81	1.90	5.45
7月2日	#	#	#	#	#	#	#	#	#	#
8月4日	4.18	2.18	6.01	2.88	12.33	9.60	3.72	14.73	8.54	4.16
9月20日	2.78	2.00	3.61	#	2.21	2.25	2.17	2.75	1.74	0.89
10月15日	2.05	1.67	2.42	#	2.64	2.03	1.57	2.06	2.13	1.26
11月25日	2.75	1.92	3.00	#	7.07	5.16	1.08	5.59	5.54	2.53
12月22日	3.71	2.80	2.51	#	5.20	3.69	5.45	5.99	7.15	4.25

注：#表示无显著性差异，故均值间标准距离未计算。

芦苇与海三棱藨草之间的多光谱分辨性，明显不如互花米草与芦苇以及互花米草与海三棱藨草之间的分辨性（表4-3）。使用多光谱波段分辨芦苇与互花米草最好的时间是4月中旬及5月底至6月初这段时间，其次是12月底。在其他时间，难以区分它们，即使使用植被指数，也未能达到比较高的均值间标准距离。但是，在多光谱波段可分辨的时期内，植被指数NDVI能够增强它们之间的分离距离，其他指数，如VNVI、ANVI以及EVI等，也能在某些时期增强可区分性。

表4-3　芦苇与海三棱藨草在多光谱波段以及常用植被指数之间的均值间标准距离

日期	B	G	R	NIR	NDVI	RVI	RB	VNVI	ANVI	EVI
1月14日	1.11	#	#	#	3.57	3.51	2.44	3.22	3.01	1.13
3月16日	#	#	#	0.69	0.74	0.73	0.66	0.90	0.75	0.85
4月17日	2.68	2.71	2.59	1.21	3.67	2.29	3.69	4.39	4.01	3.81
5月5日	2.11	#	2.00	1.31	2.20	1.66	1.03	2.32	2.22	1.70
5月31日	1.38	#	2.37	2.83	7.29	3.43	2.92	4.16	5.52	4.18
7月2日	#	#	#	#	#	#	2.85	#	#	#
8月4日	#	#	#	2.53	1.26	1.06	1.34	1.11	1.08	1.96
9月20日	1.12	#	#	#	#	#	1.35	#	#	#
10月15日	#	#	#	0.94	1.03	0.97	1.23	0.94	#	1.08
11月25日	#	#	#	#	#	#	#	#	#	0.69
12月22日	2.61	2.13	1.49	#	3.37	3.15	2.57	3.20	3.27	#

注：#表示无显著性差异，故均值间标准距离未计算。

上述结果可以为使用多时相多光谱遥感数据监测东滩的优势物种，提供重要的光谱参考和时间参考信息。例如，一景 8 月初的高质量高分辨率图像，再加上一景 11 月下旬的高质量高分辨率遥感图像，可以监测互花米草。我们更希望在一个时相就可以同时监测芦苇、互花米草和海三棱藨草，以节约成本。多光谱波段能同时分辨芦苇、互花米草与海三棱藨草的最佳时期是 5 月底至 6 月初，其次是 12 月底和 4 月中下旬（表 4－4）。然而，要准确地监测植被，还需它们与裸露的土壤能够在光谱上分离。不同时期芦苇、互花米草、海三棱藨草 3 个物种与裸地之间多数多光谱波段上均存在显著差异（表 4－5）。对照表 4－1 至表 4－5 的内容，可以得出结论：在任何时期，把植被与土壤区分开总是比区分不同植物容易，尤其是使用某些植被指数（如 NDVI）的时候。基本在任何时期，3 种植被与裸地之间均存在较大的光谱分离距离，而且通过 NDVI 等植被指数，这种分离距离会进一步增强。因此，在实际多光谱航天和航空遥感中，不需要对裸地考虑太多，因为它总是较易与植被相区分。

表 4－4　芦苇、互花米草与海三棱藨草在多光谱波段以及常用植被指数之间的平均均值间标准距离

日期	B	G	R	NIR	NDVI	RVI	RB	VNVI	ANVI	EVI
1 月 14 日	1.52	#	#	#	3.13	2.93	4.41	3.24	3.61	#
3 月 16 日	#	#	#	1.52	0.81	0.81	#	#	#	#
4 月 17 日	#	#	#	2.05	3.60	2.77	#	4.25	3.33	2.40
5 月 5 日	1.70	#	#	2.04	#	#	#	#	#	2.02
5 月 31 日	#	#	1.60	3.65	5.60	3.16	#	3.23	4.59	5.07
7 月 2 日	#	#	#	#	#	#	#	#	#	#
8 月 4 日	#	#	#	#	4.97	4.19	#	5.79	3.73	#
9 月 20 日	2.29	#	#	#	#	#	#	#	#	#
10 月 15 日	#	#	#	#	1.44	1.22	#	1.21	#	#
11 月 25 日	#	#	#	#	#	#	#	#	#	1.67
12 月 22 日	2.40	#	1.54	#	3.81	3.11	2.98	3.73	4.26	#

注：#表示芦苇、互花米草与海三棱藨草至少有两者之间无显著性差异，故平均均值间标准距离未计算；数值部分表示两两之间均具有显著性差异。

表 4－5　芦苇、互花米草、海三棱藨草与裸地在多光谱波段以及常用植被指数之间的平均均值间标准距离

日期	B	G	R	NIR	NDVI	RVI	RB	VNVI	ANVI	EVI
1 月 14 日	1.75	1.50	#	#	5.79	5.25	3.05	4.89	3.77	2.90
3 月 16 日	2.66	2.58	2.34	#	5.14	4.69	1.50	3.95	2.94	2.47
4 月 17 日	2.14	2.10	2.02	#	3.64	2.96	#	#	#	3.45
5 月 5 日	2.78	2.33	2.93	#	5.77	4.14	#	5.14	3.55	3.35

（续）

日期	B	G	R	NIR	NDVI	RVI	RB	VNVI	ANVI	EVI
5月31日	3.50	2.95	3.99	1.85	18.61	9.82	#	9.76	7.63	10.17
7月2日	4.28	3.10	4.50	4.31	21.05	5.52	#	12.09	10.41	12.35
8月4日	4.02	3.09	4.25	2.65	27.84	9.90	#	15.61	9.70	8.81
9月20日	3.85	2.59	3.76	1.79	12.22	4.26	#	10.61	8.26	4.75
10月15日	3.72	3.00	3.22	1.56	10.76	5.99	1.41	8.07	7.04	5.34
11月25日	2.46	2.00	1.91	#	8.98	5.63	2.52	8.64	5.99	4.20
12月22日	2.16	1.81	#	#	6.53	5.43	2.85	5.95	4.53	4.92

注：#表示芦苇、互花米草与海三棱藨草至少有一个类别与裸地之间无显著性差异，故平均均值间标准距离未计算；数值部分表示3种植物均与裸地之间存在显著性差异。

四、不同土壤背景对植物光谱特征的影响

选择4月、7月和10月进行统计分析，比较干燥土壤背景与潮湿土壤背景下获得的互花米草反射光谱是否有统计学差异。在这3个月份中，互花米草正好分别处于其生命史中典型的三种状态：4月植被枯萎、低矮；7月生长达到高峰，光合作用明显，植株高大；10月后互花米草的植株渐渐变黄，且在东滩一个明显的现象是很多互花米草在生长旺期之后倒伏。显著性检验的结果显示，在4月和10月，潮湿的土壤背景下与较干燥土壤背景下获得的互花米草光谱在400～900 nm所有的波段上都有显著性差异；而在7月，这两者之间在所有波段上都不存在显著性差异（图4－18）。这说明土壤背景对植被光谱反射率的影响是显著的，尤其是对高度较矮的植物而言。

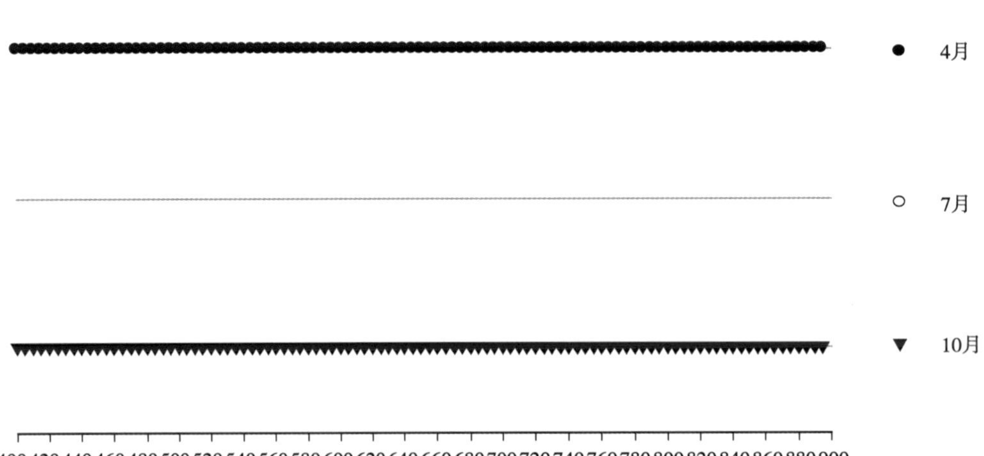

图4－18　不同土壤背景下互花米草光谱反射率差异的U检验结果

（有符号标注的，说明在该5 nm波段，芦苇与互花米草具有显著性差异）

五、天空光辐照度与目标反射辐射度相关性

根据双通道辐射计测量光谱原理，要有效消除太阳辐照度发生变化对测量结果带来的影响，同步测量的天空光辐照度与目标反射辐射度之间即使在太阳辐照度迅速变化的条件下，也应该存在高度正相关性（图 4－19）。在多云天气状况下（中度云层覆盖率与高度云层覆盖率），Uni-Spec 天空光辐照度与目标参考白板辐射度同步测量中，两者 DN 值（经过对数转换）在 3 个代表性波长位置（450 nm、580 nm、810 nm）呈现一致的变化趋势。每相邻两次测量之间的时间间隔是 1 min，足以反映太阳辐照度条件的变化。如图 4－19 所示，太阳辐照度的变化同时被垂直向下测量标准白板的光学通道和垂直向上测量天空光辐照度的光学通道记录，曲线中往下凹的部分表示当时有云过境。对 3 个波段两个通道记录的信号值做相关分析，发现它们之间的拟合度在 3 个波段均非常高（R^2 接近 1）（图 4－20）。400 nm 以前和 900 nm 以后的波段通常噪声太大，其测量值一般不会被应用，因此，仅把 400～900 nm 区间每个波长两个通道测量的信号 DN 值之间的拟合度表示出来。在各个波长位置，两个通道测量的信号 DN 值之间均具有很高的拟合度（R^2 大于 0.95），相对较低的是靠近 400 nm 和 900 nm 两头的位置（图 4－21），这跟它们本身处于太阳辐射大气窗口中能量较低谱段位置有关。这些分析的结果表明，双通道光谱辐射计完全有能力通过两次测量之间天空光辐照度之间的比值，消除或者降低光源条件变化对测量结果带来的负面影响。

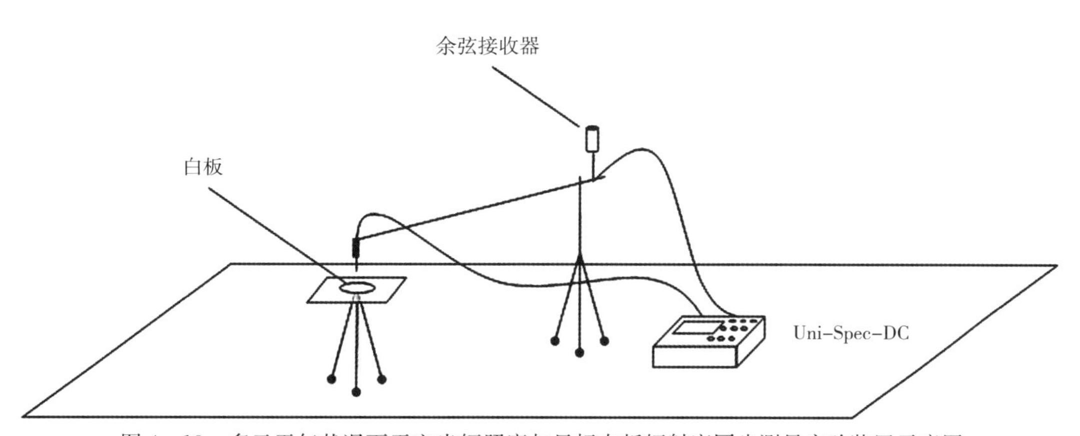

图 4－19　多云天气状况下天空光辐照度与目标白板辐射度同步测量实验装置示意图

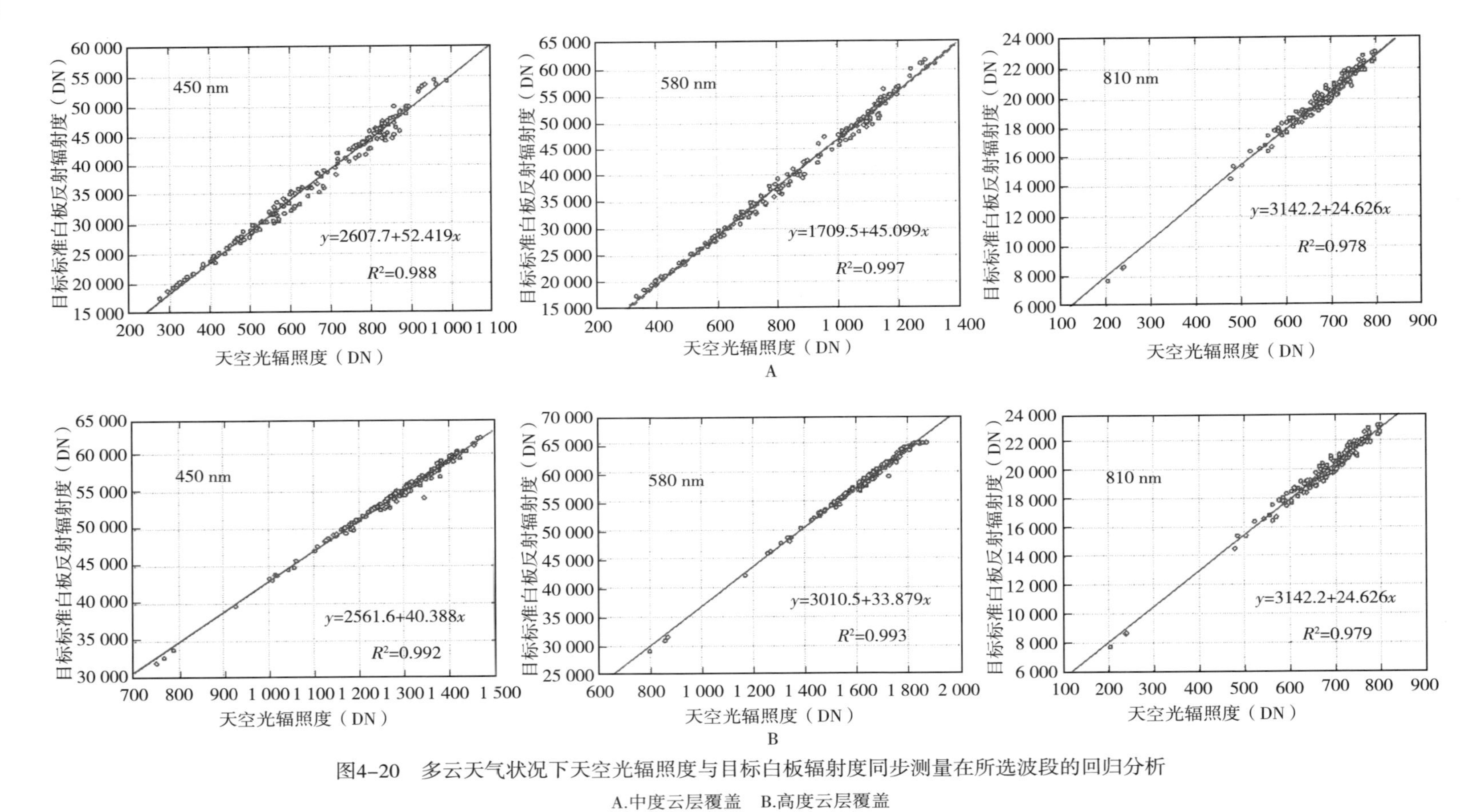

图4-20 多云天气状况下天空光辐照度与目标白板辐射度同步测量在所选波段的回归分析

A.中度云层覆盖 B.高度云层覆盖

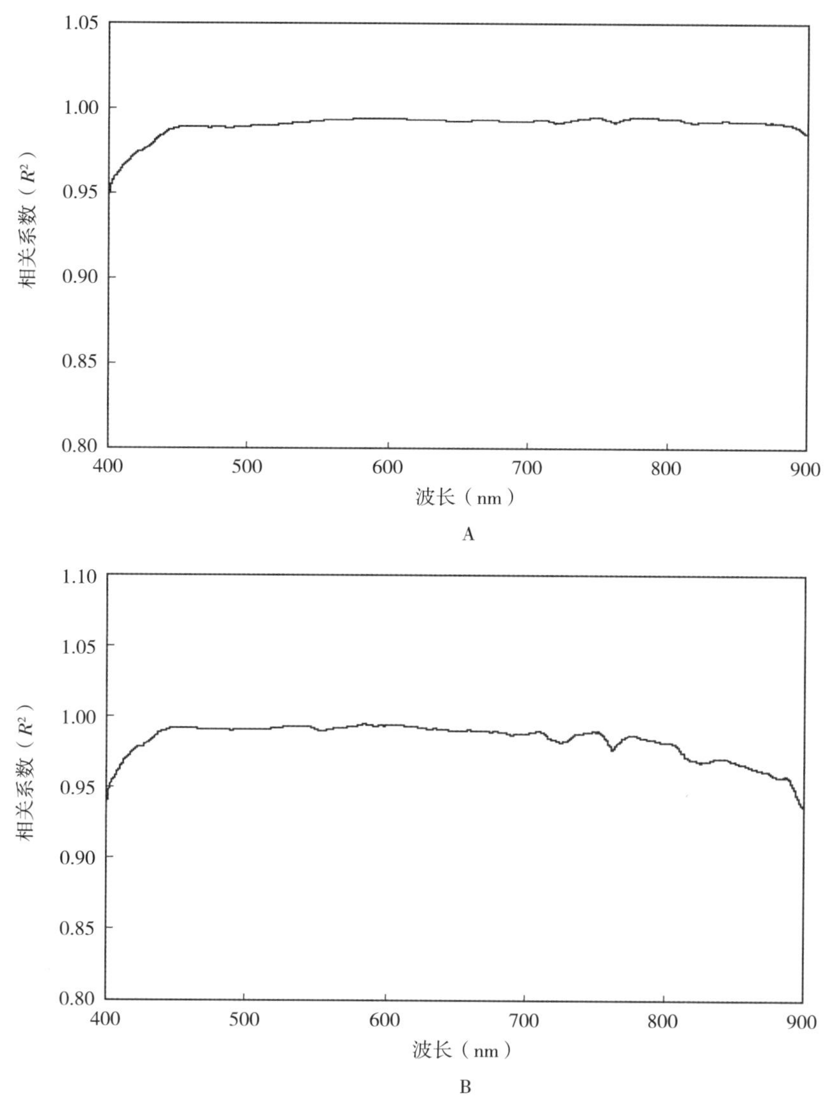

图 4－21　同步测量中天空光辐照度与目标白板反射辐射度在各个波长位置的相关性

A. 中度云层覆盖率　B. 高度云层覆盖率

实地野外植物冠层反射光谱的测量也表明，使用双通道光谱辐射计能够明显降低由于太阳光照条件变化对目标测值带来的变异。图 4－22 是在有少量云层覆盖的天气状况下，对崇明东滩互花米草进行冠层反射光谱测量的结果：A 所表示的反射率，是目标反射辐射度 DN 值与白板反射辐射度 DN 值的直接比值，即不使用天空光辐照度进行校正，等同于单通道光谱辐射顺序测量法测量；B 所表示的反射率，使用了天空光辐照进行校正。如图 4－22 所示，使用双通道相比于单通道明显降低了多次反射光谱测量之间由于太阳辐照度变化所引起的变异，增加了数据的稳定性与可靠性。即使在天空晴朗的情况下，这种对比依然存在。如图 4－23 所示，a 和 b 是单通道顺序测量反射率结果；而 a′和 b′是

双通道同步测量反射率结果。a′（a）与 b′（b）之间的时间间隔不到 1 min，而且大气状况稳定。可以认为，太阳辐照未受大气状况及云层的影响，但是单通道测量反射率相比于双通道测量反射率在相邻两次测量之间的差异增大，这可能是因为太阳高度角和方位角的改变所致。

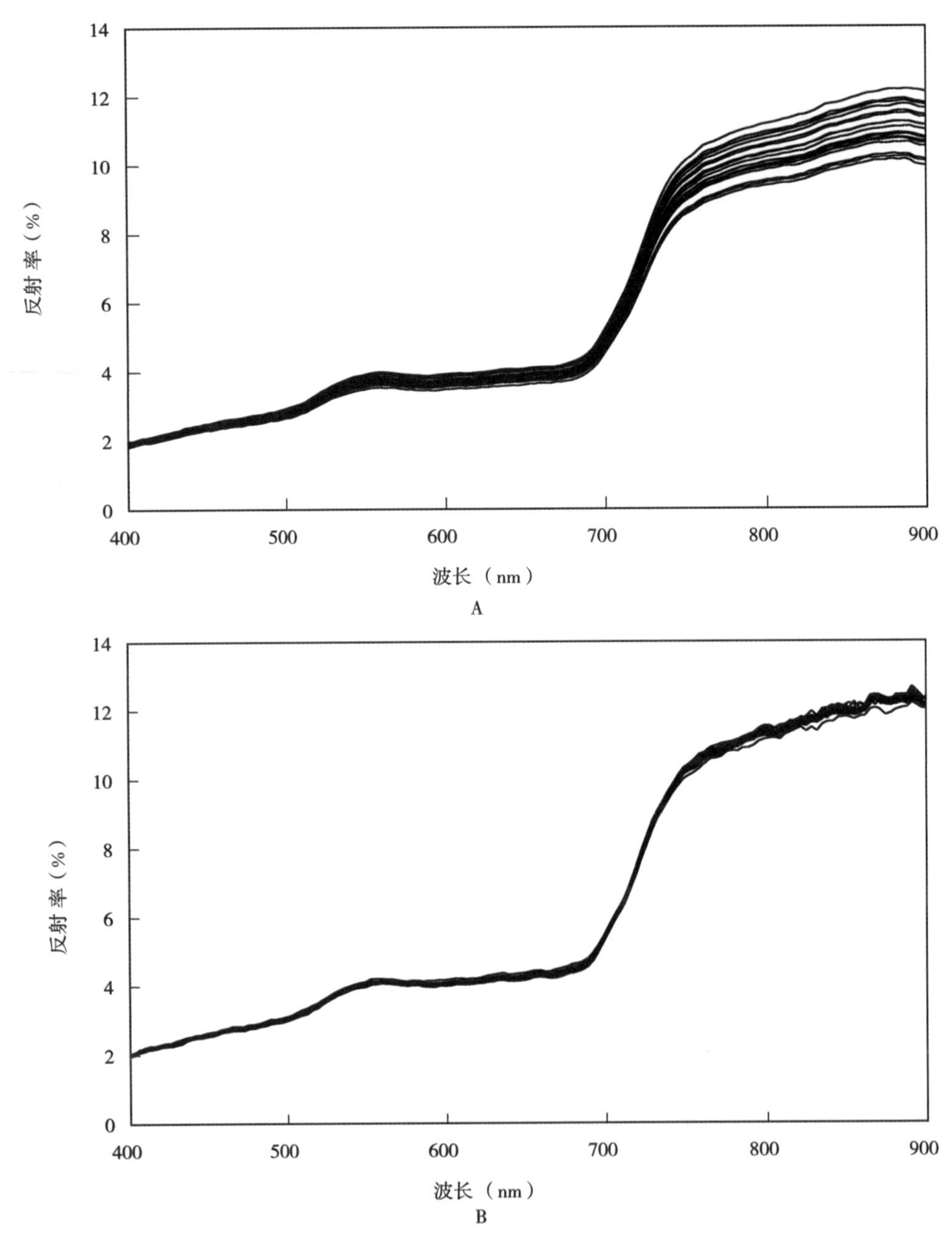

图 4－22　野外单种群植物冠层光谱测量

A. 顺序测量法　B. 同步测量法

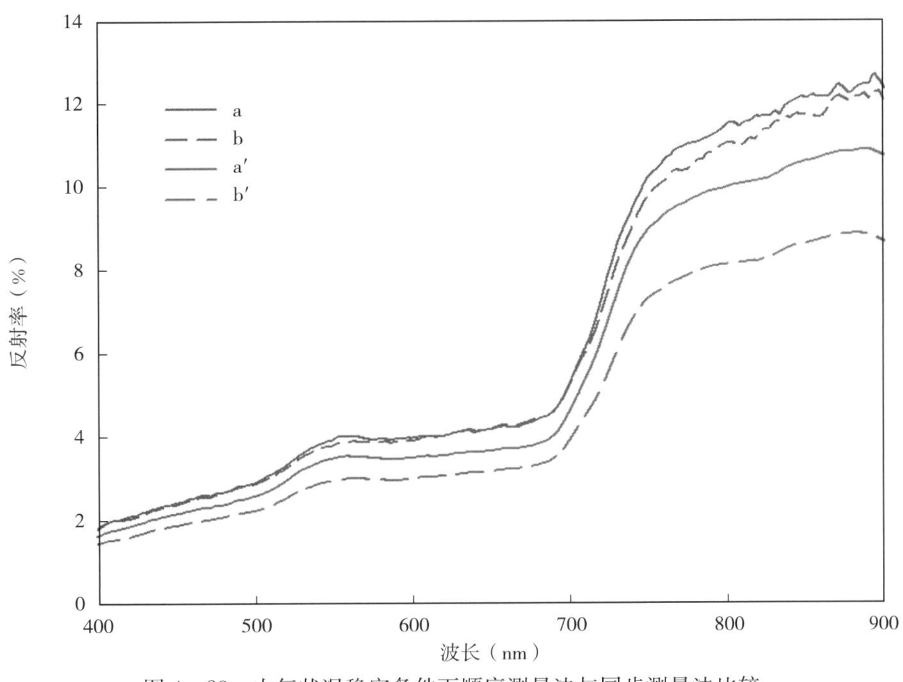

图 4－23　大气状况稳定条件下顺序测量法与同步测量法比较

（a 和 b：同步测量法；a′和 b′：顺序测量法）

第三节　高分辨率遥感影像分类方法比较研究

当在合适的时间获取了高质量的高分辨率遥感影像，并且此影像捕获了外来入侵物种与土著物种及土壤背景之间可分辨的光谱特征，那么，这景遥感影像就已经具备潜力，为我们提供外来入侵物种精确的空间分布信息。但是，遥感图像提供的直接影像信息对于非专业用户来说是看不懂的，它们需要专家的解释翻译，即翻译成容易认读的专题图层。在遥感技术发展的初期阶段，这种解释翻译工作主要由遥感图像处理专职人员直接在图像上描绘，显然，这种方法速度太慢，而且太浪费劳动力。因此，随着计算机图像处理能力的发展与提高，遥感图像处理专家把描图的工作转交给计算机，即设计算法让计算机自动将遥感影像上具有相似光谱特征的图像部分归并为一类，模拟描图工作。而专家本人控制计算机，并使用其专业知识帮助计算机判读图像，从而大大地提高了遥感图像分类解译的效率。不过，到目前为止并没有一个普适的最优图像分类方法，可以对任何类型的遥感图像都取得最好的分类效果。不同的遥感数据源和应用具有不同的特性，合适的分类方法与算法，才能最大限度地挖掘我们所需要的信息。

传统的基于像元的监督分类和非监督分类方法，是过去几十年中最常用的分类方法。

但是，对于如今空间分辨率越来越高的高分辨率图像，这些传统的方法有其局限性。一方面，图像的空间分辨率越高，其包含的信息也就越详细和复杂，地物对象的不确定性减少，因此，其监测地物的潜在精度相比低空间分辨率图像有很大提高。另一方面，研究者也注意到，虽然高空间分辨率图像的信息含量大大增加，但是使用传统的基于像元的监督或非监督分类方法，对它们进行土地利用/覆盖分类，却可能由于过多的细节信息导致同类地物之间图像特征变异增大而降低精度（Su et al.，2004）。因为这些方法缺少空间概念的考虑，不适合处理高空间分辨率图像（Blaschke et al.，2000；Blaschke & Strobl，2001）。比较而言，新的面向对象分类方法，由于其图像处理的基本对象不再是单个像素，而是经过图像分割创造的图像对象，能够充分挖掘隐含在光谱信息中的形状信息、纹理信息以及上下文信息，因此，被认为能够更好地从高分辨率图像中提取真实世界中的地物对象（Baatz et al.，2004；Yoon et al.，2005）。最近发表的很多研究工作，不断证明面向对象的图像分类方法应用在高空间分辨率遥感图像上，相比于传统的基于像元分类方法，能够通过利用空间信息明显地提高分类精度（Aguejdad et al.，2006；Zhou et al.，2006；曹宝 等，2006），有些甚至高达十个甚至几十个百分比。然而，这些工作均集中于人工生态系统（主要是城市生态系统）。虽然也有个别研究开始考虑在自然生态系统中使用面向对象的图像分类方法（Benfield et al.，2007；Cao et al.，2007），但是我们对于面向对象的图像分类方法在各种自然生态系统中的应用，是否如其在城市生态系统中一样具有同样优秀的表现依然不够清楚，尤其是当图像分类需要达到植物物种水平的时候。因为自然生态系统与城市生态系统有着本质的区别，所以在城市生态系统上的研究结果不能直接推演到自然生态系统上。城市生态系统由于地物组成和结构的复杂，其高分辨率图像上同一类地物之间通常具有高光谱异质性和空间复杂性，因此，极大地限制了基于像元图像分类方法的应用。但人造地物规则的形状信息，有规律的拓扑关系，却给面向对象分类提供了极为有用的利用空间。相反，自然生态系统的表面通常由几种优势植物的冠层或裸露的土壤主导，这些不同的物种通过互相竞争，形成交错镶嵌分布的斑块。这些斑块形状不规整，同个物种所形成的斑块形状差异很大，且不同种群或群落斑块过渡模糊。自然生态系统的这些特征，可能导致面向对象的分类方法无法充分利用具有丰富空间信息的高分辨率图像进行分类。不过，如果植被群落简单，其光谱异质性则不会那么强，使基于像元分类方法依然有其优势存在。

根据已经发表的一些工作（Baatz & Schäpe，1999；Platt & Rapoza，2008；Wang et al.，2007），可以总结出对面向对象分类方法的最终效果有着重要影响的三个方面，那就是分类算法或称分类器、分类所使用的特征空间以及多尺度分析。据笔者所知，目前还没有研究直接比较高分辨率遥感影像监测自然生态系统中单一植物物种时，基于像元分类方法与面向对象分类方法两种方法在使用不同算法下的表现。因此，本节的主要内容将是以 Quickbird 影像作为高空间分辨率遥感影像的代表，以入侵崇明东滩湿地的互花米草为研究对象，探讨如下几个问题：①从分类所能达到的精度和分类所需要的时间这两个方面，来评估和比较基于像元分类方法和面向对象分类方法的表现；②通过配对模型之间的比较，分析分类算法、特征空间、多尺度图像分析因素如何影响基于像元和面向对象两种方法的表现。

分类效果评估结果见表 4-6。除了模型 5 以外（Kappa 系数 0.663），其他所有模型都具有很高的分类精度（Kappa 系数大于 0.840）。其中，模型 10 和模型 11 需要最多的机器独立运行时间；而模型 1、2、3、8 和 9 需要最多的人机交互时间。在所有模型中，模型 1 分类精度最高，Kappa 系数达到 0.907，它也是精度最高的面向对象分类模型，但是它需要最多的人机交互时间。模型 4 和模型 12 的分类精度也很高，Kappa 系数分别为 0.847 和 0.898，它们分别代表传统的基于像元的非监督分类和监督分类。可见，面向对象分类模型有效地减弱了“椒盐”现象（一种在图像上经常出现的噪声，在图像分类中，特指由于同物异谱/异物同谱而造成的在大面积同一个土地利用类型上出现分散的错误小斑块分类）。

表 4-6 各模型分类效果评估结果

模型	分类方法	分类算法	特征空间	多尺度分析	Kappa 系数	整体分类精度	机器独立运行时间	人机交互时间
1	面向对象	专家知识	标准特征空间	是	0.907	93.99%	++	+++
2	基于像元	最邻近分类算法与专家知识	标准特征空间	否	0.845	90.89%	+++	+++
3	面向对象	最邻近分类算法与专家知识	标准特征空间	否	0.852	91.05%	++	+++
4	基于像元	最大似然算法	标准特征空间	否	0.847	90.82%	+	+
5	面向对象	最大似然算法	标准特征空间	否	0.663	79.57%	+++	++
6	基于像元	最邻近分类算法	标准特征空间	否	0.866	91.89%	+++	+
7	面向对象	最邻近分类算法	标准特征空间	否	0.852	91.05%	++	++
8	基于像元	专家知识	标准特征空间	否	0.849	90.83%	+	+++
9	面向对象	专家知识	标准特征空间	否	0.894	93.56%	+	+++
10	基于像元	最邻近分类算法	优化特征空间	否	0.873	92.36%	++++	+
11	面向对象	最邻近分类算法	优化特征空间	否	0.868	92.03%	++++	++
12	基于像元	迭代自组织数据分析算法	标准特征空间	否	0.898	93.74%	+	+
13	面向对象	迭代自组织数据分析算法	标准特征空间	否	0.847	90.73%	+	++

注：最后两列中，“+”的个数代表所花费时间的等级，如“+”代表等级 1，“++”代表等级 2，依此类推。

时间和劳动力成本，在实际应用中是不得不考虑的一个问题。根据评估结果（表 4-6），如果在模型中使用最优特征空间集，即使用特征集优化程序根据训练样本计算最优特征空间集，也将非常耗费计算机资源和时间。这一方面是优化程序需要同时考虑特征空间总集数以千计的特征值，另一方面是因为有些特征值如 CLCM 纹理特征本身的计算就很耗硬件资源，因此，需要更加强大的计算机来加快特征空间优化选择程序的运行速度。如果使用专家知识分类器，则需花费较多的人机交互时间，耗费一定的人力资源，因为定义专家知识分类器的分类规则，是一个需要研究图像本身特点并结合专家本身专业知识的过程，这在先验知识缺乏的情况下更加困难。在所有模型当中，分类精度最高的是面向对象模型 1，但是它不仅使用了专家知识分类器，而且还进行了多尺度图像分析，因此花费了较多的人机交互时间，可见，其精度的提高是在更多的时间和精力代价基础上获得的。相反，传统的基于像元非监督分类和监督分类也获得了很高的分类精度，并且只需要较少的时间，尤其是基于像元非监督分类，在最少的时间代价下，其 Kappa 系数高达 0.898，接近模型 1 中 0.907 的精度。此外，最邻近分类器运行在基于像元分类模型中相比于运行在面向对象模型中速度明显变慢（表 4－6 中模型 6 和模型 7），这是因为在像元层次，计算机把每个像元看作一个对象，相对于经过图像分割后的对象层次，其对象数目变得异常庞大。

5 对配对模型用来比较分类算法在两种分类方法中的表现。这 5 对模型分别是模型 2 和模型 3、模型 4 和模型 5、模型 6 和模型 7、模型 8 和模型 9 以及模型 12 和模型 13（表 4－6）。每对模型都使用同样的分类算法及同样的特征空间。从精度评估的结果看，当传统的迭代自组织数据分析算法和最大似然算法用于面向对象分类时，精度要低于它们在基于像元分类中的应用，尤其是最大似然算法。当把它用在面向对象分类时，Kappa 系数相对于其用在基于像元分类时降低幅度达到 20％以上（表 4－6 中模型 4 和模型 5 以及模型 12 和模型 13）。不过，最邻近分类算法于最近设计并用于面向对象分类，在基于像元分类和面向对象分类中都能获取较高的精度，用于基于像元分类中精度稍高一点（表 4－6 中模型 6 和模型 7）。出现这种结果的原因可能是图像对象相比于单个像元信息更加概括，屏蔽了一些像元层次可分辨的光谱信息。例如，当一个面积很小的互花米草斑块（这个斑块可以小到只是一个像元）内嵌在一个大的芦苇斑块中的时候，由于互花米草斑块与芦苇斑块具有显著区别的光谱特征，因此，基于像元的分类毫无疑问可以探测到此互花米草斑块。但是，在面向对象分类中，图像分割过程却很可能把这个小的互花米草斑块和包围它的芦苇斑块分割为一个图像对象，这个图像对象在最终的分类中识别为芦苇。从另外一方面讲，抽象和概括正是面向对象分类的优势，当同类像素之间异质性比较大的时候这种优势表现得尤为突出，这也是大多数高分辨率图像，尤其是城市生态系统高分辨率图像的特点。本研究也存在这样的情况，即由于同类像元之间的异质性影响造成分类的误差。如在一个互花米草斑块中，少数像元可能与其周围典型的互花米草像素存在较大的光谱差异，那么基于像元分类很可能把它们分类为芦苇或非植被，但是在面向对象分类中，在异质性控制不超过临界值的情况下，这少数几个像元会和其周围的像元融合在同一个图像对象中，从而实现正确的图像分类。不过，这种情况不多，因为在笔者的研究地，此时获取的图像芦苇与互花米草光谱差异非常明显，且它们都形成单一并且密度均匀的种群，同类之间光谱异质性并不高。

当只使用专家知识分类时，面向对象比基于像元分类精度更高（表 4－6 中模型 8 和模型 9)。专家知识是通过定义隶属度函数来实现的，在笔者的研究当中，选择了 4 个多光谱波段定义隶属度函数。在基于像元分类当中，使用的特征值是每个单一像元的特征值；而在面向对象分类当中，使用的特征值是一个对象的特征值，而一个对象的特征值是被这个对象包含的所有像元的该特征值的均值。由于均值实际上降低了特征值的方差，因此，同类对象之间的异质性要小于同类像元之间的异质性，这更加有利于隶属度函数的定义和运算效果，从而使面向对象分类比基于像元分类更加容易获取更高的精度。当把专家知识和最邻近算法整合在同一个模型中使用时，基于像元分类与面向对象分类精度接近（表 4－6 中模型 2 和模型 3)，这得益于最邻近算法在基于像元分类中的良好表现。

从整体上看，如果不对图像进行多尺度分析，面向对象分类模型中精度最高的是模型 9，它使用专家知识分类器，但是它的精度却略低于基于像元的非监督分类（模型 12)。当在面向对象分类中进行多尺度图像分析时，才使得其分类精度高于精度最高的基于像元分类模型。这说明，多尺度图像分析是增加面向对象图像分类精度的一个关键因子。面向对象分类如果只在一个尺度上进行，它虽然有能力基本辨别适合在该尺度上认知的属于不同类别的图像对象，但是依然有可能屏蔽一些需要在更小尺度上才能表现的信息。尺度决定了我们感兴趣的现象在图像上被抽象的水平或者是程度。合适的尺度可以使我们把握主要的信息，更大的尺度使我们把握整体，更小的尺度使我们不失去细节。只在一个尺度上进行图像分类的问题在于一般不存在这样一个尺度，它可以恰当到我们感兴趣的对象或者现象都适合在其上表现。因此，对图像进行多尺度分割，才可以在不同尺度上提取感兴趣和需要的信息，综合各个尺度上的信息进行分类并整合到最终的分类结果，从而增加分类的精度。

特征空间的比较，主要用来说明纹理特征和形状特征对分类的影响。需要说明的是，在基于像元分类模型中，每个像元的纹理特征是基于 3×3 窗口内的像元集计算的。虽然 3×3 不一定是最好的，但是穷举所有大小的窗口也是不明智的，而且通过比较 3×3、5×5、7×7 等窗口发现，3×3 是其中较好的，具有代表性。不过，在面向对象分类模型中，纹理是基于图像对象内的像元集计算的，基于图像对象包含的像元集计算 CLCM 纹理特征应该是最好的，因为图像对象里所有的像元共同表现了该对象的自然属性。从分类结果的比较来看，不管是在面向对象分类模型中（表 4－6 中模型 11 和模型 7）还是在基于像元模型中（表 4－6 中模型 10 与模型 6)，使用最优特征空间使分类精度均有微小的增加。而且很明显，在两类模型所使用的最优特征空间中，都存在纹理特征。这说明纹理特征的确有助于分类，但是同时也说明纹理特征在笔者的研究当中，并没有给面向对象分类带来明显的精度提高。此外，在面向对象分类模型的最优特征空间中，并没有形状特征，说明即使在训练样本中，也不存在比光谱特征更好的形状特征可以分离各个类别。这些结果与那些在城市生态系统进行面向对象分类的研究不同，在他们的研究中，面向对象分类通常可以利用纹理特征和形状特征大幅度增加分类精度。在一定程度上可以认为是自然生态系统与人工生态系统的差异，导致了这种不同的研究结果。人工生态系统，以最为典型的城市生态系统为例，其土地利用/覆盖类型主要为道路、建筑用地、公共广场等。这些对象由于材料相同或相似，异物同谱问题非常严重，从而限制了基于像元分类能够达到的精度。然而，这些对象又具有规则并且相互区别的空间特征如形状、纹理和拓扑特征（Platt & Rapoza，2008），因此，给了面向对象分类很大的发挥空间。相反，研究区域作为自然生态系统，表面主要被优势植被的冠层占据，两种优势植物互花米草与芦苇存在自然竞争关系，它们形成的单种群斑块包括裸地斑块在内并没有规则的形状，没有统一的大小，因此极大地限制了面向对象分类利用形状信息进行分类。因此，在分类过程中，仅利用了形状特征提取一些潮沟。另一方面，优势种群形成的斑块密度均匀，同类植物斑块光谱异质性并不大，裸地和水体更是具有高度同质性，并且由于图像获取时间非常合适，芦苇与互花米草之间的光谱特征差异明显，这就使得基于像元分类容易达到满意的分类精度。此外，虽然芦苇与互花米草冠层密度存在差异，但是由于两者生长型相似，QuickBird图像的分辨率还不足以高到通过纹理特征来表现这种密度差异。

利用空间特征（如纹理特征和形状特征）提高分类效果，是面向对象分类的重要方面。然而，本研究的结果告诉我们，高分辨率图像上所体现的纹理和形状特征并不总是能够帮助增加分类精度。如果纹理特征和形状特征是不规则和可以分辨的，那么不管它们多么丰富，对分类也是没多大用处的，这种时候，面向对象分类效果的发挥会受到一定的影响。另外，图像上的纹理特征本质上依然是基于光谱特征表现的，在不同类别地物之间本身具有可明显辨析的光谱特征时，纹理特征也许是不必要的，因为使用它们已经很难使分类精度有明显提高。比较本研究的结果与前人在城市生态系统的研究结果（Agüera et al.，2006；Platt & Rapoza，2008；Zhong et al.，2006）说明，使用专家知识和多尺度图像分析进行分类，是提高面向对象分类精度的重要方式。同时，也说明当面向对象分类用于检测自然生态系统单物种时，由于种群斑块形状的混乱状态以及种群内部本身可能具有的高同质性，形状和纹理等空间特征往往会失去其利用价值。在城市等人工生态系统中进行的高分辨率图像面向对象分类，则能充分利用空间特征提高分类精度，这种差异是由于不同类型生态系统内部特征决定的。

在本案例研究中，基于像元分类和面向对象分类对高分辨率Quick Bird图像分类都能达到很高的精度，均有能力提供外来入侵植物互花米草精确的空间分布信息，从而为控制互花米草、保护生态系统功能和本地生物多样性提供最重要的空间参考信息。充分挖掘面向对象方法对图像进行分类的能力，面向对象能比基于像元获取更高的分类精度，但是这需要有更多的专业知识、更多的时间和精力。而基于像元的非监督分类，则能在花费更少的时间和精力的情况下，也获取很高的分类精度。因此，具体应用中应视情况而定，面向对象分类并不总是最好的，在精度最为重要的情况下，应该使用面向对象分类，而在需要快速获取信息并节约时间人力成本的情况下，使用基于像元的非监督分类是更好的选择。

第五章 外来植物互花米草入侵

生物入侵（biological invasions）作为全球变化的一个重要组成部分（Vitousek et al.，1996；Vitousek et al.，1997），被认为是当前最棘手的三大环境问题之一（Sala et al.，2000）。外来物种的成功入侵，常常直接或间接地降低被入侵地的生物多样性，改变当地生态系统的结构与功能，并最终导致生态系统的退化与生态系统功能和服务的丧失（Mckinney & Lockwood，1999），严重威胁区域生态安全，也给全球的环境、经济甚至人类健康造成巨大的损失（Pimentel et al.，2000）。

河口湿地与沿海滩涂湿地，是单位面积上生态服务价值最高的生态系统类型（Costanza et al.，1997），但也是极易被外来生物入侵的一种生态系统类型（Grosholz，2002）。

互花米草（*Spartina alterniflora* Loisel.）（英文名为 smooth cordgrass、atlantic cordgrass 或 saltmarsh cordgrass）为禾本科米草属（*Spartina* Schreb）（又名绳草属）多年生草本植物，原产于北美东海岸及墨西哥湾，由于人为引入与自然扩散，现在已成为全球海岸盐沼生态系统中最成功的入侵植物之一。自 20 世纪 70 年代末由南京大学引入以来，互花米草在我国河口与沿海滩涂上迅速扩散，在保滩促淤上发挥了一定作用，但其危害也逐渐显现。90 年代中后期，由于人工引入及自然扩散，互花米草在长江口盐沼湿地成功定居并迅速扩散，并带来了一系列严重的生态、经济后果。2003 年初，国家环保总局公布了首批入侵我国的 16 种外来入侵种名单，互花米草作为唯一的滨海盐沼植物名列其中。

第一节 互花米草研究概述

一、生物学特征

（一）形态学

互花米草地下部分通常由短而细的须根和长而粗的地下茎（根状茎）组成（图 5-1，A）。根系发达，常密布于地下 30 cm 深的土层内，有时可深达 50～100 cm（图 5-1，B）。植株茎秆坚韧、直立，高可达 1～3 m，直径在 1 cm 以上。茎节具叶鞘，叶腋有腋芽。叶互生，呈长披针形（图 5-1，C），长可达 90 cm、宽 1.5～2 cm，具盐腺，根吸收的盐分大都由盐腺排出体外，因而叶表面往往有白色粉状的盐霜出现（图 5-1，D）。圆锥花序长 20～45 cm，具 10～20 个穗形总状花序，有 16～24 个小穗，小穗侧扁，长约 1 cm（图 5-1，E）；两性花；子房平滑，两柱头很长，呈白色羽毛状（图 5-1，F）；雄蕊 3 个，花药成熟时纵向开裂，花粉黄色。种子通常在 8—12 月成熟，颖果长 0.8～1.5 cm，胚呈浅绿色或蜡黄色（徐炳声，1998）。

图 5－1　互花米草的形态学特征

A. 在长江口的滩涂环境中与土著植物海三棱藨草生长在一起的互花米草斑块（较高的植物即为互花米草）
B. 由于潮水冲刷，根部暴露的互花米草斑块　C. 互花米草茎、叶的形态　D. 互花米草叶盐腺分泌的盐粒
E、F. 互花米草花和花序的形态

（二）繁殖生物学

互花米草是一种多年生根状茎植物，同大多数禾本科植物一样，互花米草的繁殖方式也有两种，即有性繁殖与无性繁殖。其繁殖体包括种子、根状茎与断落的植株（Daehler & Strong，1994）。

在适宜的条件下，互花米草3～4个月即可达到性成熟（Smart，1982），其花期与地理分布有关。根据Mobberley（1956）的研究，互花米草在北美的花期一般是6—10月，在南美是12月至翌年6月，在欧洲是7—11月。但在有些地方，互花米草并不开花，如新西兰和美国华盛顿州的Padilla海湾；而在华盛顿州的另一个海湾Willapa海湾，互花米草也是在引种50年后才开花（Scheffer，1945；Partridge，1987；Riggs，1992；Kunz & Martz，1993）。

互花米草的花为两性花，风媒，雌性先熟，其柱头在花粉囊裂开之前伸出，以接受早熟花的花粉，因此有利于异花授粉（Fang，2002）。而其异花授粉率也显著高于自花授粉率，异花授粉的结实率与种子活力也较高（Somers & Grant，1981；Bertness & Shumway，1992；Fang，2002），自花授粉产生的种子无萌发能力（Daehler & Strong，1994）。

互花米草每个花序上的种子数量变异较大，为133～636粒，其种子生产量、活力与开花时期具有一定的相关性。在盛花期开放的花结实率较高，单粒种子重量也更大（Fang，2002）。由于花粉的限制，在互花米草群落边缘，其种子生产量较少，因此，种群的扩张存在Allee效应（Davis et al.，2004a，2004b；Taylor et al.，2004），即个体繁殖成功率随着种群的大小或者密度的增加而增加；而在小的或者低密度的种群中，灭绝速率会增加（Groom，1998）。

互花米草的种子存活时间不长，约为8个月，因此互花米草并无持久的种子库（Sayce & Mumford，1990）。其种子需要浸泡大约6周才具有萌发力，通常春天才能萌发，其萌发率与许多因素相关，如预处理及环境因子等。Callaway和Josselyn（1992）从旧金山海湾收集的种子萌发率为37.3%，但Sayce（1988）从Willapa海湾收集的种子萌发率仅为0.04%，产生这种差异的原因可能是两者对种子的预处理不同而固有的差异；Sayce的预处理可能还不足以打破其种子的休眠，因为Willapa海湾的互花米草种子萌发率不可能如此之低。在Willapa海湾冬季的潮间带上，常常可以看到大量被潮水带来并聚在一起已萌芽的种子（Simenstad & Thom，1995）。对从美国引入我国的3个互花米草生态型种子进行耐盐萌发试验，结果表明，种子的萌发率随盐度升高而下降，其中，来自佛罗里达州的互花米草（F型）在纯净水中萌发率高达90%，即使在盐度70条件下也有1.2%的种子萌发（钦佩 等，1985）。在变温条件下，互花米草种子萌发速度加快，而且萌发整齐（徐国万 等，1985）。

在潮汐的作用下，部分互花米草植株及根状茎被冲刷、断落，与种子一并随潮水漂流，同样也具有一定的繁殖力（Daehler & Strong，1994），但与种子相比，数量较少，因此目前研究不多。

互花米草的有性繁殖对开拓新生境有着非常重要的意义，但是对维持已经建立的种群却意义不大。在发育良好的互花米草群落的冠层下，由于光照强度低，其种子苗无法

成活，而随着其盖度的降低，幼苗的存活率也会随之而增加，因此，对已经建立的互花米草种群，其局部的扩张主要依赖于克隆生长（Metcalfe et al.，1986）。互花米草根茎的延伸速度很快。在华盛顿州的滩涂上，互花米草根茎的横向延伸速度达每年 0.5～1.7 m（Sayce，1988；Riggs，1992；Simenstad & Thom，1995）。

（三）对滩涂环境的适应性

在个体水平上，互花米草对滩涂非生物环境的适应，表现为对较大的纬度跨度下的沿海滩涂环境胁迫的耐受。

互花米草对淹水具有较强的耐受能力。Landin（1991）的研究表明，互花米草可以耐受每天 12 h 的浸泡。作为对淹水所造成的缺氧环境的适应，互花米草具有高度发达的通气组织（图 5－2，A），为其根部提供足够的氧气，并可提高其根围土壤的溶氧度（Mendelssohn & Postek，1982），而土壤溶氧度的提高，又有利于邻近互花米草植株的生长，因此，互花米草对缺氧生境的成功入侵是与种群大小相关的。换句话说，在滩涂低潮带互花米草种群的扩大有利于其对缺氧环境的耐受，进而增加其入侵成功的机会（Bertness，1991）。在缺氧环境下，互花米草的乙醇脱氢酶（ADH）活性大幅度升高，这表明在缺氧环境下的无氧呼吸旺盛（Mendelssohn et al.，1981）。尽管过久过频的水淹会抑制互花米草的生长（Mendelssohn & Mckee，1988），但一定强度的淹水对互花米草的生长也有促进作用。Howes et al.（1986）在新英格兰盐沼所进行的野外试验表明，地下水位在一定范围内（0～20 cm）越高，互花米草地上部分的生物量越大。Lessmann et al.（1997）在研究不同淹水时间对 3 种典型潮滩植物（互花米草、狐米草和 *Panicum hemitomom* Schult）的影响时发现，互花米草在年淹水时间为 30 d 左右时叶生长速率最高，而其他两种植物的叶生长速率，都会随淹水时间的增加而降低。

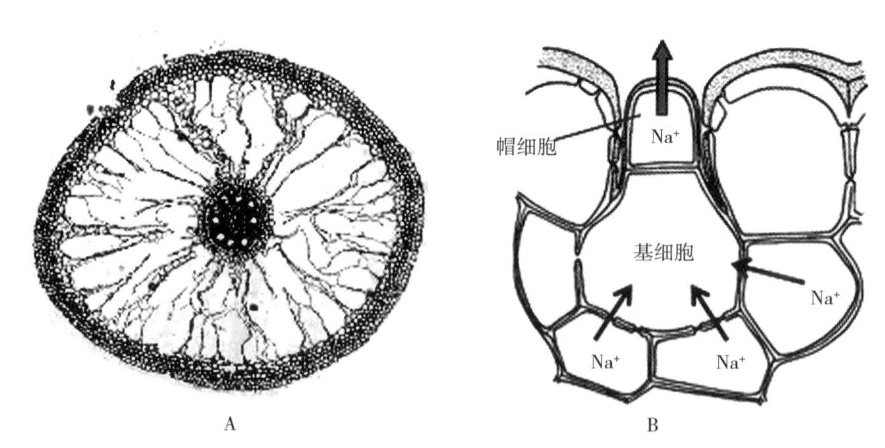

图 5－2　互花米草的解剖学特征

A. 通气组织　B. 盐腺

互花米草对高盐度也具有一定的耐受能力。大量研究都涉及互花米草的生长对盐度的响应，但结果并不完全一致。有的研究认为，互花米草的生长受盐度抑制，底质盐度越高，对互花米草生长的抑制作用越强（Gosselink，1970；Phleger，1971；Smart & Barko，1980）；有的研究结果则表明，互花米草的最适生长盐度为10～20，超过该范围时，互花米草的生长才会受到抑制（Haines & Dunn，1976；Landin，1991；Wang et al.，2006）。尽管结论不尽相同，但所有研究都表明，互花米草具有较强的耐盐能力。Landin（1991）认为，互花米草可以耐受高达60的盐度。

互花米草的一系列特殊的生理生化特征，使得其具有较强的耐盐能力。互花米草根部具有显著的离子排斥机制，以减少 Na^+ 的吸收（Bradley & Morris，1991）。同时，米草属植物的叶片上均具有泌盐组织，能将组织中的盐分排出植物体（图5-2，B）（Anderson，1974；Ungar，1991）；而互花米草的根细胞质膜的生理特征也适应于高盐环境。在高盐度下（510 mmol/L），互花米草的根细胞质膜中固醇与磷脂比例也能保持稳定，而稳定的细胞质膜脂类组成对植物抗逆性有重要作用，同时当盐度升高时，原生质膜中 H^+-ATP酶的活性升高，因此在高盐度下，互花米草能自动调节体内 H^+-ATP 酶的活性产生电化学梯度，从而具有较强的耐盐能力（Wu，1997）。

互花米草对氮素具有很强的利用能力。互花米草能吸收铵态氮与硝态氮等不同形式的氮素（Morris，1980）；作为 C_4 植物，互花米草对氮素的利用效率也相对较高（姜丽芬，2005）。尽管如此，大量野外研究表明，互花米草的生长仍然受氮素水平的限制，氮素水平的增加，能显著增加互花米草的生物量（Valiela & Teal，1974；Broome et al.，1975；Gallagher，1975；Patrick & Delaune，1976；Howes et al.，1986）。同时，互花米草对氮素的吸收还受盐度、淹水、硫化物等其他环境因子的影响。通常来说，随着环境胁迫的增加，即在高盐、缺氧、高硫浓度下，互花米草对氮素的吸收会受到一定的抑制（Morris，1980；Bradley & Morris，1990；Bradley & Morris，1991；Chambers et al.，1998）。而这些物理因子间的交互作用，对滩涂上互花米草的入侵结果与分布也有显著影响。

互花米草对环境的适应，还表现为在不同纬度下对滩涂环境的适应。作为一个成功的入侵种，互花米草的适温范围相当广，分布的纬度跨度相对较大，从赤道附近（亚马孙河口）到高纬度地区（英国北部，50°—60°N）均可分布。互花米草是 C_4 植物，通常 C_4 植物的光合作用速率在高于10 ℃时高于 C_3 植物，低于10 ℃时要比 C_3 植物低得多。然而，互花米草在5～10 ℃时，也能保持与 C_3 植物相近的光合作用速率。因此，即使在较高纬度的地区，互花米草也能很好地生存（蒋福兴 等，1985）。近年来的研究发现，纬度变异对互花米草的耐盐能力没有影响（Pennings et al.，2003），但是对互花米草的韧性、次生代谢产物、含氮量等有一定影响，从而影响到互花米草对食草动物的适口性（palatability），进一步对互花米草与其捕食者之间的相互关系产生影响（Siska et al.，

2002；Pennings & Silliman，2005)。在不同纬度的美国大西洋沿岸盐沼，尽管互花米草群落中草食动物的多样性与密度没有差异，但高纬度的互花米草因适口性较强而受到更大的捕食压力，生长也受到强烈抑制；低纬度互花米草的生物量却不受影响（Pennings et al.，2001；Pennings & Silliman，2005)。

二、入侵的影响

(一) 对土著植物的影响

互花米草对土著植物的影响主要通过两个机制：

1. 互花米草与土著植物之间的竞争排斥作用

野外研究表明，在潮间带，互花米草与土著植物表现出强烈的竞争作用（Scholten & Rozema，1990；Frenkel，1990；Callaway & Josselyn，1992)，因此，在互花米草入侵以后，往往导致其他植物种群分布面积的大量减少与种群数量的显著降低。在 Willapa 海湾和 San Francisco 海湾的研究表明，互花米草强烈排斥大叶藻（*Zostera marina* L.)、盐角草（*Salicornia virginica* L.)、海韭菜（*Triglochin maritimum* L.)、加利福尼亚米草[*S. foliosa*、*Jaumea carnosa*（Less.）Gray]和 *Fucus distichus* L. 等土著植物（Corkhill，1984；Scholten & Rozema，1990；Callaway & Josselyn，1992；Simenstad & Thom，1995；Daehler & Strong，1996)。而在我国海河口、长江口等地的潮间带，互花米草对土著植物海三棱藨草和芦苇也有显著的竞争效应（Chen et al.，2004；Shi et al.，2004；Wang et al.，2006)。

但事实上，互花米草与其他植物的竞争结果与滩涂非生物因子密切相关（Bertness，1991；Levine et al.，1998；Pennings & Moore，2001)。Ehrenfeld（2003）认为，土壤养分（主要是无机氮素）的增加有利于外来物种的入侵成功。Brewer（2003）在密西西比的研究发现，互花米草在潮间带的高潮位被针茅灯心草（*Juncus roemerianus* Scheele）取代的一个原因，就是互花米草对低氮环境的耐受相对较弱。前文提到，互花米草对氮的吸收还受盐度、淹水、硫化物等其他物理环境的影响，这些物理因子的交互作用对互花米草与其他物种的竞争关系有显著影响，进而决定了滩涂植被上的分布。Levine et al.（1998）根据其研究结果并总结其以前的研究，考察氮素水平、其他物理胁迫及植物种间竞争等因素，提出了美国 New England 盐沼植被带状分布的概念模型（图 5-3)。

此外，在植物中常见的化感作用（allelopathy)，也被认为是植物提高其竞争优势的重要手段，也是外来植物成功入侵的重要机制之一（Callaway & Aschehoug，2000；Bais et al.，2003；Hierro & Callaway，2003)。尽管有一些研究涉及互花米草的次生代谢产物，不过目前与其化感作用相关的研究还未见报道。

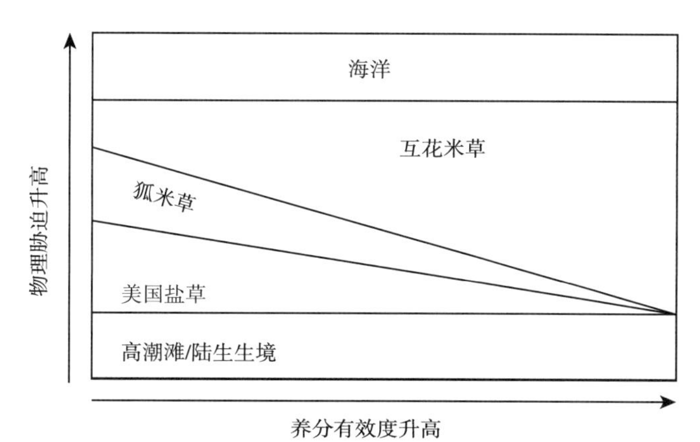

图 5-3　物理胁迫、营养有效度与竞争关系交互影响下，New England 盐沼植被的带状分布概念模型

（Levine et al.，1998）

因此，互花米草成功入侵的一个重要机制，就是互花米草在沿海滩涂的物理环境下，具有对土著植物的竞争优势。而实际上，在美国西海岸，由于互花米草比土著种对滩涂的物理环境具有更高的抗逆性，因此，在高程较低的滩涂上，互花米草很少受到土著植物的竞争压力（Callaway & Josselyn，1992；Riggs，1992）。

2. 互花米草对土著米草的遗传侵蚀

19 世纪被偶然带入英国南部的互花米草与土著种欧洲米草发生自然杂交产生不育种唐氏米草，而后者经过染色体加倍产生了入侵能力非常强的可育种——大米草。在法国，互花米草与土著种欧洲米草的杂交也产生了另一种米草。

互花米草被引入旧金山海湾后，除了竞争排除土著种叶米草外，基因渗入是对叶米草造成威胁的另一个重要原因。在温室中进行的种间杂交试验和 RAPD 研究表明，在自然状况下，两个种之间能发生一定程度的杂交（Daehler & Strong，1997）。Anttilia et al.（1998）认为，互花米草具有较大的雄性适合度，种间杂交导致叶米草种群的基因均质化，降低了遗传多样性。种间杂交后代在潮间带的分布范围类似于其亲本入侵种互花米草，能分布在低潮带，进一步加剧了互花米草对叶米草的竞争排斥作用（Ayres et al.，1999）。

（二）对鱼类的影响

在原产地，互花米草对鱼类有着重要的意义，互花米草丛是一些河口鱼类、蟹类的繁育场所（Bertness，1984；Simenstad & Thom，1995）。在互花米草的入侵地，由于其对土著植物的取代及对潮间带环境的改变，使得一些鱼类及其他底栖无脊椎动物的避难所和食物来源发生变化，进一步改变入侵地的底栖动物群落。在美国华盛顿州的 Padilla 海湾，大叶藻群落被互花米草取代，从而导致一些鱼类如马苏大麻哈鱼（chum salmon）、英国箬鳎（English sole）等鱼类的避难所受到威胁和食物来源减少（Balthuis & Scott，1993；Simenstad & Thom，1995）。但互花米草的入侵也并非对所有的鱼类都有危害，如大鳞大麻哈鱼（chinook salmon）的幼体被认为能从互花米草的扩散中受益（Simenstad & Thom，1995）。

（三）对底栖动物及线虫的影响

在原产地，互花米草是底栖动物的重要食源，能够直接取食互花米草的动物很多，如玉黍螺（*Littoraria irrorata* Say）、*Melampus bidentatus* Say、*Geukensia demissa* Dillwyn 等，而玉黍螺对互花米草叶片的直接取食，能强烈抑制其生长（Silliman & Zieman，2001；Silliman et al.，2004）。

在入侵地，由于入侵的互花米草增加了生境的复杂性，对底栖动物的影响也是多方面的。互花米草的入侵是否对底栖动物群落产生负面影响，目前也没有一致的结论（Daehler & Strong，1996）。Luiting et al.（1997）的研究表明，入侵 Willapa 海湾的互花米草斑块底泥中底栖无脊椎动物种数要小于潮间带，同时物种多度也显著降低。而 Wu et al.（2002）在比较崇明东滩潮间带中部的互花米草和海三棱藨草底泥中的线虫群落时发现，线虫的种类数、数量、生物量、多样性、均匀度和优势度均没有显著差异。但最近的研究（Chen et al.，2005）却表明，互花米草斑块下底栖线虫营养多样性指数显著降低，而食细菌线虫比例显著增加。陈中义（2004）在崇明东滩的研究发现，互花米草入侵海三棱藨草群落后，大型底栖无脊椎动物群落的物种组成没有显著不同，但是大型底栖无脊椎动物的物种多样性有显著降低。在 Willapa 海湾，光滩被入侵以后，互花米草群落底泥中的无脊椎动物总密度和丰富度要高于邻近的光滩，而有的类群密度不发生变化（Dumbauld et al.，1997）。米草盐沼是已知的具有最高净初级生产力的群落之一（Gallagher et al.，1980），因此，其衰老的秆被分解以后，能够支持大量和多样的线虫以及无脊椎动物的幼体（Alisauskas & Hobson，1993；Daehler & Strong，1996）。

（四）对昆虫的影响

在原产地，互花米草群落中的昆虫物种丰度与多度相对较高，而其中一部分可直接取食互花米草，如 *Orchelimum fidicinum* Rehn & Hebard、*Conocephalus spartinae* Fox. 等（Silliman & Zieman，2001；Grevstad et al.，2003；Silliman et al.，2004；Pennings & Silliman，2005）。在其入侵地，互花米草群落中的昆虫物种的丰度与多度均大大低于土著植物群落（高慧 等，2006），这意味着取食互花米草的昆虫相对较少。在美国东部与旧金山海湾发现一种同翅目昆虫 *Prokelisia marginata* Van Duzee（planthopper），但是该昆虫在旧金山海湾到底是否为土著种尚不明确。*P. marginata* 取食互花米草的韧皮部，对互花米草的种子生产量有一定影响，进而限制其扩散（Bertness & Shumway，1992；Daehler & Strong，1997；Grevstad et al.，2003；Hedge et al.，2003）。但也有研究发现，*P. marginata* 并没有限制旧金山海湾互花米草有活性的种子的生产量，而 *P. marginata* 对其他一些植物的分蘖也有一定影响，因此，还需要进一步研究来确认 *P. marginata* 是否能应用于互花米草的控制（Daehler & Strong，1994）。

（五）对涉禽的影响

滩涂湿地，特别是河口滩涂，是水鸟的重要栖息地与觅食地，盐沼中的土著植物不仅为水鸟提供栖息场所，而且其幼苗、果实与地下茎等也是一些水鸟的食物来源；特别是开阔的光泥滩具有丰富的底栖动物和鱼类，是水鸟最为偏好的觅食场所。水鸟是潮间带生态系统食物网中的重要组成部分，水鸟种群数量的维持对生态系统的稳定具有重要作用。如水鸟可以捕食底栖动物和小型鱼类，控制其种群数量；水鸟也可以取食土著植物的种子与根状茎，有利于土著植物种群的扩散。因此，水鸟的多样性常常被作为衡量湿地生态功能的重要指标，而水鸟种群数量下降将对生态系统造成深刻影响。

在原产地，互花米草群落是大量鸟类栖息与觅食的重要场所。而在其入侵地，情况却完全相反。互花米草入侵后，竞争取代土著植物，占领光滩，形成单一密集的互花米草群落，造成鸟类生境和食源丧失，最终导致水鸟种群数量明显减少（Callaway & Josselyn，1992；Foss，1992）。在 Willapa 国家野生生物保护区，互花米草的入侵，已导致水鸟越冬和繁殖的关键生境减少 16%～20%（Foss，1992）；在旧金山海湾，互花米草对叶米草群落的入侵没有影响涉禽的觅食，而它对潮间带光滩的入侵，则使涉禽觅食面积大为减少（Daehler & Strong，1996）。在崇明东滩的互花米草群落中，无论是鸟类的种类和数量都要大大低于土著的芦苇群落，同时，互花米草对土著植物海三棱藨草有显著的竞争排斥，而后者的种子与地下球茎是一些雁鸭类与白头鹤等水鸟的主要食物来源（陈中义，2004）。然而，并非所有鸟类都受到了互花米草入侵的威胁，濒危的加利福尼亚铃舌秧鸡（*Rallus longirostris* Boddaert）在互花米草丛中筑巢，并且鸟巢的数量与互花米草的长势相关（Foin & Brenchley-Jackson，1991）。

（六）对食草动物的影响

由于互花米草分布于潮间带，经常被水浸泡，食草动物的活动比较有限。但仍然有研究表明，食草动物对互花米草的取食能改变互花米草与其他植物的竞争结果。在其原产地马里兰州 Assateague 岛的盐沼中，野马选择性地取食互花米草，从而使其在与 *Distichlis spicata*（L.）Greene 的竞争中处于劣势（Furbish & Albano，1994）。

（七）互花米草与微生物的相互影响

互花米草群落中的微生物，对互花米草的作用主要有三个方面：其一，对互花米草的致病作用。在 Willapa 海湾发现麦角菌［*Claviceps purpurea*（Fr.）Tul.］能够感染互花米草并使之染上麦角病（ergot disease），使互花米草的种子生产量降低，从而限制其扩散。尽管 *C. purpurea* 对禾本科的其他一些植物也有影响，但这一发现在互花米草的生物控制中，仍然可能具有一定的应用前景（Fisher et al.，2005）。其二，作为生态系统中的分解者，微生物可分解互花米草的凋落物、枯死植株及其碎屑。其三，增加互花米草群落的养分供给。互花米草群落中固氮微生物对氮素的供给有着重要作用，有一些与互花米草共生的固氮生物，如附生在死亡的互花米草植株上的蓝藻及其根际固氮菌，具有较高的固氮效率，这就意味着初生的互花米草群落中的氮素限制会随着群落的逐渐发育而降低（Tyler et al.，2003）。另外，菌根真菌对互花米草的生长也有一定的促进作用。在沿海滩涂中，菌根真菌的生长受到一定限制（Khan & Belik，1995），而丛枝菌根对互花米草根部的侵染率也很低，尽管如此，菌根真菌的存在可以显著提升互花米草在磷限制下的养分吸收（McHugh & Dighton，2004）。

互花米草的入侵对土壤微生物也有影响，但目前的研究不多。王蒙（2006）在对长江口九段沙潮间带微生物的研究中，用 16S rDNA 估计了不同植物群落的根际土壤微生物多样性。结果表明，与土著种芦苇群落和海三棱藨草群落相比，互花米草群落的根际微生物多样性和均匀度要低很多。

三、基于互花米草的食物网变化

近年来，互花米草入侵对消费者群落结构的影响日益受到生态学家的关注。对群落变化有一定认识之后，人们开始逐渐探索各物种的食性及食源种类受到植物入侵的影响，对食物网的营养基础及其定性和定量研究也逐渐成为热点。在长江口盐沼湿地，高生物量的维管植物是食物网的营养基础，而互花米草的入侵在很大程度上改变了这个营养基础的组成。对于长江口的最主要入侵植物互花米草，是否能够进入到土著食物网中以及通过何种方式进行流动，已经成为很多生态学家感兴趣的问题。

在长江口盐沼湿地，初级生产者主要有土著植物海三棱藨草和芦苇，入侵植物互花米草，另外还有颗粒有机物（POM）、底栖微藻（BMI）、沉积质（SOM）等。土著植物芦苇和海三棱藨草都是 C_3 光合作用路径，而入侵植物互花米草为 C_4 光合作用途径，其稳定 C 同位素组成具有明显的差异（表 5－1）。这种显著差异，使得稳定同位素技术在长江口入侵食物网研究中成为非常好的研究手段。最近的研究结果表明，外来入侵植物互花米草在长江口已经能够被消费者取食进入到土著食物网中，包括昆虫、螺类、蟹类、鱼类等不同的消费者类群。

表 5-1 崇明东滩南部初级生产者的 $\delta^{13}C$ 和 $\delta^{15}N$ 值

初级生产者	$\delta^{13}C$（平均值±标准差,‰）	$\delta^{15}N$（平均值±标准差,‰）
芦苇 *Phragmites australis*	−30.07±0.03	5.57±0.04
海三棱藨草 *Scirpus mariqueter*	−29.36±0.51	5.95±0.15
糙叶薹草 *Carex scabrifolia*	−29.92±0.01	4.13±0.45
互花米草 *Spartina alterniflora*	−13.90±0.20	5.99±0.18
底栖微藻 BMI	−19.89±0.07	3.02±0.03
颗粒有机物 POM	−24.93±0.09	4.49±0.41
沉积质 SOM	−24.12±0.04	4.28±0.45

（一）节肢动物

当入侵植物取代土著植物后，广食性草食者比专食性草食者更容易改变取食策略，能够很快适应这种变化转而取食入侵植物。Wu et al.（2009）通过稳定同位素技术，研究了互花米草入侵对长江口盐沼湿地中节肢动物群落结构与食性的影响，结果表明，在入侵植物互花米草与土著植物芦苇混生群落中，双翅目、膜翅目、脉翅目、直翅目等广食性昆虫能够同时取食两种植物，入侵植物与土著植物一样都能够被土著草食性昆虫取食，进入土著食物网中。在入侵植物形成的单一群落中，互花米草对广食性消费者直翅目蟋蟀和螽斯、双翅目寄蝇和草蝇的食物贡献分别为 100%、99%、89%和 82%，而对鞘翅目瓢虫等专食性消费者的贡献仅 1%（表 5-2）。所以，在一个以广食性草食者为主的生态系统中，入侵植物更容易进入到土著食物网中。

表 5-2 来自不同植物群落中的节肢动物碳源中，芦苇（PA）和互花米草（SA）的相对贡献百分比（%）

节肢动物类群	芦苇生境		互花米草生境	
	PA	SA	PA	SA
鞘翅目 Coleoptera				
瓢虫科 Coccinellidae	100	0	99	1
双翅目 Diptera				
草蝇科 Pallopteridae	59	41	18	82
蚤蝇科 Phoridae	85	15	37	63
寄蝇科 Tachinidae	56	44	11	89
直翅目 Orthoptera				
蟋蟀科 Gryllidae	65	35	0	100
螽斯科 Tettigonidae	76	24	1	99
蜘蛛目 Araneae	86	14	49	51

（二）螺类

腹足类作为盐沼中重要的消费者，在初级生产者和捕食者之间具有重要的连接作用。作为初级消费者，螺类取食各种有机质，包括微藻、细菌及植物等。一些盐沼螺类的取食具有强烈的下行效应，能够控制盐沼植物的生长。例如，Silliman & Bertness（2002）发现，玉黍螺（*Littoraria irrorata*）的取食作用，使得美国弗吉尼亚（Virginia）盐沼草地在 8 个月的时间内变为裸地。同样，螺类也能够被高营养级捕食者取食，如蟹类、鱼类、鸟类等。盐沼螺类通常生活在沉积物表层，对植物入侵引起的生境变化非常敏感。

绯拟沼螺（*Assiminea latericea*）和尖锥拟蟹守螺（*Cerithidea largillierti*）是长江口盐沼湿地中最常见的物种，广泛分布于潮间带盐沼湿地。Wang et al.（2014）通过稳定同位素和脂肪酸技术，研究了互花米草入侵生境和土著植物芦苇生境中螺类物种食性差异（图 5-4），结果表明，绯拟沼螺和尖锥拟蟹守螺在互花米草入侵生境中，比土著生境中表现出更富集的 $\delta^{13}C$ 值（图 5-5，表 5-3），说明来自互花米草的碳源能够被这两种螺类物种吸收同化。尽管这两种优势螺类仅摄食少量（占其食源的 2.65%～6.75%）的维管植物，但都能够利用来自外来入侵植物互花米草的碳源，其中，绯拟沼螺比尖锥拟蟹守螺能够同化更多的互花米草碎屑。因此，外来物种互花米草能够被沉积取食者螺类同化吸收而进入河口盐沼湿地食物网。

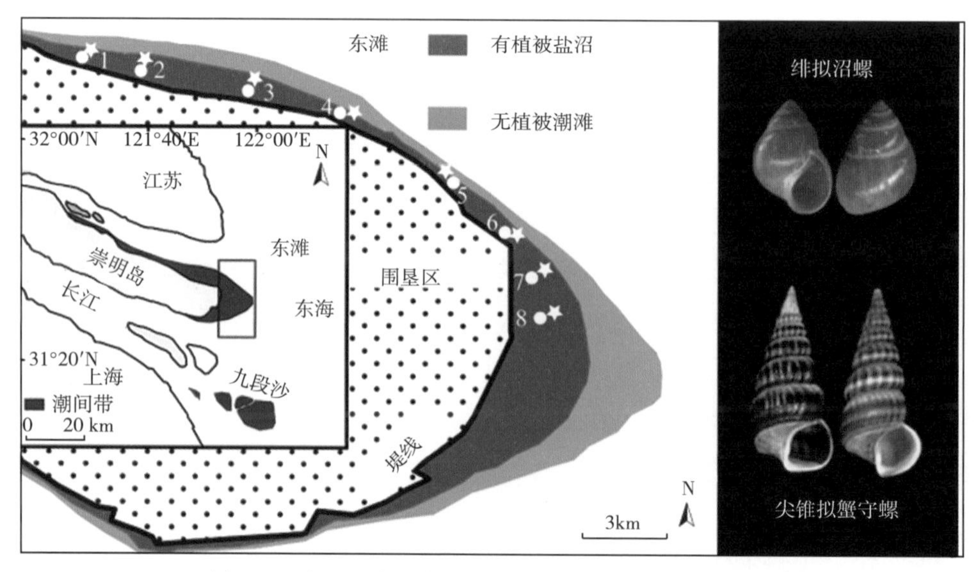

图 5-4　长江口崇明东滩盐沼湿地螺类调查样点分布图

（共 8 对样点，其中，圆形为土著植物芦苇群落；五角星为外来植物互花米草群落生境）

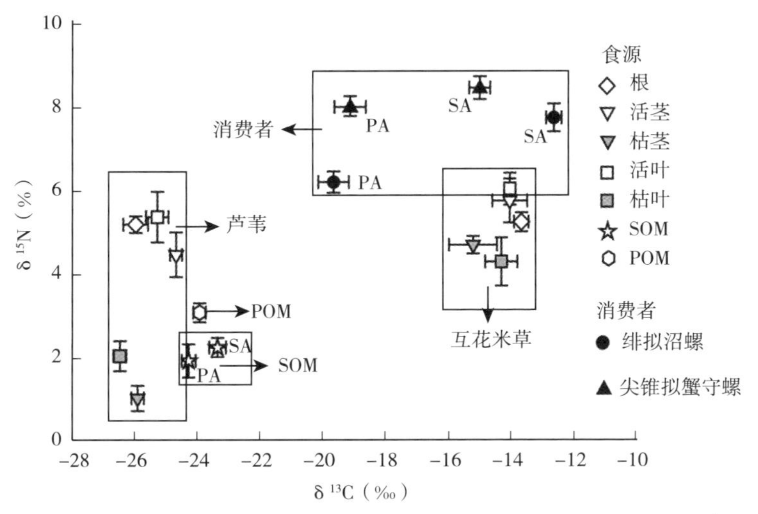

图 5-5　互花米草与芦苇生境中螺类消费者与食源的双同位素坐标图（平均值±标准误）

（SA、PA 表示在互花米草和芦苇生境中样品；SOM 为沉积有机物；POM 为悬浮颗粒物）

表 5-3　互花米草与芦苇生境中绯拟沼螺和尖锥拟蟹守螺的 C、N 稳定同位素值

生境	δ^{13}C		δ^{15}N	
	绯拟沼螺	尖锥拟蟹守螺	绯拟沼螺	尖锥拟蟹守螺
互花米草	-12.62 ± 0.14^{aX}	-15.00 ± 0.29^{bX}	7.74 ± 0.33^{aX}	8.46 ± 0.27^{aX}
芦苇	-19.64 ± 0.48^{aY}	-19.11 ± 0.50^{aY}	6.20 ± 0.26^{aY}	8.00 ± 0.22^{bX}

注：不同的上标小写字母（a、b）表示同一种生境中两种螺类之间的显著性差异；不同的大写字母（X、Y）表示同一种螺在两种生境中的显著性差异。

（三）蟹类

互花米草能够被蟹类等底栖动物取食利用进入到土著食物网中，使得一些物种的基础食源发生转变。天津厚蟹（*Helice tientsinensis*）和无齿螳臂相手蟹（*Chiromantes dehaani*）为长江口盐沼湿地的优势蟹类物种，群落结构及胃含物分析研究结果表明，在崇明东滩盐沼湿地，这两种蟹类在外来入侵植物互花米草生境中的密度高于本地植物芦苇生境，说明入侵植物互花米草为蟹类提供了一个更加优越的生存环境（秦海明，2011）。Jivoff & Able（2003）也报道指出，互花米草群落比芦苇群落更适合蟹类生存，在美国 Delaware 湾芦苇入侵互花米草区，蓝蟹（*Callinectes sapidus*）更倾向于在互花米草群落生活。王金庆（2008）研究结果表明，长江口盐沼无齿螳臂相手蟹在入侵植物互花米草中密度显著高于本地植物芦苇，这可能与它的取食有关。

胃饱和度分析结果表明，天津厚蟹和无齿螳臂相手蟹在入侵植物互花米草和土著芦苇生境内无显著差异（图 5-6），说明蟹类在两种植被群落中可以获得相似的食物量。胃含物分析结果（表 5-4）表明，植物性材料是天津厚蟹和无齿螳臂相手蟹胃含物的主要组成成分，说明两种蟹类的天然食性为植食性。食物组成分析结果表明，互花米草入侵并不改变蟹类的取食特性，植物性材料仍然在这两种蟹类的胃含物中占据了最大比重；另外，在互花米草生境中两种蟹类都表现出较高的 $\delta^{13}C$ 值（表 5－5），说明外来植物互花米草可以通过蟹类的取食进入河口和近海食物网。同时也说明，在潮间带物质的生物输移过程中，除了植物分解成为有机碎屑从而被浮游动物、鱼类等直接利用以外，还有一种重要的输移方式即通过动物成体直接的摄食来完成。

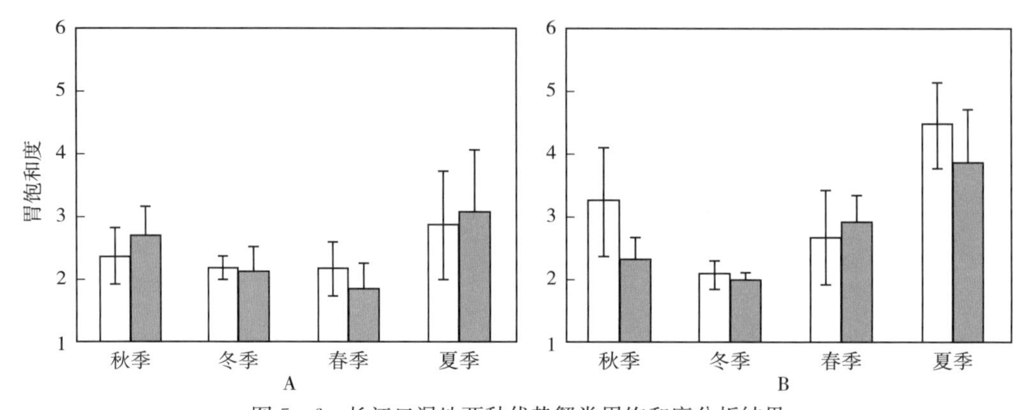

图 5－6　长江口湿地两种优势蟹类胃饱和度分析结果

A. 天津厚蟹　B. 无齿螳臂相手蟹

［白色填充（□）表示互花米草生境中捕获的蟹类；灰色填充（■）表示芦苇生境中捕获的蟹类，误差线表示标准误］

表 5－4　长江口崇明东滩盐沼湿地互花米草植被区和芦苇植被区 2 种优势蟹类胃含物分析结果

单位：%

蟹类	季节	植被	胃含物相对量			
			动物性材料	植物性材料	有机碎屑	无机碎屑
天津厚蟹	秋季	互花米草	6.59±6.59	73.47±9.15	8±3.92	11.94±3.39
		芦苇	8.08±6.49	55.66±9.64	3.61±1.37	32.65±8.11
	冬季	互花米草	2.46±2.46	34.81±6.58	3.85±1.55	58.88±6.67
		芦苇	10.59±6.53	50.88±9.34	2.81±1.02	35.72±7.32
	春季	互花米草	6.24±6.24	64.09±7.30	6.89±2.82	22.78±4.68
		芦苇	3.59±3.08	37.64±8.23	16.76±6.30	42.01±7.56
	夏季	互花米草	0.55±0.41	75.85±4.26	7.36±3.84	16.23±4.23
		芦苇	4.60±2.88	83.99±3.86	2.72±0.89	8.69±2.19
无齿螳臂相手蟹	秋季	互花米草	0.18±0.18	84.16±2.96	1.46±0.57	14.20±2.64
		芦苇	0.32±0.31	61.51±8.21	2.86±0.84	35.31±7.81
	冬季	互花米草	9.19±6.28	59.05±7.31	2±0.89	29.84±3.67
		芦苇	10.11±9.70	55.60±7.87	1.91±0.56	32.33±5.54
	春季	互花米草	0.71±0.29	61.39±6.74	3.03±0.99	34.87±6.92
		芦苇	5.15±2.66	52.77±8.22	4.16±1.21	37.92±8.03
	夏季	互花米草	1.17±0.41	83.67±3.25	3.43±0.96	11.74±2.78
		芦苇	1.02±0.47	70.15±6.31	2.67±0.91	26.16±6.73

表 5-5　长江口盐沼湿地天津厚蟹（*Helice tientsinensis*）和无齿螳臂相手蟹（*Chiromantes dehaani*）在不同生境（芦苇与互花米草）中的稳定同位素值（平均值±标准误）

样品种类	样品数量	$\delta^{13}C$	$\delta^{15}N$
天津厚蟹-芦苇	6	-21.63 ± 0.31^{A}	8.25 ± 0.39^{A}
天津厚蟹-互花米草	6	-17.52 ± 0.68^{B}	8.04 ± 0.38^{A}
无齿螳臂相手蟹-芦苇	6	-22.67 ± 0.58^{A}	7.54 ± 0.21^{AB}
无齿螳臂相手蟹-互花米草	6	-16.07 ± 0.63^{B}	6.96 ± 0.38^{B}

（四）鱼类

在长江口湿地，滩涂上经常会发现大量的弹涂鱼类，其中，大弹涂鱼（*Boleophthalmus pectinirostris*）和大鳍弹涂鱼（*Periophthalmus magnuspinnatus*）是主要种类。马荣荣等（2017）通过稳定同位素技术，分析了长江口互花米草不同入侵程度生境下弹涂鱼类的食源特征。结果表明，不同区域的弹涂鱼类具有明显分离的 $\delta^{13}C$ 值。从崇明东滩南部采集的大弹涂鱼和大鳍弹涂鱼具有相对较小的 $\delta^{13}C$ 值，其值位于本地 C_3 植物的 $\delta^{13}C$ 值附近；而从崇明东滩北部采集的大弹涂鱼和大鳍弹涂鱼具有显著富集的 $\delta^{13}C$ 值，其值更靠近 C_4 植物互花米草的 $\delta^{13}C$ 值（图 5-7）。通过同位素混合模型计算分析，结果表明，互花米草对崇明东滩南部、中部和北部采集的大弹涂鱼食源平均贡献分别为 42%、80% 和 96%；对大鳍弹涂鱼的食源贡献分别为 16%、28%和 82%。因此，在外来植物入侵程度不同的区域，互花米草对弹涂鱼类食源贡献不同。入侵程度越大，互花米草食源贡献越大，而土著初级生产者食源贡献相应减少。

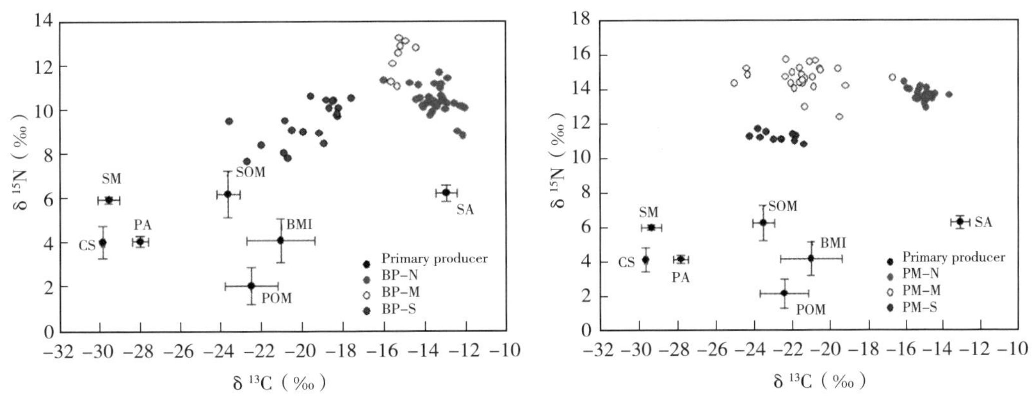

图 5-7　长江口崇明东滩不同采样区域初级生产者和弹涂鱼以及大鳍弹涂鱼的稳定同位素双坐标图

（BP. 大弹涂鱼　PM. 大鳍弹涂鱼　PA. 芦苇　CS. 糙叶薹草　SM. 海三棱藨草　SA. 互花米草　BMI. 底栖微藻　POM. 颗粒有机物　SOM. 沉积质）

（N、M、S 分别指从崇明东滩北部、中间和南部区域采集到的样品）

另外，在长江口湿地潮沟中 2 种常见鱼类鲮（*Chelon haematocheilus*）、斑尾刺鰕虎鱼（*Synechog obiusommaturus*）的 δ^{13}C 值分别为（−16.23±0.37）‰和（−16.20±0.30）‰，位于初级生产者相对富集的范围，表明微藻类和互花米草是这 2 种鱼类的主要食源（全为民，2007）。稳定同位素混合模型 IsoSource 及其后整合方法计算结果表明，互花米草的中值贡献率明显高于 POM、BMI、芦苇和海三棱藨草，互花米草对鲮和斑尾刺鰕虎鱼的食源贡献分布为 66%（56%～76%）和 68%（52%～76%）（表 5－6）。对于这 2 种游泳动物，至少 50%的有机碳来自于互花米草，说明互花米草是这两种游泳动物最重要的有机碳源。微型藻类对鲮和斑尾刺鰕虎鱼的食源贡献分别为 22%（0～44%）和 20%（0～48%）；而本地 C_3 维管植物对这两种游泳动物的平均贡献率均为 12%（0～24%）。因此，互花米草也能够通过潮沟鱼类鲮和斑尾刺鰕虎鱼的取食利用而进入到河口水生食物网中。

表 5－6　长江口湿地中三组初级生产者类型对鲮（*Chelon haematocheilus*）和斑尾刺鰕虎鱼（*Synechog obiusommaturus*）的食源贡献百分比

物种	中值/范围	相对贡献率（%）		
		C_3 植物	C_4 植物	微型藻类
鲮	中值	0.12	0.66	0.22
	范围	0～0.24	0.56～0.76	0～0.44
斑尾刺鰕虎鱼	中值	0.12	0.68	0.2
	范围	0～0.24	0.56～0.76	0～0.48

第二节　互花米草在长江口的入侵

一、互花米草群落特征

（一）互花米草群落概述

在长江口盐沼，互花米草群落通常是由互花米草形成的单优势群落。

互花米草地下部分通常由短而细的须根和长而粗的地下茎（根状茎）组成（图 5－1，B），根系庞大，地下茎发达，节上具不定根和芽，通过根茎每年可以产生大量新的克隆分株；茎秆坚韧、直立粗壮，直径在 1 cm 以上，高可达 1～3 m（图 5－1，B、C）。茎节具叶鞘，叶腋有腋芽（图 5－8，C）；叶互生，呈长披针形，长可达 90 cm、宽 1.5～2 cm，具盐腺，根吸收的盐分大都由盐腺排出体外，因而叶表面往往有白色粉状的盐霜出现；圆锥花序长 20～45 cm，具 10～20 个穗形总状花序（图 5－1，E）。种子通常在8—12月成熟，颖果长 0.8～1.5 cm，胚呈浅绿色或蜡黄色。

在长江口地区，互花米草群落基本上是由互花米草形成的单物种群落（图 5－8，A），但在有的区域也有少量芦苇混生。在高程较高的滩涂，互花米草通常呈密集郁闭的片状分布，而在高程较低的滩涂，互花米草形成大小不一的互花米草斑块，岛状分布于海三棱藨草群落或光滩中（图 5－8，B、C、D），斑块直径 1～15 m，随着高程的增加，斑块面积逐渐增大。

图 5－8　长江口盐沼中的互花米草的形态学和群落学特征

A. 郁闭群落　B. 海三棱藨草群落中的互花米草斑块　C. 光滩中的互花米草斑块　D. 人工移栽的互花米草

（二）互花米草表现的梯度分布

2013 年，在崇明东滩和奉贤金汇港滩涂开展了植物群落的野外调查。结果显示，对于典型滩涂，随着滩涂高程的增加，受到潮汐的影响逐渐减少，环境因子也沿高程呈一定的规律变化，芦苇与互花米草对环境因子具有不同的适应力，是导致植物带状分布的重要因素。崇明东滩作为植物群落较为成熟的滩涂，芦苇与互花米草的生长表现沿高程呈 V 形。奉贤金汇港作为植物建群较短的新生代滩涂，互花米草的生长表现沿高程呈梯度分布。

1. 崇明东滩

互花米草在崇明东滩分布的范围是从距堤坝 300～1 100 m 的滩涂。图 5－9 显示，随着与海距离的增加，互花米草的盖度无明显变化。密度先下降后升高，呈V形趋势，在中潮滩时互花米草的密度最低。而互花米草的生物量和株高，却随高程的抬高逐渐减小。

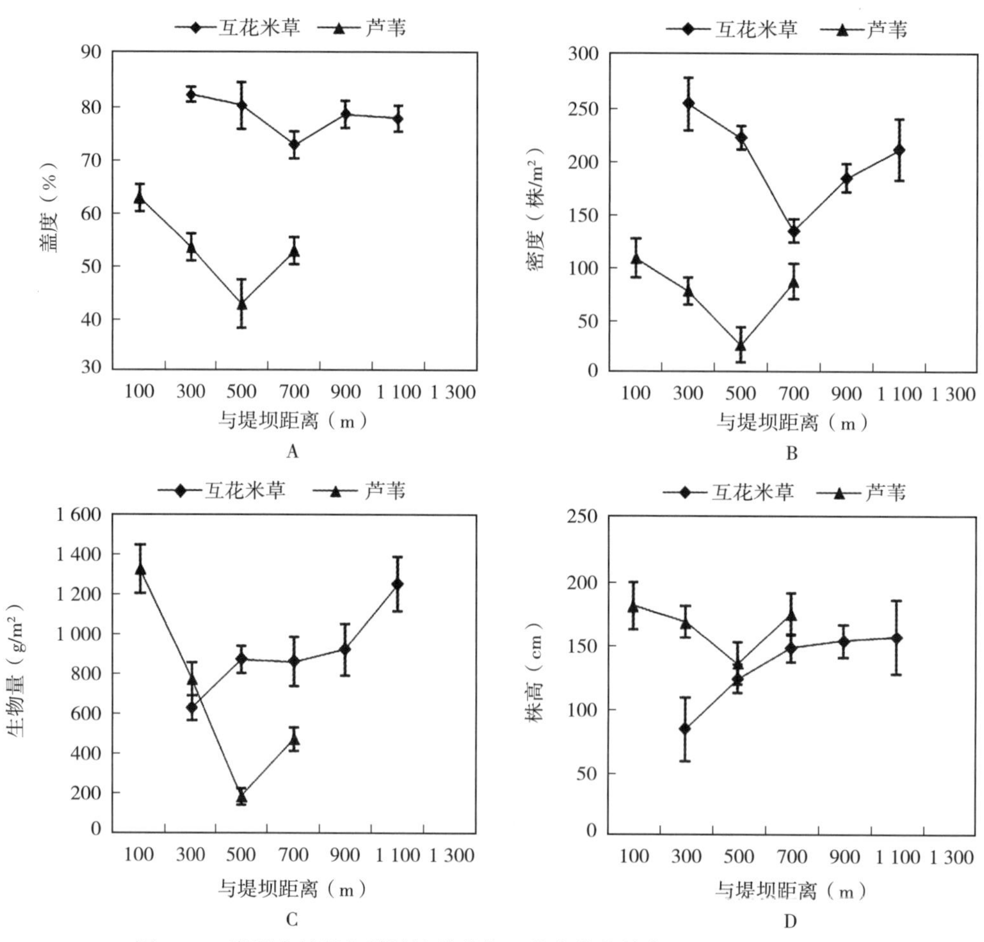

图5-9　崇明东滩捕鱼港滩涂芦苇与互花米草的盖度（A）、密度（B）、生物量（C）、株高（D）与堤坝距离的关系

芦苇在崇明东滩自然分布的范围是从距堤坝100～700 m的滩涂，即从中潮滩至最高潮滩。图5-9表明，随着与海距离的增加，芦苇的盖度、密度、生物量和株高的变化均为先降低后升高，呈V形趋势。越近堤坝处，芦苇生长越好；而在中高潮滩时，芦苇的生长表现最差。

2. 奉贤金汇港滩涂

互花米草在奉贤金汇港分布的范围是距堤坝100～900 m的滩涂。从图5-10可以看出，随着与海距离的增加，互花米草的盖度、密度、生物量和株高都逐渐增加，互花米草生长表现越来越好。

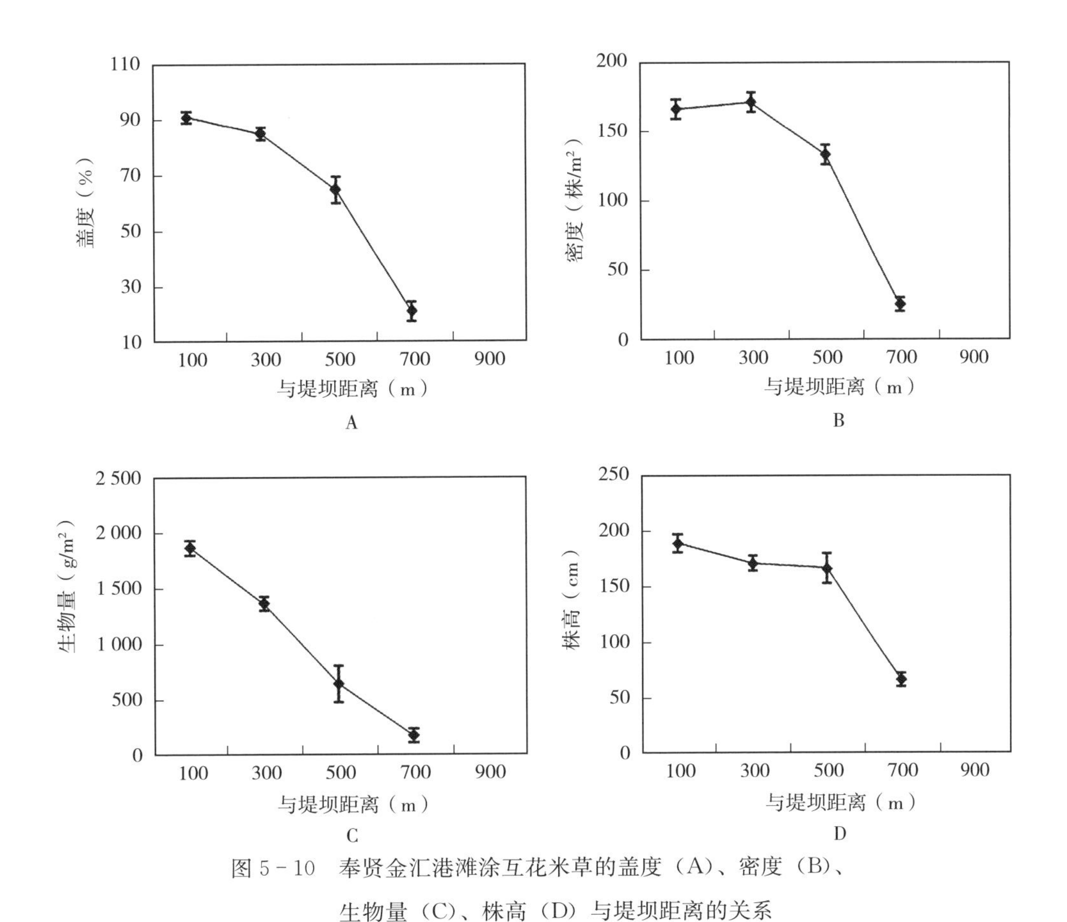

图 5-10 奉贤金汇港滩涂互花米草的盖度（A）、密度（B）、生物量（C）、株高（D）与堤坝距离的关系

二、互花米草在长江口的入侵动态

（一）长江口地区植物群落空间分布动态

遥感分析显示，上海滩涂植物群落沿高程梯度呈明显的带状分布，其分布序列沿高程从高到低依次为芦苇群落（互花米草群落）、莎草科植物群落。崇明东滩、崇明北沿、长兴岛、横沙岛、九段沙、南汇东滩等地植物群落分布较多，其他区域相对较少。互花米草集中分布在崇明东滩、崇明北沿、九段沙、南汇边滩、杭州湾边滩等地，而芦苇和莎草科植物在各滩涂上均有分布。近 20 余年，滩涂植物群落面积减少 1 343.93 hm^2。其中，莎草科植物群落面积减少最多，面积减少 4 725.81 hm^2；芦苇群落面积减少 4 191.10 hm^2；而互花米草群落快速扩张，面积增长到 7 572.95 hm^2；滩涂植物群落动态变化如图 5-11、图 5-12、图 5-13 和表 5-7 所示。

图 5－11 1988 年上海市滩涂植物群落分布图

图 5-12　2000 年上海市滩涂植物群落分布图

图 5-13　2011 年上海市滩涂植物群落分布图

表 5-7　上海滩涂植物群落面积的时空变化

群落类型	1988 年		2000 年		2011 年		1988—2011 年
	面积 (hm²)	百分率 (%)	面积 (hm²)	百分率 (%)	面积 (hm²)	百分率 (%)	净增减面积 (hm²)
芦苇	10 575.19	55.37	5 281.29	40.73	6 384.09	35.95	−4 191.1
互花米草	0.00	0.00	2 441.79	18.83	7 572.95	42.65	7 572.95
莎草科植物	8 524.75	44.63	5 244.93	40.45	3 798.94	21.40	−4 725.81
合计	19 099.91	100.00	12 968.01	100.00	17 755.98	100.00	−1 343.93

1988 年，上海滩涂植物群落总面积为 19 099.91 hm^2，主要植物群落组成为芦苇群落和莎草科植物群落。芦苇群落为当时滩涂的优势植物群落，分布面积达 10 575.19 hm^2，所占比重 55.37%，大面积的芦苇群落主要分布在崇明东滩和北部边滩，南汇东滩和杭州湾北岸也有适量分布；莎草科植物群落主要分布在芦苇群落外侧，分布的面积为 8 524.75 hm^2，所占比重 44.63%。

2000 年与 1988 年相比，上海地区滩涂植物群落总面积有较大幅度的减少，至 2000 年植物群落总面积减少至 12 968.01 hm^2。从图 5-12 可以看出，植物群落面积减少最明显的区域是崇明东滩，由于大堤的建成，高潮滩芦苇被圈围后面积明显减少。从图 5-12 和表 5-7 可以看出，这一时间段滩涂植物群落的结构发生了明显的变化，由原来的芦苇和莎草科植物群落变为芦苇、互花米草和莎草科植物群落。1996 年左右，外来种互花米草被分别引入九段沙、崇明东滩和南汇边滩，由于其良好的促淤功能，当地政府也相继在这些引入地组织过多次种植。至 2000 年，人工种植加上自然发育，互花米草面积已达到 2 441.79 hm^2。虽然潮滩在淤涨发育，中低潮滩在逐渐向高潮滩演替，但由于互花米草的竞争，芦苇的面积有所减少，到 2000 年，芦苇的总面积为 5 281.29 hm^2。虽然互花米草的入侵改变了滩涂植物群落结构，但芦苇群落和莎草科植物群落仍为这个时期的主要植物群落，所占比重分别为 40.73%和 40.45%。

2000 年之后，上海市政府加大了对滩涂湿地的保护力度，随着崇明东滩、九段沙两个国家级自然保护区的建立，再加上滩涂的自然淤涨及植物群落的自然演替，滩涂植物群落在两个自然保护区的面积增加较快。而在非自然保护区，由于圈围强度的加大，滩涂植物群落退化依然比较严重。南汇边滩人工促淤堤的加高，大面积的滩涂植物群落几乎全部被圈围。加上长兴青草沙水库的动工建设，长兴岛西北角中央沙的圈围，江南造船厂和横沙东滩的人工圈围工程，以及崇明北部边滩的圈围，使得上海非自然保护区的滩涂植物群落面积大大减少。但是，总体来看，2011 年滩涂植物群落面积较 2000 年还是有所上升的，2011 年，上海滩涂植物群落的总面积为 17 755.98 hm^2。芦苇群落由于受到保护，面积有所增加，从2000年的5 281.29 hm^2 增加到2011年的6 384.09 hm^2。莎草科植物群落面积则持续下降，从2000年的5 244.93 hm^2 减少到2011年的3 798.94 hm^2。这期间，互花米草面积却保持增长的趋势，面积从2000年的2 441.79 hm^2 增长到2011年的7 572.95 hm^2。2011年遥感解译分析，互花米草群落已占总植物群落比重的42.65%，已超过本地芦苇群落和莎草科植物群落的面积。

（二）崇明东滩互花米草的入侵过程

以互花米草在崇明东滩的扩张为例，自1995年首次在崇明东滩发现以来，由于自然扩散和人工移栽，互花米草的分布面积迅速扩大。遥感研究表明，其入侵对土著植物海三棱藨草产生严重威胁，并对芦苇也有一定影响。从互花米草在崇明东滩的种群来源、建立方式和扩散过程来看，互花米草对崇明东滩的入侵可分为四个主要阶段：

（1）1995—2000年　自然传播种群的定植与建立。1995年，在东滩北部一带的海三棱藨草群落和光滩中发现互花米草呈零星小斑块状分布，这也是在崇明东滩首次发现互花米草。从来源上看，这些零星分布的互花米草，可能是从江苏的大丰、启东等地在潮汐作用下通过自然传播而来。至2000年，互花米草已在东滩大面积扩散，形成了大片密集单一的互花米草群落，其面积达到465.75 hm^2。在这一期间，互花米草主要分布在崇明东滩北部并逐渐向东北部扩散，并通过竞争排斥，导致东滩北部的芦苇与海三棱藨草群落面积减小，使海三棱藨草群落呈狭窄的带状分布。由于滩涂的迅速发育，海三棱藨草群落也迅速向东延伸，因此在这一阶段，海三棱藨草群落面积总体上仍然保持增加。

（2）2001—2003年　大规模人工移栽。在这一时期，有关部门为了加快促淤，获取更多的土地资源，在崇明东滩两次大规模人工移栽互花米草（图2-6）。2001年5月，在东滩捕鱼港一带的海三棱藨草群落内带人工种植了337 hm^2 的互花米草，成活率达90%以上。至2002年11月，由于快速扩散，互花米草逐渐连接成片，形成郁闭的单一互花米草群落。2003年5月，互花米草再次被人工种植在东滩的海三棱藨草群落和光滩中。其中，在北八滧一带种植互花米草370 hm^2，在东旺沙一带种植60 hm^2，在团结沙一带种植112 hm^2。后来由于上海崇明东滩鸟类自然保护区极力反对在保护区内种植互花米草，东旺沙和团结沙两地的互花米草在种植不久后被人为拔除，但是并没有完全拔除干净，互花米草得以进一步扩散。在这一时期，由于互花米草对滩涂环境良好的适应力，人工移栽的互花米草群落存活率极高，并迅速连接成片，在移栽的区域形成单一密集的互花米草群落。而同时，尽管海三棱藨草群落继续向海洋方向延伸，但其面积开始下降，这表明在这一阶段，互花米草的入侵已经对土著物种海三棱藨草产生了严重威胁。

（3）2003—2011年　互花米草的快速增长期（图5-14）。在这一阶段，互花米草种群迅速扩张，分布面积呈指数增长，部分区域形成稳定的互花米草群落。在2004年前后，互花米草已成为崇明东滩分布面积最大的植物群落。至2012年，互花米草分布面积超过1 700 hm^2，占崇明东滩植被总面积的40.17%。值得注意的是，这一阶段互花米草的扩散方向是向东，即向海洋的方向入侵海三棱藨草群落，而几乎没有向南入侵芦苇群落。由于互花米草的入侵，导致东滩北部的海三棱藨草带极为狭窄，某些区域的海三棱藨草甚至已经消失，而在东滩东部，海三棱藨草带群落的宽度已经由2002年的1.5～1.9 km降至200～400 m，并且在海三棱藨草群落中还分布有大大小小的互花米草斑块，这就意味着该区域的海三棱藨草很有可能被互花米草迅速取代。因此，互花米草的入侵对东滩的海三棱藨草带来了巨大的威胁，而这种威胁对海三棱藨草几乎是毁灭性的。

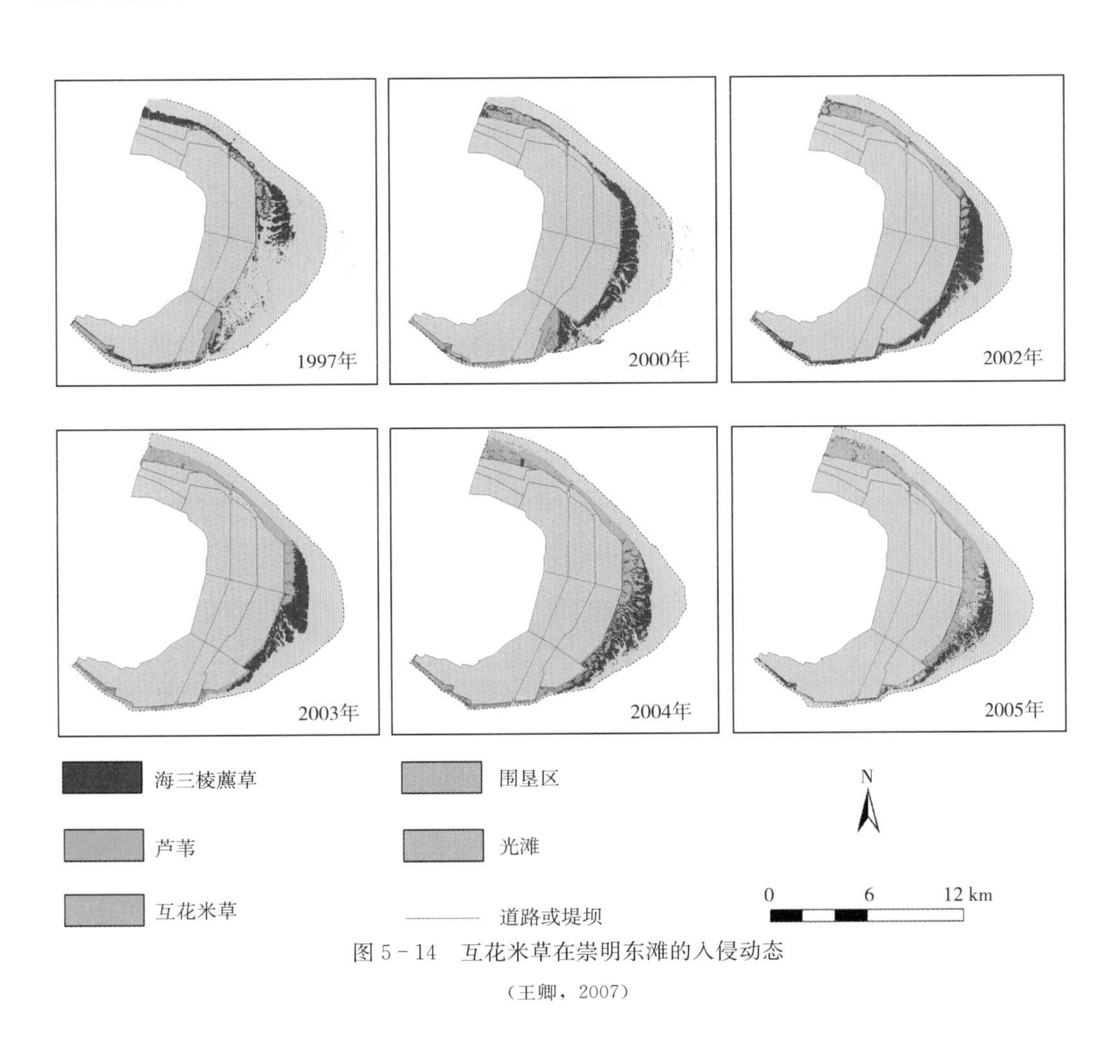

图5-14 互花米草在崇明东滩的入侵动态

（王卿，2007）

（4）2013—2017年 互花米草的逐步萎缩阶段（表5-8）。从2012年下半年起，由于崇明东滩鸟类自然保护区的互花米草工程的逐步实施，互花米草面积也逐渐减少。

2013 年，互花米草控制工程初期，互花米草尚未得到有效控制，其分布面积达到顶峰，高达 1 764.72 hm^2。随着工程的快速推进，互花米草分布区被围堤逐步分割后灭除，分布面积迅速减少。截至 2017 年年底，崇明东滩互花米草已无大面积分布，仅在局部区域与芦苇混生，或者呈小斑块岛状分布于滩涂植被带前沿。

表 5-8　2012—2017 崇明东滩主要植物群落分布面积（hm^2）

群落类型	年份					
	2012 年	2013 年	2014 年	2015 年	2016 年	2017 年
藨草-海三棱藨草群落	965.79	972.90	1 142.01	1 300.50	1 419.75	1 439.10
芦苇群落	1 466.19	1 339.11	1 089.09	1 011.78	957.78	900.27
互花米草群落	1 754.64	1 764.72	1 709.37	1 531.35	966.78	1.21
总面积	4 367.70	4 257.90	4 121.73	4 024.98	3 525.75	2 520.90

遥感分析显示，2012—2017 年崇明东滩植物群落总面积逐步减少，由 2012 年的 4 367.7 hm^2减少至 2017 年的 2 520.9 hm^2，降幅 42.28%。其中，芦苇群落面积逐年递降；藨草-海三棱藨草群落面积逐渐增加，并呈现出向东延伸的趋势；互花米草植物群落在人工控制去除措施的强烈干扰下，迅速减少，目前仅有零星斑块分布。目前，互花米草面积仅为 1.21 hm^2，其分布与扩散已得到有效控制（图 5-15、图 5-16）。

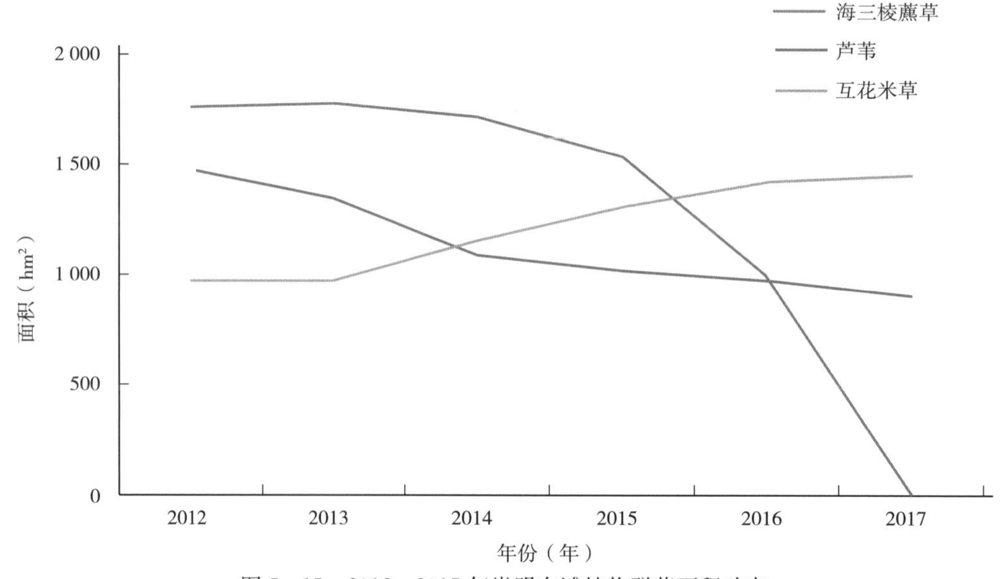

图 5-15　2012—2017 年崇明东滩植物群落面积动态

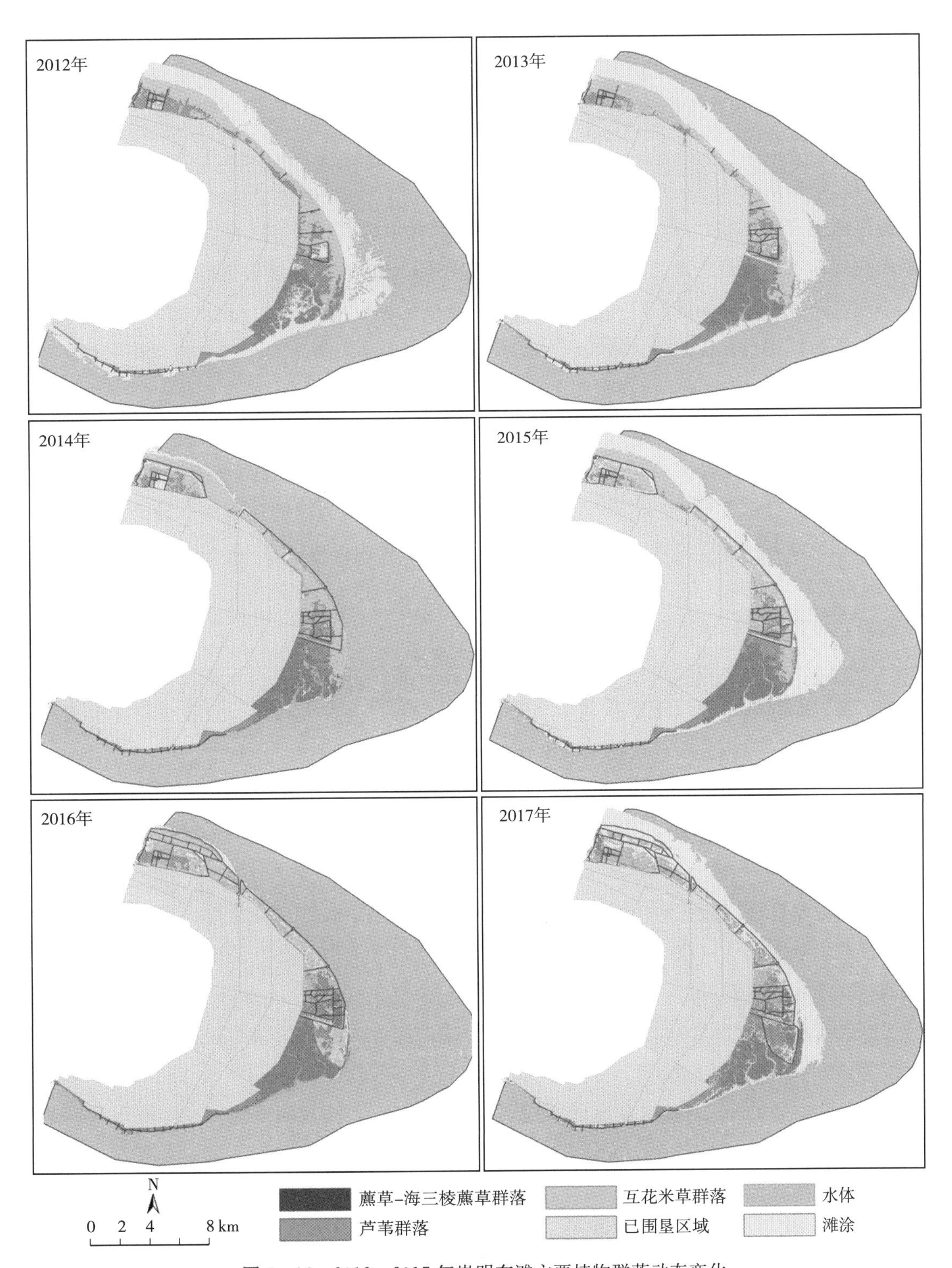

图 5-16　2012—2017 年崇明东滩主要植物群落动态变化

三、互花米草扩张与分布的主要特点

自 1995 年首次在崇明东滩发现互花米草至今，互花米草在整个长江口滩涂的扩张与分布呈现以下特点：

（1）*扩张速度快，从定植到扩张间隔时间短*　当一个入侵种到达新的生境后，通常不会迅速建群并扩散，而往往会经过一定的时滞后才暴发。同样，在互花米草的入侵早期和在互花米草群落边缘，其种群的扩张存在 Allee 效应，即个体繁殖成功率随着种群的大小或者密度的增加而增加；而在小的或者低密度的种群中灭绝速率会增加，可见互花米草从入侵到扩张也存在时滞。在美国华盛顿州的 Willapa 海湾，无意引入的互花米草到扩张的时滞长达 50 年之久；但在崇明东滩，通过人工定植的方法，互花米草在 5 年内分布面积就迅速增加。这表明，崇明东滩的互花米草入侵时滞很短。

（2）*其扩散主要发生在海三棱藨草群落中*　尽管互花米草对芦苇形成强烈的竞争，但由于芦苇自身也具有较强的竞争力，互花米草入侵芦苇群落的速度相对较为缓慢。而互花米草一旦入侵海三棱藨草群落，即可在一个生长季内形成直径 1～2 m 的斑块，在2～3 年内形成较大斑块并与其他互花米草斑块连接成片形成单一密集的互花米草群落，从而导致海三棱藨草带迅速变窄甚至在某些区域消失。

（3）*主要分布在部分区域*　在崇明东滩，互花米草北多南少，主要分布在捕鱼港以北的区域；而在捕鱼港以南，互花米草斑块几乎没有。而在九段沙，互花米草主要分布在中沙、下沙；而在上沙，互花米草仅有零星分布。

四、决定互花米草入侵动态与分布的主要因素

互花米草之所以能在短短数年内在崇明东滩乃至整个长江口滩涂爆发，其主要原因除了互花米草对长江口盐沼环境的良好适应力之外，人工引种是互花米草在长江口盐沼快速扩张的重要因素。

互花米草对长江口滩涂生态系统具有较强的适应性。互花米草耐盐力强，最适生长盐度为 10～20，可以耐受高达 60 的高盐度（Haines & Dunn，1976；Landin，1991；Wang et al.，2006）。互花米草还耐水淹，可以耐受每天 12 h 的浸泡，在年淹水时间为 30 d 左右时生长速率最高（Landin，1991；Lessmann et al.，1997）。同时，互花米草很强的有性繁殖和无性繁殖能力，使其在潮间带具有较强的扩散与定居能力，可以在部分地区快速扩张。互花米草的繁殖体，包括种子、根状茎与带节的残株（Daehler & Strong，1994）。互花米草种子数量巨大，每个花序上的种子数量为 133～636 粒（Fang，2002）。种子萌发率高，但随盐度升高而下降，在淡水中萌发率高达 90%；而在 70 盐度

条件下，却只有1.2%的种子能萌发（钦佩　等，1985），但还明显高于其他植物。

研究表明，由于小斑块种群受到花粉的限制，在互花米草的入侵早期存在明显的Allee效应（Davis et al.，2004），因此，这就暗示着孤立的互花米草小斑块扩散能力比较有限。随着互花米草斑块的建群成功，其地下部分会更加发达，将改善互花米草通气组织运输和交换的功能，从而提高种群对水淹的耐受能力；此外，其根部的固氮菌也发挥作用，从而增加其根部土壤的营养有效度。

一般来说，入侵种从定植、建群到扩散存在一定的时滞（Sakai et al.，2001）。当入侵的种群非常小时，特别是由于Allee效应等原因，种群扩张速率极低，只有等到种群密度达到一定的水平时物种才会进一步扩散；同时，由于从物种被引入到选择出具有高繁育力的后代通常需要一定的时间，而当入侵种的繁殖体压力（propagule pressure）很小时，这种选择的时间可能会被延长；另外，个别物种被引入以后会迅速传播，只有等到个体能成功繁殖从而使种群得以壮大后才会被探测到，因此，只有当种群密度达到一个足够高的水平时，其分布区的扩散才能变得明显（李博　等，2002）。基于以上三点，当被引入的外来种个体数量较少时，时滞效应往往会非常明显。同样，在互花米草的入侵早期和群落边缘，其种群的扩张存在Allee效应（Davis et al.，2004；Taylor et al.，2004），即个体繁殖成功率随着种群的大小或者密度的增加而增加，而在小的或者低密度的种群中灭绝速率会增加，也就是说，互花米草从入侵到扩张也存在时滞。在美国华盛顿州的Willapa海湾，无意引入的互花米草到扩张的时滞长达50年之久（Pfauth et al.，2003）；但在崇明东滩与九段沙，通过人工引种，互花米草在5年内分布面积就迅速增加。这表明，崇明东滩与九段沙的互花米草入侵时滞很短。

而相对于无意带入而言，有意引入却使外来种入侵的速率与成功率大大提高。无意带入是偶然的、个别的事件，因此时滞效应非常明显；而有意引种却是有目的的、大量的，抑或多次的事件，为了使物种能够在该地区快速定植、建群，人们常常选择大量成活率高的繁殖体进行引种，这样使入侵地面临巨大的繁殖体压力，避免了在入侵初期可能的Allee效应，大大缩短了入侵的时滞，从而增加入侵的速度与成功率。因此，人工移栽是导致互花米草在长江口盐沼入侵时滞短并且扩张速度极快的主要原因。

互花米草的快速扩张，导致了海三棱藨草面积急剧减少，严重威胁到该地区的生态安全。根据王卿等的野外研究（未发表资料），海三棱藨草在崇明东滩捕鱼港的分布范围从堤坝一直延伸至1 900 m外的光滩，并形成宽度超过1 km的单物种群落。而当互花米草被人为引入东滩以后，短短5～6年时间，互花米草群落宽度超过2.5 km，甚至在光滩也有零星分布；而海三棱藨草带在东滩的宽度却被压缩至700 m左右，并且全部是海三棱藨草与互花米草的混生群落，难以找到海三棱藨草的单种群落。尽管这与崇明东滩物理环境的演变有一定关系，但是互花米草的入侵是导致海三棱藨草分布面积锐减的主要原因。陈中义（2004）的野外研究表明，互花米草对海三棱藨草具有强烈的竞争优势。因此，互花米草的入侵，已经造成了海三棱藨草分布面积锐减，甚至可能还会导致海三棱藨草在东滩的消失。值得指出的是，长江口盐沼湿地是我国特有种海三棱藨草的唯一分布地，海三棱藨草的种子、球茎与幼苗也是长江口候鸟重要的食物来源（陈家宽，2003；陈中义，2004）。海三棱藨草群落的萎缩不仅威胁这个物种的生存，还可能影响到以海三棱藨草为食的许多珍稀鸟类的命运。因此，对长江口地区互花米草的控制与管理刻不容缓。

五、互花米草入侵对崇明东滩鸟类的影响

互花米草是我国滨海湿地的主要入侵种。尽管早期研究表明，互花米草在入侵地可以为迁徙水鸟提供食物（Chung，1993），甚至在繁殖季节米草群落可以作为一些鸟类的繁殖地（Melvin & Webb，1998；Zedler，1993），但后来的大量研究发现，互花米草入侵后会对鸟类群落结构产生不利的影响，在自然湿地中的迁徙鸟类、越冬涉禽以及湿地特有鸟类的多度和丰度都要高于入侵地（Melvin & Webb，1998）；在美国旧金山海湾、英国河口湿地，米草属植物入侵还影响了涉禽的觅食（Callaway & Josselyn，1992；Anttila et al.，1998；Tubbs et al.，1992；Goss-custard & Moser，1988）。

据干晓静等在崇明东滩的研究，2004—2005 年冬季，在芦苇群落与互花米草群落中，各用迷网捕捉 440 网小时，互花米草群落中共捕捉到鸟类 5 种、14 只，芦苇群落中共捕捉到鸟类 10 种、262 只（表 5 - 9）。互花米草群落中的优势种为苇鹀，占个体总数的 35.7%；芦苇群落中的优势种为震旦鸦雀（33.2%）、苇鹀（25.6%）。互花米草群落中鸟类的多度与丰度都大大低于芦苇群落。

表 5 - 9　两种植物群落中的鸟类物种和数量

（干晓静 等，2007）

种类	学名	芦苇	互花米草
普通秧鸡	*Pallus aquaticus*		1
白腹鸫	*Turdus pallidus*		1
斑鸫	*Turdus naumanni*	1	
北红尾鸲	*Phoenicurus auroreus*	1	
棕背伯劳	*Lanius schach*	2	
攀雀	*Remiz consobrinus*	49	
震旦鸦雀	*Paradoxornis heudei*	87	3
棕头鸦雀	*Paradoxornis webbianus*	7	
苇鹀	*Emberiza pallasi*	67	4
红颈苇鹀	*Emberiza yessoensis*	4	
灰头鹀	*Emberiza spodocephala*	2	
芦鹀	*Emberiza schoeniclus*	38	4
未识别鹀类		4	1
总计		262	14

另外，干晓静等于 2005 年春季，在崇明东滩对芦苇、互花米草、海三棱藨草和光滩 4 种生境类型的调查中，一共记录到 48 种鸟类。其中，水鸟 35 种，非水鸟种类 13 种。芦苇群落中记录到的鸟类共 10 种，全部为非水鸟种类；互花米草群落中记录到鸟类 9 种，其中水鸟 3 种，非水鸟种类 6 种；海三棱藨草群落中记录到鸟类 27 种，其中水鸟 21 种，非水鸟种类 6 种；光滩记录到鸟类 31 种，全部为水鸟种类。

芦苇群落和互花米草群落中鸟类的种类没有显著性差异，但互花米草群落中鸟类的物种数显著低于海三棱藨草群落和光滩上记录的鸟类种类数。芦苇群落中的鸟类种类也显著低于光滩上的鸟类种类，但与海三棱藨草群落中鸟类的种类数没有显著性差异（图 5 - 17）。

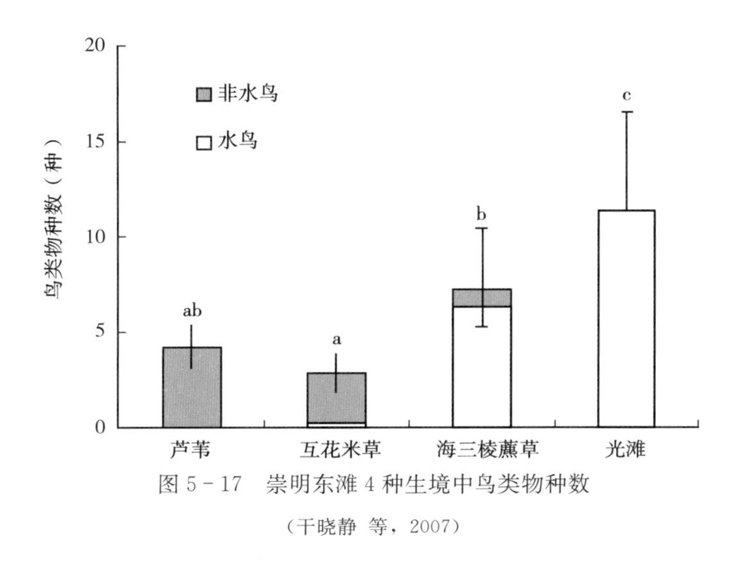

图 5 - 17　崇明东滩 4 种生境中鸟类物种数

（干晓静 等，2007）

2005 年春季共记录到鸟类 12 861 只，其中，水鸟 12 504 只，非水鸟种类 357 只。芦苇群落中记录的全部为非水鸟种类，共计 250 只；互花米草群落种记录到鸟类共计 87 只，其中水鸟 3 只，非水鸟种类 84 只；海三棱藨草群落种记录到鸟类共计 724 只，其中，水鸟 704 只，非水鸟种类 20 只；光滩记录到的全部为水鸟种类，共计 11 797 只。其中，光滩鸟类总数最多，占到所有记录到的鸟类数量的 92%；其次为海三棱藨草群落，鸟类数量占总数量的 5.6%；芦苇群落种的鸟类数量占总数量的 1.9%；互花米草群落中到的鸟类数量最少，仅占总数量的 0.7%。因此，在迁徙季节，鸟类主要分布在光滩和海三棱藨草群落，芦苇与互花米草中的鸟类数量很少。

在记录到的 48 种鸟类中，以黑腹滨鹬（*Calidris alpina*）的数量最高，调查期间共记录到 6 643 只，占全部鸟类数量的 51.7%。另外两种数量较高的鸟类为红颈滨鹬和大滨鹬，分别占全部鸟类数量的 7.5%和 5.9%。这 3 种鸟都分布在海三棱藨草带和光滩上，在芦苇与互花米草群落中没有记录到它们的分布。芦苇群落中的优势种类为震旦鸦雀，调查期间共记录到 71 只，占全部鸟类总数的 0.55%。互花米草群落中的优势种是斑背大尾莺（*Megalurus pryeri*），调查期间共记录到 45 只，占全部鸟类的 0.35%。因此，芦苇带和互花米草带主要是一些雀形目鸟类分布。

每种生境类型中鸟类的物种数量由高到低的排序见图 5－18。在相同序列上，光滩、海三棱藨草群落和芦苇群落中的鸟类物种的个体数量都要高于互花米草群落中鸟类的物种数量。

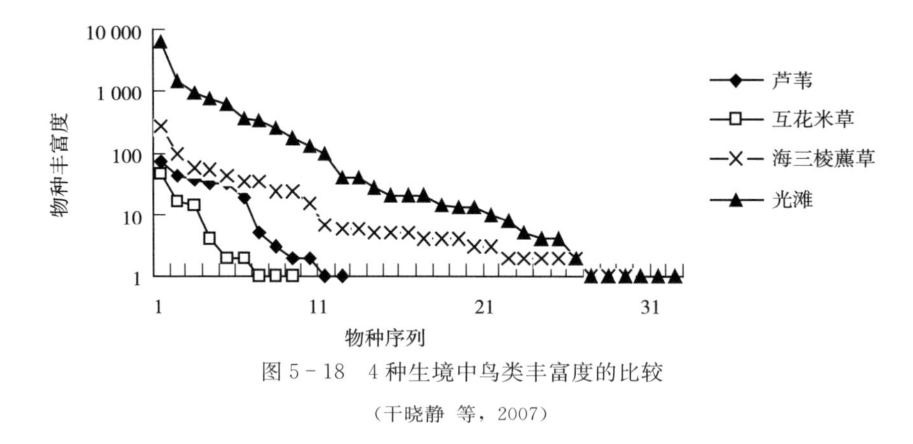

图 5－18　4 种生境中鸟类丰富度的比较

（干晓静 等，2007）

在 4 种生境类型中，互花米草群落中鸟类的密度最低，而光滩中鸟类的密度最高。芦苇、互花米草和海三棱藨草 3 种群落中鸟类的密度没有显著性差异，但群落中鸟类的密度均显著低于光滩上的鸟类密度（图 5－19）。

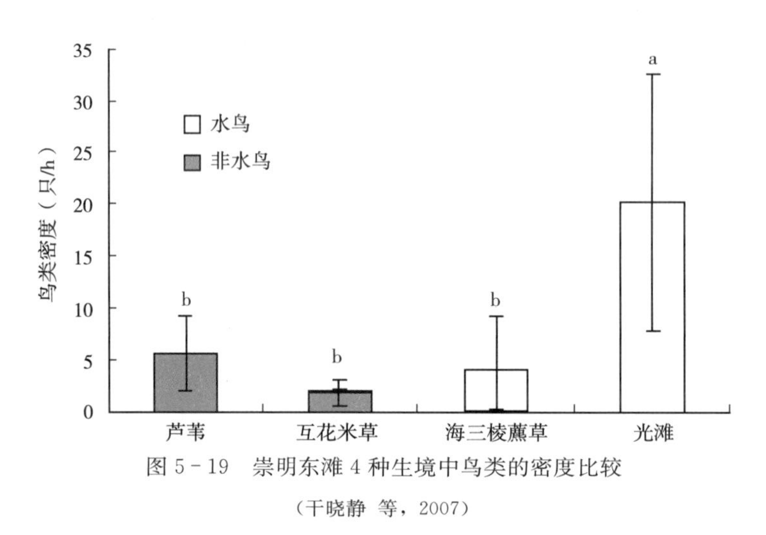

图 5－19　崇明东滩 4 种生境中鸟类的密度比较

（干晓静 等，2007）

在冬季，芦苇群落中鸟类的种类和数量均显著高于互花米草群落。这可能是由于芦苇群落和互花米草群落不同的环境特征所造成的。根据野外观察，在冬季，震旦鸦雀等鸟类主要是在植被的中层活动，在植株间飞行。对芦苇与互花米草群落的植株密度的比较研究表明，芦苇群落的植株密度仅为互花米草群落植株密度的 1/4。由于互花米草群落的植被密度很高，对鸟类的活动有很大的影响，鸟类很难在植被的中层飞行。而由于芦苇群落中植株的密度相对较稀疏，因此利于鸟类的飞行。

另外，互花米草群落中缺少鸟类的食物资源，也可能是互花米草群落中鸟类种类和数量较少的原因。从鸟类群落的组成来看，芦苇群落中的鸟类有食种子的鹀类和食昆虫的鸦雀类等种类，而互花米草群落中的鸟类主要是食种子的鹀类，食昆虫的鸟类数量较少（图 5-20）。由于互花米草的入侵历史很短，互花米草与当地动物群落的协同进化历史较短，互花米草中的昆虫等无脊椎动物种类和数量均小于芦苇群落。因此，震旦鸦雀、中华攀雀等肉食性鸟类很少到互花米草群落中活动。而一些草食性的鸟类，如鹀类等，偶尔会到互花米草中活动。在野外的调查中也发现红颈苇鹀等鸟类取食互花米草种子的现象。

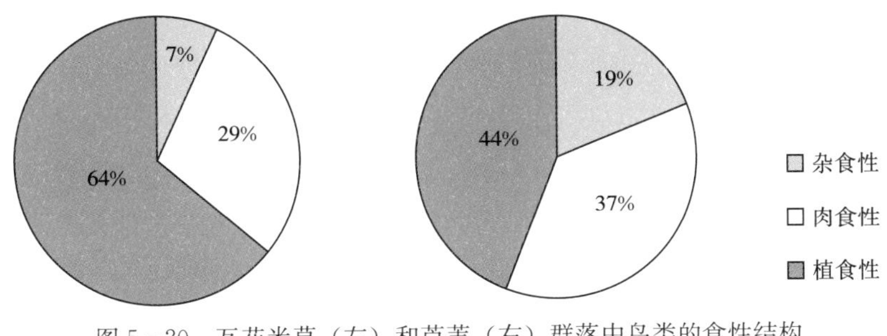

图 5-20 互花米草（左）和芦苇（右）群落中鸟类的食性结构

（干晓静 等，2007）

每年冬季，大面积的芦苇被收割，使得一些在芦苇群落中活动的鸟类的栖息地面积减少。随着可利用栖息地面积的减少，一些鸟类也可能会选择干扰相对较少的互花米草群落为其栖息地。尽管如此，调查结果表明，芦苇中鸟类的种类和数量均高于互花米草群落中鸟类的种类和数量。

互花米草群落中鸟类的种类、数量和密度都要低于其他生境类型，而且互花米草群落中的鸟类多样性也比较低。在鸟类迁徙期，崇明东滩滩涂上的鸟类以鸻鹬类为主，另外，有部分雀形目鸟类也在滩涂上栖息。鸻鹬类的主要栖息地为光滩和海三棱藨草群落，芦苇与互花米草群落中，底栖动物的食物量较少，且由于植被密度过高，不利于鸻鹬类的觅食活动。雀形目鸟类主要选择芦苇群落作为其栖息地。因此，互花米草群落中，鸻鹬类和雀形目鸟类的种类和数量都较少。

近年来，互花米草通过人工引种和自然扩散，其面积不断增加。2003 年植被调查发现，其总面积和芦苇群落面积接近（Chen，2004），而且在最近的野外调查中发现，互花米草已经开始向光滩扩散。由于互花米草并不适宜鸟类栖息，因此，互花米草的入侵将对当地的鸟类群落带来不利的影响，导致鸟类的种类和数量的减少。在英国滩涂湿地的研究表明，由于米草入侵后能够改变土壤的结构，使一些底栖无脊椎动物无法生存，减少了鸟类的食物来源。即使将米草人工拔除后，该区域的黑腹滨鹬等涉禽数量在短时间内也无法恢复。另外，米草的沉积物对藻类的生长能够起到促进作用，在滩涂表面形成一层“草垫”，从而影响了涉禽的觅食（Goss-custard & Moser，1988）。由此可见，外来植物入侵的生态学后果是复杂且长远的。

2004年秋季和2005年春、夏季，笔者在芦苇与互花米草群落中多次观察到斑背大尾莺的活动。在2005年春季和夏季的调查表明，在1 000 m×400 m的调查区域内，斑背大尾莺雄鸟的密度可达0.5只/hm^2。这表明斑背大尾莺在这一地区具有一定的数量。斑背大尾莺在崇明东滩主要分布于互花米草群落，且具有较高的密度，以前调查过程中遗漏的可能性较小，可能是以前在上海地区没有分布，近年随着互花米草的扩散而迁来。其选择互花米草群落作为其栖息地，可能因为互花米草比芦苇更容易编制成巢，而且互花米草群落比海三棱藨草群落更为隐蔽。因此，由于外来植物互花米草的入侵，导致了当地环境条件的变化也可能是鸟类的分布区发生变化的原因。

尽管一些物种可以选择互花米草作为其栖息地，但从崇明东滩整个鸟类群落的组成来看，水鸟主要栖息于光滩和海三棱藨草群落，雀形目鸟类主要栖息于芦苇群落，互花米草群落中鸟类的种类和数量都很少。因此，互花米草的入侵对当地的鸟类群落具有不利的影响，应采取相应的措施，控制和预防互花米草的扩散，保护鸟类的自然栖息地。

综上所述，通过对互花米草和芦苇、海三棱藨草等栖息地类型中鸟类群落的比较表明：水鸟主要分布于光滩和海三棱藨草群落，雀形目鸟类主要分布于芦苇群落。在互花米草群落中，鸟类的种类和数量均远远低于其他栖息地类型。这表明，尽管少数鸟类可以在互花米草群落中栖息，但从整个鸟类群落的角度考虑，互花米草并不是鸟类适宜的栖息地。因此，从鸟类多样性及其栖息地的保护方面来讲，应对互花米草进行严格的管理，控制其在滩涂上的扩散和蔓延，并通过湿地修复的措施，恢复当地的土著植物，为鸟类提供良好的栖息环境。但目前从国内外的研究来看，仍缺乏对互花米草的有效控制和消除措施。而国外的研究表明，互花米草不仅能够在高潮滩和中潮滩分布，低潮滩也生长良好。根据在崇明东滩的野外调查，目前互花米草已经扩散到了中潮滩，并逐渐排挤海三棱藨草群落。如不能对互花米草进行有效的控制，崇明东滩的滩涂湿地生态系统将受到严重影响，并直接影响到鸟类的栖息。

第三节　互花米草的控制及管理

一、互花米草的治理

控制入侵植物是必须且紧迫的任务，研究与工作涉及对某一地区入侵植物的治理、受损区域的恢复以及防治目标种的再次入侵等。值得一提的是，2008年，美国杂草协会

创办了 *Invasive Plant Science and Management* 期刊，专题报道入侵植物基础研究与控制研究成果，不仅包括上述入侵植物控制的内容，而且还关注外来植物的风险分析、检疫免疫法规条例的提出、限制已知入侵植物或具有潜在入侵性植物繁殖体的传入与传播等问题，目的是遏制入侵植物态势进一步恶化。由此可见，入侵植物相关的控制问题已经成为一个热点，引起了广泛的关注。

人类对自然的任何行为，包括对入侵物种的治理与恢复，均可视为对生态系统的干扰，因此，生态系统生态学中成熟的干扰理论体系（disturbance regime）可作为构建入侵植物控制体系的直接指导。干扰体系包括 6 个属性：类型（type）、程度（severity）、频率（frequency）、大小（size）、发生时间（timing）以及强度（intensity），它们可分别对应于控制体系的各技术因子。也就是说，一个完整的控制体系也应该由这 6 个属性分别对应的因子构成。在某些情况下，一些技术因子是固定的。例如，采用火烧处理，这是一个干扰类型，而实施的次数与面积是干扰的频率与大小，火烧的剧烈程度是干扰强度（取决于助燃剂的类型与数量），单次移除的生物量或多次实施后消除的总量可视作干扰程度（李博 等，2005）。于是，构成控制体系的技术因子对应于相应的干扰属性，而控制效率对应于干扰对生态系统的效应。

根据干扰理论，对入侵植物的控制行为可能会受到环境异质性的影响。干扰理论指出，干扰和环境异质性间的相互作用，使得干扰在景观上产生了许多空间格局分化（李博 等，2005）。这一原理在入侵植物控制工作中的具体表现极有可能是控制效率存在生境依赖性，即相同的控制体系可能对不同生境中的同一入侵植物的治理效率有差异，所以，在入侵植物的治理实践中，应该根据生境特征选择、构建和实施控制措施。

然而，目前有关入侵植物控制的研究，很多并没有注意到生境特征对治理效率的影响，这一点可能是导致目前国际上采取各种方法控制入侵植物，但很难达到较高治理效率的原因之一。本研究的资料调研过程如下：全球入侵物种专家组（IUCN SSC Invasive Species Specialist Group，ISSG）依据入侵影响及入侵面积对全球入侵生物进行了排名，前 100 位的恶性入侵物种中高等植物有 27 种。为了了解目前入侵植物控制的进展，本研究在 web of science 网站以入侵植物拉丁文名，管理（management）或控制（control）或处理（treatment）为关键词，检索了 1997—2006 年间发表的所有文章。通过对这些文章分析后发现，控制入侵植物的研究更多地关注于技术细节，却很少涉及生境特征方面的研究（论文数量<7%），也没有呈现逐年增加的趋势，说明大多研究者并没有真正意识到生境异质性会给治理效率带来的影响。一般情况下，研究者或管理者只是简单地照搬农田杂草的治理程序，在任何地点将治理措施的类型、开始时间、强度、持续时间、频次甚至范围设定为统一的标准，这可能会导致总体的治理效率不高，也就无法找到行之有效的治理措施。

以上文所述的资料调研为基础，总结出针对这 27 种入侵植物的常用治理方法，并以治理后单位面积恢复生物量和密度为评价标准，比较了各种方法的效率。结果表明，物理治理法与化学治理法是最有效的，而较为复杂的生物控制法与综合控制法尚处于发展阶段，总体还没有显现出更高的效率。构成控制措施的技术因子的大小可能会受到生境因子的调节，进而使其效率沿某一生境梯度变化。换句话说，从入侵植物控制措施的角度分析控制效率，可能存在生境依赖性。不同的措施，其受到生境调节的技术因子以及调节的方式不同。下面将依据相关的资料，对各类方法的效率可能存在生境依赖性的方式进行归纳。

互花米草入侵带来了明显的生态、经济及社会后果，对其进行控制与管理也就显得极为必要。在美国的 Willapa 海湾与旧金山海湾，研究人员已经对互花米草的控制进行了大量细致的工作，并从生态学和经济学的角度对各控制方法进行了评估（Grevstad et al.，2003；Hedge et al.，2003；Major et al.，2003）。实际上，对互花米草的控制是非常困难而昂贵的，目前采用的方法有物理法、化学法和生物控制法（Hedge et al.，2003）。

（一）物理法/机械法

物理法包括人工拔除幼苗、织物覆盖、连续刈割以及围堤。物理法虽然比较有效，但是大多费时费力，并且成本也较高。通过采用人工或机械力，对入侵植物进行拔除、挖掘、遮盖、水淹、火烧、割除、碾埋等，从而达到遏制植物生长方法均属于物理措施（Caz & Taylor，2004；Karban，2007）。该类方法的技术因子强度的大小，可能会随着生境梯度的变化而变化，进而引起治理效率的变化。在干扰体系中，强度是指单位面积和单位时间内释放的能量，一次干扰的强度会影响其后果的严重性（李博 等，2005）。打捞、砍伐、拔除以及刈割等方法的强度是指在一定时间内，去除某一范围中入侵植物投入的劳动力或机械力等（李博 等，2005）。生境特征对其大小的调节体现在增加或减少劳动难度，如坡度的变化，将决定刈割的方式是人工还是机械，从而决定了所需的时间。在某些环境中，如松软的潮滩，只有将设备特殊化才适合，而人员必须小心翼翼地避免陷落（Hedge et al.，2003）。这一点也影响了互花米草和大米草等的治理工作，增加了治理的成本。英国有关人员使用轻型履带车将大米草草皮碾压并埋于土层之下，在土壤硬度较大的高潮区取得了良好的效果，而且 3 年内处理区域的大米草密度均显著低于对照区；在低潮区，由于基质太过松软，大型机械的工作效率明显降低（Frid et al.，1999）。应用光胁迫原理，使用不透光材料覆盖或遮盖入侵植物的遮阴法会受到风速的限制，因为在风速较高的区域，遮盖物维护需要较高的成本（Hedge et al.，2003）。有研究证明，火烧对低潮位互花米草的治理效率远小于高潮位，原因是低潮位互花米草斑块的地表有积水或土壤水分过饱和，而水分因子在火烧过程中大大地降低了地表及浅层土壤的温度，保护了互花米草的地下芽，进而降低了治理效率（Lin et al.，2005）。

对于刚刚定居的互花米草，人工拔除幼苗是一种有效的方法。春季，如果在互花米草开始进行无性繁殖时就手工将其幼苗连根拔除，其控制效果是显而易见的；但实际上由于手工拔除常常使一些根状茎还残留在地下，很快又会重新长出幼苗，因此，需要重复的拔除才能最终将其完全除掉。对于已经建成的种群，人工拔除法不仅非常困难而且效果也不大。对于小块互花米草斑块，可以使用织物覆盖法，即用致密的丝织布紧密地覆盖住互花米草斑块，连续覆盖1～2个生长季，该法对于控制小斑块的互花米草较为有效；对于较大的互花米草斑块，可使用机械进行连续刈割，即从互花米草返青到秋季死亡这段期间对其进行多次的刈割；对于大面积的互花米草，则要在2个生长季进行9～10次刈割。该法可限制互花米草的营养生长及结实，而要完全除尽互花米草有时可能需要3～4年（*Spartina* Task Force，1994）。

在Willapa海湾，研究人员在互花米草周围用一种充气纤维建立一些围堤蓄水，通过长时间的浸泡使互花米草因缺氧而死亡。但这种方法只能在潮水可以到达的区域使用，并且缺氧也导致其他生物死亡。实际经验表明，在礁湖区，围堤是一种比较有效的方法（Aberle，1990）。

（二）化学法

化学法是指喷施、注射（Zanatta et al.，2007）、涂抹某些代谢过程抑制剂（Siso et al.，2004），影响植物细胞分裂和叶绿素合成、阻碍生理过程，进而导致植株死亡的方法。但是化学法通常具有一定的毒性，可能对生态系统中动植物的区系以及人类健康、娱乐、农业和渔业造成影响（Paveglio et al.，1996；Lytle & Lytle，1998）。人们对化学防治一直持保留态度，因为一般的化学制剂选择性不高，即在杀死目标植物的同时也容易杀死其他植物和天敌；同时，一些除草剂具有一定的毒性且有残毒问题，会影响土壤的微生物群落，并容易造成环境污染，对生态系统中动植物的区系、生态环境以及人类健康、经济发展等造成影响（Richardson，2008；Schooler et al.，2008）。但是，随着植物生理学的不断推进以及生物化工研究的不断深入，针对某一特定入侵植物研发出可降解、效率高的专一性除草剂是可能的。例如，乙酸（aceticacid，CH_3COOH）可用于杀伤沉积物中互花米草的繁殖体，用乙酸浸泡沉积物可以作为叶片喷施除草剂的辅助方法，其不仅可有效防止根茎春天的再生生长，而且对珍稀鸟类铃舌秧鸡 *Rallus longirostris* 无危害（Anderson，2007）。福建省农业科学院生物技术中心经过多年研究，初步研制出大米草的特效防除剂米草净，并在福建省宁德市焦城区二都镇滩涂采用小区试验方法进行了测试。结果发现，这是一种能够在60 d内连根杀死大米草且对环境安全的药剂，使用后30 d在土壤中已检测不到残留（刘建 等，2005）。

化学措施中，除草剂的浓度易受到生境因素的调节，进而影响治理效率，如潮汐、降雨以及水流都会降低除草剂浓度。另外，挥发性农药在植物体表面的滞留时间，也将受到光照强度、风速等生境因子的影响，进而通过调节传入植物体内除草剂的剂量而影响治理效率。

草甘膦（Rodeo™）是目前在互花米草控制中唯一得到实际应用的除草剂。在Willapa海湾，研究人员将草甘膦装在车载的大型罐状容器中，然后用水管连出，末端用手持式喷管或者喷雾器将除草剂喷洒至互花米草叶片上。此外，也可使用背式喷雾器人工喷洒与飞机喷洒。喷洒方法的差异与时机都会影响除杀效果，不过使用人工喷洒比飞机喷洒更有效；5月喷洒的效果很差，但使用草甘膦并混合5%的LI 700，在6月、7月、8月喷洒可以达到90%的控制率。

在Willapa海湾用除草剂去除互花米草的研究表明：①不同喷洒时间的去除率：6月>7月>8月>5月；②不同喷洒方法的去除率：手持式喷管>手持式喷雾器>背式喷雾器>飞机喷洒；③不同喷洒方法的成本：背式喷雾器>手持式喷管>飞机喷洒。

近年来，我国也开发出一种新的除草剂——米草净（刘建 等，2005），其可导致互花米草的败育，从而控制其蔓延，但目前尚处于研究阶段，还未大规模应用。

（三）生物控制法

生物控制法是指有目的地从入侵生物原产地引种和培育入侵生物的天敌生物，用来控制入侵生物种群的发展与扩散。Elsevier出版社出版的*Biological Control*，专题报道农林、自然资源、仓储物以及城市环境中的有害生物的生物控制技术、原理等研究，以提高这类方法的效率。

生物控制体系中对生境变化最敏感的技术因子可能是天敌的种类，其次是种群大小。作为生命体，天敌生物将受到生境的筛选，存活下来才有可能成为治理的生物因素，但同时会继续受到生境的影响，包括气候、资源以及干扰等，其种群能否发展至可控制目标植物的水平，则取决于天敌生物对生境的适应性。可见，生境因为决定了天敌的种类与种群大小，而影响生物控制法的控制效率。例如，在澳大利亚，为了治理桉树林中的入侵杂草贯叶金丝桃（*Hypericum perforatum*），人们引入了双金叶甲（*Chrysolina quadrigemina*）。后来发现，发生林火的区域不仅有利于贯叶金丝桃的种群发展，而且可限制双金叶甲的存活和扩散（Briese，1996），因此，火灾发生区域采用这种生物治理方法效率较低。有研究证明，在适宜的条件下，一些入侵植物对食草作用具有很强的耐受性，增加了处理的强度，对目标植物的适合度几乎无影响（Strauss & Agrawal，1999）；而某些入侵植物甚至能够通过补偿生长（compensatory growth）来抵消此类干扰，结果食草作用反而促进了入侵植物的生长（Paige et al.，2001）。例如，通过增加采食强度来控制金银花（*Lonicera japonica*）和乌桕［*Sapium sebiferum*（L.）Roxb.］种群的发展已被证明不可行，因为采食强度的增加难于显著增加对这两种入侵植物的伤害程度（Schierenbeck et al.，1994；Siemann & Rogers，2003）；而只有胁迫生境中，增加采食强度的方法才可行。同样，Schutzenhofer et al.（2007）发现，在大部分区域，通过食草作用对入侵植物截叶胡枝子（*Lespedeza cuneata*）叶片造成的机械伤害（如咀嚼、脱落等）并不能对其繁殖等产生实质性阻碍，而只是在土壤水分含量较低的区域才有效。

迄今为止，共计约900种草本类天敌被做过引种尝试。其中，仅30%左右的天敌生物，能有效地控制目标杂草种群的扩散与发展；60%由于受到生境条件的限制不能存活和繁殖，或种群个体数量无法自然快速增长而失败。

生物控制互花米草是指利用昆虫、真菌以及病原生物等天敌，来抑制互花米草生长和繁殖，从而遏制互花米草种群的爆发，具有效果持久、对环境安全、防治成本低廉等诸多优点。但是天敌的作用是复杂的，往往对其他的非靶标（某些土著物种）也有威胁，因此，引进天敌可能导致新的生物入侵，必须慎而又慎。

根据目前的研究，可能在对互花米草的控制中得到应用的生物主要有：同翅目昆虫 *P. marginata*、麦角菌、玉黍螺。目前，对引进天敌的效果与后果都存在一定的争议，因此，对于互花米草的生物控制研究尚在实验阶段，没有得到大规模的应用。

（四）综合措施

入侵植物综合治理法（integrated invasive plant management，IIPM），简称综合法，在恶性杂草的清除工作中应用越来越广泛（Walker & Buchanan，1982）。众所周知，物理、生物以及化学等各种防治方法均有各自的优缺点，单独采用任何一种方法都难以同时获得快速、持久的效果。近年来，已有工作致力于研究上述方法之间的相互配合形式，以便形成一整套可提高控制效率的综合治理的技术体系（丁建清，2002）。

值得强调的是，综合治理并不是将各种技术简单相加，而是通过反复试验使被选措施之间的关系协调并达到相互促进的目标，成为系统的入侵植物治理工程（丁建清，2002）。比如，刈割后喷施农药比直接喷施对入侵植物的伤害要大得多（Hammond，2001）。

综合治理法是一项建立在对治理目标种的生物学特性充分认识的基础上，包含复杂的生态学原理和过程的一系列人为干扰，需要设计严密的实验来论证备选技术类型、前后搭配形式、间隔时间以及整体体系开始与完成的时间等等技术细节；同时，由于每种类型都会对环境产生不同的影响，这种影响的交互效应是否存在，以及效应的大小是一个值得深入研究的问题。

目前，对此类方法的研究不多，缺乏生境特征影响控制效率的直接资料。与采用单一措施相比，综合控制受生境影响的方式多样，即生境可能会通过影响一项综合工程中各项措施的效率，进而影响到整体的效率，同时，也不排除生境对各项措施的效应存在着累积或抵消的可能。

此外，近几年一些博士论文是以入侵植物治理为主题的。丁建清（2002）通过大量的室内试验和长期的田间调查，发现利用象甲可有效地抑制水葫芦的生长和种群蔓延，同时结合化学除草剂克芜踪、草甘膦和农达，对水葫芦植株和种群生长也具有明显的抑制作用。另外，他还研究了水葫芦-天敌、水葫芦-除草剂、除草剂-天敌之间的互作关系，对中国南方水葫芦的可持续治理有重要的实际价值。Hammond（2001）利用了6种方法治理大米草和杂交种米草×唐氏米草，包括茅草枯（dalapon）、刈割＋草甘膦（sward cut＋glyphosate）、草甘膦（glyphosate）、刈割＋覆盖（sward cut＋smother）、刈割（sward cut）、刈割＋茅草枯（sward cut＋dalapon）。结果表明，刈割是有效且环境友好的方法。但本研究的试验设计是在盐沼中心设置一个大的样区，样区中随机设置样方进行试验处理，并没有考虑到生境异质性效应。可以理解的是，大米草与杂交米草的分布贯穿了Ballykelly河口盐沼，喷施茅草枯、草甘膦等化学法应该存在潮位上的差异，因为低潮位上的米草是易于受到潮汐冲刷、浸泡的，因而此区除草剂的浓度很难维持。

二、互花米草的管理建议

在美国旧金山海湾和Willapa海湾所进行的研究表明，控制互花米草非常困难，同时成本昂贵，因此，要根除北美太平洋海岸所有的入侵米草是不现实的（Daehler & Strong，1996；Cordell et al.，1998）。由于互花米草入侵早期的Allee效应，对于已经被其入侵的生境应当尽早采取措施进行管理（Davis et al.，2004）。一种简单有效的方法是，先预测互花米草可能入侵的地点，然后确定那里是否已经出现了入侵种的繁殖体，这样就能够在其扩散之前，用较低的成本除去，该策略已成功应用于根除入侵Humboldt海湾的互花米草（Daehler & Strong，1996）。

在我国，首先要加强对互花米草的研究，根据对其入侵机制、后果以及控制等各方面的研究结果，参考国外的成功经验，对互花米草在我国的入侵进行预测，对其入侵后果作出评估，并提出相应的管理建议。事实上，互花米草的作用是多方面的，在进行控制的同时，还需加大其经济价值的开发与应用，因地制宜，变害为宝。然而，在我国，要从机制上把外来物种入侵的可能性降到最低，还要加强立法，严格控制物种的引入，切忌盲目引种，更要严禁引入已经在其他地区造成巨大危害的物种。

三、影响互花米草治理效果的因素

控制入侵植物是一个复杂的生态过程，甚至有学者认为：一个新的入侵种，一旦被发现造成重大影响时，它已经在该地区扎住了根，再想消灭它将变得非常困难，甚至是不可能的（Normile，2004）。尽管这一观点太过悲观，但其既形象地描述了入侵植物控制的困难程度又含蓄地说明了目前的治理效率，即总体上不尽如人意。例如，自20世纪80年代以来，在美国的旧金山海湾和Willipa海湾等地区一直在开展有关米草入侵的研究，尽管投资巨大，但是收效甚微。有学者称，互花米草的控制目前既是一个世界性的难题，又是一项昂贵的事业（Hedge et al.，2003）。

这种结果很容易被理解为是由于入侵植物抗干扰能力强的原因造成的。入侵植物凭借其强大的恢复和再生能力削弱了人为控制的效应，如果控制措施或实施过程不当，甚至可能激发入侵植物的补偿生长效应。然而，控制入侵植物的措施其实囊括了所有治理杂草的方法，许多管理田间杂草的常规方法被广泛地应用于入侵植物控制领域（Hulme，2006），但控制效率往往没有在农田生态系统中的高（Mullin，1998；Harrington et al.，2003；Nielsen et al.，2005；Holloran，2006）。由此可见，不能简单地将这种情况归结于入侵植物抗干扰能力强、繁殖体库消除难度大等原因，笔者推测生境异质性在这里扮演着重要的角色。一般来说，农田的生境因人类的作用相对比较均一，而非田间的入侵生态系统，其生境异质性程度要高得多，在这些生态系统中，入侵植物凭借其宽阔的生态幅分布其中。有些入侵植物甚至可以分布于不同类型的生境中，如喜旱莲子草［*Alternanthera philoxeroides*（Mart.）Griseb］可入侵陆地与水生生境（潘晓云 等，2007），从而极可能导致其控制效率沿生境梯度发生变化，不难理解的是，入侵植物在不同生境中受到类似的伤害，其恢复速度和程度是存在差异的。

上文所提到的27种全球最具影响力的高等入侵植物中，相当一部分生态幅广，入侵生境异质性程度高，包括黑荆树（*Acacia mearnsii*）（Beck et al.，2006）、多枝柽柳（*Tamarix ramosissima*）（Kennedy et al.，2005）、金姜花（*Hedychium gardnerianum*）（Williams et al.，2003）、猿尾藤（*Hiptage benghalensis*）（Arumugasamy et al.，1994）、白茅（*Imperata cylindrical*）（MacDonald，2004）、银合欢（*Leucaena leucocephala*）（Shelton et al.，2003）、兰屿紫荆牛（*Ardisia elliptica*）（Siso & Burzycld，2004）、大米草（Grotmendijk，1986）和互花米草（Anderson，2007）等。可见，由于不同生境中同一入侵植物的抵抗与恢复能力存在差异，因而在它们的控制过程中均应考虑生境特征。

另一方面，恢复入侵生态系统是入侵植物控制工作的一项重要内容。生境特征同样可能会通过不同的作用机制，对被入侵区域的恢复效率产生影响。由于植物是生态系统中的生产者，位于整个生态系统中食物链的最底端，因而土著植被的重建是恢复工作的基础。一般情况下，没有植物可以在任何生境下保持最佳的生长、繁殖与竞争状态（Funk & Vitousek，2007）。这一原则在土著植被恢复中的体现：生境的异质性将改变恢复植被的生长状况与种群特征，导致不同生境中土著植被恢复速率与恢复程度的变化。另外，被入侵植物强烈改变过的生境其退化状态具有一定的“持续性”，目标物种往往无法很快适应，使得治理入侵种后直接引入期望种的常规策略往往效果不佳（Crooks，2002；Cuddington et al.，2004）。由此可见，生境特征可通过调控恢复目标植物的生长与繁殖，而影响恢复效率，即土著植物恢复效率也可能存在生境依赖性。

影响控制效率的人为因素：控制资源的分配也可能存在生境依赖性，是人为影响入侵植物控制效率的表现之一。入侵植物控制是一项非常昂贵的事业，我国每年投入此方面的费用也非常惊人，仅用于打捞凤眼莲的费用就超过1亿元（李博 等，2008）。如此高昂的控制费用不是任何一个地区都能承担的，有些种群在一些入侵区域会得到很好的控制，而在另一些地区则可能任其发展，进而影响了控制的总体效率。这是生境特征调节控制效率的特殊形式，其更关注地域经济、环境观念及利益导向等人文因素，这些因素可引起同一入侵植物控制效率的地域性差异的差异。然而入侵植物不会"嫌贫爱富"，它一旦突破区域屏障，将在生态幅允许的范围内最大限度地扩散。尽管经济发达地区通畅的交通为入侵植物提供了便利，使得这些区域中的入侵植物种群爆发得更早、危害程度更高，但这并不意味着落后地区入侵植物控制的必要性、紧迫性低。如果不采取任何措施应对，这些区域中的入侵植物繁殖体，将会"倒流"已采取措施的发达地区，引起再次入侵。

生态系统类型，也可造成入侵植物控制效率的差异性。一般情况下，经济效益高的人工生态系统，其入侵植物的治理效率比较高，尤其是农田、鱼塘以及经济林等个人资产中的入侵植物往往被业主主动清除；相反，公共绿地尤其是弃耕地、路肩以及一般的自然生态系统，如丘陵、河道及草原等系统中的入侵植物被控制的强度并不高，甚至从没有被治理过。同时，生态价值高的生态系统如自然保护区、国家公园等，其中的入侵植物会得到较为有效的控制；而在普通生态系统中的入侵植物，一般会"幸运"地逃避控制这种人为干扰。例如，当地政府组织了数次大规模打捞来治理滇池的凤眼莲，而其他小湖泊、河道甚至人工观赏池塘中的凤眼莲，却可以年年盛开"美丽的花"。

总之，入侵植物繁殖体的生产能力、保存能力以及萌发能力决定了它在区域间传播潜力，因而，以较大的地理屏障为治理范围划分线，可能比以行政区域划分更为合理，这一点在我国尤其重要。

第六章 生态系统碳循环及其影响因素

第一节　湿地碳循环研究概况

一、碳循环概述

碳循环，是碳元素在地球的生物圈、大气圈、岩石圈、水圈和土壤圈中交换循环的过程。全球碳循环，可视为地球系统中由碳通量联系起来的一系列碳库的整体（IPCC，2013）。全球碳循环可以分为两个主要部分。第一部分是具有较大碳交换通量和相对较快周转速度的部分，由大气、海洋、海洋表层沉积物以及陆地上植被、土壤和淡水中的碳组成。周转时间范围从大气的数年至数十年，到陆地植被、土壤和海洋的数千年；第二部分由岩石和沉积物中巨大碳储存构成，其与第一部分交换碳的方式主要为火山喷发、化学风化、海底沉积物的侵蚀和形成（Sundquist，1986），第二部分的碳周转时间通常为10 000年或更长。碳循环第一部分和第二部分之间的自然交换通量相对较小（碳交换量<0.3Pg/a），在过去几个世纪中近似恒定（Raymond & Cole，2003）。近年来，陆地和海洋对人源CO_2吸收量的下降，反映了生物圈在全球碳循环中所起作用的变化（Canadell et al.，2007）。

工业革命以来，由于人类活动中大量的化石燃料燃烧和土地利用变化（包括森林砍伐），岩石圈沉积岩、陆地生态系统与大气间的碳通量发生变化，导致大气碳库出现增长。一方面，CO_2、CH_4及N_2O作为重要的温室气体会影响大气辐射强迫，使气温增加，引起海洋、陆地物理状态的变化，乃至全球气候变化；另一方面，这打破了工业革命前存在于大气、海洋和陆地三个碳库之间的动态平衡关系，引起了海-气、陆-气之间碳通量的变化，直接影响了海洋和陆地的碳循环过程。所以，全球碳循环过程与物理气候过程是耦合在一起的，两者相互作用，互相影响。

由全球变暖及其引发的一系列全球变化，包括海平面上升以及全球降雨模式改变等，对全球生态系统有着深远的影响，从而影响人类的生存及福祉（IPCC，2007）。在此背景下，定量研究全球温室气体的收支平衡及其控制机制已成为各成员众多重大环境科学研究计划关注的热点问题，如国际地圈-生物圈计划（international geophere-biophere program，IGBP）、世界气候研究计划（world climate research program，WCRP）、国际全球环境变化人文因素计划（international human dimensions program on global environmental change，IHDP）和全球变化与陆地生态系统（global change and terrestrial ecosystems，GCTE）等。由于全球变暖的广泛影响，各国也通过各种途径来协商降低CO_2排放。在《联合国气候变化框架公约》范围内，联合国气候变化大会分别通过了《京都议定书》，以及基于《巴厘路线图》的《哥本哈根议定书》和《巴黎协定》，旨在维持经济发展的同时又约束各成员温室气体的排放。这些议定书的通过，在一定程度上，也促进了全球碳循环研究的发展。

在众多重大环境科学研究计划中，陆地生态系统碳循环是其中的核心研究内容，这不仅因为陆地生态系统是连接地圈-生物圈-大气圈的重要纽带，其碳、水循环是地球表层系统物质循环与能量交换的核心（于贵瑞 等，2004）；还在于陆地生态系统与人类生存和社会发展息息相关，为我们提供各种生态系统服务（Costanza et al.，1997）。在与全球碳循环密切相关的五大类陆地生态系统（森林、草地、农田、湿地和内陆水体）中，湿地代表了陆地生物圈碳库的最大组成部分（Dixon & Krankina，1995），在全球碳循环中扮演着重要角色（Sahagian & Melack，1998）。全球湿地总面积约为 5.7×10^6 km^2（Matthews & Fung，1987），占全球陆地面积的 6%，远远低于森林的覆盖面积。然而由于湿地具有高生产力及氧化还原能力，使其成为极为重要的生物地球化学过程场所（宋长春，2003）。由于长期或者短期处于水淹状况下，湿地的厌氧环境抑制了凋落物的降解，造成了有机物在土壤中的累积，湿地从而成为抑制大气 CO_2 浓度升高的碳汇。据联合国政府间气候变化专门委员会（intergovernmental panel on climate change，IPCC）估算，全球陆地生态系统中约储存了 2.48×10^3Pg 碳，其中泥炭湿地（peatland）就储存了 0.5×10^3 Pg 碳，占全球陆地生态系统总储量的 20%（IPCC，2001）。在全球范围内，滨海湿地的土壤中每年也储存了至少 44.6 Tg 碳（Chmura et al.，2003）。这些数据都表明湿地生态系统具备减缓全球变暖的巨大潜力。

虽然湿地土壤中储存了大量碳，但是同时湿地也是重要的 CH_4 释放源，其每年释放的 CH_4 约占全球释放量的 10%以上（Mitra et al.，2005）。其中，高纬度地区的泥炭湿地（peatland）排放的 CH_4 占天然湿地 CH_4 总排放量的 50%～60%（Bartlett & Harriss，1993；Matthews & Fung，1987）。相比 CO_2，CH_4 在大气中的滞留时间较短（目前平均为 10 年），但是所引起的温室效应却是等量 CO_2 的 21 倍左右。所以，Roulet（2000）指出，当同时考虑 CO_2 和 CH_4 的全球变暖潜能值（global warming potential，GWP），很多泥炭湿地在短期（几十年）内是碳源，而在较长时间（100 年）尺度上是碳汇。因此，需要综合考虑湿地在不同时间尺度上的碳源/汇属性。

湿地土壤相比其他类型土壤能储存更多的碳，说明湿地能够作为一个抑制大气 CO_2 浓度升高的碳汇，但是湿地又是一个脆弱的生态系统，在过度的人为干扰及气候变化下，湿地的面积在急剧减少。到目前为止，全球已经丧失了一半面积的湿地，而剩余的大部分湿地也在退化过程中（OECD，2006）。其中，将湿地排干开垦为农田，是湿地丧失的主要方式。此外，湿地生态系统还面临富营养化的威胁。富营养化通过改变湿地植物生长的限制因子，从而改变植物群落组成，如来自上游农田生态系统的氮素使外来种在与本地种的竞争中占据优势地位，并取代本地种，从而影响碳循环（Drexler & Bedford，2002）。在全球变暖背景下，随着土壤水分减少和土壤氧化性能增强，湿地的厌氧环境得到缓解，凋落物及泥炭的分解速率也将大幅提高，从而造成 CO_2 释放增加，形成正反馈机制，加剧全球变暖（Mitra et al.，2005）。同时，滨海湿地也是最直接面临海平面上升威胁的生态系统类型。Nicholls et al.（1999）预测，到 2080 年，全球海平面会上升 20 cm，将会造成灾难性的后果；当海平面上升 1 m 时，会淹没全球 46%的滨海湿地。因此，通过对湿地生态系统的研究，可以为预测全球变化背景下陆地生态系统碳循环的响应提供一定的科学依据。

二、碳循环观测技术

目前，对于陆地生态系统碳源汇结构的主要观测方法有涡度协方差技术、生物量调查法、气室法及大气反演模型等（Baldocchi et al.，2001）。

生物量调查法是最早采用的观测方法，其通过周期性的调查来评估每一段时期的生物量，通过这些生物量的变化，来估算陆地生态系统的净碳交换量（Kauppi et al.，1992）。随着对地观测技术的进步，基于卫星遥感估算的技术也被提出（Gower et al.，1999）。相对于传统的生物量调查法，卫星遥感估算主要使用叶面积指数（leaf area index，LAI），并且卫星平台的观测范围也要宽广得多。然而，该方法的本质仍然是通过估算生物量来估计陆地生态系统净碳交换量。由于生物量调查法相对采样频率较低，其观测数据可以用于多年甚至几十年时间尺度的净碳交换驱动因子分析，不过却很难提供足够高频的数据，用以了解在较短时间尺度上影响净碳交换的环境因子和驱动机制（Baldocchi et al.，2001）。

气室法也是较早采用的观测方法之一（Baldocchi et al.，1988；Davidson et al.，2002）。气室法分为静态气室法、动态气室法以及开顶箱法。静态气室法使用观测箱盖住一定面积的下垫面，使观测箱内部与外界没有任何气体交换，然后对箱内气体的浓度进行分析（Healy et al.，1996）。然而，密闭的气室本身会对箱内环境造成较大影响（如气压变化）。为了克服这种影响，科学家们又提出了动态气室法。与静态气室法相比，动态气室不再密封，而是开有两个出入口以供空气流动。测量开始以后，只需要对比入口处和出口处的 CO_2 浓度差，便能了解净碳交换量（Rochette et al.，1997）。这两种测量方法在测量结果上有一定系统偏差，并且已有的研究结果显示，动态气室法测量的土壤呼吸要高于静态气室法获得的（Rochette et al.，1992；Yim et al.，2002）。开顶箱法与传统的气室不同，其顶部是开放的，与外部空气联通，避免了传统气室法带来的内外压力差，同时流动的空气也会引起自然湍流（Fang & Moncrieff，1998）。Dore et al.（2003）关于开顶箱法和涡度协方差技术的比较研究显示，两者的测量结果在夜间非常接近，但是在白天开顶箱法的测量值则要比涡度协方差技术的高。这是因为在白天，开顶箱法内部的微气象条件与外界环境不同所造成的。

大气反演模型，主要通过气体观测网络所得到的气体浓度数据以及其他辅助数据（例如风速、风向等），根据大气传输模型反向推导地面碳源汇分布状况以及相应的净碳交换量（Patra et al.，2005）。气体观测网络的疏密程度以及大气模型的准确度，是这种方法的主要误差来源（Denning et al.，1996；Fan et al.，1998）。

作为直接测量陆地表面和大气之间碳交换的技术，涡度协方差（eddy covariance，EC）方法在过去30年得到迅猛发展（Baldocchi et al.，1988；Baldocchi，2003）。涡度协方差（EC）是一种微气象学方法，直接测量均匀表面（如植物冠层、土壤、水体）和大气之间质量和能量的综合交换。对于陆地生态系统，该方法需要在植物冠层上方布置快速响应的仪器（以10 Hz或20 Hz频率采样），以测量垂直风速和标量（例如CO_2、CH_4、水汽和温度）的协方差。在植物冠层内部和上方形成的空气（涡流）的湍流向上和向下运动反映着冠层和低层大气之间的质量（CO_2、水汽）和能量（热量）的净交换。在白天，CO_2通量表示由于冠层光合作用（吸收）和生态系统呼吸（损失）平衡后碳的净交换；夜间CO_2通量主要反映了生态系统呼吸包括自养（根、茎和叶）和异养（土壤微生物）呼吸所导致的净交换。

EC方法测得的通量可以代表数公顷至数平方千米范围内生态系统与大气间交换量的综合。EC系统将冠层视为一个单一功能单元，其内部整合了各生态系统中生物体之间复杂的相互作用。通量一般以30 min或60 min的时间间隔连续计算，这是气室法等很多传统测量方法所不能达到的高时间分辨率，并且通过这些通量数据可以计算出日尺度、周尺度、月尺度、季节尺度或年尺度上的净碳交换量。这一类数据可以用来评估区域在碳源/汇方面的属性，以验证现有方法和模型所需的参数（Wang et al.，2001）。可以说，EC方法提供了具有时间、空间尺度信息的数据，更易于研究和理解生态系统过程。在稳定的大气、同质的下垫面植被以及迎风方向上平坦的地势条件下，EC方法被认为是现今唯一能直接连续测量生物圈与大气间能量与物质通量的标准方法。在区域尺度的生物圈与大气间的痕量气体通量测定中，尤其是在评价生态系统碳交换的研究中，涡度协方差技术得到广泛的认可和应用（Aubinet et al.，2000；Baldocchi，2003）。归纳起来，这种方法的优点具体体现在：①在生态系统尺度上，它给科学家提供了一套能够估测整个生态系统CO_2交换的方法，也可以认为是在冠层尺度上测定叶片CO_2交换的气室法；②它提供了一种利用微气象学的理论，在冠层和大气的界面上直接测量生态系统CO_2交换的方法（Baldocchi，2003）；③此技术的采样区域，即通量贡献区（footprint），可以达到数百米至数千米半径范围（Schmid，1994）；④测量的时间尺度可跨越30 min到数年之久（Baldocchi，2003；Wofsy et al.，1993）。

三、涡度协方差技术发展历程

涡度协方差技术的发展是建立在微气象学和流体力学领域的长期理论研究基础之上，并且与微气象观测设备、计算机技术的发展密不可分（Baldocchi，2003）。涡度协方差技术的理论框架最早由 Reynolds 于 1895 年提出（Reynolds，1895），但当时由于观测设备的缺乏，直到 1926 年，才开始有人用一些简单的模拟设备和条带（strip-chart）记录设备进行一些动量传输方面的研究（Scrase，1930）。随着快速响应的热线（hot-wire）风速测量法、测温技术及数字计算机技术的提高（Swinbank，1951），涡度协方差技术在二战后得到了新一轮发展。二战后的第一次涡度协方差研究是在多风、晴朗的天气条件和平坦地势上，对低矮植被生态系统进行的测量（Kaimal & Wyngaard，1990；Swinbank，1951）。不过，当时主要集中于对大气边界层的扰动结构和热通量传输方面的研究。20 世纪 50 年代末至 60 年代初，来自日本、英国和美国的科学家在低矮农作物上开展了针对生态系统 CO_2 交换测定的最早探索（Inoue，1958）。第一次将 CO_2 通量测量应用到森林、苔原、草地和湿地生态系统中，则是在 60 年代末、70 年代初（Baumgartner，1969；Coyne & Kelly，1975；Houghton & Woodwell，1980；Inoue，1958）。在森林生态系统的测定中，当时遭遇了仪器难以测出 CO_2 梯度的变化，并因此产生了 Monin-Obukhow 相似性理论无效的难题（Lenschow，1995）。20 世纪 70 年代末，研究人员开始用螺旋风速仪和改进的闭路红外气体分析仪在玉米地上开展真正意义的涡度协方差 CO_2 通量测量（Desjardins，1974），但由于其响应速度慢，不能采集到高频部分的 CO_2 通量。70 年代末和 80 年代初，随着超声风速计和具有快速响应能力的开路红外气体分析仪的商业化（Brach & Desjardins，1981），涡度协方差技术得到了进一步的发展。对开路红外气体分析仪的使用，也从最初仅限于农田生态系统发展到温带落叶林（Verma et al.，1986）、温带草原（Kim et al.，1999）、热带森林（Fan et al.，1990）和地中海橡胶林（Valentini et al.，1991）。而随着性能稳定、具备快速响应能力的红外分光计的使用，研究人员才真正摆脱了 1990 年以前在高频数据获取方面的限制，实现了在不同时间尺度上对 CO_2 通量的测定。

为了深入开展陆地生态系统碳循环和水循环、碳收支的时空格局、生态系统对全球变化的适应性等方面的研究，这就要求能够提供可靠的全球范围的实测数据。于是，一些地区的涡度站点间实现了数据共享，继而一些区域性网络开始出现，最终形成了一个资源、生态和环境等科学领域的国际合作平台 FLUXNET。目前的 FLUXNET，由美国（AmeriFlux）、欧洲（CarboEurope）、大洋洲（OzFlux）、加拿大（Fluxnet-Canada）、日本（JapanFlux）、韩国（KoFlux）和中国（ChinaFlux）等 7 个主要区域网络及 Carbomont 等一些专项研究计划的共同参与所组成（Kurbatova et al.，2002）。到 2017 年 9 月，在 FLUXNET 注册的通量观测站点已超过 500 个。其中，ChinaFlux 始建于 2002 年，以微气象学的涡度相关法和箱式法为主要技术手段，进行典型陆地生态系统和大气间 CO_2、水热通量的长期观测研究。目前拥有超过 22 个站点，涵盖了森林、草地和农田等生态系统。

2003 年 12 月，由中国和美国多家科研机构、大学的科学家组成的生态系统生态学研究团体“中美碳联盟”（US-China carbon consortium，USCCC）成立。与中国通量网（ChinaFlux）不同，中美碳联盟旨在采用涡度协方差技术，综合探索全球变化下受干扰生态系统的过程机制及变化趋势。目前，USCCC 已经在黑龙江、内蒙古、北京、上海、湖南、安徽等地区建立了 30 多个通量站点，包括不同利用和干扰强度下的草原生态系统、杨树人工林、湿地生态系统及荒漠等。主要研究目标是：①中国、美国典型植被受干扰生态系统过程动态研究；②受干扰生态系统过程对全球变化的响应机制探索；③受干扰生态系统过程时空格局变化预测。笔者的站点正是 USCCC 的成员站点之一。

由于涡度协方差技术得到广泛应用，建在湿地生态系统的站点也逐年增加，相应的对比研究也得以开展。Arneth et al.（2002）对比了位于 European Russia 和 Siberia 的两个通量站点（Fyodorovskoye 和 Zotino），研究了 CO_2 通量的月变化和年变化之间的差异；Kurbatova 则对比了这两个站点在生长季中潜热和显热的月变化与年变化情况，并通过这些对比去探寻大气与生态系统间物质和能量的交换规律（Kurbatova et al.，2002）。同时，在冬季 CO_2 释放方面，Aurela et al.（2002）发现，冬季 CO_2 的释放速率为 105 g/m^2，在绝对值上远远高出全年净碳值−68 g/m^2，所以冬季 CO_2 释放对于全年的净碳平衡起到了非常重要的作用。另外，也有很多研究利用涡度协方差技术探讨了 CH_4 的年释放量及释放时间（Corradi et al.，2005；Hargreaves et al.，2001；Kim et al.，1999；Rinne et al.，2007）。国内也开展了较多研究。何奇瑾研究了盘锦芦苇湿地的水热通量，利用小气候梯度系统 30 min 观测资料和开放式涡动相关系统 10Hz 原始观测资料，比较并分析了廓线法、波文比能量平衡法与涡度协方差法计算的芦苇湿地生态系统水热通量（何奇瑾 等，2006）。郝庆菊等（2004）在三江平原对 3 种类型湿地的温室气体通量研究发现，2002 年 7—10 月，土壤 CO_2 和 CH_4 排放具有明显差异，排放速率为小叶章草甸＞恢复湿地＞漂筏薹草沼泽。

第二节　全球碳通量东滩野外观测站

一、站点简介

2003—2004 年，复旦大学生物多样性与生态工程教育部重点实验室在对崇明东滩湿地进行了多次实地考察后，根据 FLUXNET 推荐的通量塔选址标准（Baldocchi，2003），在崇明东滩的 3 个位点确定了安装区域。在 2004 年 8 月，全球碳通量东滩野外观测站正式建立（郭海强 等，2007），初始建有 3 个观测站点，位置如图 6－1 所示，分别命名为 CMW1、CMW2 和 CMW3。其中，CMW1 和 CMW3 仅相距 1.1 km，并且都位于崇明东滩东部，其经纬度坐标依次为 31°31′0″N、121°57′39″E 与 31°31′1″N、121°58′18″E。CMW2 位置相对较远，位于东滩北部，其经纬度坐标为 31°35′5″N、121°54′13″E。三个站点的地势从高到低分别为 CMW1、CMW2、CMW3。由于互花米草治理和鸟类栖息地优化工程的影响，在 2010 年以后，3 个站点或终止测量，或迁移到附近。

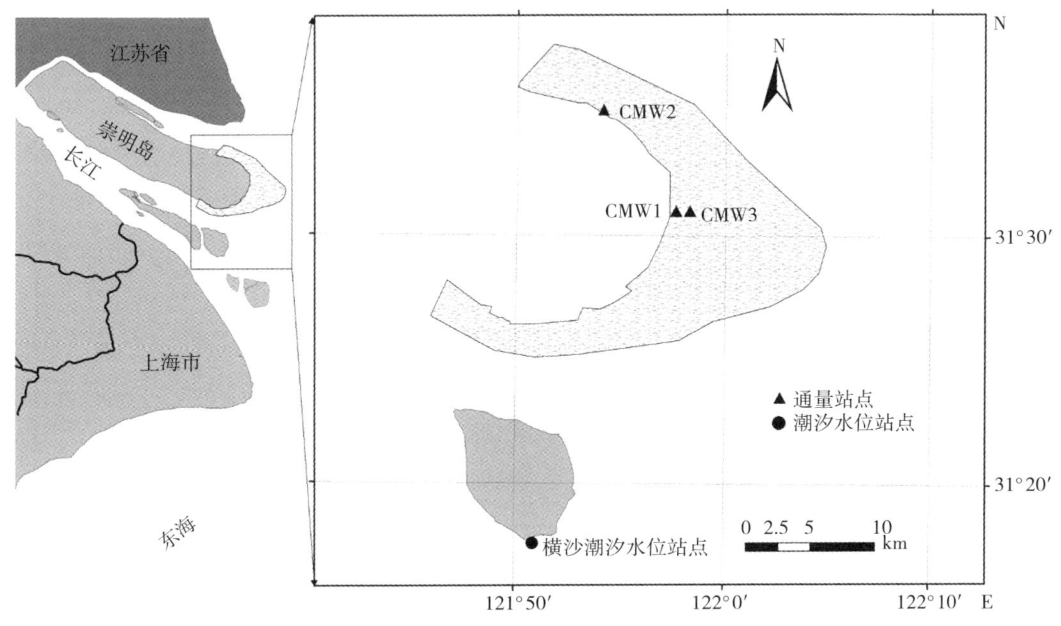

图 6－1　全球碳通量东滩野外观测站的三个碳通量观测站点布局

在站点刚建立之初，CMW1、CMW2 和 CMW3 周围的主要植被群落分别为芦苇群落、互花米草群落和海三棱藨草群落。但是随着互花米草的快速扩张，2004—2007 年站点 CMW1 附近的芦苇群落逐渐转变为芦苇-互花米草混生群落，而站点 CMW3 附近的海三棱藨草群落则迅速被互花米草群落所取代。2007 年后，随着互花米草扩张速度的减缓，各站点附近的植被组成则变得稳定。

二、仪器设备

在每个站点，笔者起初都配置了同样的仪器设备，但在后续运行中，由于设备损坏或性能衰减等原因，也更新了一些观测设备，具体见图 6－2 和表 6－1。需要指出的是，在 2010 年，作为国内首个在滨海/河口湿地开展生态系统尺度 CH_4 通量开路式观测的科

表 6-1　崇明东滩碳通量观测站各仪器型号及其观测项目一览表

仪器名称	仪器型号	生产厂商	观测项目
三维超声风速仪	CSAT3	Campbell Scientific Instruments, Logan, Utah, USA	风速、风向与虚温
二氧化碳/水汽密度探头	Li-7500/Li-7500A	Li-Cor, Inc. Lincoln, Nebraska, USA	大气二氧化碳密度、水汽密度
甲烷探头	Li-7700	Li-Cor, Inc. Lincoln, Nebraska, USA	大气甲烷密度
光合有效辐射探头	Li-190SB	Li-Cor, Inc. Lincoln, Nebraska, USA	光量子密度
光合有效辐射探头	PQS1	Kipp & Zonen, Netherlands	光量子密度
太阳总辐射探头	Li-200	Li-Cor, Inc. Lincoln, Nebraska, USA	来自天空和太阳的短波辐射
太阳总辐射探头	CMP3	Kipp & Zonen, Netherlands	来自天空和太阳的短波辐射
四通道净辐射仪	CNR1	Kipp & Zonen, Netherlands	四个通道分别测定来自上/下方的长/短波辐射
双通道净辐射仪	Q7.1	Radiation Energy Balance Systems, Seattle, Washington, USA	上下净辐射
雨量筒	TR525MM	Texas Electronics, Dallas, Texas, USA	降雨量
温湿度传感器	HMP45C/HMP155	Vaisala, Helsinki, Finland	空气温度与相对湿度
数据采集器	CR5000	Campbell Scientific Instruments, Logan, Utah, USA	数据记录
土壤水势仪	CS257	Campbell Scientific Instruments, Logan, Utah, USA	土壤水势
土壤水分含量探头	CS616	Campbell Scientific Instruments, Logan, Utah, USA	土壤水分含量
土壤温度传感器	CS107	Campbell Scientific Instruments, Logan, Utah, USA	土温
土壤温度传感器	CS109	Campbell Scientific Instruments, Logan, Utah, USA	土温
土壤热通量板	HFT3	Radiation Energy Balance Systems, Seattle, Washington, USA	土壤热通量
土壤热通量板	HFP01	HukseffluxThermal Sensors B. V., Delft, Netherlands	土壤热通量
水位仪	YSI	Yellow Springs, Ohio, USA	水位高度

研单位，笔者围绕系统运行、设备维护、数据获取及处理等方面展开了系统工作，从而基本建立了基于涡度协方差方法的 CH_4 通量观测技术体系。

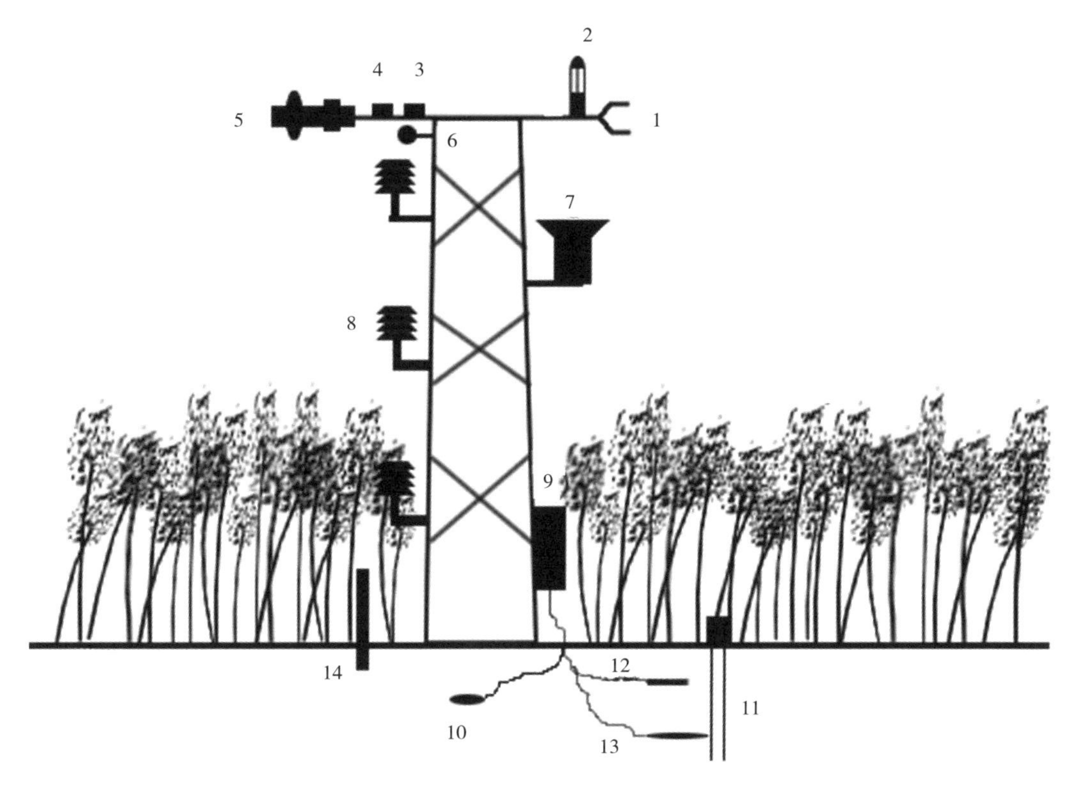

图 6-2　崇明东滩碳通量观测站点仪器配置示意

1. 三维超声风速仪　2. 二氧化碳/水汽密度探头　3. 光合有效辐射探头　4. 太阳总辐射探头　5. 四通道净辐射仪　6. 双通道净辐射仪　7. 雨量筒　8. 温湿度传感器　9. 数据采集器　10. 土壤水势仪　11. 土壤水分含量探头　12. 土壤温度传感器　13. 土壤热通量板　14. 水位仪

下面对主要仪器的原理及安装注意事项作一下简单介绍：

（一）数据采集器

数据采集器（datalogger），是涡度协方差通量测量中的数据记录设备，几乎所有数据都是通过该设备来记录。笔者采用的 CSI CR5000 数据采集器，使用了 2 个 10 Hz 的信号记录端口（二氧化碳密度波动和三维风速脉动），使得每天可产生＞50 MB 的数据量，所以采用了 1～2 G 的 CF 卡来记录这些数据。在野外条件下，这是传统的电脑记录无法媲美的。

（二）超声风速仪

超声风速仪（CSAT3），是利用超声波在不同状态下大气传播速度的差异来测量风向风速。三维超声风速仪的感应部分有3组探头，交替发射和接收超声波脉冲，信号经过仪器本身的数据系统处理后，能给出u、v、w三个方向的瞬时值。CSAT3有1个10 cm的垂直测量路径，甚至能在−40 ℃的低温下正常运转，可以抗拒恶劣的天气条件并长期暴露在野外工作。崇明东滩空气年平均湿度为80%左右，空气中盐分含量高，腐蚀能力强，但从笔者3年的观测来看，CSAT3能够很好地抵抗这些不利的环境因素。CSAT3在结露、结霜、下雨和下雪等气候条件下是无法正常测定的，同时，昆虫和鸟类的穿越，常规清洁工作等也会影响数据的测定，这正是需要进行数据质量控制的重要原因之一。

（三）水和二氧化碳气体分析仪

Li-7500，能够测量高频率大气H_2O和CO_2密度的变化，其红外线发生器和探测器都暴露在空气中。同风速仪一样，测定结果会受到恶劣气象条件、动物和日常维护的影响。笔者在安装Li-7500时，将其向北倾斜15°～30°，以保证雨水和露水能够顺利下落，缩短其挡住红外线发生器窗口的时间。在后期，笔者也购置了新款气体分析仪Li-7500A，其初步解决了低温条件下仪器内部加热导致测量路径内气体密度变化导致的偏差问题，因此测量更为准确

（四）温度计、湿度计与辐射仪

HMP45C是用于测定空气温湿度的设备。暴露在阳光下会影响其测定，所以需要加防辐射罩。后期，笔者也更新了该设备，升级为HMP155，虽然该设备的响应时间变长，但其相对湿度的测量稳定性有所增加，尤其是在高相对湿度环境下。

考虑到仪器可能的波动，为了能够使其所测数据相互验证，选用以下几种测定太阳辐射的设备：①Li-190SB光量子探头，采用硅光电检测器，可以测量自然和人工光源光量子通量密度（photosynthetically photon flux density，PPFD），其测量波段为400～700 nm。由于该探头在海边受侵蚀严重，后期更换为PQS1。②Li-200硅辐射仪，采用硅光电检测器测量太阳和天空短波辐射，其测量波段为400～1 100 nm。与Li-190SB类似，该设备在运行几年后，性能下降较多，后期更换为CMP3。③Q7.1净辐射仪，利用高输出热电偶探头，测量入射和出射辐射之差。④CNR1净辐射仪，是研究净辐射测量的理想仪器，分别由短波和长波净辐射仪组成。

（五）土壤温度、热通量、水分、水势探头

CS107温度传感器是利用热敏电阻来测定温度的设备，能够抵抗极端的温度和湿度，埋在地下几乎不需要额外维护。在安装时，用铲子挖一个竖直的坑，注意尽量保持土壤的原成分不被破坏，仪器安置完成后，将原土放回。

CS616 是水分含量探头，其基于时域反射（time domain reflectometry，TDR）来估算土壤体积含水量。TDR 测量没有破坏性，并能提供很好的精确度和准确度。将传感器探测棒水平地埋在土壤中，安装时应尽可能使两个探测棒平行，保持原几何尺寸。

采用 CS257 土壤水势仪测定土壤水势。在安装时，放置在植物根系旁，在准备安装 CS257 的前 7 d，将传感器整夜浸没在水中，然后取出自然风干 1～2 d，重复这种浸没/风干循环 2 次来改善其响应特性。安装的时候，挖开一定深度的小孔并充满水，将传感器放置到小孔的底部，最后掩盖挖出的土壤。然而，由于观测地点的特殊性，崇明东滩土壤含有较高的盐离子，因此该设备获取的数据并不可信。

（六）甲烷探头

目前，仅美国 Li-Cor 公司能生产开路式大气甲烷气体分析仪，其具体型号为 Li－7700，该设备最早出现在 2008 年美国地球物理学会的秋季年会上，一亮相就吸引了众多科学家的关注。虽然早在 1993 年，闭路式甲烷气体分析仪就已经商业化，但由于设备维护成本较高（滤网需定期更换等）以及对电力需求较高（需要大功率的抽气泵来连续抽取大气，并且维持恒定输送速率），因此，限制了甲烷通量测定的广泛应用。与之相比，美国 Li-Cor 公司生产的 Li－7700 大气甲烷气体分析仪对电力需求较小，使用太阳能电池板就能维持其运行，并且具有较强的自维护功能，因此，使得科学家们能够在交通不便、没有市电供应的区域开展甲烷通量监测。

与闭路式甲烷气体分析仪的测量原理［可调谐二极管激光吸收光谱技术（tunable diode laser absorption spectroscopy，TDLAS）、离轴积分光谱输出光谱技术（off-axis integrated cavity output spectroscopy，OA-ICOS）、光腔衰荡光谱技术（cavity ring down spectroscopy，CRDS）等］不同，Li－7700 采用了波长调制光谱技术（wavelength modulation spectroscopy，WMS）来测定。基本原理是利用激光器的温度调谐和电流调谐特性，使激光频率在待测气体某一吸收峰附近扫描，同时对激光频率进行余弦调制，根据频率调制谐波信号与气体浓度的相关性进行检测，从而获得气体浓度数据，因此，具有高选择性、高灵敏度以及实时快速等优点。

三、运行维护

由于空气中的灰尘降落会覆盖外露的测定设备，同时仪器暴露在风中可能会发生倾斜，以及飞禽的粪便可能会覆盖传感器测定部位，因此，每隔 15～20 d 就需要对观测设备进行一次简单维护。维护内容主要包括：擦拭各种外露设备的表面，清除雨量计内及各种探头表面的鸟类粪便；检查各种仪器是否水平，对于不水平的要将其重新调整至水平位置；检查各种线路的连接情况；更换数据采集器中的数据存储卡及干燥剂；每隔 3 个月的时间还需下载水位数据，同时更换电池。

以上内容是基本每个通量观测站点都会涉及的运行维护。作为国内首个在滨海/河口湿地开展开路 CH_4 通量测定的单位，笔者重点介绍开路式甲烷气体分析仪（Li－7700）的运行维护经验。

从 Li－7700 的测定原理来看，为了扩展测量路径，激光需在上下镜面间进行 60 次反射，因此任何一点杂物导致的噪声都会被放大，从而导致数据被污染。对于这种情况，Li－7700 设计了两个功能来防止灰尘、水滴等杂物在镜面上的累积：一是清洗功能，通过在下镜面附近安装一个喷头，其可以根据程序设定来喷水清洗下镜面，同时下镜面可以根据程序设定来旋转，来更好地去除杂物；二是加热功能，无论是上镜面，还是下镜面，都有加热功能，可以在露点温度附近加热，以防止水汽凝结。

在清洗功能中，一个重要的参考指标就是剩余信号强度指数（residual signal strength indicator，RSSI），这也是表征光路洁净程度的指标。根据 Li-Cor 工程师的建议，当 RSSI 值高于 10％时，可以认为 Li－7700 输出的数据有效。为了保证 RSSI 值高于 10％，Li－7700 的控制软件里可以针对清洗功能和加热功能进行设置。

在安装运行 Li－7700 后，RSSI 值快速下降，在 1 周时间内就从 80％左右下降到 10％，从而导致喷水次数逐渐增加。然而，由于 Li－7700 配备的水箱只有 3.5 L，因此水箱内的去离子水很快消耗完，这导致每周都需要补充去离子水。经过仔细观察，笔者发现主要有两个问题并着手解决：

①上镜面上有花粉、灰尘等颗粒黏附，因没有去离子水清洗，所以无法去除。从控制输入源的角度来看，需要减少灰尘、花粉等杂物接触上镜面的机会。因此，笔者设计了一个简单的塑料罩，直接罩在 Li－7700 头部，其下沿比本来的防辐射罩还低 10 cm。然而，虽然塑料罩对 Li－7700 的测量路径没有影响，但会导致部分气团在罩子内部存留，影响测定结果，同时，由于罩子对气流的阻碍作用，对三维风速仪的湍流测定可能会造成一定影响。因此，罩子深度应尽可能浅，经过不断测试，最终确定深度为 5 cm，即塑料罩下沿比防辐射罩低 5 cm。

②下镜面有一些粉尘颗粒残留，并且用去离子水无法清除。经过与基因公司工程师的交流，借鉴汽车前挡风玻璃使用的玻璃水，笔者使用了玻璃水和去离子水混合的方法清洗黏附在下镜面上的颗粒物。在使用过程中，如果玻璃水混合比例过高，玻璃水中的有机成分会在下镜面残留，导致二次污染；如果玻璃水混合比例过低，清洗效果又较差。经过一段时间测试，最终确定玻璃水∶去离子水的混合比例为 1∶49。

经过以上两种方法处理后，RSSI 基本能在 2 周时间内维持在 20％以上。这使得维护频率降低至 2 周 1 次，最重要的是保证了高质量数据的获取。

四、数据处理

利用涡度协方差技术进行碳通量测定时，需要满足一定的条件。然而，在实际的涡度通量观测中，这些条件并不能够完全满足，导致观测误差存在。造成涡度通量观测误差的主要原因包括：传感器物理属性的局限性引起的高频或低频湍流信号丢失（Moore，1986）、坐标系选择不恰当造成的长期碳收支的系统低估（Lee，1998）、夜间湍流混合不均匀引起通量测定偏低等（Massman & Lee，2002）。为了能够保证通量数据尽可能反映真实情况，需要对通量数据进行处理（图 6－3）。

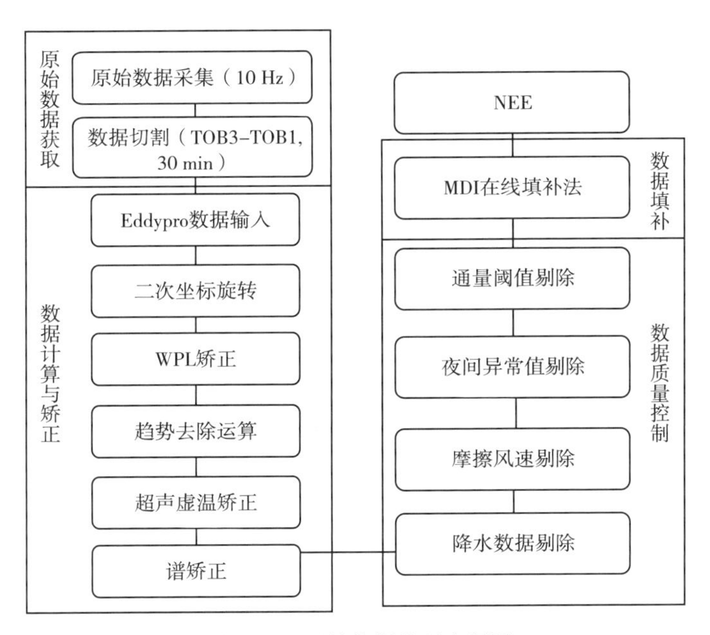

图 6－3　通量数据处理流程图

通量数据的处理可分为前处理、质量控制和空缺填补。前处理是指依照涡度协方差技术的前提假设和仪器的测定原理对数据进行各种校正；而质量控制是指对不符合涡度协方差的假设条件或因气象条件影响等导致的错误数据删除；空缺填补是基于要计算月、年碳通量数据而对空缺数据进行填补。

经过多年实践，笔者基本确定了数据处理流程，见图 6－3。其中，对于 CO_2 通量数据中的空缺值，使用 MDI 在线填补法（http：//www. bgc-jena. mpg. de/～MDIwork/eddyproc/）完成。根据填补完成的通量数据计算出一整年的净生态系统 CO_2 交换量（NEE）。而对于 CH_4 通量数据，使用人工神经网络方法填补。

在 CO_2 通量的驱动因子分析中，常会用到一些参数模型，如其中 Arrhenius 公式、Michaelis-Menten 方程等。本章节会涉及 Michaelis-Menten 方程，其可用于白天 CO_2 通量与光合有效辐射的拟合，见公式。

$$NEE=R_e-\varepsilon_0\times PPFD\times GPP_{max}/(\varepsilon_0\times PPFD+GPP_{max})$$

式中 NEE——CO_2 通量；

ε_0——表观量子效率或者最大光能利用效率（maximum light use efficiency）；

$PPFD$——以光量子密度表示的光合有效辐射（photosynthesis active radiation，PAR）；

GPP_{max}——最大初级生产力；

R_e——白天平均生态系统呼吸。

本章节涉及的通量数据主要为 CO_2 通量和 CH_4 通量。其中，CO_2 通量，也被称作是净生态系统 CO_2 交换量（net ecosystem exchange of CO_2，NEE）。通过公式换算，其还可以推导出生态系统总初级生产力（gross primary production，GPP）和日生态系统呼吸（ecosystem respiration，R_E）；与 CO_2 通量一致，CH_4 通量也可以被称作是净生态系统 CH_4 交换量（net ecosystem exchange of CH_4，NEE_{CH_4}）。在本章中，CO_2 通量和 CH_4 通量的正值表示生态系统向大气释放 CO_2 和 CH_4，而负值表示生态系统从大气吸收 CO_2 和 CH_4。同时，为了统一，本章中凡是 $g/(m^2\cdot d)$、$g/(m^2\cdot a)$、g/m^2 的单位，均是以碳为当量。

第三节　CO_2 通量动态及其影响机制

一、时间动态

全球碳通量东滩野外站建立以来，2005—2007 年期间的数据质量较好，能表征滨海/河口生态系统碳循环特征，并且没有受后期互花米草治理与鸟类栖息地优化工程影响，因此笔者在这里采用了 2005—2007 年的数据。考虑到 CMW1 和 CMW3 站点位于崇明东滩最典型的中部区域，分别位于高潮滩和低潮滩，且两个站点距离较近，因此在本节中，笔者只使用了 CMW1 和 CMW3 站点的数据，在文中也分别用高潮滩站点（H）和低潮滩站点（L）来指代。

无论是高潮滩站点还是低潮滩站点，碳循环各分量，包括生态系统总初级生产力和生态系统呼吸都表现出明显的季节及年际变化（图 6－4，B、C）。在每年观测期间，生态系统呼吸都呈单峰分布，在 7—8 月当气温和生产力都达到最高值时达到最高。生态系统呼吸值一般在 0～12 $g/(m^2\cdot d)$ 范围内变动。其年平均生态系统呼吸值在高潮滩分别为 2.8 $g/(m^2\cdot d)$（2005），3.3 $g/(m^2\cdot d)$（2006）和 3.2 $g/(m^2\cdot d)$（2007），而在低潮滩，分别为 2.2 g/(m^2 · d)（2005），2.5 g/(m^2 · d)（2006）和 3.0 g/(m^2 · d)（2007）。相较而言，高潮滩站点的生态系统呼吸值更高，但是低潮滩站点（L）的生态系统呼吸的变异性更大。与生态系统呼吸类似，生态系统生产力也呈现明显的单峰分布，也在 7—8 月期间达到最高，其值一般在 0～16 g/(m^2 · d) 区间内变化。其年平均生态系统生产力在高潮滩分别为 4.5 g/(m^2 · d)（2005），5.6 g/(m^2 · d)（2006）和 5.0 g/(m^2 · d)（2007），而在低潮滩，分别为 3.6 g/(m^2 · d)（2005），4.8 g/(m^2 · d)（2006）和 4.5 g/(m^2 · d)（2007）。总体而言，与低潮滩相比，高潮滩的生态系统生产力较高，尤其是在 2005 和 2006 年。生态系统呼吸与生态系统初级生产力的比值在 0.53～0.66 变动。

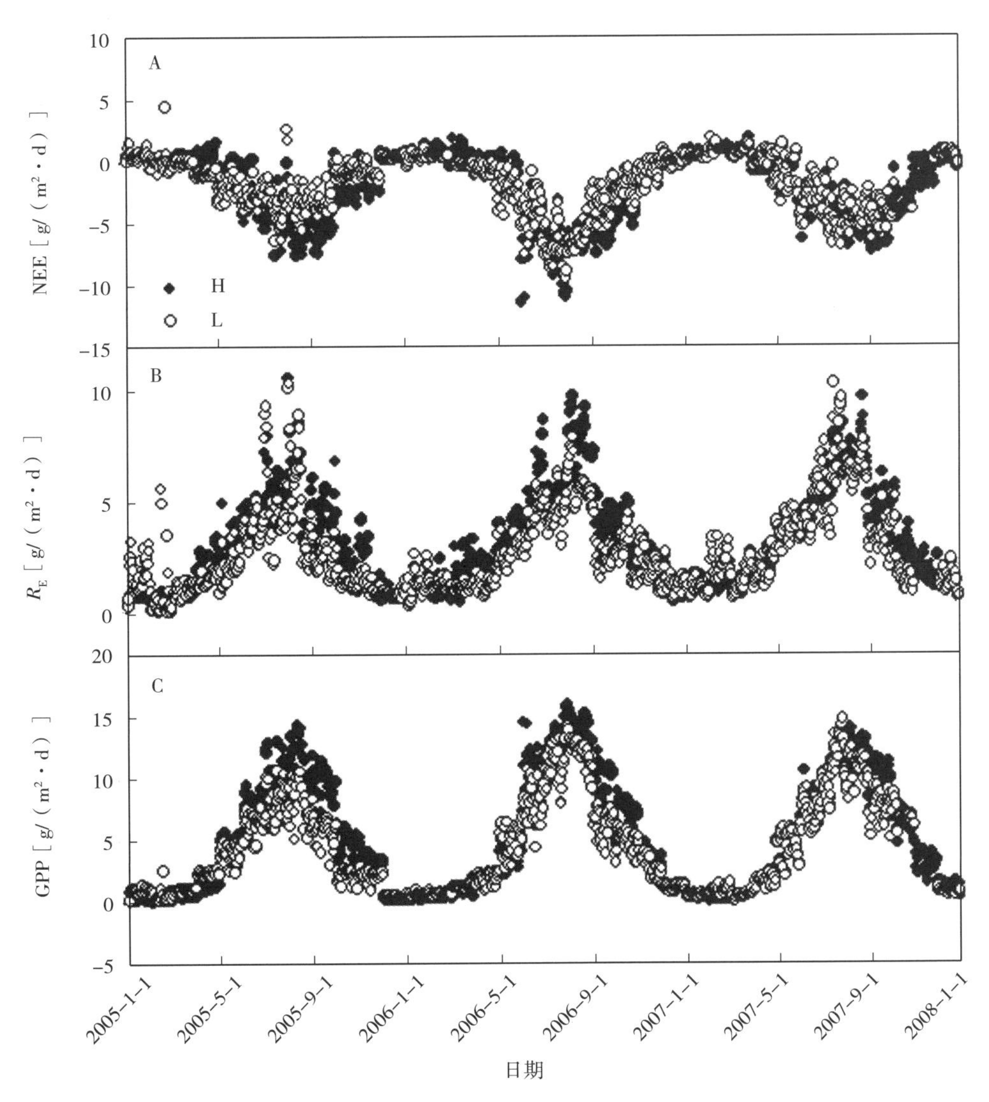

图 6-4　崇明东滩湿地（A）净生态系统 CO_2 交换量（NEE）、（B）日生态系统呼吸（R_E）和（C）日生态系统总初级生产力（GPP）的季节和年际变化

（H、L 分别代表位于高潮滩和低潮滩的站点）

CO_2 通量是生态系统初级生产力和生态系统呼吸的差值，可以表征一个生态系统的碳源/汇属性。在崇明东滩湿地，净交换值在－12～5 g/(m² • d) 范围内变动，其中，2006 年的变化区间较大（图 6－4，A）。在高潮滩，年平均净交换值分别为－1.7 g/(m² • d)（2005）、－2.3 g/(m² • d)（2006）和－1.8 g/(m² • d)（2007）；而在低潮滩，其年平均净交换值分别为－1.4 g/(m² • d)（2005）、－2.2 g/(m² • d)（2006）和－1.5 g/(m² • d)（2007）。因此，可以认为东滩湿地是较强的 C－CO_2 汇（即生态系统从大气吸收 CO_2），其固碳强度从高潮滩站点的（－619±49）g/(m² • a)（2005，Mean±Gap Filling Uncertainty），（－850±68）g/(m² • a)（2006）和（－660±67）g/(m² • a)（2007），到低潮滩站点的（－504±63）g/(m² • a)（2005）、（－817±64）g/(m² • a)（2006）和（－550±74）g/(m² • a)（2007）（图 6－5）。两个站点间年累积净交换值的差值也表现出年际变化，从 115 g/(m² • a)（2005）、33 g/(m² • a)（2006）到 110 g/(m² • a)（2007），而且只有在 2006 年，两个站点的净交换值才没有表现出显著差异（P＝0.11）。

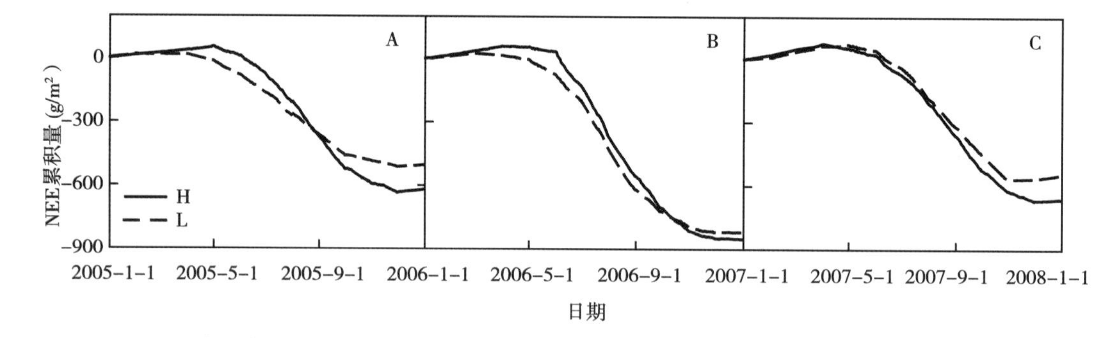

图 6－5　净生态系统 CO_2 交换量（net ecosystem exchange of CO_2，NEE）累积量的年际变化

（H、L 分别代表高潮滩和低潮滩的站点）

根据观测，东滩湿地是一个较强的 C－CO_2 汇，其固碳强度为 562～834 g/(m² • a)（图 6－5）。分别位于高潮滩和低潮滩的站点的净交换值在 2005 和 2007 年都存在显著差异，而且年固碳强度的差异大于 100 g/(m² • a)。在一定程度上，可以认为从近海端到近陆端，湿地植物呈现连续的演替阶段（Bertness & Pennings，2000）。因此，在东滩湿地，高程的差异表征了两个站点处于不同的演替阶段。近陆端的植物所处的环境相对较温和，能形成密集群落，表现出较高的生产力，而近海端环境恶劣，植物需要将更多能量用于抵御环境的影响，生产力较低（Bouchard & Lefeuvre，2000）。但是，这些差别并不恒定存在，比如互花米草在 2006 年的快速扩张，极大地缩小两个站点之间固碳能力的差异。在 3 年观测期间，东滩湿地所表现出来的高固碳能力是令人意外的，但是基于生物统计学（biometric）的地面实验结果却表明通量塔所获得的结果是可信的。廖成章等（2007）在临近岛屿九段沙上获得的生物统计数据显示，互花米草、芦苇和海三棱藨草群落的固碳能力分别为 1 390 g/(m² • a)、930 g/(m² • a) 和 210 g/(m² • a)（Liao et al.，

2007)；而在高、低潮滩站点，除了2005年的低潮滩站点，芦苇和互花米草占绝大部分比例，因此其较高的固碳能力也是合理的。

因为本研究是在河口湿地开展碳通量监测的先例，所以只能与其他类型湿地的结果进行比较，如泥炭湿地（peatland）和淡水湿地（freshwater wetland）。在加拿大的泥炭湿地一年能固定69 g/(m^2・a)（Lafleur et al.，2003），而Cypress湿地的固碳能力稍高，为84 g/(m^2・a)（Clark et al.，1999）。寒温带薹草沼泽的固碳能力较弱，只有60 g/(m^2・a)（Aurela et al.，2007）。随着纬度的降低，湿地能固定更多的碳，如温带香蒲沼泽能吸收264 g/(m^2・a)（Bonneville et al.，2008）。

值得注意的是，互花米草沼泽是生产力最高的生态系统之一（Gallagher et al.，1980）。而且，长江携带的大量泥沙在崇明东滩沉积，很多营养元素会进入东滩湿地，而这些营养可以促进植物的快速生长。值得注意的是，长江受富营养化影响，水体中富含氮，这会极大地降低在其他生态系统常见的氮限制。但是，由于互花米草较强的促淤能力使高程快速提升（Callaway，1990），这会减少营养物质通过潮水的输入，也会使得土壤变干而不适宜互花米草生存，从而抑制互花米草的生长。因此，东滩湿地的高固碳能力存在很大的不确定性。

在潮汐作用期间，由潮水带出湿地的大型凋落物及可溶有机/无机化合物也会导致东滩湿地固碳能力的高估，这是因为被潮水带出去的有机质也会在近海被分解转化为CO_2返回到大气，但并不能被探头监测到。事实上，有机质输出（outwelling）在过去的半个世纪中得到了充分的讨论，也获得了一些比较重要的成果（Odum，2000；Teal and Howes，2000）。Odum（2000）认为，拥有广阔陆海交界处和巨大生产力的湿地有能力向近海或者河口输出大量有机质。互花米草湿地能向邻近河口输出1 300 g/m^2凋落物（Landin，1991）。Yan等（2008）发现通过模型估计的与从通量塔测定数据估算的生态系统初级生产力之间存在较大的差距，这可能表明很大一部分碳以甲烷释放或者横向输出的形式离开湿地。如果将以上的因子都考虑在内，东滩湿地的固碳能力可能会大幅度减弱。

两个站点之间高程的不同也会导致不同的碳循环模式。因为低潮滩更易受潮汐作用影响，可能有更多的有机质被潮水带走。在Fundy海湾的研究也表明，在低潮滩，互花米草的生物量几乎全部被输出到邻近海域，而在高潮滩，却能保留75%的互花米草生物量（Cranford et al.，1989；Gordon and Cranford，1994）。在欧洲沼泽的研究也表明，较低的沼泽生产的有机质不仅被输出到近海，还被冲到中间或者较高的沼泽（Bouchard & Lefeuvre，2000）。在东滩湿地，对于海三棱藨草种子的研究，也发现了类似的现象（Wang et al.，2009）。因此，推测在低潮滩站点，横向的有机质输送可能是其碳循环的一个重要组成部分。因此，需要进一步的地面工作来确定横向碳通量和甲烷释放，以综合评价东滩湿地的碳源/汇功能。

二、影响机制

在植被冠层进行的光合作用是碳循环的主要驱动力，是 CO_2 进入生态系统的主要途径。研究植被冠层的光合作用及环境因子对其的调控，有助于理解生态系统碳循环的时空动态及预测在全球变化下的响应。通过 Michaelis-Menten 方程，可以考察白天 CO_2 通量对光合有效辐射的响应，其季节和年际变化的结果见表 6－2。无论是在高潮滩，还是在低潮滩站点，都显示明显的季节和年际变化。只有在 2005 年，高潮滩站点才显示更高的年最高初级生产力（GPP_{max}）。当按月份考察时，与低潮滩站点相比，高潮滩站点表现出显著更高的月最高初级生产力。在两个站点，月最高初级生产力都从 5 月的最低值随时间推移而增加，在 8 月达到最高值，之后逐渐降低。在低潮滩站点，最大光能利用效率（maximum light use efficiency，ε_0）的变异性更大。在 7—10 月，高潮滩站点的表观量子效率变化很小，在 0.76～0.89 浮动。在 5—8 月，低潮滩的白天平均生态系统呼吸（R_e）比高潮滩站点的要高，而在 9—10 月，高潮滩站点的白天平均生态系统呼吸更高。相比高潮滩站点，低潮滩站点的 Michaelis-Menten 方程的决定系数（coefficient of determination）相对较低，这可能是由于低潮滩站点受其他干扰因子比如潮汐作用影响更大。

同时，笔者也考察了气温和土壤含水量对冠层光响应的调控作用（图 6－6），希望能找出植被光合作用的最适条件。在两个站点，在温度达到 31 ℃前，最高初级生产力都随温度上升而升高，之后，最高初级生产力随之降低。这个现象在高潮滩站点更为明显。在大部分温度区间，与低潮滩站点相比，高潮滩站点的最高初级生产力要更高，而只有在 15～19 ℃范围，两个站点的最高初级生产力比较接近。与之相比，高潮滩和低潮滩站点的光能利用效率分别在 25 ℃和 27 ℃达到最高值。有意思的是，在低潮滩站点，白天平均生态系统呼吸随温度上升而升高，而在高潮滩站点，当温度达到 27 ℃时达到最高。在两个站点，除了在最低含水量（0.45 cm^3/cm^3），最高初级生产力对土壤含水量的响应比较接近。而在两个站点，白天平均生态系统呼吸几乎不随土壤含水量的变化而变化。对于光能利用效率而言，两个站点的最适土壤含水量都在 0.75 cm^3/cm^3。

虽然在高低潮滩站点都显示出相似的对气温和土壤含水量的响应，但笔者仍然得到了一些有意思的结果。在高潮滩站点，当土壤含水量最低时，最高初级生产力达到最高，而在低潮滩站点，最高初级生产力在相对较高的土壤含水量下达到最高值。这可能是由于两个站点主要物种的不同所造成。在高潮滩站点的芦苇更适应较干的环境，而低潮滩站点的海三棱藨草和互花米草比较适应水淹环境。当气温高于 27 ℃时，两个站点的白天平均生态系统呼吸表现并不一致。在低潮滩站点，白天平均生态系统呼吸随气温上升而升高，这是由于微生物酶活性随温度上升而增强。而在高潮滩站点，白天平均生态系统的最适温度是 27 ℃。在高潮滩站点，虽然也呈现出较大的变异性，但是白天平均生态系统呼吸在土壤含水量最低时达到最高值。然而，在低潮滩站点，当土壤含水量为 0.75 cm^3/cm^3 时，白天平均生态系统呼吸达到最高。这表明高潮滩站点更接近内陆生态系统（inland ecosystem）。

表 6-2　白天 CO_2 通量和光合有效辐射拟合 Michaelis-Menten 方程所得到的系数

站点	时间	GPP_{max}	标准误	ε_0	标准误	R_e	标准误	r^2
H	2005 年	35.7	0.7	0.066	0.004	6.3	0.4	0.56
	2006 年	47.2	1.2	0.070	0.005	4.6	0.5	0.62
	2007 年	36.3	0.8	0.097	0.007	6.1	0.5	0.53
L	2005 年	29.6	1.3	0.030	0.002	3.2	0.4	0.45
	2006 年	57.8	3.1	0.039	0.002	3.8	0.4	0.65
	2007 年	36.8	0.8	0.089	0.006	6.4	0.5	0.63
H	5 月	20.8	0.8	0.026	0.002	3.0	0.3	0.62
	6 月	31.8	0.7	0.089	0.008	6.2	0.6	0.62
	7 月	53.4	1.6	0.076	0.005	5.6	0.5	0.72
	8 月	55.8	1.5	0.079	0.005	7.2	0.6	0.73
	9 月	43.2	1.0	0.088	0.007	4.9	0.6	0.69
	10 月	29.7	0.8	0.083	0.009	4.3	0.6	0.57
L	5 月	18.1	0.5	0.036	0.004	3.2	0.4	0.49
	6 月	28.3	0.7	0.083	0.009	6.2	0.6	0.55
	7 月	38.6	0.9	0.100	0.010	7.4	0.8	0.58
	8 月	46.5	1.4	0.071	0.006	7.4	0.8	0.62
	9 月	31.4	1.0	0.060	0.006	4.0	0.5	0.63
	10 月	17.6	0.7	0.068	0.014	3.8	0.8	0.34

注：GPP_{max}为最高初级生产力，单位为 $\mu mol/(m^2 \cdot s)$；ε_0 为最高光能利用效率，单位为 $\mu mol/\mu mol$；R_e 为白天平均生态系统呼吸，单位为 $\mu mol/(m^2 \cdot s)$。H、L 分别代表位于高潮滩和低潮滩的站点。

考虑到常规的模型拟合不能获取不同时间尺度上的驱动机制，笔者又采用了交叉小波分析。为了进行交叉小波分析，2 个站点 2005 年的 CO_2 通量被计算为平均值，如果其中一个站点的数据缺乏则记为空缺。在交叉小波分析的结果中，空缺将被标注为蓝色，即相关性最低。

交叉小波分析结果（图 6-7）显示，在 12 h 和 24 h 这两个周期上，潮水高度与 CO_2 通量之间有较高的相关性。此外，在 360 h（15 d）和 720 h（30 d）上也有较高的相关性。潮高变化与 CO_2 通量的相关性不仅在频域上有较大的变化，在时域上也有较大的变化，如图 6－7 展示潮高变化与 CO_2 通量的相关性在 DOY 150～270 时间段内较高。

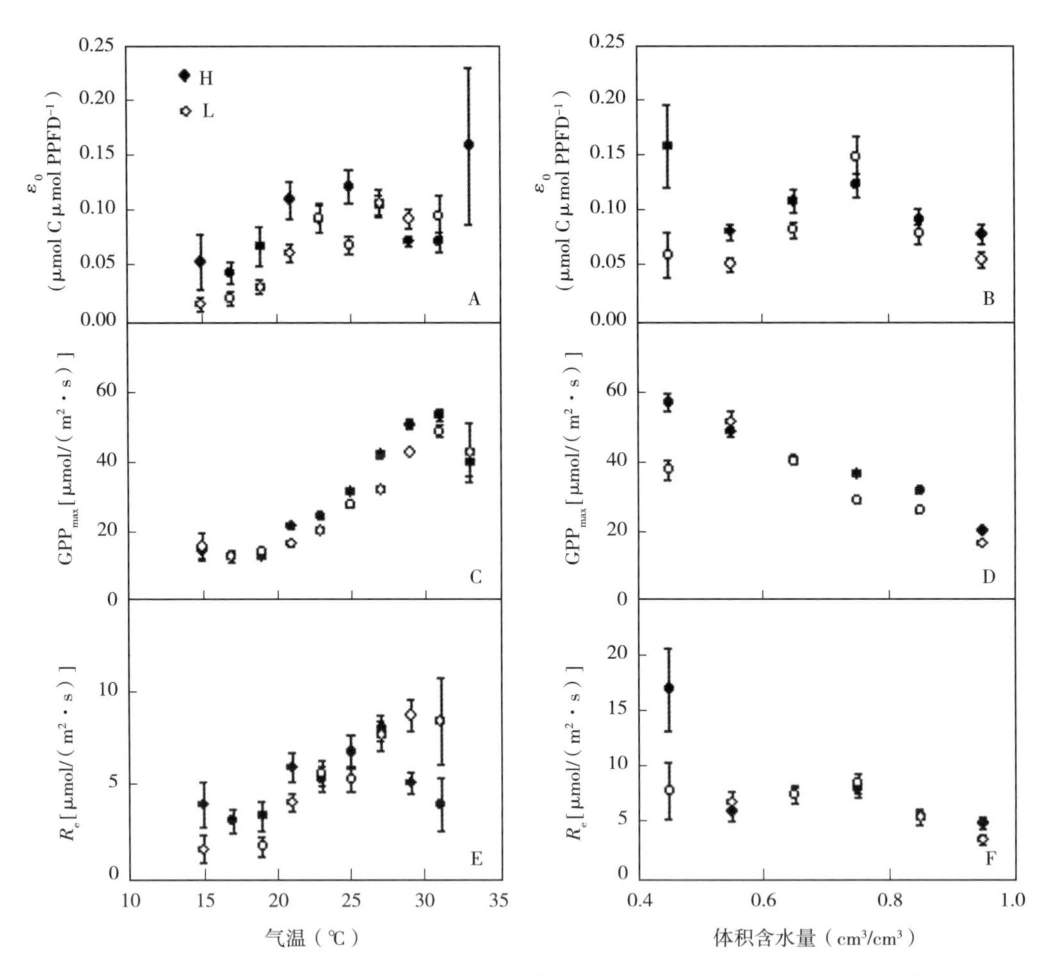

图 6－6　白天 CO_2 通量和光合有效辐射拟合 Michaelies-Menten 方程所得到的系数

[A、C、E 中的数据按温度分级计算，每级为 2 ℃；B、D、F 中的数据按照土壤体积含水量分级计算所得，每级为 0.1 cm³/cm³。GPP$_{max}$为最高初级生产力，单位为 μmol/(m²・s)；ε_0 为最高光能利用效率，单位为 μmol/μmol；R_e 为白天平均生态系统呼吸，单位为 μmol/(m²・s)。H、L 分别代表位于高潮滩和低潮滩的站点。± 为误差棒，表示估计平均值的一倍标准误]

温度与 CO_2 通量的交叉小波分析显示，两者在 24 h 这个周期上有极高的相关性（图 6－8）。此外，在 144 h 以上的周期中两者也存在较高的相关性，在 1 080～2 160 h 这个范围内相关性尤其高，甚至比 24 h 周期上的相关性更高。与前面潮汐和 CO_2 通量的交叉小波分析结果相比，温度与 CO_2 通量的相关性主要有两处不同：①温度在 12 h 周期上与 CO_2 通量的相关性要比潮汐弱；②温度与 CO_2 通量在多个较大时间尺度上（96 h 以上）有较强的相关性，而潮汐则很明显集中于 360 h 和 720 h 周期上。

光合有效辐射与 CO_2 通量的交叉小波分析结果与温度的分析结果非常极为类似，同

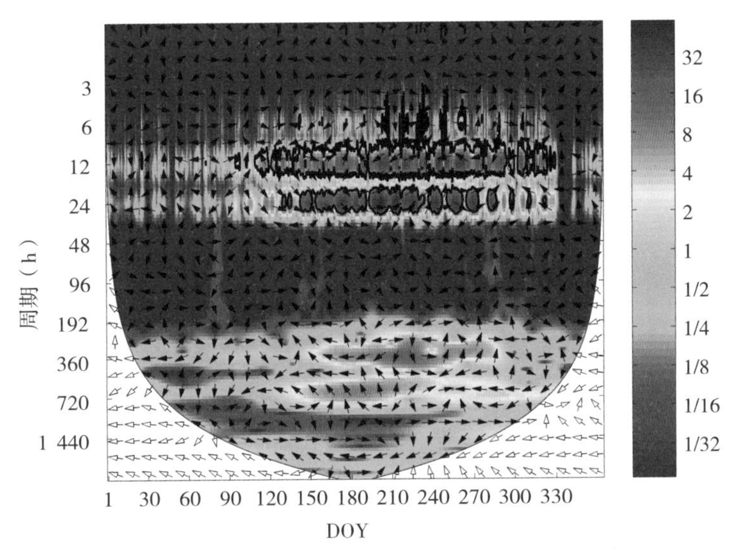

图 6-7　潮高数据与 CO_2 通量数据的交叉小波变化结果

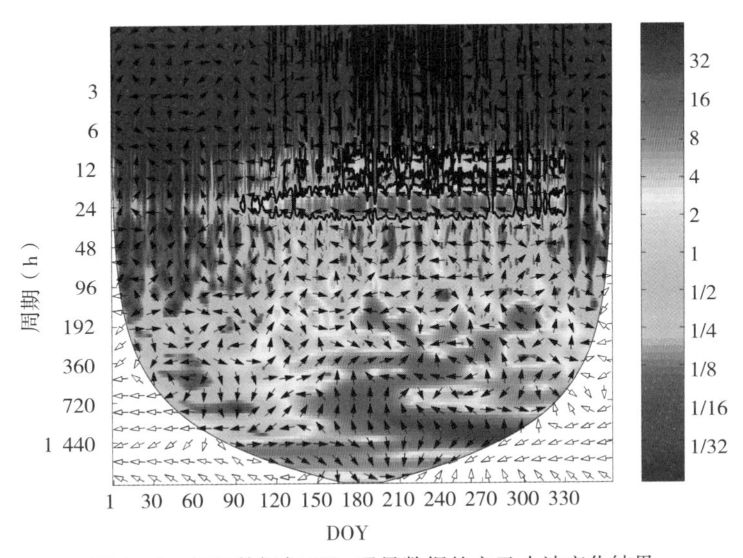

图 6-8　气温数据与 CO_2 通量数据的交叉小波变化结果

样在 24 h 和 540 h 以上周期中展现了两者存在较强的相关性。而与前面两个交叉小波分析结果相比，光合有效辐射与 CO_2 通量的相关性又有以下特点——在 24 h 周期上相关性非常高，比在 540 h 以上周期的相关性还要高。此外，从相位差方面来说，还有非常独特的一点：光合有效辐射与 CO_2 通量在 12 h 和 24 h 两个周期上高相关（红色）区域内，两者呈反相位（表现在图上就是箭头水平指向右边）。

第四节　CH_4 通量动态及其影响机制

一、时间动态

整体而言，崇明东滩表现为 CH_4 源，其半小时平均值在－340.0～1 040.0 nmol/(m^2·s)范围内波动，并且表现出较大的变异性（图 6－9）。有意思的是，大多数表现为吸收的时刻，其测量的随机误差也较大，这说明其测量不确定性较大。整个观测期间，CH_4 通量的平均值和中位数分别为 37.8 nmol/(m^2·s) 和 57.8 nmol/(m^2·s)。在近两年的观测期间，只有 6 d 的日均值表现为 CH_4 的汇［<0.0 g/(m^2·d)］。

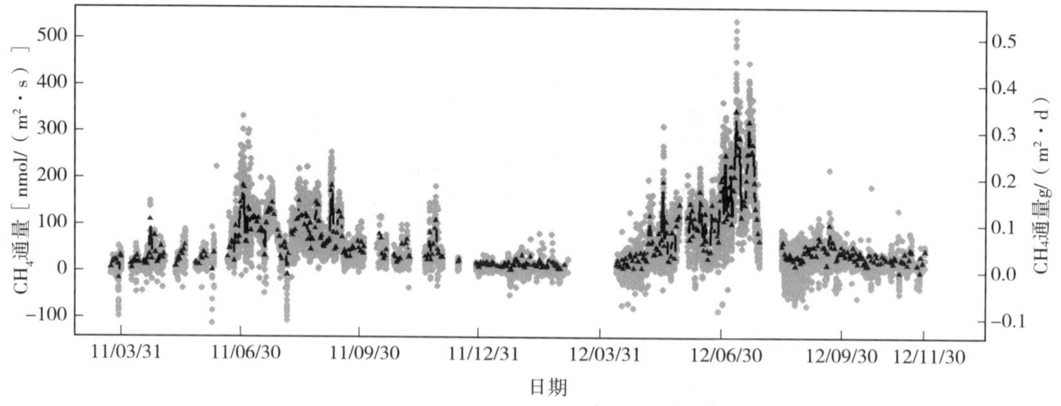

图 6－9　崇明东滩湿地 2011—2012 年 CH_4 通量时间动态

（灰色圆点为半小时值，黑色三角为日均值）

不像 CO_2 通量，CH_4 通量的日变化模式并不一致（图 6－10）。总的来说，包括三种变化模式（图 6－11）：①甲烷排放量中午高，类似于钟形，出现在 6—7 月的某些天；②甲烷排放量中午低，类似于倒钟形，主要出现在 2012 年 8 月中旬到 9 月初；③大多数时候没有明显的昼夜变化模式。Rinne et al.（2007）在北方矿养沼泽的观测也没发现甲烷排放存在明显昼夜变化。Jackowicz-Korczyński et al.（2010）在瑞士的泥炭地也没有观测到明显的昼夜变化。与之相比，稻田甲烷排放较为规律，表现为单峰型，最高值出现在下午温度较高时（Yagi & Minami，1990）。Long et al.（2010）和 Sun et al.（2013）也发现了较为明显的昼夜变化模式。

CH_4 通量表现出较强的季节变化，生长季高于非生长季（图 6－9）。在 4 月生长季开始的时候，CH_4 通量开始连续增大；2011 年在 7 月 7 日达到最大为 0.27 g/(m^2·d) 和

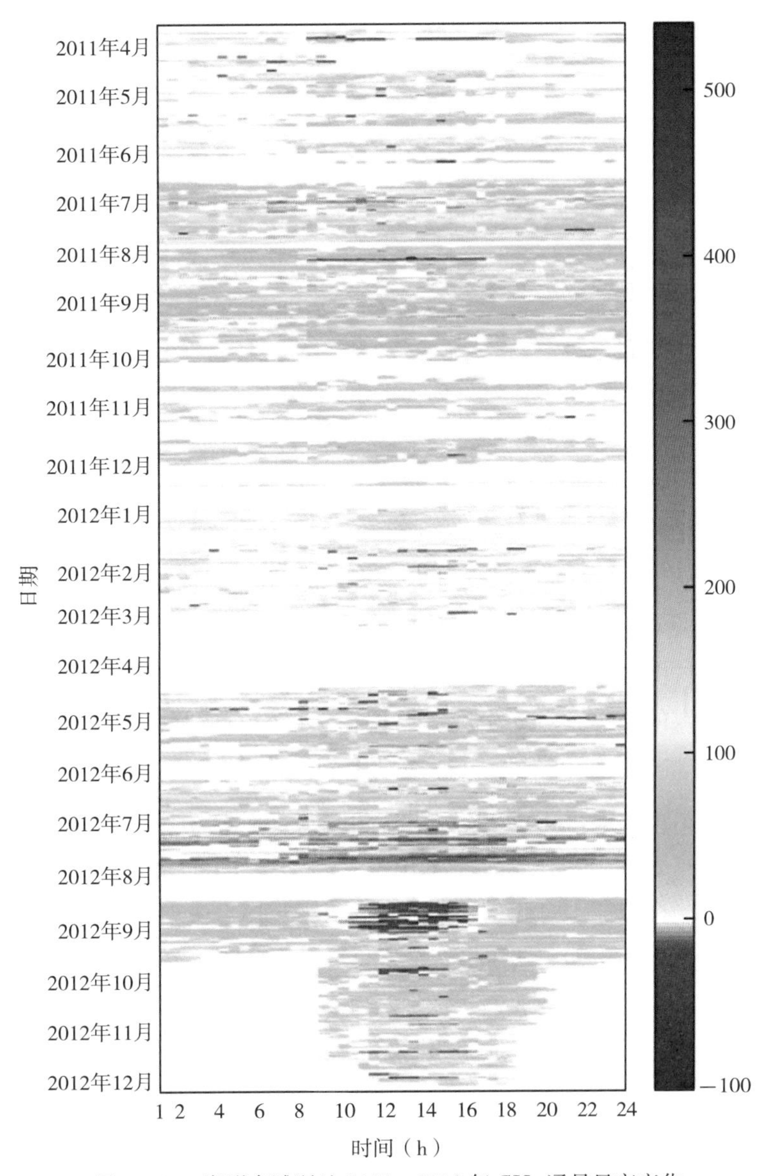

图 6 - 10　崇明东滩湿地 2011—2012 年 CH_4 通量昼夜变化

2012 年 7 月 10 日达到最大值为 0.47 g/(m^2 · d)。较多研究都发现了类似的现象（Chu et al.，2014；Olson et al.，2013；Sun et al.，2013）。有趣的是，在 7 月下旬至 8 月中旬期间，崇明东滩的甲烷排放都会明显降低，在 2011 年尤为明显。在芬兰的一个矿养沼泽和德国的一个高山站点，也发现了类似的现象（Homineltenber et al.，2014；Rinne et al.，2007）。

笔者引入小波分析来分析甲烷排放在不同时间尺度上的周期性。分析发现，从半小时到月尺度，CH_4 通量的频谱变化模式与 CO_2 通量不同（图 6 - 12）。在日尺度上，不像 CO_2 通量总表现出显著的强震荡，CH_4 通量只在某些时候表现出显著的震荡，例如 2012

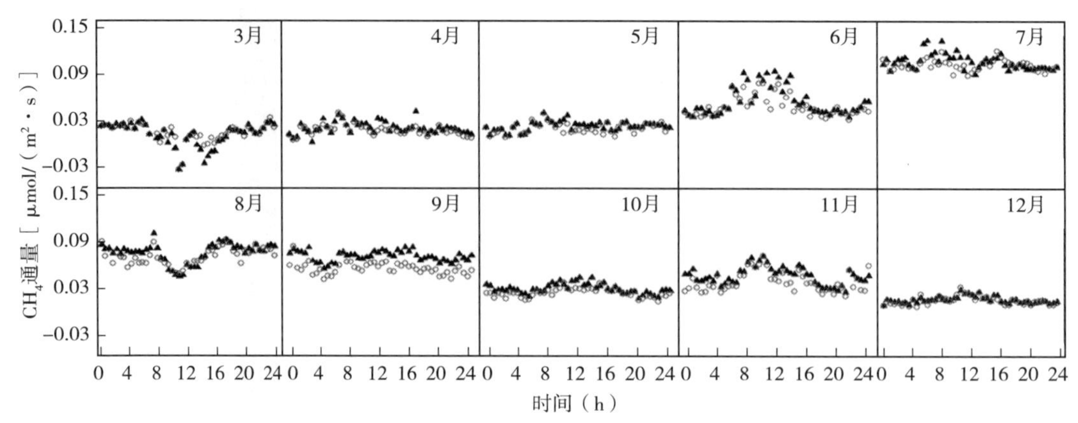

图 6-11 崇明东滩湿地 2011 年 3—12 月 CH_4 通量变化

（三角和圆形分别为该月内相应时刻的平均值和中位数）

年 8 月份。此外，CH_4 通量的频谱峰也表现在多天尺度（例如 5.3 d）、半月至月尺度（例如 10.7 d 和 21.3 d）以及季节尺度（42.7～170.7 d）。对于 CO_2 通量，其谱峰一般出现在日尺度和季节尺度，这分别对应一天时间内太阳光照驱动的光合作用及长时间范围内植物物候变化导致的变化。与之相比，CH_4 通量既没有明显的谱峰，也没有明显的谱谷，这说明 CH_4 通量的调控机制与 CO_2 通量不同。Koebsch et al.（2015）的研究发现，在生长季期间，淹水沼泽的 CH_4 通量在日尺度和 22 d 尺度上存在明显的谱峰，而在 44 d 时出现谱谷。而有意思的是，在这个淹水沼泽，净初级生产力、光合有效辐射、气温和水温都呈现同样的频谱特征。对此，Koebsch et al.（2015）认为，这可能是由于水的高热容量能够缓冲气象事件的短期影响所导致的。

填补之后，该盐沼以甲烷形式的年际碳损失为（17.6±3.0）g/(m^2·a)，以二氧化碳形式的年际碳吸收为（637.6±52.4）g/(m^2·a)，最终导致该盐沼的净碳吸收为−620 g/(m^2·d)。一个完整年份的选择是根据高质量数据的分布而来，也即 2011 年 7 月 1 日至 2012 年 6 月 30 日。

与已报道的内陆湿地的全球平均值相比，崇明东滩湿地半小时年平均 F_{CH_4} 相对较高。Nicolini et al.（2013）总结了已报道的用微气象法获得的平均 F_{CH_4}，50% 在 11.02～68.48 nmol/(m^2·s)，其中位值为 24.24 nmol/(m^2·s)。不过，大多数的这些微气象学测量都设在北方区域。其中有一个同样用 EC 技术在亚北极瑞士最北边的湿地（mire）连续进行两年的甲烷观测（Jackowicz et al.，2010）与笔者的研究地的 CH_4 通量大小比较相似。他们也观测到了较高的甲烷排放，是因为当温度升高后湖面冰川融化，冒泡频率较高，因而释放出了大量甲烷。此外，在两个修复性湿地也观测到与笔者的站点相当的甲烷排放量（Baldocchi et al.，2012；Hendriks et al.，2007）。在许多用 EC 观测的内陆湿地，其年平均 CH_4 通量比笔者的盐沼湿地要小（Hatala et al.，2012；Homineltenberg

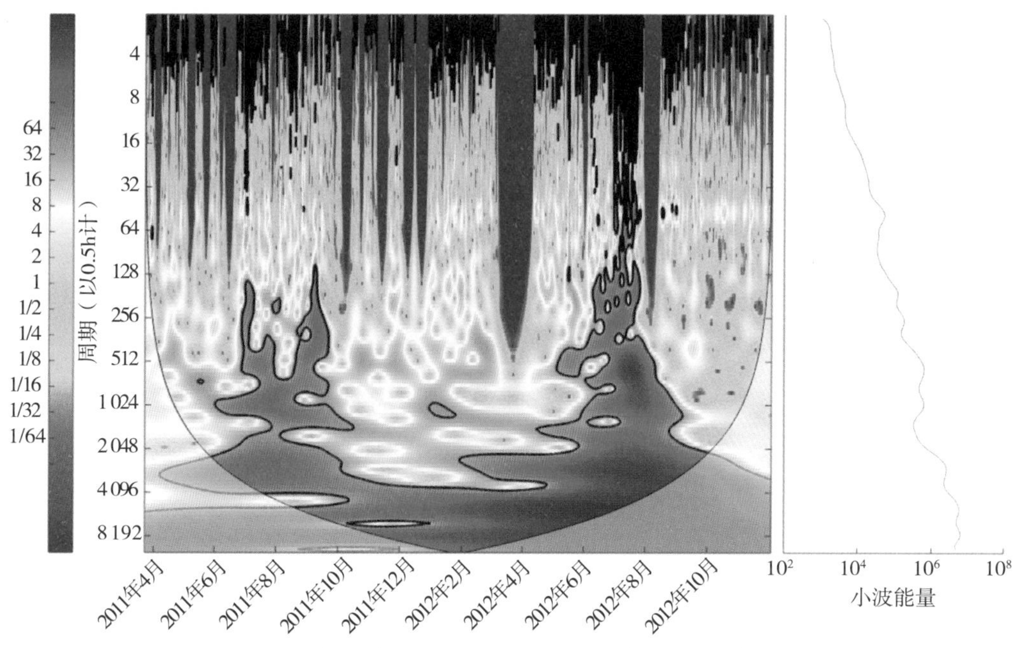

图 6－12　崇明东滩湿地 CH_4 通量的连续小波分析结果（母小波为 morlet 小波）

et al.，2014；Long et al.，2010；Olson et al.，2013）。相反，淡水沼泽的甲烷排放量（Chu et al.，2014；Wang et al.，2015）比笔者的研究地以及其他许多盐沼（Bu et al.，2015；Sun et al.，2013；Wang et al.，2015）要高。

正如 Poffenbarger et al（2011）的综述，中盐系统（mesohaline，盐度 5～18）的甲烷平均排放量为（12.3±8.25）g/(m^2·a)。笔者所测的甲烷年收支［17.8 g/(m^2·a)］与目前唯一一个已有的用 EC 法所测的潮汐盐沼 CH_4 通量的年收支大小［10.35 g/(m^2·a)］（Holm et al.，2016）相近。已报道的年 CH_4 通量因不同的植被组成、盐度和水文条件表现出较大的波动范围。例如，在北部黄河河口的一个具有更高盐度的研究地所测得的甲烷排放量更小（Sun et al.，2013a）。维管植物占主导的沼泽系统比其他植被类型的沼泽具有更高的甲烷排放量（Sun et al.，2013a）。值得注意的是，在同一个研究地用 EC 技术获得的 CH_4 通量的大小范围比用箱室法所测得的要大。非随机时间和空间采样或者低频采样可能会带来偏差，尤其是当 CH_4 通量具有较高日变化且变化模式不统一的情况下。

二、影响机制

（一）基于半经验法的分析

土壤温度和含水量是影响湿地 CH_4 排放的重要因素（Kim et al.，1999；Laine et al.，2007）。笔者研究也发现，在全年尺度上，CH_4 通量随气温的升高而显著增加

（图 6－13）。地下水位的变化也影响 CH_4 通量，但存在一定的阈值。只有当地下水位低于地表 15 cm 深度，CH_4 通量才与水位呈显著正相关；而当地下水位高于地表 15 cm 深度，两者没有明显相关性（图 6－14）。

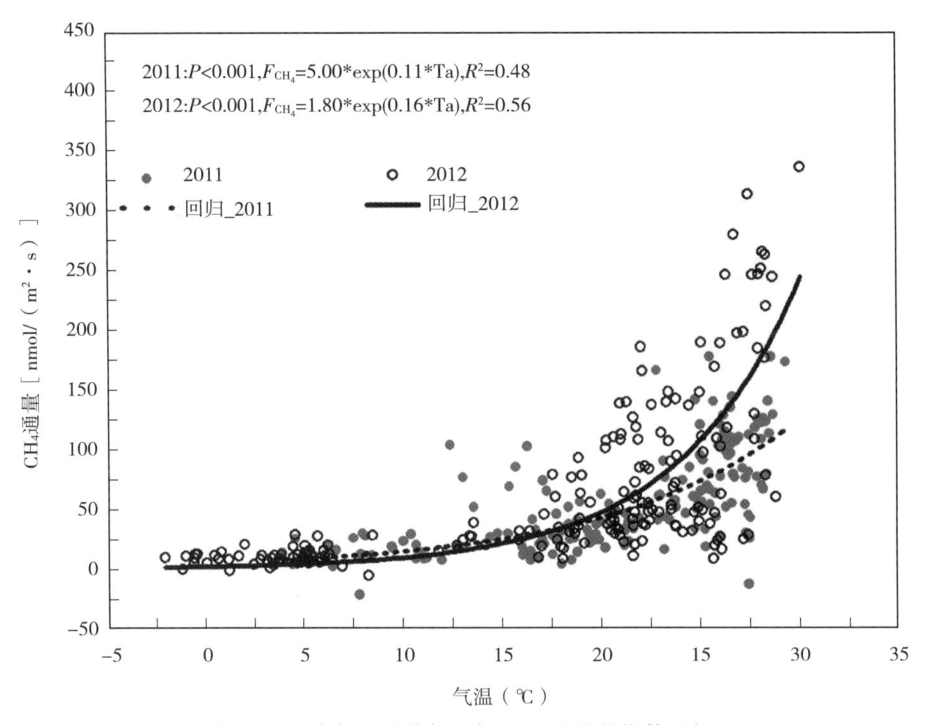

图 6－13　全年日平均气温与 CH_4 通量的指数回归

（2011 年为灰色实心圆点，2012 年为黑色空心圆；虚线拟合线为 2011 年，实线拟合线为 2012 年）

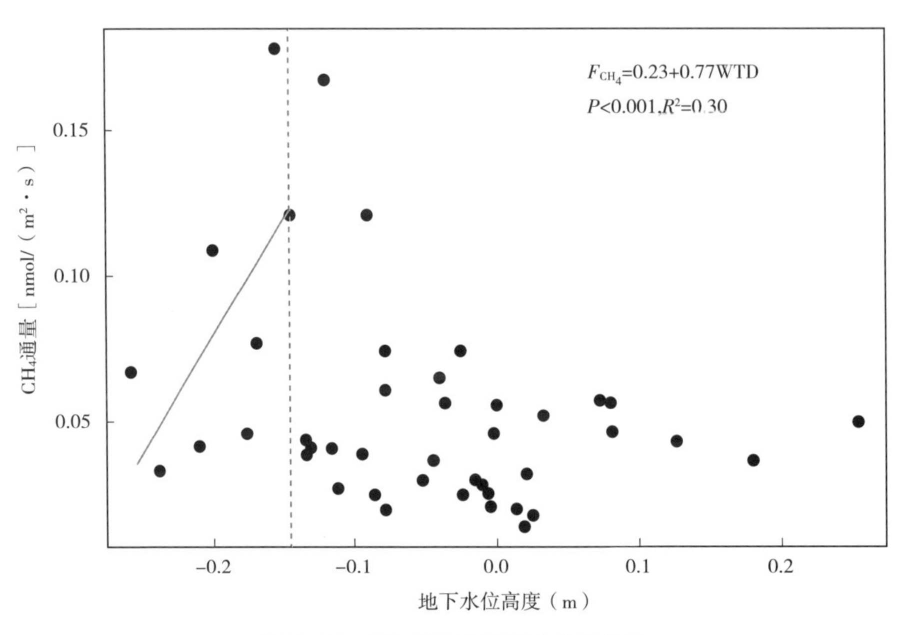

图 6－14　CH_4 通量与地下水位的关系

在全年尺度上，CH_4 通量随总初级生产力的增加而显著增加。有意思的是，CH_4 通量也随生态系统呼吸的增加而显著增加（图 6－15）。显然，在 2012 年，CH_4 通量随总初级生产力和生态系统呼吸的增加速率更高。

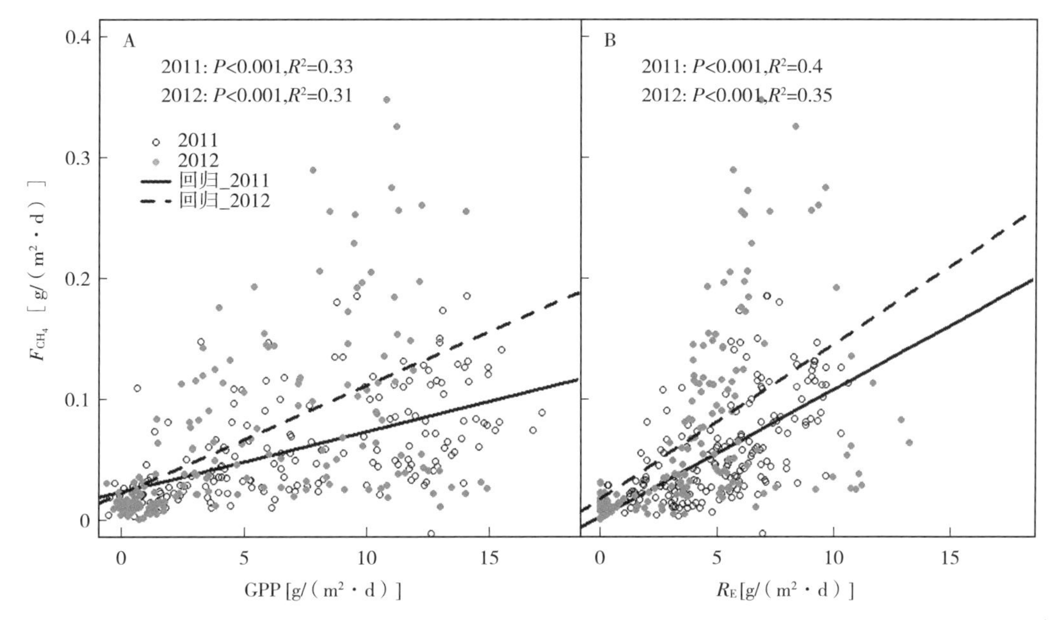

图 6－15　甲烷通量和生态系统总初级生产力（左）、日生态系统呼吸（右）的线性关系

笔者研究发现，崇明东滩湿地的甲烷排放与温度呈现出显著的正相关关系，这与很多其他研究的结果类似（Herbst et al.，2011；Jackowicz-Korczyński et al.，2010；Kim et al.，1998；Rinne et al.，2007；Song et al.，2009）。其影响机制也易于理解，即温度主要通过影响土壤微生物或某些过程的速率来影响 CH_4 的产生和排放。

然而，土壤含水量（或地下水位）的影响则相对复杂。一般认为，土壤含水量的变化表征土壤厌氧/好氧环境的转换，这会影响 CH_4 的产生和排放（Kutzbach et al.，2004）。在内陆湿地的研究表明，水淹导致的厌氧条件使得产甲烷菌产生甲烷，并且减少甲烷被氧化的比例，从而导致甲烷排放增加（Meijide et al.，2011；Treat et al.，2007；Yamamoto et al.，2009）。Christensen et al.（2003）的研究表明，水位是甲烷排放的“开关”：在水位相对较高（低于地表 10 cm 范围内）的生态系统，水位的季节波动对甲烷排放的影响较小；然而，当遭遇干旱，水位低于某个临界值时，甲烷排放会急剧降低（Christensen et al.，2003；Homineltenberg et al.，2014；Long et al.，2010）。这与笔者的研究较为类似。

对于滨海湿地，土壤含水量的变化不仅可以由降水造成，更大的贡献来自潮汐活动。而对于潮汐，除了水量之外，其所含的无机化合物也影响甲烷的产生。土壤有机质进行厌氧分解时，产甲烷菌选择的电子受体顺序依次为硝酸盐、Mn^{4+}、Fe^{3+}、硫酸盐和 CO_2，而只有当 CO_2 作为电子受体时，才会产生 CH_4。因此，在厌氧条件下，硝酸盐、Mn^{4+}、

Fe^{3+} 和硫酸盐的存在都会抑制土壤 CH_4 的产生（Laanbroek，2010）。潮水会带来大量硫酸盐和硝酸盐等营养盐，因此很多研究认为，滨海湿地的甲烷排放量比较低（Ding et al.，2004；Laanbroek，2010）。在加拿大芬迪湾盐沼湿地（Magenheimer et al.，1996）、美国路易斯安那州海湾湿地（DeLaune et al.，1983）、印度红树林湿地（Purvaja & Ramesh，2000）和中国闽江河口芦苇湿地（Tong et al.，2010）等地区的研究均表明，CH_4 排放与土壤盐度和硫酸盐含量之间呈显著负相关关系。然而，在崇明东滩，Fe^{3+} 含量是硫酸盐含量的 10 倍左右（布乃顺，2013），而有效铁的含量是有效锰含量的 10 倍左右（吕金妹等，2008）。因此，在崇明东滩，Fe^{3+} 更有可能扮演抑制 CH_4 产生的主要电子受体，而非硫酸盐。

在笔者的研究中，总初级生产力也与甲烷排放呈现显著正相关。在美国伊利湖的研究也同样发现，总初级生产力与甲烷排放呈正相关关系（Chu et al.，2014）。这可能与总初级生产力表征着底物的供给有关。在崇明东滩，光滩区域的甲烷排放显著低于植被区域，这与植被区域有更多的有机物供给相关（布乃顺，2013）。植物的光合作用产物以根系分泌物和凋落物的形式进入土壤，从而被产甲烷菌作为底物利用（Dorodnikov et al.，2011）。因此，较多研究发现土壤碳氮含量，尤其是有机碳含量，对甲烷排放有着重要作用（Bu et al.，2015；Lindau et al.，1991；Masscheleyn et al.，1993；Singh et al.，2000；Wachinger et al.，2000）。而甲烷排放与生态系统呼吸呈正相关关系，可能有这几方面的原因：①生态系统呼吸是总初级生产力的线性函数，因此，可能间接表征总初级生产力的影响；②产甲烷菌产生的甲烷可由植物的维管系统释放到大气中（Brix et al.，1992；Wachinger et al.，2000）。

（二）基于时间序列的分析

基于上一小节的分析，可以发现，常规的昼夜、季节尺度的分析显示 CH_4 通量存在较大的变异性，相关影响因子的解释率都较低。因此，笔者又引入了基于时间序列的分析方法——小波分析来探讨 CH_4 通量在不同时间尺度上的影响因子。

首先，分析甲烷通量及不同影响因子的频谱特征（图 6－16）。可以发现，气象变量光合有效辐射（PAR）、GPP、饱和水汽压差（VPD）、气温（Ta）、土温（Tg）和潮位（TH）都在 1 d 的时间尺度上表现出较强的谱信号，而 CH_4 通量的谱峰相对不明显。同时，除了温度，所有的变量在半天的时间尺度上也表现出了一个谱峰。在周至月尺度上，除了潮位存在一个较大的谱谷，其他变量没有明显的谱谷。另外，潮位在半月和月尺度上各存在一个谱峰。

然后，笔者利用交叉小波（cross wavelet）和小波相干性（wavelet coherence），分析了不同环境因子与 CH_4 通量之前的相关性（图 6－18、图 6－18）。结果表明，在 1 d 的时

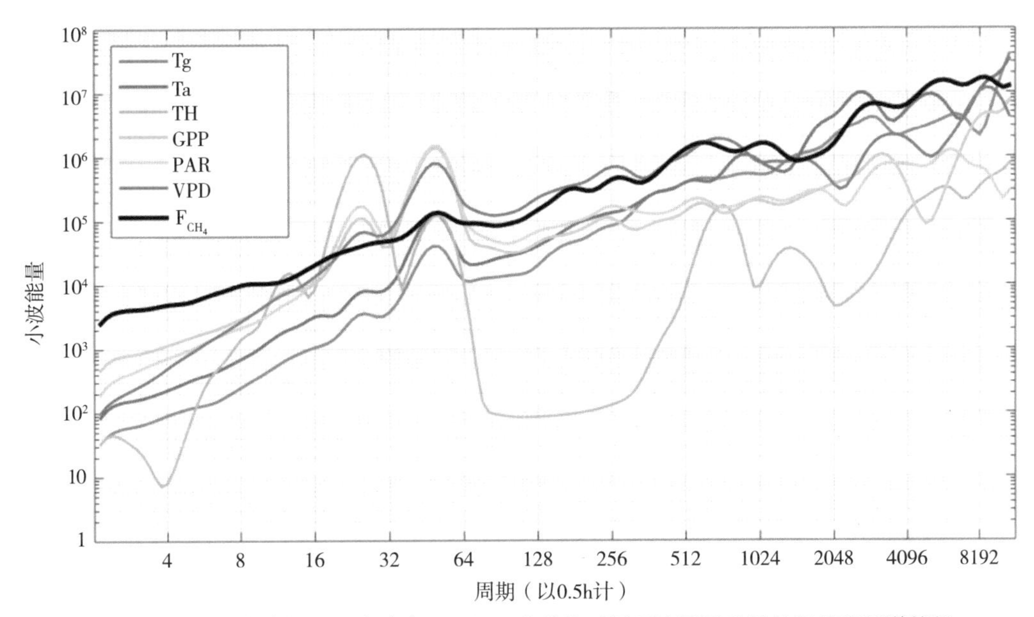

图 6－16　小波分析（母小波为 morlet）获得的不同环境因子及甲烷通量的频谱特征

Tg. 土温　Ta. 气温　TH. 潮位　GPP. 总初级生产力　PAR. 光合有效辐射　VPD. 饱和水汽压差　F. 甲烷通量

间尺度上，CH_4 通量与 PAR、TH 在整个时间序列上都显著相关，而主要在生长季，才与 VPD、GPP 显著相关，但是这些显著性都并不连续。进一步分析可以看出，在 1 d 的时间尺度上，CH_4 通量与温度的共振能量比与其他几个变量的都低，这表示温度的日变化较小，因此，温度对 CH_4 通量在日尺度上的贡献也相对较小。相比而言，无论是交叉小波分析还是小波一致性分析都显示，在 12 h 或 24 h 的尺度上，CH_4 通量与潮位变化的关系更为密切；然而在更大的时间尺度上，如 1.5～3 个月，除了潮汐，Ta、GPP、PAR 及 VPD 都与甲烷通量表现出连续显著的相关关系。其中，CH_4 通量与 Ta、PAR 的相关系数最大；而甲烷通量与 TH 的相关系数则小得多。

本研究区的潮汐活动具有半日和半月周期。甲烷通量和潮位在 12 h、24 h、半月至 1 月的时间尺度上都存在谱峰。在 12 h 和 24 h 的周期上，不论是共振功率谱还是相干性，几乎都是 CH_4 通量与潮位的最大（相关系数略小于 PAR）（图 6－18，B）。在半月或 1 月尺度上，CH_4 通量与潮位的显著相干性不连续。

温度变化对甲烷排放量存在多方面的影响。已有许多研究报道了，一定范围内的温度升高会促进甲烷的排放，这主要是因为温度的升高会增大甲烷的产生速率。当土壤表层处于厌氧条件下，例如稻田灌水，大部分产生的甲烷会以扩散、冒泡或经水稻维管系统释放到大气，也就是笔者观测到的甲烷排放。因而，在水稻种植期间，整个土壤层（5～40 cm）都表现出升高温度会增大甲烷排放量的效应。在小麦种植期间地下 20 cm 以下的土温变化也表现出了一定的正相关关系。而温度对甲烷排放的影响还有另一方面，温度的升高会使得甲烷在

图 6－17　不同环境因子（A. PAR；B. VPD；C. GPP）与甲烷通量的交叉小波分析（左图）及小波一致性分析结果（右图）

（粗黑线包围的范围通过了 $\alpha=0.05$ 显著性水平下红噪声的检验。细黑线为影响锥曲线，在该曲线以外的相干性由于受到边界效应的影响而不予考虑。相对相位关系以箭头表示。颜色越红，左图中普通小波功率谱越高；颜色越红，右图中时间频率域的局域相干性越高）

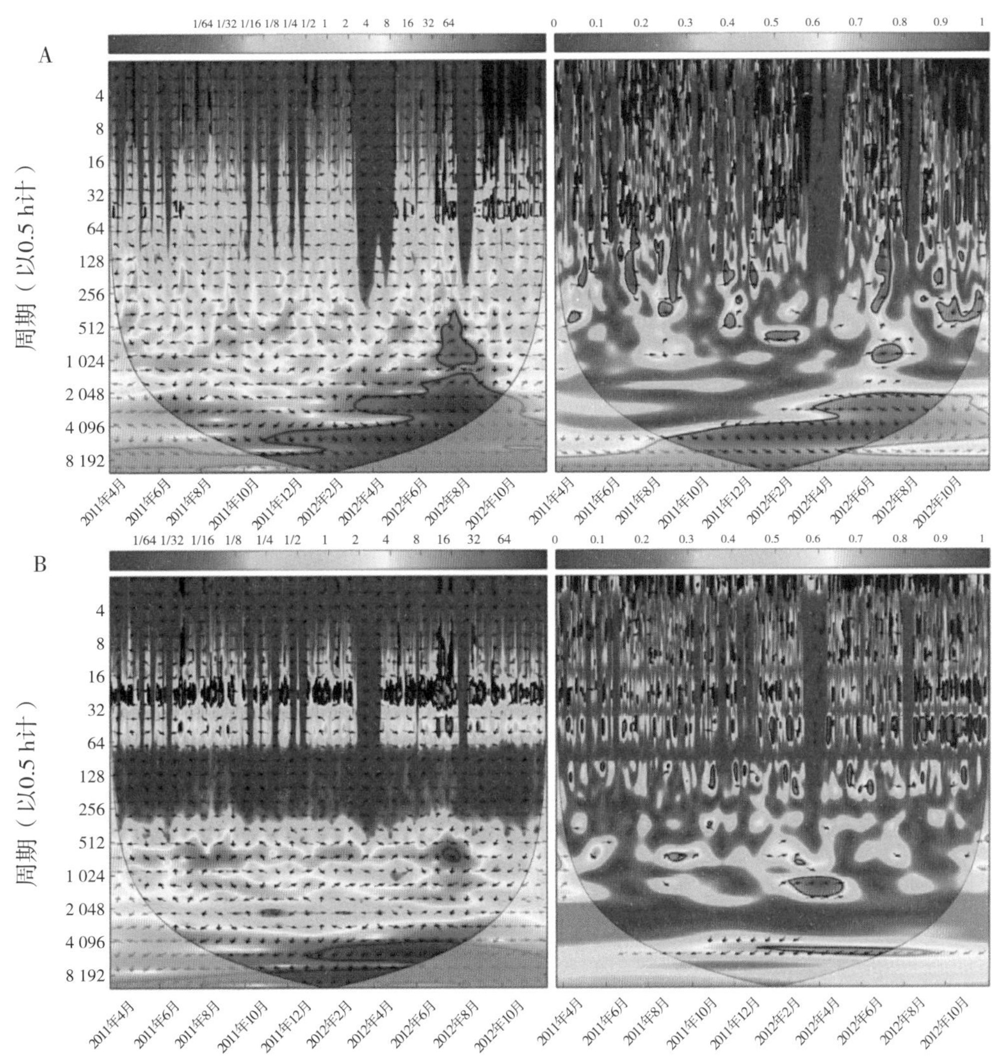

图 6－18　不同环境因子（A. Ta；B. TH）与甲烷通量的交叉小波分析（左图）及小波一致性分析结果（右图）

（粗黑线包围的范围通过了 $\alpha=0.05$ 显著性水平下红噪声的检验。细黑线为影响锥曲线，在该曲线以外的相干性由于受到边界效应的影响而不予考虑。相对相位关系以箭头表示。颜色越红，左图中普通小波功率谱越高；颜色越红，右图中时间频率域的局域相干性越高）

释放过程中被氧化的速率也加大。而 CH_4 通量是甲烷产生和被氧化的净结果，温度的升高既有可能会使得氧化速率高于产生速率也有可能使得氧化速率低于产生速率，这决定于其他条件。在小麦种植期间田间土壤水分较少，上层土壤大多处于有氧状态，因而上层温度与 CH_4 通量没有表现出直接的线性相关关系。对于湿地来说，在昼夜—季节尺度上，较多因子交互影响甲烷排放，而只有在年尺度上，笔者才发现温度和甲烷排放存在较好的相关性。

土壤含水量的增加也会促进甲烷排放，但同时也受其他因素的影响。土壤层中厌氧环境有利于甲烷的产生，并能减少甲烷被氧化的比例，从而使得甲烷的排放量增大；而田间土壤含水量高代表厌氧条件充分，因此，在水稻田里灌水期，CH_4 通量与土壤含水量表现出显著的正相关关系。在 5～40 cm 范围内，上层的决定系数小于下层，这可能是因为水稻根系分布在 0～20 cm 层，通过水稻的通气组织给根围带来氧气，使得在上层土壤层中氧化还原条件不仅仅决定于水分。小麦地属于旱地，因而表层土壤含水量较小且小麦根系分布，使得土壤含水量的大小波动不足以决定氧化还原条件，因而土壤含水量与 CH_4 通量不存在显著的相关关系。而 30 cm 以下，根系分布少，因而土壤水分含量的增大使得厌氧条件更充分，从而有利于甲烷的产生进而增大甲烷排放量。对于湿地而言，较高水位能通过创造厌氧条件从而增大甲烷的产量，并减少根际甲烷的有氧氧化。然而，过量的水淹对 CH_4 通量的影响较小或影响不显著，这是因为，水淹还可能阻碍甲烷从土壤和植物中释放到大气（Christensen et al.，2003；Long et al.，2010）。尽管日均甲烷排放量随着水位高度的升高而显著增大。但是当水位升高到一个临界值（大约是低于地表 15 cm 处）后，这样的正相关关系则不存在。在大潮之前的 2～3 d，因潮水超过了需求，所以甲烷只能在当日最高潮之后部分释放出来；而且大潮当天和其前一天，过高的水位形成一个屏障阻止甲烷的排放，因此甲烷排放量一直在减少。

第五节　CO_2 通量和 CH_4 通量的耦合

一、频谱特征

对于 CO_2 通量和 CH_4 通量，植物体在其中都扮演重要作用。植物的光合作用和呼吸作用都是 CO_2 通量的重要贡献者，而植物通过光合作用产生的有机质可能是 CH_4 通量产生的底物，并且植物体可作为甲烷排放的传输介质，因此两者之间的耦合关系有待探索。笔者使用了在 2011—2012 年期间同时测定的 CO_2 通量和 CH_4 通量数据来分析两者之间是否存在耦合关系。

在整个观测期间，无论是从半小时数据，还是日总值，CO_2 通量都明显高于 CH_4 通量，并且变异性更大（图 6-19）。CO_2 通量呈现明显的季节变化，呈现单峰模式，并且两年之间差别不大。与之相比，CH_4 通量的季节变化不明显，且无规律，两年之间差异较大。

CO_2 通量和 CH_4 通量呈现不同的频谱特征（图 6-20）。CO_2 通量呈现明显的几个峰值，分别是 1 d、半月及 3 个月。这分别对应光合有效辐射驱动的 CO_2 通量昼夜变化、潮汐活动驱动的半月变化以及植物物候驱动的季节变化。然而，与之相比，CH_4 通量的峰

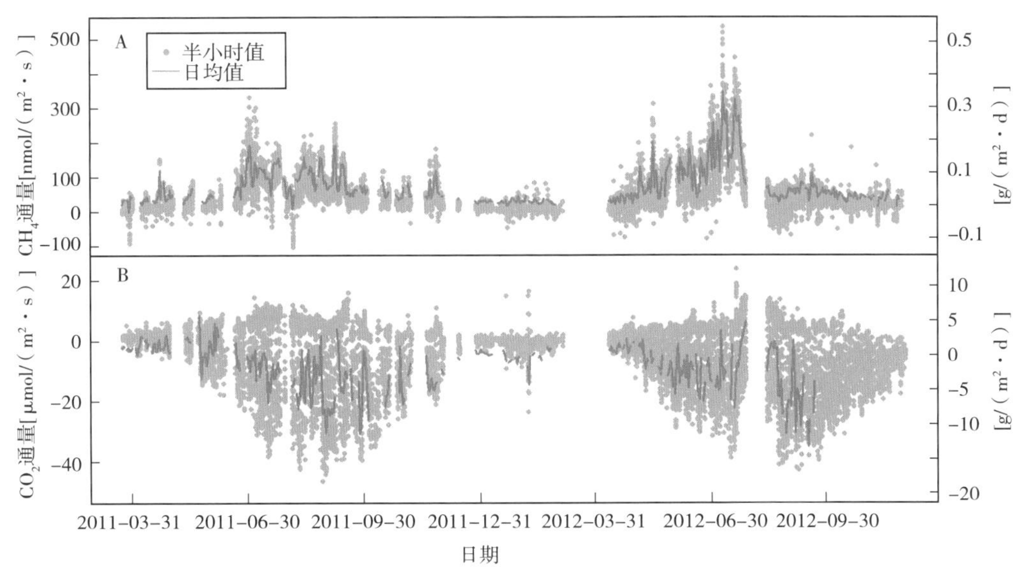

图 6-19　崇明东滩湿地 2011—2012 年 CO_2 通量、CH_4 通量的变化

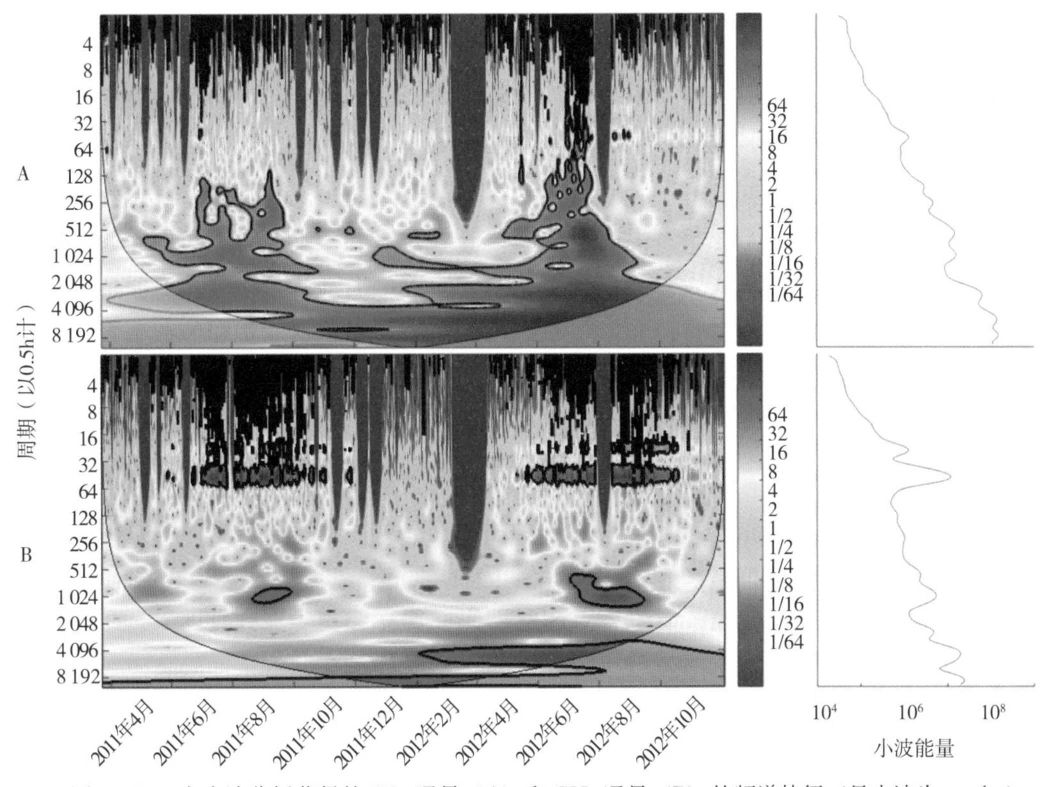

图 6-20　由小波分析获得的 CO_2 通量（A）和 CH_4 通量（B）的频谱特征（母小波为 morlet）

值并不明显。两者之间的差异跟它们产生、传输及排放机制不同有关。CO_2 通量的吸收主要是植物进行光合作用固定 CO_2，而其排放分别来自植物的自养呼吸和土壤微生物的异养呼吸。因此，可以认为 CO_2 通量与植物的生长息息相关。与之相比，CH_4 由产甲烷菌产生，其产生过程与土壤微生物种群、有机物数量及质量、土壤理化条件等相关，同时产生的甲烷也会被氧化。剩余的甲烷能通过 3 种途径排放到大气中：①经植物通气组织排放；②以气泡形式排放；③在土壤及水中随浓度梯度扩散（王明星，1999）。因此，这些本质上的差别导致两者之间的相似性较小。

二、相关分析

为进一步分析 CO_2 通量和 CH_4 通量之间的相关关系，笔者引入了考虑时滞的相关分析。结果发现，半小时的 CH_4 通量与 CO_2 通量显著相关（超过虚线），但其相关性较低，尤其是 2011 年（图 6 - 21）。在 2011 年，相关系数在时滞为－3.5 h时最高，最高值为－0.080；在 2012 年，相关系数在时滞为－4 h 时最高，最高值为－0.227，也即 CH_4 通量可能与 3.5～4 h 之前的 CO_2 通量有关。这很有可能与有机质分解产生 CO_2 与 CH_4 的先后顺序过程有关。总之，CO_2 通量和 CH_4 通量两者存在明显不同，适用于 CO_2 通

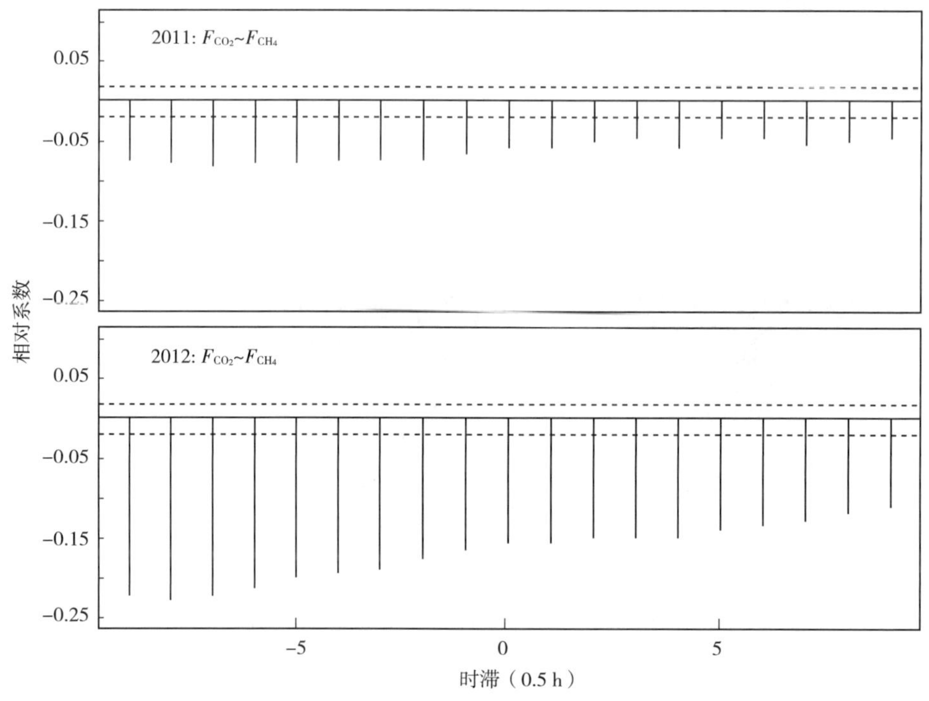

图 6 - 21　CO_2 通量（F_{CO_2}）与 CH_4 通量（F_{CH_4}）的时滞分析

（纵坐标代表相关系数，横坐标代表时滞；－1 对应的相关系数代表第（t－1）/2 时的 F_{CO_2} 变化与第 t/2 时的 F_{CH_4} 的相关关系）

量的解释机制并不适用于 CH_4 通量，CH_4 通量研究仍然存在较大不确定性，还需进一步研究。

在基于涡度协方差方法的多年观测基础上，笔者发现，即使考虑 CH_4 通量的存在，崇明东滩湿地仍然表现为一个较强的碳汇，其碳收支达到了 622.5 g/(m^2 · a)。由于产生、传输和排放机制的不同，CO_2 通量和 CH_4 通量呈现出不同的时间特征。然而，两者仍然表现出一定的相关性，这可能与光合作用的产物作为甲烷产生的底物相关。有趣的是，潮汐活动对 CO_2 通量和 CH_4 通量都存在较为明显的影响，这也是滨海/河口湿地有别于其他湿地生态系统类型的特征。然而，潮汐活动不仅仅是水位的变化，还包括携带营养盐、温度变化、对土壤孔隙中气体的交换等，表现为一个复杂的影响过程，因此关于潮汐活动的影响还有待进一步研究。

第七章

面临的主要威胁、原因及保护建议

第一节 面临的威胁

一、生境丧失

生境多样性是河口湿地水生生物多样性的重要保障，在长江口湿地有多种生境，如光滩、盐沼、潮沟、不同的植被群落等。然而近年来，滩涂湿地的围垦造地以及围填海等水利工程建设，使生物栖息地片段化、单调化，影响了水生生物的洄游规律，直接破坏了栖息地和产卵场，加速了生物多样性的降低。长江三角洲海滨湿地以每年超过 200 万 km^2 的速度减少（图 3-1），潮间带湿地已累计丧失 57%，东海沿岸湿地生态服务功能已下降 50%（Chen et al.，2016）。长江口湿地部分区域的滩涂围垦面积过大或速率过快，湿地的消失便是一些水生动物家园的丧失，或许是一些物种灭绝的开始。

滩涂湿地是水生动物和鸟类的栖息地，过度围垦影响了鱼类的洄游通道和鸟类的迁徙通道，对洄游鱼类和迁徙鸟类产生重要影响。对鳗苗调查研究表明，由于长江口鳗苗主要洄游通道湿地的丧失，阻碍了部分鳗苗经长江口进入淡水水域生长发育，没有足够的补充群体发育至亲体，产卵群体减少，导致资源衰退。长江口滩涂围垦造成繁育场底质扰动，水流场、盐度场等水文生态条件发生改变，破坏繁育场生境。研究显示，长江口中华绒螯蟹（*Eriocheir sinensis*）繁育场，由历史上的 300 km^2 萎缩至崇明东滩 5 次大围垦之后的 56 km^2。相比于鱼类的洄游，大面积的滩涂围垦对东亚-澳大利西亚水鸟迁徙通道中长距离迁徙的鸟类影响更为明显。由于长江口自然湿地的丧失，迁徙鸟类不得不选择围垦区域内的人工湿地，这一方面会影响农业生产活动，另一方面由于更多的鸟类出现在农田、林地和水塘，会让民众产生生态环境改善的错觉，过度围垦的负面影响可能被低估。

由于大量的经济鱼类目前无法形成渔汛，已经对渔业生产造成了严重影响（全为民等，2004；Jin et al.，2007）。例如，作为"长江三鲜"和长江口传统五大渔汛之一的刀鲚，俗称长江刀鱼，为鲱形目、鳀科、鲚属溯河洄游性鱼类，成体亲鱼生活在海里，每年春季由海入江，并溯河而上进行生殖洄游，在长江中下游通江湖泊、干支流浅水处进行产卵活动（图 7-1）。由于沿江水利工程的大量兴建以及局部区域过度捕捞，长江刀鲚产量自 1973 年捕获量达到最高的 4 141.2 t 以来，除了个别年份的变动以外一直呈现下降趋势，2002 年之后的长江刀鲚产量只有不足 100 t。这可能是由于近年来生态环境不断恶化、全球气候变化和捕捞压力的共同影响，野生动物资源破坏严重，保护需求开始显现，刀鲚按照世界自然与自然资源保护组织（IUCN）确定濒危物种的保护等级标准可能将列入名录。

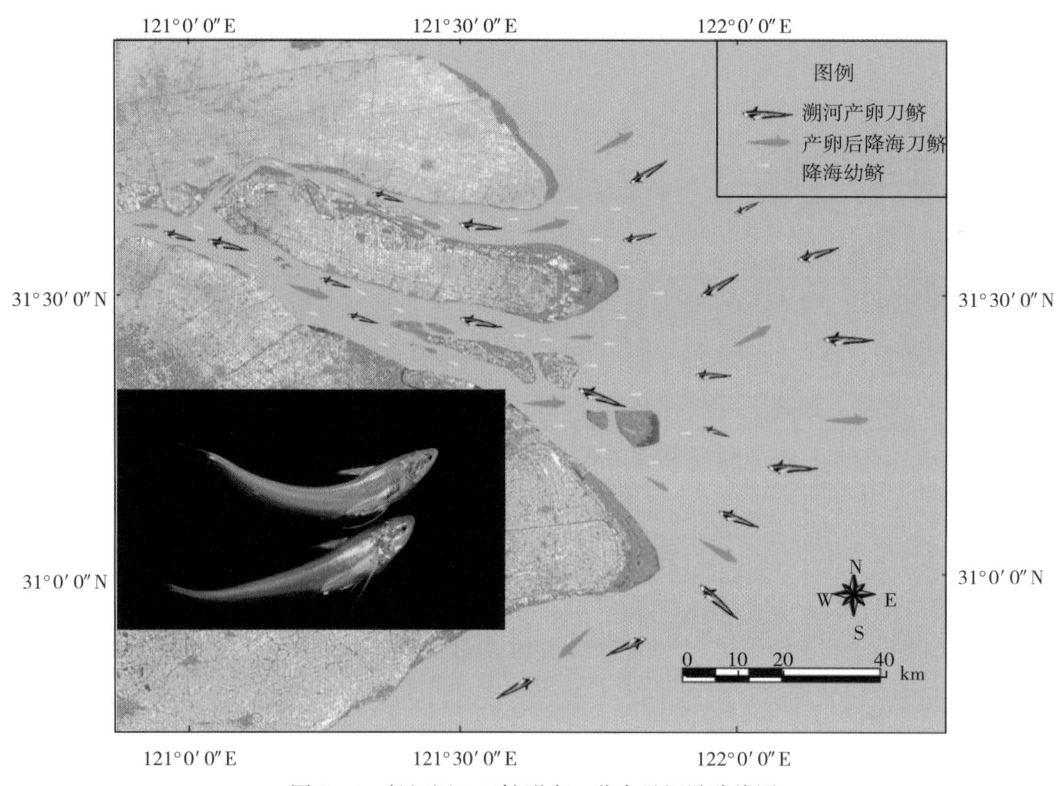

图 7－1　长江河口刀鲚形态、分布及洄游路线图

二、河湖湿地减少

在城市化的过程中，随着社会、经济的发展，房地产的大幅度开发，农田、绿化和水面积减少，大量的河道被填埋。同时，因过度从湿地取水或开采地下水，上海城市中先天蕴藏的丰富的水资源与湿地资源未被充分利用，反而在城市化进程中遭到严重的破坏。湖泊、河道污染虽经近几年的综合治理有所好转，但某些地方河水的富营养化仍然较严重，河流水质较差，植被单一，水生生物的数量和种类较少。

随着上海市城区的不断扩展，许多河道被填没淤堵而逐渐消失，河流水网大面积萎缩。调查表明，市中心区的河网水系早在 20 世纪 50 年代前就基本消失；50—70 年代是当时周边地区河流快速消亡时期；80 年代是稳定期；90 年代又呈现快速消亡趋势。据统计，近 50 年来全市河网长度缩短了约 270 km，河网密度及河流两岸湿地面积也大为减少（陈德超 等，2002）。

近年来，上海市的洪水位记录屡次刷新，洪、涝、潮等灾害频繁发生。河流湿地面积的减少，大大地削弱了河道的容蓄能力，致使在台风季节经常因暴雨使防汛墙出现险情，甚至造成决堤事故，同时，又发生地面积水，给市民的正常生活、生命财产带来严重影响。为了抵御这些灾害，常常通过加高防汛墙增加河道的容蓄能力，或者通过综合整治将土堤改成“高标准”的钢筋混凝土或浆砌块石护岸，并通过“裁弯取直”将河道拉直，以提高河道的行洪能力。这样，一方面，城市的河流湿地被大量填埋，从数量上来讲，大幅减少；另一方面，河道被人工化、渠道化，生物的生息条件被破坏，使城市河流湿地丧失了其生物多样性的基本特性。

三、环境污染

由于河口特殊的地理位置和水文条件，产生着比海洋更为剧烈的物理化学和生物化学作用，也成为各种陆源和水体污染物的聚集地。一方面人类活动产生的大量垃圾、污水通过河流向河口和近海输送；另一方面海洋上存在的污染物在洋流、潮汐的作用下也会迁移汇聚在河口区域。长江口及其近岸水域是中国近海污染最为严重的海区之一，受到工业排污、农田径流、生活废水、船舶污染等点源、面源和流动源的混合污染，加之对水资源的不合理开发，生态环境问题十分突出，导致长江口水生生物多样性降低，长江口区域的大银鱼产卵场就是由于污水排放影响而消失。

目前，长江口水域受到化学和生物两种污染，化学污染物主要包括无机氮、有机物、活性磷、石油类和重金属等，这些化合物含量都已超过中国国家标准《渔业水质标准》（GB 11607—1989）或《海水水质标准》（GB 3097—1997）中的Ⅰ类海水标准。根据上海市水资源公报，长江口水质污染仍以有机化合物污染为主，长江口 16 条主要河网水系共计长 592.4 km，其中Ⅱ类水河道长 33.4 km，占全长的 5.7%；Ⅲ类水河道长41.9 km，占全长的 7.1%；Ⅳ类水河道长 220.5 km，占全长的 37.2%；Ⅴ类水河道长 221.1 km，占全长的 37.3%；劣于Ⅴ类水河道长 75.5 km，占全长的 12.7%（陈吉余和陈沈良，2003）。水质恶化会加速河流湿地中的水生生物大量死亡，生物多样性大幅度地降低。虽然近几年经多部委的综合治理和执法，长江口水环境有所好转，但部分河道的富营养化程度仍然较严重。

长江口、杭州湾水域具有重要的渔业经济价值，其沿岸地域是上海市等地区海产品养殖基地。两水域的污染状况，影响了该地区水产业的健康发展；目前水产养殖所采用的高密度、高投饵率、高换水率的传统养殖法也是造成水域环境污染的因素之一。另外，在城市化的进程中，城市人口迅速增加，产业高度集中。由于下水道建设的严重滞后，大量的工业、农业和生活污水未经处理直接排入河道，致使河道的水质严重恶化。近些年来，虽然政府已投入巨资进行治污，但是，水质的根本改善尚需时日。

四、外来物种入侵

外来物种入侵是造成长江口湿地生态系统生态功能降低的重要因素。在长江口生态系统，既有外来鱼类物种入侵到水体，还有外来植物入侵到湿地系统。例如，原产于南美洲热带和亚热带地区的水葫芦（*Eichhornia crassipes*），在长江口湿地快速繁殖和暴发式生长，破坏湿地生态系统的结构稳定和功能完整。水葫芦的暴发生长会严重堵塞河道，使水流的速度大大减缓，延长了河流湿地生态系统物质交换的频率和时间；暴发时水葫芦覆盖着整个长江口局部水域，迅速降低了水体透光度，浮游植物光合作用降低，使水中溶解氧的浓度急剧下降，使湿地水生动植物缺氧死亡，严重破坏了其他水生植被的生长，影响了城市的景观，对水生生物群落也带来了一定影响，降低湿地生态系统的生物多样性。

威胁上海市湿地的主要外来入侵种是互花米草（*Spartina alterniflora*），原产于北美东海岸及墨西哥湾（王卿，2011），为禾本科、米草属多年生 C_4 草本植物，秸秆密集粗壮、地下根茎发达，适宜生活于潮间带，能够促进泥沙的快速沉降和淤积，起到保滩护堤的作用。互花米草主要通过根茎的营养繁殖以及种子的有性繁殖进行扩散传播，是一种能够迅速传播的植物。互花米草的入侵，一方面改变生境并由此造成生态系统理化环境的变化；另一方面通过影响土著生物多样性而进一步影响到生态系统功能，因此又被称为“生态系统工程师”。在长江口盐沼湿地互花米草的入侵，来自于人们的有意引入和自然传播。在 1983 年，江苏省首先引进互花米草，种植在盐城用来促淤固沙，随后扩散到整个江苏省海岸带区域。1995 年，在崇明东滩北部发现零星的互花米草斑块，被认为是伴随自然潮汐过程由江苏省滩涂扩张至此（Li et al.，2009）。1997 年，为了浦东国际机场航空安全，在九段沙开展了大规模“种青引鸟”工程，在九段沙中沙人工种植互花米草 50 hm^2，目前互花米草占据了九段沙中沙、下沙大面积的潮滩（陈家宽，2003）；此后，为了快速促淤，获取更多的土地资源，分别于 2001 年 5 月和 2003 年 5 月在崇明东滩大规模人工移栽互花米草，累计种植面积近 800 hm^2（陈中义，2004）。

自人工引种以来，互花米草在长江口快速扩张，分布面积呈指数增长，部分区域形成稳定的互花米草单一植物群落（王卿，2011）。李贺鹏等（2006）利用 3S 技术，统计出互花米草在上海市分布的总面积（2003）为 4 553 hm^2，占滩涂植被总面积的 22%。其中，南汇边滩最多，为 2 069 hm^2；其次是崇明东滩和九段沙，分别为 910 hm^2 和 769 hm^2。黄华梅等（2007）对 2005 年 11 月的崇明东滩植被遥感图的分析表明，随着滩涂的淤涨，崇明东滩盐沼植被面积从 1998 年的 2 478 hm^2 增加到 2005 年的 4 688 hm^2，互花米草面积从 2003 年的 910 hm^2 增加到 2005 年的 1 283 hm^2，其增加速率显著高于土著优势种芦苇和海三棱藨草，并且在东滩保护区相应区域内形成单优势种群落。在九段沙湿地，黄华梅和张利权（2007）对 2004 年 7 月植被遥感图的分析表明，互花米草群落已从种植的 100 hm^2 扩展到 1 014 hm^2，并与土著优势植物芦苇和海三棱藨草形成强烈竞争。到 2012 年，崇明和九段沙湿地中互花米草的面积比 1998 年分别增加了 1 500 hm^2 和 2 100 hm^2（图 7－2）（Ge et al.，2016）。

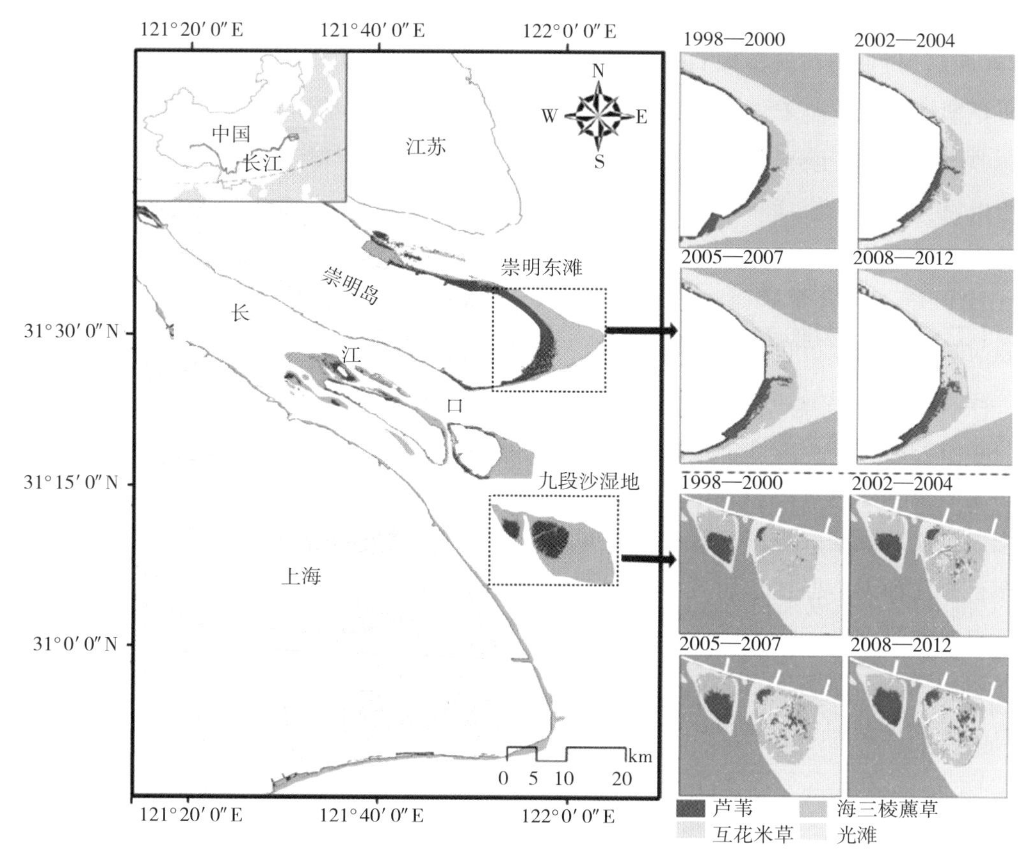

图 7－2　互花米草在长江口的入侵扩散

（修改自 Ge et al.，2016）

五、过度开发利用

（一）渔业资源捕捞

长江口湿地孕育了丰富的渔业资源，由于人们对水产品的需求上升，会引发长江口湿地渔业资源的过度捕捞。持续性的过渡捕捞和滥捕，是造成长江口湿地水生生物资源下降的重要原因之一。长期以来，渔民为了多捕鱼，用拖网、小眼渔网的作业方式，一网打尽，“竭泽而渔”，使鱼虾越来越少。过度捕捞并超过资源再生能力，渔业生物资源量急剧地降低，一些传统渔业种类消失，生物多样性降低，影响到渔业资源的可持续开发利用。以刀鲚为例，由 2001 年的 300 t 下降至 2002 年的不足 100 t 及 2003 年的不足

30 t，此后的年产量在 50 t 左右，9 年的年均产量仅为 86.2 t，2011—2012 年也是持续急剧下滑。造成这种结果，除了成鱼的大量捕捞外，早期幼鱼个体被捕捞造成的大量损失，也是成鱼资源补充不足的重要原因。像作业时间较长的定置网（2—11 月）兼捕了大量刀鲚早期个体，占总渔获物的 10.6%，其平均体重仅 6.8 g（毛成责 等，2015）。尽管早在 2001 年长江口捕鳗苗就实行了捕捞许可制度，但每年长江口仍然会聚集数千船只捕捞鳗苗，汛期结束紧接着又集中捕捞蟹苗，这样高效率高强度的捕捞，会导致长江口局部渔业资源的严重衰竭，也会严重影响长江口湿地生态系统的食物链和食物网，甚至可能威胁其他水生生物的生态安全。同时，捕捞作业所产生的渔船马达噪声污染和照明引起的光污染等，也会干扰湿地鱼类和鸟类的生活习性，对生态系统的平衡造成不可预知的影响。

（二）盐沼湿地放牧

Doody（2008）总结了盐沼生态系统面临的各种干扰和威胁，指出近一个世纪以来人类对盐沼直接的土地利用经济方式中，围垦和放牧是最主要的两种，而且迄今为止在全世界范围还广泛存在。土地围垦和放牧活动常常会改变盐沼湿地特征及其生物地化循环，导致严重的生态系统后果（Silliman et al.，2009）。在崇明东滩盐沼湿地的水牛放牧活动自 20 世纪 50 年代以来长期存在，范围几乎遍及整个东滩滩涂，是当地居民对潮滩盐沼的一种重要利用模式。自 2003 年上海东滩湿地保护区建立以后，放牧活动被限制在了东南部约 600 hm² 的面积内（Yang et al.，2008）（图 7－3、图 7－4）。每年的放牧时间从 3 月

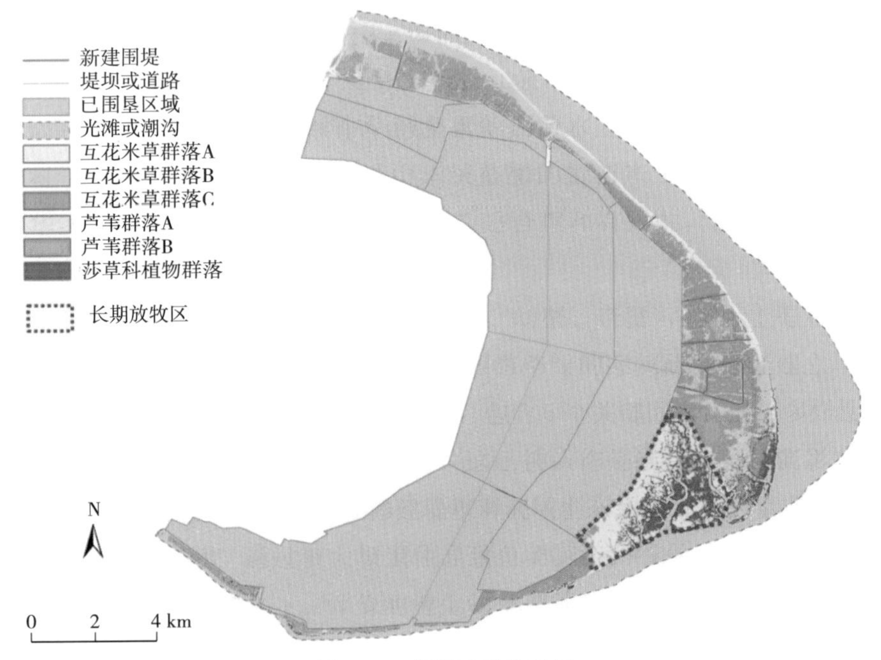

图 7－3　崇明东滩放牧区
（芦苇群落 A 为被牛啃食后低矮的芦苇丛；芦苇群落 B 为高大芦苇群落）

底至10月下旬，放牧强度约为1头/hm^2。牛群在退潮期间会来到潮间带盐沼觅食，涨潮期间则会后退到潮上带盐沼，基于脚印、粪便及行为观察发现牛群在不同高程潮滩间活动均很频繁。在东滩的主要觅食对象是芦苇、藨草（*Scirpus triqueter*）和海三棱藨草（*S. mariqueter*）。放牧对东滩湿地至少存在明显的影响。牛的觅食与践踏会影响芦苇、藨草和海三棱藨草的生长，因此造成植被生境的破坏；放牧人员和牛在核心区内频繁活动影响了鸟类以及水生生物的栖息地，对鸟类有相当大的负面影响。放牧还会对地下土壤生物及营养循环过程产生影响（图7-5），水牛的取食，改变资源输入土壤的数量和质量，如刺激根系分泌等；而踩踏作用则改变土壤的理化性质，如踩踏压实土壤引起土壤容重下降、孔隙变小等。

图7-4 崇明东滩盐沼湿地放牧水牛

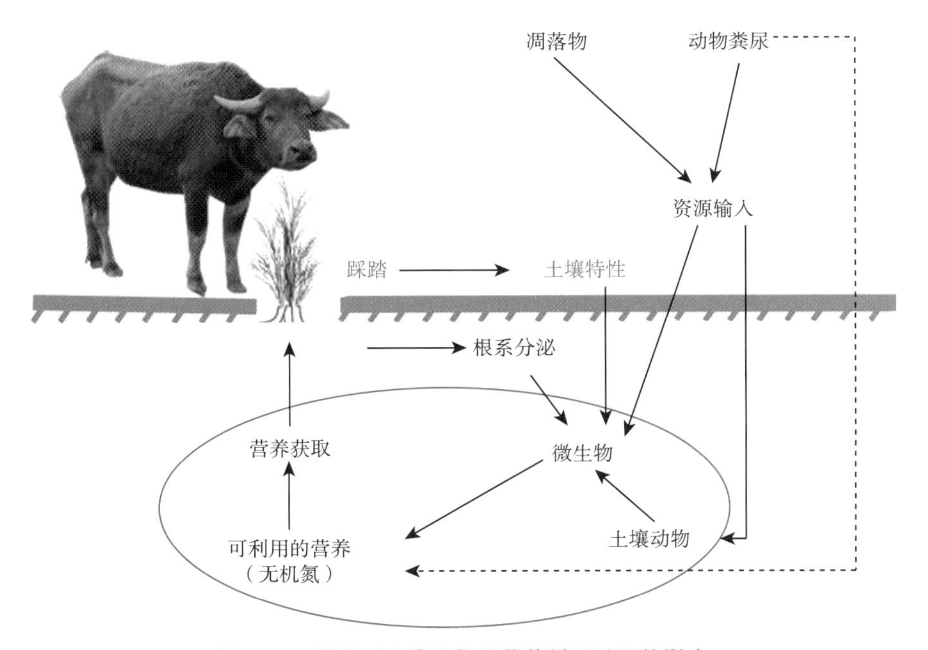

图7-5 放牧对土壤生物及营养循环过程的影响

（三）芦苇植物收割

长江口湿地分布有大片的芦苇群落，是长江口盐沼湿地生态系统中的重要生产者。芦苇群落是其他植物、鸟类、节肢动物和无脊椎动物等的重要生境，能够为鸟类提供筑巢生境和食物，特别是一些芦苇群落里的特有种，如震旦鸦雀（*Paradoxornis heudei*）主要存活于芦苇群落中，以芦苇中的直翅目幼虫、卵及介壳虫为食。芦苇发达的地下茎系统，能够达到地下 10 m 以上，具有很强的扩张能力和较高的生产力，在海岸滩涂和湖滨、河流系统中经常被作为护岸植被；而芦苇密集高大的地上部分，可以有效减缓浪水对堤岸的冲刷。另外，芦苇还具有较高经济价值，可以用于筐篮、草席、苇箔等的制作，还可以作为造纸原材料以及建筑材料。然而，芦苇群落受到来自各方面的影响和破坏，全湿地系统的广泛收割便是其中一种。

芦苇的收割活动长期存在，每年 10 月至翌年 3 月，都是芦苇的收割季节（图 7－6）。承包芦苇的老板会雇佣大量的民工进行集中收割。据报道，仅崇明东滩芦苇收割的面积大约为 350 hm^2/a（董斌，2010）。对湿地生态系统中芦苇群落大范围的集中收割，对湿地自然环境造成严重破坏；对底栖动物的生存空间造成破坏，干扰破坏鸟类栖息地。

在长江口湿地的芦苇分布区几乎均存在冬季芦苇收割活动，而这与冬候鸟来临时间相重叠，因此对冬候鸟的影响很大。值得指出的是，对芦苇的收割，会降低芦苇对外来入侵植物互花米草的竞争能力，而东滩鸟类几乎无法在互花米草群落中生活，同时互花米草对我国沿海滩涂的入侵，被认为是巨大生态灾难，因此，收割芦苇无论是对鸟类，还是对防止互花米草扩散来说均是不利的。

图 7－6　崇明东滩收割捆绑好的芦苇

第二节　主要原因

一、城市化进程加快

城市化加剧对土地的需求，导致围填海造地加快。1985—2000年，上海市总体上处于空间的急剧扩张时期，城市空间扩散基本以圈层式空间扩散为主。上海市城市扩张主要发生在浦东新区、宝山区和闵行区，城市扩张带动了郊区城市化的进程，在上海市周边地区，非农业用地类型向城镇建筑用地和乡村居民地的转变，也是郊区土地利用动态变化的主要方向。围海造地和海涂开发，是上海市土地利用变化的两个重要特征。随着上海市经济的发展，上海市城乡建设用地不断增加，耕地日益减少，向海涂要地已成为上海市缓解用地矛盾的一个主要途径，围海造地主要发生在市辖区、崇明和南汇等地。

一个世纪以前，上海市河网密集，但是在城市化发展过程中，尤其是近半个世纪以来，随着上海市城区的不断扩展，房地产的大幅度开发，农田、绿化和水面积减少，许多河道被填没淤堵而逐渐消失，河流水网大面积萎缩。同时，因过度从湿地取水或开采地下水，上海城市中先天蕴藏的丰富的水资源与湿地资源未被充分利用，反而在城市化进程中遭到严重的破坏。

二、人类活动干扰频繁

各种人类活动、滩涂作业，对长江口湿地生态系统产生严重影响。人类在滩涂上的行走、放牧牛群的啃食与践踏、收割芦苇等，不仅对湿地植被造成很大影响，还破坏了各种水生生物的栖息地。而部分渔民在保护区内居住，更是侵占了鸟类的栖息地。目前，在崇明东滩鸟类自然保护区内的各类人类活动时间与候鸟在东滩出现的时间及对照如表7-1。

捕捞鳗苗、放牧、收割芦苇和捕捞海瓜子、黄泥螺，对东滩鸟类影响最大。在季节上与东滩冬候鸟的来临季节相冲突，并且作业人员人数相对较多，在滩涂上频繁走动，而高脚棚多在光滩或者浅水区。根据调查，东滩海三棱藨草带、光滩、浅水区为多数鸻鹬类、雁鸭类及鸥类的主要活动区域。捕捞鳗苗的活动通常在深水区，这一区域的鸟类中种类与数量均相对较少，因此，在深水区作业的渔船对东滩越冬鸟类影响不大，但是由于部分船只离光滩过近，马达声很大，对鸟类的活动也有一定影响。

表 7-1 候鸟在崇明东滩的时间生态位及各类经济活动时间与收入对照

鸟类/人类活动类型	月份												对东滩候鸟的影响	经济活动收入情况（万元）
	1月	2月	3月	4月	5月	6月	7月	8月	9月	10月	11月	12月		
冬候鸟	○	○	○	○						○	○	○		
夏候鸟				○	○	○	○	○	○					
过境候鸟				○	○				○	○	○			
捕捞鳗苗	▲	▲	▲	▲								▲	++++	1 076
捕捞刀鲚、凤鲚		▲	▲	▲	▲	▲							+	700
捕捞蟹苗						▲							++	240
钩蜞、钩蛏		▲	▲	▲									+++	36
捕捞螃蜞		▲	▲	▲	▲				▲	▲	▲		+++	30
捕捞海瓜子、黄泥螺					▲	▲	▲	▲	▲				++++	646
捕捞弹涂鱼			▲	▲	▲	▲	▲	▲	▲	▲			++	<30
喂养土鸡				▲	▲	▲	▲	▲					++	<30
放牧				▲	▲	▲	▲	▲	▲	▲			++++	<30
收割芦苇	▲	▲	▲	▲							▲	▲	++++	240

注：○表示候鸟该月份出现在东滩，▲表示人类活动在该月份存在；+的多少表示影响程度：+表示轻微影响，++表示有一定影响，+++表示影响较大，++++表示影响非常大。

在整个东滩的芦苇分布区几乎均存在冬季芦苇收割的活动，这与冬候鸟来临时间相重叠。因此，对冬候鸟的影响很大。值得指出的是，对芦苇的收割，会降低芦苇对外来入侵植物互花米草的竞争能力，而东滩鸟类几乎无法在互花米草群落中生活，同时互花米草对我国沿海滩涂的入侵，被认为是巨大生态灾难。因此，收割芦苇无论是对东滩的鸟类，还是对防止互花米草扩散来说均是不利的。捕捞黄泥螺、海瓜子的作业区域从北七滧到捕鱼港，在东滩鸟类自然保护区核心区的光滩上全线分布。由于人数很多，对东滩夏候鸟的影响非常大。钩蜞、钩蛏的作业区域分布在北八滧到小南港堤外海三棱藨草及光滩。由于作业时段、区域与东滩冬候鸟及春季过境候鸟相冲突，并且螃蜞、蛏子均为候鸟的食物来源，对鸟类也会有一定影响。

三、管理机制不健全

（一）综合管理意识薄弱

人们的思想意识、观念态度和政府的重视程度，是湿地保护的重要前提和基础。20世纪90年代以来，在长江口逐步建立了上海崇明东滩鸟类国家级自然保护区、上海九段沙湿地国家级自然保护区和上海长江口中华鲟湿地自然保护区，使长江口受保护和管理的湿地达717.41 km^2。目前，社会广大公众对湿地的重要性尚认识不足，湿地保护意识仍较为淡薄，重开发而轻保护，如对沿江沿海滩涂湿地过量过度围垦等。针对社会公众野生动植物及湿地保护意识薄弱等问题，各部门利用“世界湿地日”“爱鸟周”“保护野生动物宣传月”“世界环境日”等，开展野生动植物及湿地保护宣传教育活动；发展并建立了 21 个青少年野生动物保护俱乐部、10 多个青少年护鸟队和 63 所野生动物保护教育特色学校，对提高全社会保护环境意识起到了积极促进作用。

（二）管理体制复杂

湿地是一种多类型、多层次的复杂生态系统，湿地保护是一项涉及面广、社会性强、规模庞大的系统工程，涉及多个政府部门和行业，关系多方的利益，需要各地、各部门和全社会的共同努力。目前，长江口没有一个部门被专门赋予统一管理湿地资源的职能，湿地保护管理组织形式是在统一协调下的多部门单要素管理的行政管理格局（表 7－2）。长江口湿地管理的主要机构和部门，有国家林业局湿地保护管理中心（中华人民共和国国际湿地公约履约办公室）、上海市绿化和市容管理局（上海市林业局）、上海市海洋局、上海市水务局和上海城投水务（集团）有限公司等。其中，国家林业局湿地保护管理中心（中华人民共和国国际湿地公约履约办公室）承担组织、协调包括长江口在内的全国湿地保护和有关国际公约履约的具体工作。上海市水务局是上海市开发利用滩涂的行政主管部门，具体负责滩涂开发利用的管理工作。上海市绿化和市容管理局（上海市林业局）是野生动植物和湿地管理的行政主管部门，具体负责上海地区野生动物及其栖息地以及湿地保护工作。此外，长江口已建立的 3 个重要湿地自然保护区已分别建立了各自的管理处（署）。

水务部门负责管理滩涂湿地资源开发和合理利用，林业部门负责管辖陆生野生动物及其栖息地环境保护，农业部门负责管辖水生野生动物以及栖息地环境保护，环保部门负责监管湿地环境质量和污染综合治理，国土规划部门负责管辖滩涂促淤和土地围垦利用。长江口 4 个湿地自然保护区和 2 处国际重要湿地分别属于海洋、林业、环保和农业部门管理。这样复杂的管理体制看似分工明确，实际操作起来往往会导致部门矛盾和纠纷，降低管理效率。多资源组成的湿地生态系统加上错综复杂的交叉重叠管理，已成为当前长江口湿地保护和合理利用的障碍。

目前，对崇明东滩进行管理的部门主要有四个：崇明县水务局下属的崇明县水利工程管理所、崇明县农业委员会下属的崇明县渔政管理检查站、上海边防总队东旺沙边防派出所、上海崇明东滩鸟类国家级自然保护区管理处（表 7－2）。由于我国目前关于保护区的法律制度尚不健全，因此，各部门存在管理权属上的冲突，渔政部门与水务部门之间甚至还有法律纠纷。

崇明县水利工程管理所（以下简称“水工所”），是崇明县水务局下属的一个具有独立法人资格的全民所有制自收自支的事业单位。水工所设 2 室 6 科及 8 个管理站，前哨堤闸

表 7－2　崇明东滩各相关管理单位情况一览表

	上级主管部门	主要职能	管辖范围	所依据法律	性质及资金来源	收费项目	对东滩湿地的影响
崇明县渔政管理检查站	崇明县农委	保护和合理利用资源；保护渔业生产环境；为渔业服务	崇明附近水域、滩涂	《中华人民共和国渔业法》等 20 多部与渔业有关的法律、法规	具有行政管理职能全额拨款的事业单位（财政只提供部分人的工资）	发放渔业捕捞许可证	维护了渔业生产秩序，但收费办证也等于允许了所有渔民对滩涂的破坏行为，给管理带来难度
崇明县水利工程管理所	崇明县水务局	确保崇明县内的堤闸安全、河道畅通、灌排顺畅、船只通航	滩涂、大堤及平台、水闸	《中华人民共和国水法》等 11 部水利法规	全民所有制自收自支的事业单位	收取滩涂资源管理费、船只过闸费，对滩涂、平台的使用人收取资源管理费	收费并允许了所有渔民对滩涂的破坏活动，给管理带来难度
上海边防总队东旺沙边防派出所、团结沙派出所	上海边防总队边防支队	治安管理，管理渔民船民，防止偷猎、走私、偷渡，制止突发事件，如打架斗殴等	东南自团结沙外海边，西北至北堡港，53 公里的海岸线	《上海市沿海治安管理条例》《沿海船舶治安管理处罚条例》	全额拨款的事业单位	渔民船民收驻港费	维护了辖区内治安，但驻港费的收取也使大量渔民的涌入合法化
崇明东滩鸟类自然保护区管理处	上海市农林局	贯彻执行国家有关法规政策、制定制度统一管理、保护、科研、宣传教育、生产开发	南起奚家港，北至北八滧港，西起 1968 年围堤，东至吴淞标高 0m 线外侧 3km 水线为界	《中华人民共和国自然保护区条例》和《上海市崇明东滩鸟类自然保护区管理办法》	全额拨款的事业单位	不收费	

管理站（当地居民一般称“堤防站”）即为其中8个管理站之一，崇明县水务局通过前哨堤闸管理站对崇明东滩直接实施管理权。堤防站正式编制职工共9名（含2名党政领导），季节性临时工12人。崇明县水工所的主要职能是，确保崇明县内的堤闸安全、河道畅通、灌排顺畅、船只通航。主要采取构筑护坡，堆筑丁坝、石硷等，种青促淤等措施，保护大堤和滩涂。其下属的堤防站的主要职能是，管理西起北六滧、东至捕鱼港的滩涂和水闸。

第三节　建议对策

长江口滩涂湿地之所以遭到破坏，是因为湿地会给滩涂作业者带来利益，当利益足够大时，不仅崇明东滩本地居民会冲破保护政策，大量外来渔民也会不远千里加入作业大军；滩涂湿地之所以要保护，却是为了更广泛的利益，即为了整个生态系统的健康和社会的可持续发展。

一、湿地利用方式的转变

目前，崇明东滩及周边社区本地居民家庭收入对滩涂湿地的依赖性很低，同时，多数外地渔民对政府因保护鸟类而禁止滩涂作业表示无所谓。崇明东滩周边区域产业的发展政策应符合国际重要湿地管理的要求，又要与崇明开发和保护战略相适应。在这样的背景下，调整周边区域产业发展政策，积极培育观鸟产业，让渔民尤其是外来人员由渔业逐步向观鸟业过渡显得尤为重要。观鸟所利用的是非消耗性的再生资源，主要依赖于湿地及其生态系统。观鸟产业是发达国家的新兴产业，具有广阔的前景，可以拉动地方第三产业的发展并提供更多就业机会，因此，要积极研究崇明东滩发展观鸟的可行性。崇明东滩是一个观鸟、特别是观赏水鸟的好地方，其水鸟的数量和种类在国际上都享有盛名。而观鸟是一项能增进了解鸟类、了解自然、爱护鸟类和环境的活动，从而实现环境教育的功能，观鸟产业可以促进将保护区建设成为上海市科普教育和环境教育的重要基地。观鸟作为一种时尚和有益于社会及个人的活动，政府和社会将在政策、技术和资金上给予支持和引导，实现滩涂利用方式由第一产业向第三产业过渡（赵学敏，2005），是一项科学的可持续发展之路。

二、滩涂利用产业结构的调整

在逐步调整滩涂利用产业结构的过程中，依据候鸟在东滩的时间生态位和滩涂作业收入情况，针对性地调整滩涂作业的季节性和产业逐步过渡的先后顺序，建立与市场经济体制相适应的滩涂保护利用政策是解决问题的根本途径。这是因为滩涂保护和利用问题的根源是经济问题，是经济发展中资源保护和合理利用的经济关系。如滩涂放牧对鸟类的影响非常大，但其收入却很低，保护区禁止放牧的政策就比较容易实施；收割芦苇对鸟类的影响也非常大，但是作业人员收割芦苇的收入还相当不错（每人每年有一万元），保护政策的重心就可以放在改变收割芦苇的方式上。如禁止将芦苇大面积成片割尽，同时禁止在有鸟巢的地方收割芦苇，调整收割的季节性，以适合鸟类栖息，这种做法不乏成功的案例。捕捞鳗苗、海瓜子、黄泥螺等滩涂作业人员众多，总收入相当可观，销售市场也相对成熟，但是对鸟类的影响非常大，保护政策则可以考虑逐渐转变作业方式，并逐步过渡到以养殖为主，从劳动密集型向知识密集型转化，这样可以减轻对资源过度捕捞以及由此带来的强度干扰对鸟类栖息的影响。生产结构的调整包括建立水产养殖模式，大力开展工厂化、集约化健康养殖技术，利用生物技术发展综合育种技术，合理规划渔场，开展资源增殖，安排好渔民转产等各方面的内容。其中，重点是做好鳗苗、中华绒螯蟹苗和中华鲟幼鲟资源的管理工作，以促进渔业生产的可持续发展。实施标准化养殖塘管理的目的在于满足当地生产的同时，尽量按照水鸟栖息地的要求设计集约型和效益型的水产养殖塘，通过初建和随后的管理，可以为迁徙水鸟创造更多适宜的人工湿地（徐宏发 等，2005）。

三、管理体系的协调和综合化

湿地的开发利用必须从上海市的全局出发，做到统筹规划和统一协调，坚决杜绝任何集体或个人为局部的利益对湿地进行盲目开发、乱占滥用。中央和地方自上而下都应建立强有力的湿地保护组织管理系统和有效的协调机制，统一协调区域或流域内的湿地保护工作。不断探讨湿地的合作共管等新型综合管理途径，鼓励并引导当地居民和社区组织积极参与湿地保护工作。通过部门间的联合协作，采取协调一致的保护行动，要特别加强湿地及其自然保护区的建设管理，有效保护湿地野生动植物资源。

在滩涂利用的管理上，关键是要解决好目前管理体制不健全和多头管理的问题。建立高度协调和综合化的管理体系是今后应该积极探索的方向。就崇明东滩管理而言，涉及的相关部门就有农林业、渔业、水利、海洋、环保以及开发商等。根据国外海岸带综合管理的经验，建议成立海岸带综合管理委员会，制订该地区的综合管理计划，切实协调好保护区周边地区开发、资源统一管理和自然生境保护三者之间的关系。同时，积极研究企业或社会团体参与滩涂保护和合理开发的鼓励机制，协同规划，共同实施，以伙伴关系谋求他们对滩涂保护和管理的大力支持。同时，应由保护区管理处根据环境承载力严格控制进入保护区的人数和船舶数（Turner et al.，2000）。而进入保护区的渔民、船民虽然已经交纳费用，但仍应接受保护区的管理，遵守各项管理制度，减少对环境的破坏。另外，也要切实保护渔民的合法利益，依法合理收费，杜绝层层转包的现象。

经过多方协调和组织，长江口建立的自然保护区已基本落实了自然保护区管理权属问题，对进入自然保护区核心区、缓冲区和实验区的不同人员实施了通行证管理制度，加强了进入滩涂湿地从事生产作业的人员管理；同时，对已建立的自然保护区积极开展了野外巡护管理工作，加大了对保护区内破坏野生动物资源违法犯罪活动的查处和打击力度，并加强了与保护区所在区政府有关部门的联系，建立了联席工作会议制度，共同推进保护区管理问题。上海崇明东滩鸟类国家级自然保护区和上海长江口中华鲟湿地自然保护区还根据鸟类和鱼类研究工作的需要，教育和引导一批当地农民转为护鸟员和护鱼员，充分发挥当地农民的技术特长，在鸟类环志、彩色旗标系放和鱼类标志放流研究工作中起到了骨干作用。

第八章 湿地生态建设

第一节　渔业资源增殖放流与启示

从20世纪90年代以后，长江渔业资源急剧衰退。长江渔业资源面临的严峻现实受到政府高度重视，党中央十七届三中全会《中共中央关于推进农村改革发展若干重大问题决定》中明确要求“加强水生生物资源养护，加大增殖放流力度”，为水生生物资源增殖放流明确了方向。2002年，19位院士和专家联名呼吁，建议尽快制定国家行动计划，有效遏制水域生态荒漠化的趋势。国务院于2006年正式颁布《中国水生生物资源养护行动纲要》，对我国水生生物资源养护工作提出总体部署和具体要求。农业部于2004年开展了“长江珍稀水生动物增殖放流行动”。行动期间，云南、贵州、四川、重庆、湖北、湖南、江西、安徽、上海、江苏等10省（直辖市）累计向长江投放经济鱼类和珍稀水生动物苗种3.9亿尾，拉开了大规模开展长江水生生物增殖放流的序幕。积极支持和鼓励开展增殖放流，有助于恢复渔业资源，促进渔业经济，保持渔区稳定。同时，还需要建立起水生生物资源增殖放流科学管理制度，推动有关科研、教学、资源和环境监测等部门加强渔业增殖放流科学研究，为增殖放流提供科学依据和技术指导。

我国在水生生物资源增殖方面做了大量的工作，其发展历程主要可分为以下几个阶段：①1990年以前，处于增殖放流的起步阶段，积累了一些实践经验，但相关科学研究几乎没有开展；②1991—2003年，处于增殖放流的小规模试验阶段，以1995年通过的《中国环境保护21世纪议程》和农业部1995年颁布的《长江渔业资源管理规定》为标志。在实行休渔制度的同时，积极开展渔业资源增殖放流，有些省市逐步建设了一批渔业资源保护区和渔业资源增殖放流区，开展了小规模的科研性增殖放流。③2004年至今，处于增殖放流的规模化实施阶段，水生生物增殖放流得到了快速发展，每年放流的苗种数量与投入的资金快速增加，但相关科学研究仍然较少，增殖放流存在许多亟须解决的问题，暴露出这一新兴事业的科技支撑严重不足，导致出现了一些不符合学科规律的做法，迫切需要开展深入的研究。

长江口是长江中华绒螯蟹苗种的集中产地，也是我国最大的中华绒螯蟹产卵场。长江径流量大，河口浅滩广阔，是中华绒螯蟹得天独厚的产卵场，加之长江源远流长，中下游平原地区有众多的附属水体。这些水体中水草茂盛，饵料丰富，对于中华绒螯蟹生长肥育十分有利，由此形成了极具特色的长江水系中华绒螯蟹品系。长江水系中华绒螯蟹具有生长速度快、个体肥大、肉质细嫩、味道鲜美等优良特点。然而，至20世纪80年代末，由于生态环境的变化和过度捕捞，天然蟹苗量急剧下降，年产量仅有几百千克，2000年以来已难以形成汛期。90年代末期，中华绒螯蟹人工繁育技术的成熟，使人工蟹苗成为商品蟹生产所需苗种的主要来源，然而，由于长江口中华绒螯蟹的优良种质，仍然吸引了大量渔民对天然蟹苗的高强度捕捞，导致天然蟹苗资源锐减，种质衰退。

为了恢复长江中华绒螯蟹天然资源，长江沿岸省市实施了人工放流蟹苗和亲蟹等措施，以期使天然蟹苗资源得到有效恢复。但因主客观因素的限制，基本上未开展大规模标志和效果评估。中华绒螯蟹是我国特有种类，国外学者的研究工作甚少。国内许多学者在中华绒螯蟹的养殖生物学方面做了大量的研究工作，如种质遗传的差异性、人工繁殖技术、人工饲料技术、养殖模式等，但对中华绒螯蟹增殖放流技术及其效果评估等相关研究十分缺乏，放流工作仍然存在很大的盲目性。长江口中华绒螯蟹资源（冬蟹和蟹苗）对自然种群的延续和我国中华绒螯蟹主导养殖产业的发展均具有举足轻重的作用，同时，也是长江口水生生态系统物种资源的重要组成部分。如何科学开展长江口中华绒螯蟹亲蟹增殖放流和效果评估，合理有效地恢复长江口中华绒螯蟹优质丰富的渔业资源，成为当前亟待解决的重要科学问题。2004 年起，在国家和上海市各类科研项目的支持下，中国水产科学研究院东海水产研究所围绕长江口中华绒螯蟹资源恢复开展了亲蟹增殖放流、放流效果评估、产卵场调查监测等系列研究工作，建立了增殖放流技术体系并进行了示范，取得了良好效果。

一、增殖放流案例

洄游（migration）是长期以来鱼类适应外界环境条件变化而进行的一种特殊的周期性迁徙形式。每年沿着相对固定的路线重复完成生活史的不同阶段，具有主动、集群、定期、定向的特点。按洄游的作用和目的，可划分为生殖洄游、索饵洄游和越冬洄游。洄游路线的长短因种类而异，如日本鳗鲡（*Anguilla japonica*）和大麻哈鱼（*Oncorhynchus keta*）的洄游路线长达数千千米，而中国四大家鱼的青鱼（*Mylopharyngodon piceus*）、草鱼（*Ctenopharyngodon idellus*）、鲢（*Hypophthalmichthys molitrix*）、鳙（*Aristichthys nobilis*）的洄游路线则只有几百千米，甚至有的只有几十千米。尽管不同的种群有各自不同的洄游路线，但对于某一种类来说，其洄游路线是相对固定不变的，影响洄游路线的环境因素包括水流、温度、盐度、水质、光照强度等，这些影响因子一旦发生剧烈变动，可能使其洄游路线和生活史受到干扰。由此可见，基于溯河性或降海性的洄游路线来研究流域生态学的科学问题，对于管理和评价流域尺度的增殖放流具有重要参照意义。

中华绒螯蟹（*Eriocheir sinensis*），又称河蟹、大闸蟹等，隶属于节肢动物门（Arthropoda）、甲壳纲（Crustacea）、十足目（Decapoda）、方蟹科（Grapsidae）、绒螯蟹属（*Eriocheir*），是我国久负盛名的一种经济蟹类。尽管中华绒螯蟹在我国沿海淡水湖泊河流广泛分布，但以长江流域最为出名，通常每年秋季在长江通江湖泊生长至Ⅱ龄以后便开始蜕壳，至大部分性腺发育至第Ⅳ期之后，集群离开通江湖泊，沿着洄游路线向长江河口浅海半咸水域生殖洄游，亲蟹产卵后蟹苗随即进行索饵洄游。在河口合适的环境条件下（盐度 18～26、相对密度 1.016～1.020、水温 5～10 ℃）开始交配繁殖。在水温 10～17 ℃范围内，受精卵经 1～2 个月后孵化成溞状幼体，蟹苗在翌年 3—5 月间成汛，幼体经过 5 次蜕皮变态发育成大眼幼体，再经蜕壳发育为幼蟹。在具有一定流速的条件下，再沿亲蟹的洄游路线溯江河逆流而上，栖息于淡水湖泊或江段的岸边继续生长，如此往复完成整个生活史。

然而，资源过度捕捞和水体污染等高强度人类干扰的影响，使长江口作为中华绒螯蟹"洄游通道"的生态功能受损。监测发现长江口中华绒螯蟹繁育场，由历史上的 300 km^2 萎缩至 21 世纪初（2002 年）的 56 km^2，没有足够的繁育群体，导致蟹苗资源严重衰退。基于中华绒螯蟹洄游路线开展的中华绒螯蟹亲体增殖放流，是指以流域生态学为指导，通过以增殖繁育群体的新方法，而不只是依赖于单一的蟹苗幼体放流，是利用中华绒螯蟹生活史特征的多变量分析提出的流域尺度的生物和环境管理模式。基于洄游路线开展增殖放流管理的优点是，没有把整个流域作为单元来调查和监测，而是把洄游鱼类路线上的某些关键点作为评价依据，在洄游路线上设置标志回捕，从而能够与增殖放流的效果进行一系列的串联比较研究。技术路线是通过洄游路线和产卵场的估算，基于多年来对长江流域中华绒螯蟹的资源调查，制定增殖放流的技术规范，创新中华绒螯蟹增殖放流的标记方法，基于洄游路线来科学评价长江口中华绒螯蟹增殖放流的生态修复效果（图 8－1）。

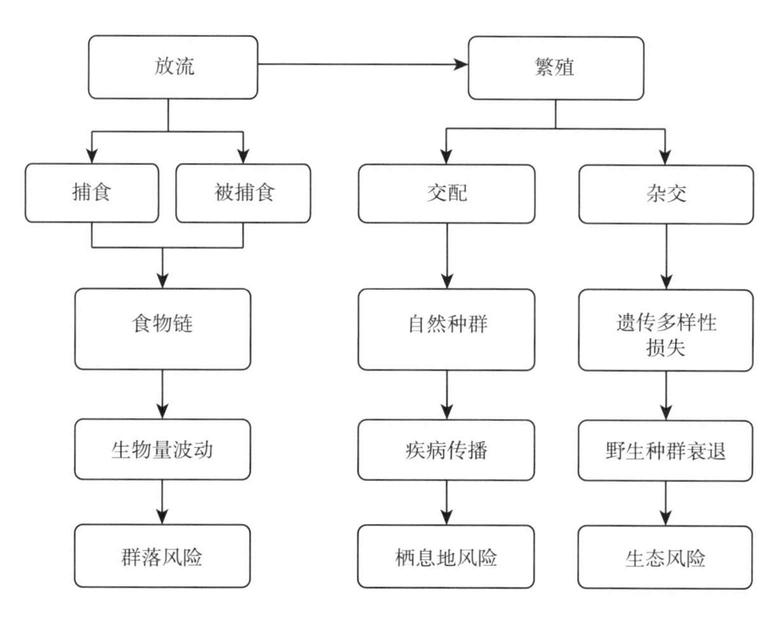

图 8－1　中华绒螯蟹增殖放流生态风险因果链模型图

根据索饵洄游路线上的蟹苗捕捞量来看，2005 年以来蟹苗捕捞量开始逐渐回升，到 2010 年已经恢复到 20 世纪 70 年代的 30～50 t 年捕捞量的正常水平。这可能与 2003 年以来中华绒螯蟹洄游路线上开展增殖繁育群体的措施有关，但增殖放流对中华绒螯蟹资源量恢复的贡献率还有待对标志-放流-回捕的进一步分析和考证。在中华绒螯蟹蟹苗资源得到恢复的背景下，下一步需要设立增殖放流的管理机构，加强增殖放流群体与自然野生群体间的遗传关系的研究，防范过度增殖放流可能导致的生态风险。尽管彭欣悦等（2016）利用线粒体细胞色素氧化酶亚基Ⅰ（*COⅠ*）基因序列的分子标记技术初步研究表明，对长江口中华绒螯蟹增殖放流亲蟹和自然水域的野生亲蟹之间并未出现显著遗传分化，但是，其潜在生态风险有待进一步评估。

二、在流域生态学的应用与启示

中华绒螯蟹的洄游路线覆盖整个长江中下游流域，涉及华中和华东地区的多个省市，其洄游路线是中华绒螯蟹在漫长的进化岁月自然选择的结果，并通过遗传而巩固下来。长江流域生态系统具有沿江工农业发展快和水体污染多等特性，一些适用于小流域生态管理和监测的方法不一定适用；而对于大流域而言，基于中华绒螯蟹洄游路线开展增殖放流管理与影响评价的基本前提是中华绒螯蟹生活史和资源的可持续性。这些参考点对于根据评价生态完整性的时间、空间变化来估计可得到的条件和制订生物和环境标准是很有用的。但是存在的缺陷是，并不是把整条河流作为单元来比较，而是把河流中的某些点作为单元来比较。因此，在长江中上游的生态指示物就不太可能与长江口的生态指示物相比。或许我们最关心的问题就是：分析长江流域修建堤坝和深水航道建设的生态影响时，以及过鱼通道是否能延续中华绒螯蟹等洄游水生生物数千千米的洄游路线是一个关键科学问题。如果整个长江流域中华绒螯蟹的蟹苗产量是可持续的，那长江流域对于中华绒螯蟹而言的生态管理就可以认为是合理和有效的，这是流域生态管理的应用。

通过增殖放流不同规格的中华绒螯蟹（蟹苗、幼蟹、亲蟹），实际上是根据流域生态学原理维系其洄游路线的整体性。中华绒螯蟹洄游路线的案例研究已经建立了流域生态管理的一个范例，而其中关于增殖放流的调控，包含 5 个关键因素：遗传多样性、放流规格、频度、持续度、标记跟踪和范围的幅度，这已被认作是维持增殖放流影响评估和洄游路线整体性的中心环节（图 8－2）。修建堤坝对流域生态系统带来的生态学影响之一是水生动物洄游路线的隔断。通过被大坝围住导致鱼类洄游路线的阻断，代表了流域生态管理和影响评价最常见形式之一。评价洄游生物增殖放流效果的方法必须与洄游路线完整性的流域生态管理联系在一起，包括生态过程和一些基于流域尺度的水质和水文参数。从流域生态学的角度，一些有争议的概念和理论观点还没有转换成鱼类洄游路线上相应的指标体系。我国在长江流域的大部分地区都开展了水文和水质监测，但是经常缺少一种体系框架，在这个框架中把不同的目标联系起来，而且能够看到它们之间的联系。未来中华绒螯蟹增殖放流管理的挑战，将是在一个长江流域的尺度上找到有效的基于其洄游路线生态过程的框架体系。这一框架体系需要从上到下和自下而上的对应方法，这将为评价“增殖放流效果”提供一个综合的和准确的工具。

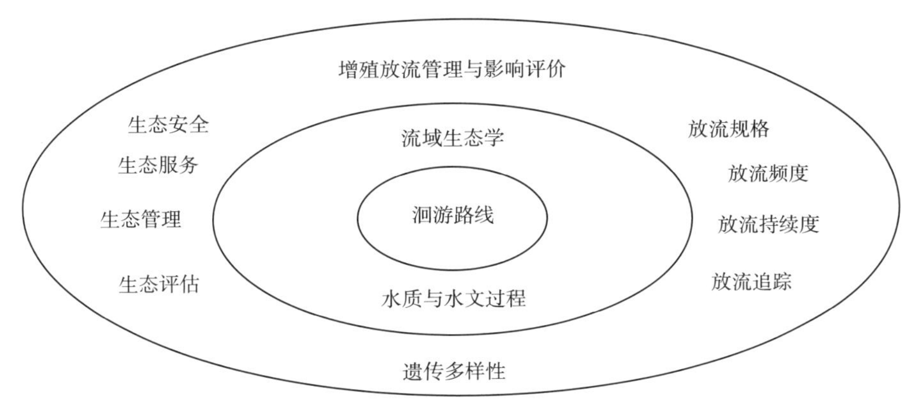

图 8-2 基于中华绒螯蟹洄游路线的增殖放流管理与影响评价示意

在整合分析的前提下，把所得到的信息应用在整个流域范围时，流域生态学研究的方法越综合，需要的监测就越少，洄游路线是流域生态管理中一个非常重要的支撑点。目前，“流域生态管理”和“增殖放流管理”分别独自地由生态学家和管理部门进行研究，虽然部分渔业学家参与了管理部门增殖放流计划草案的论证，但是最初独立研究的渔业学家与增殖放流规划之间却没有直接联系。尽管目前有采用增殖放流来进行生态修复的案例研究，但目前还没有专门针对增殖放流规划进行系统性和整体性研究的项目，然而，这些在评估、管理或者是生态系统修复和恢复中是十分重要的。这些研究的开展对于“证明”流域生态学的理论价值是非常重要的，能在科学家和管理者之间搭起桥梁。要排除增殖放流管理中主观的个人判断，那么就必须确保在增殖放流规划背后科学定义的独立性、可靠性、精确度、准确度以及这些对框架体系适用性的影响。

健康的滨海河口生态系统的基本要求之一是基于流域生态学的完整性与可持续性。滨海河口生态系统未必是原始的、未经开发的，但仍可以被认定为健康的。关于健康的最后结论依赖于社会经济的流域生态学问题。例如，长江口渔业经济物种和珍稀物种的洄游通道、产卵场、索饵场和越冬场（简称“三场一通道”）是通畅且可持续的话，河口生态系统就是健康的；如果流域尺度上丧失了各式各样的渔业功能，则这一流域的河口就是不健康的。评价滨海河口生态系统的健康，应考虑流域生态生态系统的服务功能（包括使用功能和人们的休闲娱乐功能等）。

有许多滨海河口健康的生态指示物，包括流域尺度的生物和物理成分的结构和功能的度量标准。滨海河口健康的生态指示物能显示从河口到流域的空间尺度，从瞬间到长期的时间尺度，或者能直接或间接的度量方法。Chapman认为，用来评估生态系统结构要素的整体的、组织管理严密的方法是最有用的。然而，自上而下的、简约的流域生态学方法，对于说明对河口影响的原因很有用。Schindle认为，对河口单个物种进行生物鉴定，复杂的模型、影响评估研究等手段不能成功地预测人类行为对生态系统的影响。对基于流域尺度的种群变化、食物网的组织和群落分类结构的研究会更有用。这些研究的测量方法都具有明显“自上而下”的流域生态学特征，能解释对河口健康和生物完整性破坏的原因。流域条件和流量的变化，显著地改变了河口生态系统功能和有机物的生活环境。

人类行为（土地利用、水资源利用）改变了流域生态系统的物理、化学和生物的过程，因此，逐渐改变河口的生物群落。虽然，生物标准能够评估这些变化，但是不能够详细地反映河口生态系统退化和生物反应之间的关系。更好地了解影响流域生态状况的环境变化之间的关系，有助于提高河口评估的技术以及我们对河口健康的理解能力。

生物栖息地的时空变化提供动态的模式，在这个模式中生物有机体、生物种类、生物群落只能选择适应或灭亡。对于评估河口健康和生物完整性，最重要的是了解有机体居住的环境和形成环境的因素。人们常把河口生物完整性预期变化设作环境管理目标，但是这些变化通常在改变物理、化学环境后才发生的。所以，了解达到这种河口生物完整性会出现什么样的特征变化是十分重要的。为了解释这些变量的结果，应在流域尺度上，把栖息地变量作为快速生物评估计划的一部分来进行监测，更加综合的方法要应用于全面的河口状态评估。

没有必要去定义“河口健康”这个词来获得科学的和管理的价值。或许差的河口健康状态的症状和指标更容易定义，这些应包括物理、化学、生物、社会和经济的变量。快速的生物评估方法有了显著的提高，特别是在大范围内，正广泛地使用。然而，生物总是依赖于它们所生存的物理、化学环境。关于流域尺度上生物的河口地貌和水文特征的分析发展较慢，但是研究获得了动力。对河口的生态恢复和识别环境流量需要的分析，在这个领域里展开了。发展河口健康的地貌、水文、化学指标以及了解它们与水生生物的关系，这也许是最紧迫的事情。

第二节　海上风电工程生态修复

我国是一个风能资源大国，有悠久的风能开展和风电场建设的历史。随着清洁能源发展的需要，风力发电是目前技术最为成熟的重要可再生能源。开发新能源是我国能源发展战略重要组成部分，对增加能源供应、调整能源结构、应对气候变化、实现可持续发展具有十分重要的意义。我们的风能资源总量约为42亿kW，技术可开发量约为

3亿kW。长江口地处东亚季风盛行区，受冬、夏季风影响，其沿海风能资源较为丰富。上海地区一年中至少83%的"风时"可供利用，发展风力发电的清洁能源具有独特的区位优势。广阔的湿地和海域是建设风电场的理想场所，既为长三角提供了绿色能源，又给湿地增加了一抹风采。

一、海上风电工程的意义与影响

海上风能与海洋生态渔业融合发展，遵循"创新、协调、绿色、开放、共享"五大发展理念，顺应海上风电产业发展的趋势，是解决海上风电场建设和运行中面临的海洋生态和渔业空间问题的重要举措。上海市为缓解东部沿海地区用电紧张局面、调整能源结构和实现可持续发展，2008年以来，上海市在南部东海大桥两侧水域先后建设东海大桥海上风力发电示范项目一期工程和二期工程（图8-3）。全球海上风电场主要在丹麦、英国、荷兰、瑞典、爱尔兰等国，上海东海大桥海上风电工程项目是全球欧洲之外第一个海上风电并网项目，也是中国第一个国家海上风电示范项目。一期工程是我国第一个海上风力发电项目，也是亚洲首座海上风电场。一期工程位于东海大桥东侧1 km以外海域，最北端距离南汇岸线8 km，最南端距岸线13 km，风场海域面积为14 km^2，由4排34台电机组组成，总装机容量10万kW，配套建设陆上110 kV变电站1座，风机和变电站间用35 kV海底电缆连接。一期工程已于2010年9月竣工投产，项目运行发挥了巨大的社会、经济和环境效益。绿色风能作为可再生资源，已成为长江三角洲地区社会经济可持续发展的重要支撑之一，特别是上海海上风电场建设带来了巨大社会经济效益，有

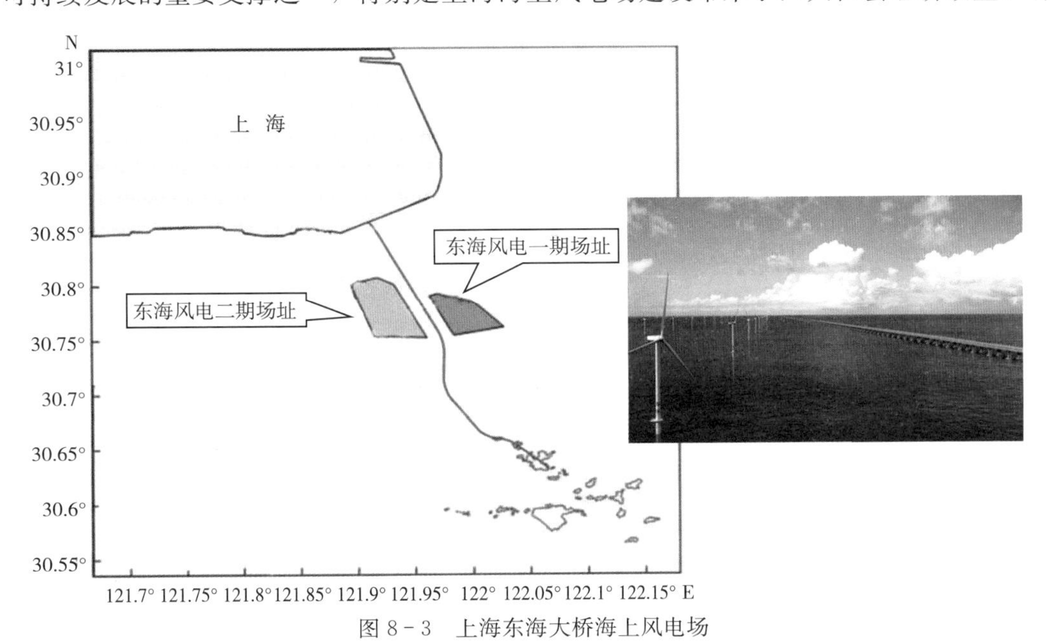

图8-3　上海东海大桥海上风电场

效保障了区域社会经济稳定发展。然而，我们必须重视，风电场建设同时也会对该水域生态环境产生一定的影响。

首先，滩涂湿地生态环境受损，水生生物群落结构稳定性降低。长江口是位于太平洋西岸的最大河口，杭州湾北侧与之相邻。得天独厚的自然条件造就了长江口、杭州湾水域复杂多样的生境，进而孕育了丰富的生物资源，成为中华绒螯蟹（*Eriocheir sinensis*）、刀鲚（*Coilia ectenes*）、凤鲚（*Coilia nasus*）、鳗鲡（*Anguilla japonica*）、蓝点马鲛（*Scomberomorus niphonius*）、小黄鱼（*Larimichthys polyactis*）等多种鱼、虾、蟹等水产生物繁殖、索饵、生长的产卵场、索饵场、越冬场或洄游通道，其“三场一通道”功能影响着长江流域及附近海域的生物群落结构和渔业资源。长江口杭州湾拥有其他重要经济渔业资源如河鲀（Tetraodontidae）、中国花鲈（*Lateolabrax maculatus*）、鲻（*Mugil cephalus*）、棘头梅童鱼（*Collichthys lucidus*）、黄姑鱼（*Nibea albiflora*）、白姑鱼（*Argyrosomus argentatus*）和鮸（*Miichthys miiuy*）等约50种，以及支撑我国日本鳗鲡和中华绒螯蟹等养殖产业的优质鳗苗和蟹苗资源，是多种鱼类的“三场一通道”。而海上风电施工期风机桩基施工吸泥就地排放、电缆沟开挖施工，会导致海底泥沙悬浮和再淤积；运行期风机墩柱钢管桩周围产生涡流，并将海底泥沙搅动悬浮流动，在对局部海底地形和潮流场产生影响的同时，泥沙悬浮、再淤积以及流场变化产生新的冲淤，都会改变工程场区及周边水域原有的海底地形。可见，工程建设对原有局部海底流场产生显著影响，栖息地特征改变导致栖息地生态支持功能降低。

其次，水文过程和理化条件发生复杂变化，将影响水生生物群落演变、更替，改变水生生物群落结构的稳定性。如在风电场施工期，风机桩基施工吸泥就地排放和电缆沟开挖，会导致海底泥沙再悬浮引起水体混浊，悬浮物使得局部水质和沉积物环境发生变化，工程区域的底栖生物、浮游动植物种群结构会受到影响。另外，施工期打桩噪声以及运行期水下低频噪声，也会对一定水域范围内的鱼类产生驱赶作用，特别是对石首鱼科（Sciaenidae）鱼类产生直接损害。工程建设虽然直接改变的是局部生态环境，但长江口杭州湾水域是一个复杂的自然综合体，局部环境通过食物链和食物网的能量流动，会进一步影响整个河口生态系的生物群落结构。

因此，在上海海上风电场建设中如何及时采取生态修复措施，减少和补偿临港海上风电项目对长江口及杭州湾水域水生生态环境的负面影响，建立与绿色风能相匹配的生态修复融合发展创新工程，确立并掌握工程建设与生态保护之间的“平衡点”，成为迫切的科学和现实问题。

二、风电场栖息地修复

上海市主管部门高度重视风电工程的生态修复工作，多次召开上海临港海上风电项目临近水域渔业资源修复实施方案评审论证会。上海东海风力发电有限公司积极开展生态修复，作为对自然生态的补偿，要用好生态补偿款，关键在于“规划-实施-考核-监督”这四个重要环节。按照相关要求和实施方案，近年来，中国水产科学研究院东海水产研究所等单位开展了海上风电一期和二期工程水域渔业资源修复工作，成效显著，得到了管理部门、业主单位和广大市民的一致认可，研究成果为风电工程的运行管理提供了重要科技支撑，为我国海上风电工程水域的生态修复积累了重要科学数据。同时，项目执行过程中建立了“政府协调监管、企业全程参与”的项目管理模式，发挥了生态补偿资源的最大效益，为全国在“资源有偿使用”原则下落实生态补偿机制和企业承担社会责任提供了借鉴。

利用栖息地修复理论指导开展生态修复，是恢复和增强水域生态功能，促进生态安全的重要手段和途径。栖息地修复理论提供了改善长江口和杭州湾受损栖息地生态系统的某些组成部分或功能，但生态系统没有返回到原状的栖息地修复的替代途径和方法。当长江口及其邻近水域由于人类活动改变水生生态系统时，通常会实施栖息地改善措施来代替或修复损失，开展受损栖息地恢复和重建的可行性，提供河口湿地动态保护的创新思路。在东海大桥海上风电场一期工程生态修复的第一个5年里，为改善水生生物栖息地的生态补偿资金达数千万元，旨在修复水下栖息地，改善水质，提高生境多样性，最终实施和完成了专家论证的栖息地改善计划。目前，正继续开展东海大桥海上风电场二期工程的鱼类和底栖生物栖息地的生态修复，目标是维护和改善栖息地结构与功能。

虽然不同项目间的空间和时间尺度以及具体的目标各不相同，但这些项目的首要目标都是改善鱼类和其他水生生物的栖息地。水生植被是许多水生生态系统的重要组成部分，因为它提供了营养修复的特性，稳定沉积物，以及栖息地和许多水生生物的食物。因此，要高度重视水生植被，建立、重建或维持水生植被一直是许多栖息地修复工作的关键。由于处于海洋、陆地和河流生态系统相互作用的界面上，在受损栖息地原位修复的天然“理想实验室”中，可以开展许许多多重要的栖息地修复的生态学问题研究，如风电噪声干扰条件下滨海开阔水域生物多样性与生态系统服务功能，以及噪声环境污染对生物多样性保护和生态系统自然更新过程维持的影响等。结合实证分析和仿真建模，根据近年来的监测数据可以预测与修复工作相关的响应反馈，特别是水文周期和噪声污染的变化，进一步阐明栖息地修复的生态功能和作用机制，建立完整的长江口栖息地生态修复理论基础。由于处于试验探索阶段的栖息地修复成本相对较高，在生态补偿金用于恢复和重建长江口受损栖息地的具体工作中还存在诸多的问题有待于进一步完善和优化，确保栖息地修复的有效性和可持续性。与此同时，在长江口案例研究的基础上，也要同时推进该技术在其他海上风电项目的实践应用，创新发展栖息地生态修复的理论体系。

三、生态补偿与修复

面对长江三角洲地区绿色转型发展的需求和生态环境的压力，在经济发展和生态保护工作相协调的推动下，通过建立与绿色风能相匹配的生态修复融合发展创新工程，推动人工增殖放流、建设海洋牧场和人工鱼礁等直接有效的生态修复手段，实现渔业生态修复和渔业资源恢复。在东海大桥海上风力发电示范项目及其邻近水域实施重要渔业资源增殖放流，能够补充渔业资源生物量、改善其群落结构；放流贝类等底栖生物资源可以增加饵料生物量、完善食物链结构、增强生态系统稳定性。东海大桥海上风力发电示范项目的二期工程与一期工程隔东海大桥相望（图 8－3），使东海海上风电场区范围进一步扩大，其生态环境影响更加复杂。

中国水产科学研究院东海水产研究所等单位开展了二期工程及临近水域生态环境和渔业资源调查监测，实施增殖放流生态修复，以期改善生物群落结构和保护栖息地环境，为二期工程实施和一、二期工程运行提供科技支撑，为长江口杭州湾水域渔业资源可持续利用提供保障。从国内外实践来看，人工增殖放流是水域渔业生态修复和渔业资源恢复最直接有效的方法。在《中国水生生物资源养护行动纲要》中，渔业资源增殖与重点渔业资源保护、负责任捕捞管理等并列为水生生物资源养护行动的三大重要措施，建立工程建设项目资源与生态补偿相协调的机制，确保遭受破坏的资源和生态环境得到相应有效补偿和修复。

为了上海可持续发展对绿色清洁能源的需求，实施海上风能、生态和渔业融合发展，依托海上风电基础结构，构建生态修复和增殖放流管理平台。近年来，上海市渔业行政主管部门积极、主动、及时介入涉水（涉渔）工程对渔业生态影响的评价工作，客观评估涉水、涉渔工程对渔业生态、渔业资源、渔业生产的影响，督促工程单位采取有效的生态修复措施，降低或延缓工程建设对渔业生态环境的影响。通过建立与绿色风能相匹配的生态修复融合发展创新工程，拓宽视野，创新理念，把握趋势，加大支持海上风能、生态和渔业的融合发展，推进其创新工程关键技术和装备的研发与示范，加强水域生态修复技术研究，制订综合评价和整治修复方案，采用自主创新的“底播＋吊养”增殖贝类等模式进行生态修复，其研究成果为风电工程项目的运行管理提供了重要科技支撑。同时，这为我国海上风电工程实施生态修复提供借鉴，使中国在海上清洁能源的可持续利用与绿色发展中具有全球竞争力。

第三节　漂浮人工湿地的补充作用

长江口的自然湿地是诸多鱼类洄游和水鸟迁徙的中转栖息场所，同时，也是鱼类等水生动物的产卵场、索饵场、越冬场，对于保持长江口水生生物多样性、保持长江口生物资源的丰度具有举足轻重的作用。然而，由于水域的环境污染、生境变迁及大型工程建设等影响，使得长江口自然湿地遭到严重破坏，造成珍稀鱼类和主要经济鱼类的产卵场和索饵场等丧失，导致盛产凤鲚（*Coilia mystus*）、刀鲚（*Coilia nasus*）、安氏白虾（*Exopalaemon annandalei*）、中华绒螯蟹（*Eriocheir sinensis*）、前颌间银鱼（*Hemisalanx prognathus*）“五大渔汛”的长江口渔场已名不副实。因此，利用生态工程等技术手段构建漂浮人工湿地，恢复和重建长江口及其邻近水域鱼类产卵场、索饵场和水禽栖息地，对于维护长江口区域生态平衡、充分发挥长江口“三场一通道”功能、保护长江口渔业资源和生物多样性具有重要意义。

漂浮型人工替代栖息地（artificial floating alternative habitat），也被称作“漂浮人工湿地”（artificial floating wetland）、人工浮岛（artificial floating island）、生物浮床（floating raft）等，主要是利用漂浮材料为基质和载体，将高等水生植物或陆生植物栽植其中，通过漂浮材料和植物为鱼类产卵提供遮蔽物和附着基质，产卵基质和植物根系也可形成生物群落为幼鱼索饵提供饵料生物，同时，植物根系的吸收或吸附作用可以起到水体净化的目的（图 8-4）。

图 8-4　长江口人工漂浮湿地结构功能示意图

1920 年，日本科学家创建了第一个以吸引鱼类产卵、修复产卵场为目的的人工浮岛。此后，德国、韩国、澳大利亚、加拿大、中国、印度、西班牙、英国、美国等陆续开展了人工漂浮湿地设计构建及其功能研究（Nakamura & Mueller，2008），但主要目的是为了净化水体、美化环境等。人工湿地主要分为“干式”和“湿式”两种（Nakamura & Shimatani，1999）。人工湿地上移植植物的根系与水体直接接触，即为“湿式”人工湿地；反之，移植植物根系不直接与水体接触，称为“干式”人工湿地。目前，应用最为广泛的人工湿地构建方式为有框架“湿式”人工湿地，约占人工湿地总量的70%。目前，人工湿地的设计和构建分为单体和联体2种方式，每个单体长度为2～3 m，可设计成长方形、正方形和三角形等。单体或联体的整体性在构建人工湿地过程中十分重要，尤其是在风浪较大的水体中。经研究证明，人工漂浮湿地对于鱼类集群产卵和幼鱼索饵具有显著的促进作用。Nakamura et al.（1997）在Kasumigaura湖的研究发现，建立人工漂浮湿地区域与未建立人工湿地区域相比，鱼类平均生物量为267∶1，鱼类生物量提高200倍以上；监测到的鱼类中以1龄幼鱼为主，同时，还吸引到许多凶猛性捕食种类，生物多样性十分丰富。在Biwa湖的人工漂浮湿地构建实践中，经连续监测发现建立人工漂浮湿地水域鱼卵密度高达每平方米56 600个，说明鱼类已经将人工漂浮湿地当作重要的产卵场所（Nakayama，1986）。国内目前在池塘养殖和污水处理等领域也逐步引入了人工漂浮湿地理念，常被视为生态浮床，主要应用范围是污水处理，以及养殖池塘水体净化、建立池塘生态养殖模式。

因此，漂浮型人工湿地对于鱼类种群结构的稳定和生物多样性丰度的提高具有十分重要的支撑作用（Peterson et al.，2008）。漂浮型人工湿地因其能提供鱼类产卵繁殖和仔、稚、幼鱼索饵肥育所必需的理化和生物条件，且对于净化水体、景观美化均具有促进作用，而成为当前研究的热点之一。

利用恢复生态学和景观生态学原理构建漂浮人工湿地，是恢复和重建生物栖息地环境的重要手段之一，国内外已具有较多成功案例研究的实践报道。漂浮人工湿地的建设不仅对渔业资源和鸟类资源提供了良好的栖息环境，漂浮人工湿地中多样性丰富的植被群落在水质净化、景观构建等方面也起到了重要作用。为防止外来生物入侵对生态系统造成不可预测的危害，在构建漂浮人工湿地时，选用的植物首先考虑本土植被。

一、对园林景观的补充

长江口形成的沙洲岛屿保留了自然湿地的原貌，具有种类丰富多样的湿地植物，主要建群优势种有莎草科的海三棱藨草、藨草（*Scirpus triqueter*）和糙叶薹草（*Carex scabrifolia*），分布广泛的禾本科植物（主要是芦苇群落）及种类多样的水生维管束植物（49科107属179种）。植被群落的物种多样性为以鱼类为代表的水生生物和鸟类栖息提供了停留、栖息和繁育的场所，形成了一种具有多重生态系统服务价值的自然景观（图8-5）。因此，漂浮人工湿地的构建不仅可以增加水生生物和鸟类的栖息环境，漂浮人工湿地的植被组合及其群落类型，在园林景观规划和城市艺术造景等方面也可以起到重要的补充作用（图8-6）。

图 8-5　长江口崇明东滩自然湿地景观

图 8-6　漂浮人工湿地在长江口青草沙水库邻近水域附近的实际应用

长江三角洲地区的城市化进程恶化了动植物生存栖息的自然环境，使物种的生存空间减小和生殖能力退化，从而导致群落结构逐渐呈现简单化的趋势，进一步导致生物多样性的降低。在生态系统中形态结构和功能结构越复杂，生物多样性资源越丰富，生态系统稳定性也就越高。人类活动强烈干扰下的湿地植被群落往往在生态系统结构上呈现脆弱性，在景观尺度上呈单调性。通过漂浮人工湿地修复受损的自然湿地，不仅能增加长江口湿地景观的多样性，而且还能一定程度上改善长江口生态环境和提高城市居民的生活质量，创建具有生态宜居城市特征的滨江/河口景观带。例如，基于漂浮人工湿地开发利用滨海/河口的海岸线开展以亲水和海滩为主的生态旅游，进一步挖掘长江口自然景观与人文景观的有机统一，形成具有湿地文化底蕴的滨水景观。目前，已开发的有浦东新区的芦潮港沙滩和华夏文化旅游区、崇明东滩湿地公园、横沙岛沙滩等长江口沿岸的滩涂湿地。这些基于漂浮人工湿地构建出了接近自然原貌的人工系统，创造一种湿地植被和湿地动物可以协调共存的生境，不仅促进了观鸟、垂钓等生态旅游，同时，也带动发展了相关生态环保产业，提高了长江口湿地生态系统的服务功能价值。

另一方面，长江口作为世界第三大河口有着国际重要湿地，与之相衬的现代化国际大都市形象也要求上海要提高城市水文化，增加滨水湿地景观创意和面积，使人工水景与自然水系相融合，让市民更容易更愿意接近自然，亲近和享受自然。漂浮人工湿地的引入为长江口支流河道污染的生态整治和景观修复重建开拓了新的生态学途径，有利于推进长江口湿地和自然水系的污染治理和优化，充分发挥漂浮人工湿地在污水处理和生态补偿等方面的综合效果和复合作用。基于漂浮人工湿地的湿地景观建设，一方面可以恢复长江口自然生态原貌，顺应自然的设计构思，将自然湿地、水系和漂浮人工湿地景观融为一体，体现出因地制宜的生态恢复和生态补偿运行机制；另一方面，在就地保护建设各级自然保护区过程中，保护管理工程、科学教育工程、基础科研设施等工程设计、规划和建设中运用漂浮人工湿地方法和途径，兼顾长江口水系污染整治等方式合理利用长江口湿地，在生态补偿实践中运用景观生态学原理。结合长江口湿地资源动态平衡原则，在滨海/河口地区循序渐进地规划和发展国家湿地公园，促进湿地科研水平和生态旅游事业的健康发展。此外，长江口城市群的中心城区也要尽量规划一定比例和面积的人工湿地或/和保留原有的自然湿地和水系，并进行栖息地人工替代化改造。基于实践探索的原则，滨海/河口自然保护区周边区域构建漂浮人工湿地，应遵循因地制宜和科学发展的准则，才能起到对自然保护区建设的补充作用。

二、对鸟类栖息地的补充

长江口有着悠久的滩涂促淤和围垦历史，以上海市为例，现有土地面积的62%是过去2 000多年来通过“围垦-促淤-围垦”而形成的。不断发展的长江三角洲经济圈和城市群，对土地资源的潜在需求也不断增加。与此同时，长江流域大型水利工程实施却使得长江夹带泥沙量减少，从而导致越来越大的围垦力度不得不转向潮间带滩涂湿地，严重侵占和破坏迁徙鸟类的栖息地，影响了长江口湿地作为东亚-澳大利西亚水鸟迁徙通道（the East Asian—Australasian shorebird flyway）的重要迁徙停歇站功能，对过境迁徙候鸟饮食补充和体力调整的重要中途休憩地选择行为产生不可忽视的重要影响。另一方面，尽管快速扩散的入侵植物互花米草在长江口促淤工程中发挥重要作用，但这直接对多种盐沼水鸟（特别是涉禽和游禽）的种群结构特征和数量变化、停歇驻留时间和主要活动范围、繁殖巢址选择、食物来源选择等产生不可预见的重要影响。

长江口自然湿地的大量丧失和功能退化，给依赖长江口栖息地资源生存的生物（最直接的是鸟类和鱼类）带来了严重的生存威胁，漂浮人工湿地作为水鸟栖息地和鱼类“三场一通道”的功能开始受到重点关注。根据长江口实验选址的前期观察，选择2013年6月19日至6月28日期间的每天日出后的7：00和日落前的16：30共进行了20次调查，每次实验调查时2～3人同行，借助单筒望远镜（20×）、双筒望远镜（10×）和GPS，对漂浮人工湿地附近出现的鸟类动态和活动情况连续观察30 min，并记录在调查区域内栖息或/和取食的水鸟种类和数量，不包括其他在观察区域空中飞过或盘旋的鸟类。

湿地鸟类通常是指水鸟，对湿地环境具有栖息的依赖性，长江口现有湿地鸟类7目

23科165种。本次调查研究记录到的湿地鸟类包括多种游禽和涉禽，以本研究中记录数量最多的小白鹭（*Egretta garzetta*）为例，上午、下午分别平均出现3.7只和3.2只，上午略多于下午，但差异并不显著（$P>0.05$）。可见，漂浮人工湿地不仅会对水体鱼类产卵和索饵产生积极的影响，同时，对于鸟类的聚集也会产生一定的效果，推测原因可能是漂浮型的漂浮人工湿地的水生昆虫、仔稚幼鱼、虾蟹类等较为丰富，鸟类在此摄食（图8-7）。但漂浮人工湿地单体面积、联体组合方式、植被群落组合、人类活动的干扰频率和强度，对湿地鸟类（主要是游禽和涉禽）的种类和数量分布具有不同程度的影响。

图8-7 在漂浮人工湿地生态修复区休息、摄食的小白鹭

为控制造成严重生态后果的外来入侵植物互花米草，保护长江河口湿地鸟类栖息地功能，采取围堤“淹水刈割”的方法治理互花米草，进一步通过围堤区域内的水位调控来复植受到生物入侵危害的本地土著植物芦苇的途径，从而对长江口受损滩涂湿地进行生态恢复和优化。但与生物入侵前的原始自然栖息地相比，受损栖息地经过人工替代化的生态修复后，栖息地景观格局发生剧烈变化，各项环境指标发生多方面的改变。

例如，马志军的研究团队发现5月末处在繁殖期的东方大苇莺（*Acrocephalus orientalis*）迁徙来休憩时优先占领人工栖息地，其在长江口崇明东滩人工栖息地区域内的个体数量和观察到的巢密度均显著高于自然湿地。可见，对于不同生物习性的水鸟而言，漂浮人工湿地对长江口自然湿地的恢复和自然保护区的动态管理具有不可忽视的补充作用。

三、对鱼类栖息地的补充

通过对漂浮人工湿地构建后的连续监测查明，漂浮人工湿地及其邻近水域共监测到的浮游植物共有3门12种。其中，硅藻7种，分别为意大利直链藻（*Melosira italica*）、变异直链藻（*M. varians*）、螺旋颗粒直链藻（*M. granulate*）、颗粒直链藻极狭变种（*M. granulata* var. *angustissima*）、冰岛直链藻（*M. islandica*）、蜂窝三角藻（*Tricerati-*

um favus）和美丽星杆藻（*Asterionella formosa*）；绿藻 4 种，分别为盘星藻（*Pediastrum* sp.）、单角盘星藻（*P. simplex*）、新月藻（*Closterium* sp.）和丝藻（*Ulothrix* sp.）；蓝藻门 1 种，为颤藻（*Oscillatoria* sp.）。藻类是水体中主要初级生产者，是滤食性鱼类的天然饵料之一，也是其他水生动物直接和间接饵料。藻类含有丰富营养成分，是水生生物的重要饵料来源。其中，硅藻是鱼类易消化的藻类之一，硅藻门下的直链藻类、小环藻类、圆筛藻类以及布纹藻等都可以作为鱼类的饵料。其中，颗粒直链藻是底栖动物及浮游动物的优质饵料，变异直链藻可作为中华绒螯蟹溞状幼体的开口饵料。蓝藻门颤藻也是鱼类重要饵料。绿藻中丝藻有大量叶绿体，有利于光合作用，可作为鱼类饵料。

漂浮人工湿地及其邻近水域共监测到浮游动物 10 种（含 4 种幼体），其中桡足类 4 种，分别为中华哲水蚤（*Sinocalanus sinensis*）、锥肢蒙镖水蚤（*Mongolodiaptomus birulai*）、火腿许水蚤（*Schmackeria poplesia*）、球状许水蚤（*S. forbesi*）；枝角类 1 种，蚤状溞（*Daphnia pulex*）；端足类 1 种，江湖独眼钩虾（*Monoculodes limnophilus*）；其他浮游幼体 4 种，分别为多毛类幼体（Polychaeta larvae）、短尾类溞状幼体（Brachyura zoea）、短尾类大眼幼体（Brachyura megalopa）、长尾类幼体（Macrura larvae）。在该水域广泛分布的中华哲水蚤为该水域的优势种，是许多经济鱼类的主要摄食对象。另外，枝角类的蚤状溞也是淡水鱼类（尤其是仔稚鱼）的天然饵料。甲壳纲中的桡足类在浮游生物中的重要性和地位，比起硅藻来毫不逊色，它是海洋浮游动物群落中分布最广、种类最多、地位最重要的一个类群。除了桡足类，淡水水域中重要的类群还有枝角类，其中，以肥胖三角溞（*Evadne tergestina*）、鸟喙尖头溞（*Penilia avirostris*）分布最为广泛。枝角类、桡足类、端足类等一起构成了水域食物链中的重要环节，它们大多以浮游植物为食，同时又作为经济鱼类、虾类，尤其是中上层鱼类及其他鱼类幼鱼阶段的主要饵料。

在漂浮人工湿地上共鉴定出附着动物 18 种，隶属于 5 纲 11 目。分别为昆虫纲的蠼螋（*Forcipula* sp.）、水蝇幼体（Ephydridae）、水虻幼虫（Stratiomyidae）、库蚊幼虫（*Culex*）、龙虱（Dytiscidae）、豆娘幼虫（Zygoptera）、田鳖（*Kirkaldyia deyrollei*）；蛛形纲的水蜘蛛（*Argyroneta aquatica*）；软甲纲的钩虾（*Gammarus* sp.）；腹足纲的椭圆萝卜螺（*Radix swinhoei*）、白旋螺（*Gyraulus albus*）、蜗牛（Fruticicolidae）；甲壳纲的秀丽白虾（*Exopalaemon modestus*）、中华米虾（*Caridina denticulata sinensis*）、中华绒螯蟹、狭额绒螯蟹（*Eriochier leptognathus*）、天津厚蟹（*Helice tientsinensis*）、无齿螳臂相手蟹（*Chiromantes dehaani*）。

通过漂浮人工湿地的构建，在生态系统修复过程中，随着芦苇地下茎不断发芽和生长，浮排上逐渐出现各种水生昆虫、软体动物、虾、蟹等，其中在修复早期，在浮排的表面有水淹没的地方，出现较多的为昆虫类的幼虫，较多的为水虻幼虫和库蚊幼虫，另外，蠼螋、龙虱、田鳖、水蜘蛛和豆娘幼虫也有出现。随着修复的进行，填充浮排的材料老化，芦苇根出现一些腐质的植物碎屑，此时为钩虾提供了食物，钩虾开始大量出现。

随后在芦苇根上逐渐生出芽时，有较多螺类在植物浮床上比较平坦的竹片和芦苇的茎部有较多椭圆萝卜螺分布，另外也有较少量的白旋螺。在修复的后期，在芦苇根部和浮床材料的夹层缝隙中分布有大量的虾和蟹，其中虾类主要为秀丽白虾及较少量的中华米虾，蟹类中有狭额绒螯蟹和中华绒螯蟹，其中中华绒螯蟹从溞状幼体、大眼幼体到壳宽 2 cm 左右的小中华绒螯蟹均有大量分布。上述浮排生物的组成和分布与分布在该水域的浮游生物共同组成了微观生态系统（图 8－8）。通过漂浮人工湿地的构建，芦苇的种植，使该水域的生态环境得到了改善，为鱼类等水生生物提供了良好的栖息环境；通过漂浮人工湿地的生态修复后在修复水域上述生物的大量出现及广泛分布，也为该水域鱼类等水生生物提供了丰富的饵料来源。同时，漂浮人工湿地植物可吸附水体氮磷和重金属元素，具有净化水体的功能。

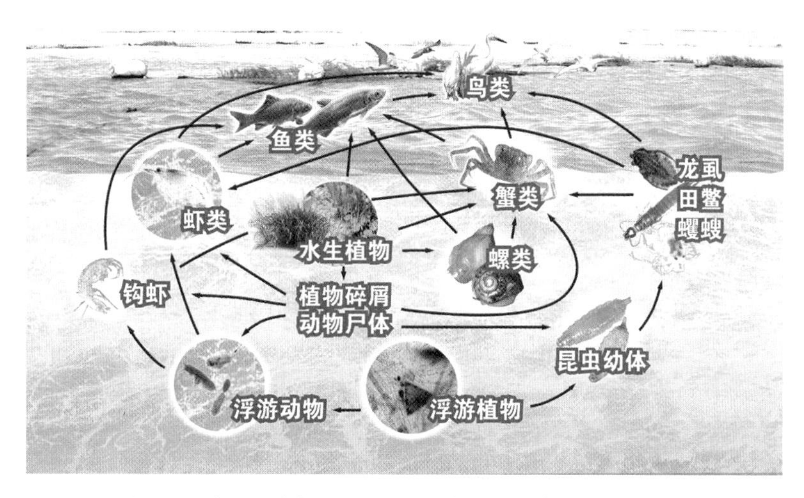

图 8－8 长江口漂浮人工湿地生态系统的食物网关系示意

四、对水系自净作用的补充

滨海/河口生态系统的时空变化格局是非常复杂的，特别是由于滨海/河口生态系统没有明显边界，不仅其变动的地理尺度和时间频率要比陆地生态系统的大得多，而且河口生态系统与陆地、河流和海洋生态系统的物质交换频繁，同时还受洋流的作用。也有证据证明，上溯远离河口数千米的流域上游的大型水利工程建设等，会对河口生态系统带来深刻影响，更不用说河口三角洲恰恰又是人类活动最为频繁区域，航道港口修建和排污已让河口生态系统功能受到影响。

工农业污水和生活废水未经处理直接排放到自然水体中，通过地上和地下径流污染海岸带水环境。漂浮人工湿地中挺水植物、浮水植物和沉水植物的植被群落组合，可以有效吸收富营养化物质来净化水质（表 8－1），如浮萍（*Lemna minor*）、水葱（*Scirpus validus*）、水生鸢尾（*Iris hexagonus*）等既简约实用又可美化优化的生物措施。漂浮人工湿地的构建一方面可以有效减缓水流流速，以促进附有富营养化物质的沉积物沉降下来，从而实现水体自然的物理净化作用；另一方面，漂浮人工湿地还可以通过湿地植物的吸收固定和迁移转化，把富营养化物质和某些有毒有害物质进行分解、降解和贮存等生物途径来净化水体。研究结果表明，在挺水植物中，如慈姑（*Sagittaria sagittifolia*）、空心莲子草（*Alternanthera philoxeroides*）以及沉水植物中的伊乐藻（*Elodea nuttallii*），对水体中各种形态氮元素的去除率可达75%；挺水植物茭白（*Zizania latifolia*）和沉水植物伊乐藻的组合对水体中多种形态磷元素的去除率可达80%，长江口常见挺水植物芦苇对磷的去除率为65%左右。此外还有研究证明，漂浮人工湿地构建的植被群落对水体中的砷（As）、铬（Cr）、铜（Cu）、汞（Hg）、镁（Mg）、锰（Mn）等重金属元素具有不同程度的吸附作用，成为稀释和净化污水的生物治理途径（表8-1）。

表8-1　部分漂浮人工湿地常见净水水生植物特性

序号（按研究频度排列）	水生植物类型	植物名称	观赏特征	净水特性
1	挺水植物	芦苇	观叶	悬浮物、氮
2		空心莲子草	观叶、观花	氮、磷
3		香蒲	花、花期长	氮、磷、重金属
4		水蕹	观叶、观花	氮、磷
5		水芹	观叶、观花	氮、磷、重金属
6		菖蒲	观叶、观花、叶香	氮、磷
7		水葱	观叶	氮、磷
8		慈姑	观叶、观花	氮、磷
9		千屈菜	观叶、观花、花艳丽	氮、磷
1	浮水植物	凤眼莲	观叶、观花	氮、磷、重金属
2		浮萍	观叶	藻类、重金属
3		野菱	观叶，叶片别致	氮、磷
4		紫萍	观叶	藻类、重金属
5		睡莲	观叶、观花、花色多	氮、磷
6		满江红	观叶	氮、磷、重金属
7		水鳖	观叶	重金属
8		槐叶萍	观叶、观花	氮、磷
1	沉水植物	菹草	观叶	氮、磷、重金属
2		金鱼藻	观叶	氮、磷，复氧作用
3		伊乐藻	观叶	有机物、氮
4		苦草	观叶	氮、磷、藻类
5		黑藻	观叶	氮、磷
6		马来眼子菜	观叶、观花	氮、磷
7		篦齿眼子菜	观叶、观花	氮、磷
8		穗花狐尾藻	观叶	氮、磷

目前，已有利用漂浮人工湿地治理长江河口水污染的成功案例。例如，以芦苇作为挺水植物、穗花狐尾藻为沉水植物的组合，在长江口青草沙水库下游水域构建的漂浮人工湿地实验中，利用漂浮人工湿地生态系统对青草沙水库周边水域进行水体原位生态修复。结果表明，单位面积漂浮人工湿地的总氮（TN）固定量为（83.67±17.01）mg/m^2，总磷（TP）固定量为（17.33±4.16）mg/m^2。目前，对于漂浮人工湿地的截留、净化和过滤功能的研究很多，主要侧重于营养元素循环过程与生态系统生态功能的相互关系，重金属元素的吸收迁移、积累富集和转化再分配的过程、规律与机理。

基于漂浮人工湿地的水系自净功能，为适应长江三角洲经济社会实现可持续发展的战略需要，满足长三角水（环境）功能和水资源承载力需求变化，优化水资源合理配置、降低生态治水成本、强化科学绿色管理的需要，亟须开展长江口水系自净功能规划与设计来促进高效利用和有效保护水资源。漂浮人工湿地的引入，对长江口水系自净功能规划来说是新技术和新途径，在进行水（环境）功能规划可以充分考虑漂浮人工湿地的生态功能，特别是长江口青草沙水源地的保护，改善长江三角洲城市圈的供水品质；在进行长江口水（环境）功能规划中优先发挥漂浮人工湿地的生态效益，发挥湿地生态系统在净化水环境的生态功能，从而实现长江口湿地生态系统和水（环境）功能的双优化。

长江河口经济社会的高速发展不能以破坏湿地生态系统为代价，而应该促进湿地生态系统更加健康地发展，特别是航运中心、水源地和滩涂利用的布局，应高度关注可能导致的环境效应和生态后果。每一项大型水利工程需特别注意在进行严格的环境影响评价的同时，还应听取当地民众提出的针对性意见和建议，把潜在的生态风险尽可能降低到最低。长江口漂浮人工湿地的构建正是在充分考虑长江口生态系统特殊性的基础上，从湿地生态系统保护的角度出发，将漂浮人工湿地的构建技术和生态原则整合运用到长江口综合整治实践中。例如，结合长江口航道、码头、深水岸线整治，将疏浚产生的泥沙作为促淤圈围工程的土方来源，不仅可以直接降低航道疏浚的经济成本，而且还可以充分利用长江口自身的泥沙资源，维持长江口湿地资源的动态平衡的同时还能防止外来生物入侵。

由此可见，通过漂浮人工湿地对长江口自然湿地的补充作用，在鸟类迁徙重要中转驿站、越冬地和停歇地，水生生物“三场一通道”，特殊重要湿地景观格局以及水资源战略储备区域布局漂浮人工湿地，长江口综合整治的生态功能定位将更加合理和明确，使高度开放而又极为敏感的长江河口地区循着生态健康道路发展，为长江口湿地生态系统保护和科学利用实现可持续的生态建设途径。

第九章
湿地文化构建

湿地是地球的三大生态系统之一，它既具有维护生态安全、保护生物多样性的功能，作为传承文化的载体，又具有文化功能。湿地的这些功能和经济社会可持续发展息息相关，支撑着人类社会的健康发展。

自有生命以来，湿地为人类发展作出了巨大的贡献，一方面，湿地不仅为人类提供了大量的食物、能源、原材料和水资源，而且在维持生态平衡、保持生物多样性以及涵养水源、蓄洪防旱、降解污染、调节气候等方面均起到重要作用。因此，湿地被称为“地球之肾”、大自然的“物种库”、众多水禽的“生长乐园”。另一方面，湿地在漫长的历史变迁中孕育出了灿烂的古老文明。比如，黄河流域孕育出了华夏文明、尼罗河孕育出了古埃及文明、两河流域孕育出了古巴比伦文明等。因此，湿地是人类赖以生存和可持续发展的重要基础，人与湿地文化之间是共生共存的密切关系。

随着近年来环境问题越来越多，湿地文化日益受到重视。广义的湿地文化，是指人类在与湿地相互依存的过程中所积淀的与湿地相关的历史地理、价值观念、行为规范、文学艺术和风土人情等；狭义的湿地文化，仅是指与湿地相关的文学艺术部分，包括文学创作、音乐、舞蹈、戏剧、戏曲、电影、书法、绘画、雕塑、摄影等。湿地既是重要的自然生态系统，又是重要的文化功能载体，因此，重视湿地保护和弘扬湿地文化相辅相成。湿地文化的传承和创新，既可以展示美丽中国，陶冶情操，又能够使人们更加了解湿地的生态价值、文化价值，从而提升人们保护湿地的自觉意识，促进经济社会可持续发展。

第一节　湿地文化的能力建设

一、提升野外巡护管理能力

重点加强长江口区域崇明、南汇、嘉定、浦东新区、金山等野生动物及湿地资源重点分布区县野外巡护管理能力的建设，完成野生动物及湿地资源普查、管理、执法所必需的汽车、对讲机、GPS等技术装备的配置，使湿地保护管理机构具备野生动物及湿地资源调查、监测评估的能力，具备野外巡护和检查的工作能力，打击破坏野生动物资源违法犯罪活动的能力。

二、组建湿地保护公共研究教育服务平台

围绕上海市建设生态型城市的目标，以及长江三角洲范围内湿地保护研究和管理的

合作，着力建设长江口湿地保护和管理公共研究平台。根据城市湿地保护管理工作的需要，依托有关高校合作组建长江河口湿地研究中心，服务于上海市及长江三角洲野生动植物及湿地保护科学研究、技术支持、保护管理、人才培养和国际交流等方面的工作，成为向社会普及野生动植物及湿地保护知识的重要基地，努力提高市民的湿地保护意识，在全社会树立新的资源环境观。建立长江口湿地生物多样性信息系统以及湿地动态演变数据库。配合崇明现代生态岛的建设，依托高校，规划建立湿地科学与生态工程重点实验室。

三、建设国家或东南亚区域湿地管理培训基地

按照国务院批准的《全国湿地保护工程规划》要求，以及上海市的区位优势、资源优势、技术优势，着力提升湿地研究、保护、管理技术的输出功能，立足国内，辐射韩国、日本、朝鲜、新加坡、马来西亚等国家，提供湿地管理培训、国际交流与合作活动基地，努力使长江口成为国家履行国际湿地公约的重要对外窗口。同时，应在崇明东滩国际重要湿地建立全国湿地保护和管理的研究培训中心，为全国湿地保护、管理和研究提供人才培训服务。

四、构建湿地生态系统健康质量监测体系

依托长江口崇明东滩全球碳通量野外观测站，逐步发展湿地定位监测站；完善数据采集、布点系统、分析测试和数据处理等监测体系的建设，全面地反映、预报长江口湿地生态环境质量现状和发展趋势，建成湿地生态系统健康质量监测服务平台，为长江口野生动植物管理、迁徙物种监测、污染源控制、湿地资源合理利用规划等提供科学依据和决策基础。在长江口区的国际重要湿地、国家重要湿地、自然保护区。建立湿地定位监测站；至2020年，在湿地公园、具有特殊科学研究价值栖息地继续建设5～10个湿地定位监测站。为重点配合综合物种指数的监测，在内陆河流湖泊群湿地区、中心城湿地区内具有特殊科学研究价值栖息地的区域建设10～15个监测站（点），重点监测城市物种多样性指数的变化。

为了更好地管理长江口湿地资源监测站点，实现数据的科学采集、科学分析，需要设立长江口湿地资源监测中心，负责和全国湿地资源监测中心的协调和技术联络，负责长江监测技术规程制定、野外监测调查、动态分析和预测、定期编制湿地资源消长报告以及社会化服务等。监测中心配置与监测站点数据相互传输的通信系统、GIS地理信息系统工作平台和监测数据库以及相应的网络等，同时，加强人才的引进和培养，确保监测数据的可靠、准确、及时、全面。

第二节 湿地文化构建的保障措施

一、加强组织领导

湿地保护和恢复是一项社会公益事业，也是各级政府的一项重要职责和任务，需要加强政府层面的组织领导。湿地保护和恢复是落实科学发展观和生态文明建设的重要工作载体，在重要的湿地分布区，要把湿地保护和恢复列入政府的重要议事日程，作为重要工作纳入责任范围，从法规制度、政策措施、资金投入、管理体系等方面采取有力措施，及时研究解决湿地保护工作中的问题，实行保护工作检查、考核、通报和奖惩制度等行之有效的办法，加强湿地保护和恢复管理工作。逐步完善综合协调、分部门实施的湿地保护管理体制，主管部门要做好组织协调工作，各有关部门应按照职责分工，发挥各自的优势，团结协作做好相关的湿地保护和恢复管理工作。

二、加大资金投入

建立公共财政投入机制，确保政府投入稳步增加。湿地是城市发展的重要基础生态空间，是政府必须发挥核心作用的领域。各级政府要把湿地保护和恢复公共设施和监管能力建设作为投资重点，纳入各级财政预算的正常支出科目，加大投资力度，确保湿地保护和恢复事业的需要。同时面向社会进行投融资运作，多渠道筹集建设资金。此外，还要广泛争取国际资助和合作以及社会企事业单位的资金，多渠道、多层次、多形式地筹集建设资金，鼓励各种社会主体（包括非政府组织）跨所有制、跨行业、跨地区参与湿地保护和恢复事业的建设。

三、加强规划引导

研究编制长江口湿地保护和恢复的中长期规划，确定长江口湿地保护和恢复的“蓝线”，引导湿地保护与合理利用。长江口湿地资源开发利用应遵循“零损失”原则，即湿地资源，包括土地、滩涂、渔业、野生动物、苇业资源的开发利用强度，不超过湿地生境更新及恢复的速度，保持生境不存在净损失。切实协调好湿地资源重点分布区县的经济发展和生态环境之间的关系，将湿地作为城市基础生态空间纳入城市发展的总体规划中，协同规划，共同实施，形成长江口区域市区联动的格局。

四、加强法制建设

上海市1986年就在国内率先以立法的形式，制定了《上海市滩涂管理暂行规定》。1997年上升为管理条例，赋予滩涂主管部门对该市滩涂具有促淤、圈围、利用及保护四大管理职能。上海市自1987年以来执行滩涂管理的规定后，使该市滩涂资源在管理和利用方面呈现有法可依、有章可循、有序开发、有效保护的良好局面。面对21世纪的新形势，需要继续加强宣传湿地保护和合理利用的重要意义，需要认真组织宣传和落实《中华人民共和国自然保护区条例》《森林和野生动物类型自然保护区管理办法》及其他有关湿地保护的法规和规章；逐步完善地方法规，推进地方湿地保护立法工作，形成具有上海地方特点的湿地保护和恢复法律法规体系，提高广大市民保护滩涂资源的意识。另外，还要对擅自围垦的单位和个人严肃处理，确保滩涂资源不受破坏。

五、加强科研工作

保护及综合开发利用滩涂资源是一个极为复杂的问题，约束条件较多，因此一定要科研先行，深入研究围垦工程带来的负面作用，力求这些影响通过科学的围垦方案控制在承受能力所允许的范围内。正确处理好滩涂资源保护与开发利用这一对矛盾，寻求符合中国国情、长江口情况，又符合国际规范的综合、科学、合理的解决方案，紧紧围绕"增强城市综合竞争力"上海"十三五"发展的主线，充分发挥上海市滩涂资源的区位优势，建设上海市更加美好的明天。加强湿地基础研究，建立健全湿地监测与评价体系。目前，长江口湿地保护研究工作无论是在基础研究还是在应用领域的研究都较为薄弱，湿地保护缺乏适合当地实际理论和技术的有力支持。长江口湿地资源保护应该借鉴国外经验，同时通过基础研究，对长江口湿地的类型、功能、价值、动态等有较为全面、深入地系统了解，建立完整的湿地评价指标体系，为湿地保护与利用提供科学依据。建立和完善长江口湿地资源监测体系，掌握湿地的动态变化，建立面向不同层次需求的湿地信息管理系统。

六、统筹管理监测

湿地监测是湿地保护和合理利用工作的基础，它不仅为国家湿地政策的制定提供重要依据，还可为具体的湿地保护行动提供赖以实施的基础情况。随着湿地保护和管理工作的深入开发，研究湿地监测的监测内容、指标体系、监测程序、技术手段、数据处理和贮存等方面的课题，将是当务之急。综合现有资料发现，目前对于长江口湿地资源的调查研究比较零乱，没有形成一个完整的研究体系，这不利于该地区的生态资源保护。建议展开对长江口湿地资源的全面调查，重点调查湿地的分布、类型、形成、发育、演化、栖息生物种类及其特征等方面的情况，建立完备的图文资料数据库，为保护该地区生态资源提供决策依据。目前，需要尽快建立和完善长江口统一的湿地保护管理监测网络，加强湿地保护监测人员能力建设，确保队伍编制，建立一支符合国家要求的、适应长江口特点的湿地保护执法和监测队伍。进一步加大对湿地违法行为有奖举报制度的宣传和贯彻力度，形成公众参与机制，运用现代化信息技术，加强湿地信息管理。

七、倡导绿色文明

在长江口地区加强警示教育，普及生态理念，推动生态文明建设。通过各种典型案例的报道和违法事件的曝光，把破坏湿地资源造成的危害和后果说深、说透，让广大市民充分认识全市湿地保护面临的巨大压力，唤醒人们的忧患意识和危机意识。切实加强生态教育，依托各级党校、行政学院，加强湿地保护政策、法规、国情和决策能力的宣传、培训，进一步提高各级领导干部落实科学发展观的决策能力；充分发挥新闻媒体、各种创建载体以及社会团体的影响力，形成全社会关注、支持湿地保护事业的新局面；建立青少年绿色教育特色学校，加快普及青少年的生态意识，不断提高青少年保护生态环境的自觉性。

第三节 基于郊野公园的湿地文化

长江口湿地的淤长发育是长三角城市发展的基础生态空间和园林绿化覆盖率的保证，其保护和开发利用水平也是地区现代化发展的重要标志。以郊野公园为代表的发展目标要求，正成为《上海市基本生态网络规划》条件下长江口湿地保护和开发重要组成部分。以上海市为例，2014 年出台的《上海市郊野公园建设设计导则（试行）》，将在郊区选址 20 个郊野公园，总用地面积约 400 km^2，其建设内容和形式不仅包括各种类型的湿地公园，而且还进一步扩展到自然保护区内的科普基地、湿地修复和重建示范区、人工湿地污水处理示范区和具有特殊科研价值的野生动物栖息地等。其中，崇明、长兴等 5 个试点郊野公园的先期规划建设，正成为快速土地利用和覆盖变化背景下长江三角洲基础生态空间规划的创新探索。同时，为郊野公园建设设定了落实国家生态文明战略的明确目标和要求，推进长江三角洲可持续发展的重要标志任务，主要包括提供多样性的生态系统服务功能，如增强生态保育、促进游憩策划、彰显郊野景观风貌、发展历史文化、优化空间结构和提升环境品质等。

随着长三角城市群物质生活水平的提高和生态文明建设的推进，普通市民对郊野公园改善生态环境、提供游憩需求及生态文化服务等也越来越迫切。湿地资源为郊野公园提供了丰富的景观元素，普通市民本能的游憩需求是湿地物质文化产生的根源。郊野公园中的湿地元素是景观规划中的亮点和魅力所在，在尊重自然生态的条件下，可以集中展现以湿地资源为中心的人类文明，是湿地文化的重要载体和具体体现之一。同时，为湿地保护利用的科普教育和基础科学研究提供了一个理想的示范区和试验区。

然而，近年来长三角人口持续净流入和滩涂湿地淤长速率的减缓，使长江三角洲人均湿地资源和绿地面积不断减少，不断拉大与我国提出的城市公共绿地面积人均 $3\sim5\ m^2$ 的近期目标之间的距离。因此，依托郊野公园的建设将切实提供丰富多彩的滨水景观格局，湿地资源保护利用的“获得感”才能深入广大普通市民，进而促进长江口公众参与湿地文化的生态文明。另外，建设郊野公园可以开展湿地动植物遗传多样性迁地保护和可持续利用的科学研究，以建成长三角地区的动植物遗传多样性迁地保护的科普文化中心。可见，当前如何统筹协调郊野公园的规划设计，既能达到湿地资源多重利用的生态效益和城市布局的优化，又能满足普通市民游憩空间的生态文化需求，是目前郊野公园建设面临的新课题。湿地文化的功能因地域属性和郊野公园规划的侧重点不同而有不同的特征，本研究将以上海市崇明为例，探析基于郊野公园的长江口湿地文化的具体内容和基本属性，并在此基础上对其构建模式进行理论探讨，进一步探究其发展规划的格局。

一、郊野公园的湿地文化属性

根据上海“四个中心”建设发展要求，长江口郊野公园的湿地资源并不单纯是一种自然景观的综合体，而且往往被规划设计注入不同的文化色彩和美学价值，是推进城乡发展的战略转变，反映城乡土地使用方式转变的人文精神价值。郊野公园和湿地文化的关系是相互促进的，郊野公园反映着湿地文化，通过科学的设计和修复措施持续提升湿地资源价值。而湿地文化通过一个反馈环节（如自然、人文资源的真实性和完整性等）来改变着郊野公园，不同郊野公园的设计定位不同的湿地文化，实现湿地资源可持续利用和“多层次、成网络、功能复合”文化发展的目标要求。郊野公园是根据其原生态地理位置和对生态环境的诠释、认同和美学准则等原则，来规划布局湿地资源保护与体现人文特色的协调发展。从湿地文化功能结构角度来划分其属性较为复杂，但依据长江口滨海湿地的大区域功能定位，主要体现在生态文化属性、游憩文化属性和科研文化属性。

（一）生态文化属性

郊野公园的生态属性，是通过优化湿地资源来协调人与自然关系的最显著特征之一。郊野公园湿地元素的规划布局和湿地文化构建不仅需要遵循统筹农、林、绿、湿等生态要素的自然规律，还需要遵循优化城市空间布局的经济规律，并凸显大众游憩功能的人文社会科学原则，因此，郊野公园的湿地文化是一种融合自然、经济社会和人文社会科学等多学科交叉的多元文化。假使不根据《上海市基本生态网络规划》和公园原址的实际生态环境，科学地搭配水系、湿地和野生动物栖息地等要素，而是不分东西南北，不考虑生物入侵地引种外来物种，或是追求提高公园绿化率而单纯种植某一种要素，而不考虑生物多样性，那么有可能不但不能保护好建设好长江三角洲地区的生态环境，反而会浪费建设郊野公园的人力物力财力，特别是浪费郊野公园宝贵的自然湿地资源，并且可能引发不可预测的生态后果，更谈不上湿地文化的生态文明建设了。

以自然湿地面积占城市陆地面积的 23.5%的上海市为例，在被誉为“湿地城”的国际化大都市构建和发展郊野公园时，有履行《生物多样性国际公约》和《Ramsar Convention 湿地公约》的义务和责任，只有应用《上海市郊野公园建设设计导则（试行）》，并与自然、人文、艺术、经济等多学科知识相结合，才能在更深层次上发展“湿地城”的湿地文化和生态文明。郊野公园对普通市民湿地文化的“获得感”培养，是其他方式所无法比拟的。每一座以湿地为特色的郊野公园的社会生态文明只有融入并积淀成湿地文化，才有旺盛的生命力，才能广为传播并发挥其对当地社会经济的促进作用，而其湿地资源和郊野公园一样，在湿地文化发展中的作用是举足轻重的。例如，基于东亚-澳大利西亚鸟类迁徙路线上的中途停歇地，作为全球 50 个生态敏感区之一的崇明东滩湿地已被列入国际重要湿地名录，其自然保护区内的科普基地和崇明东滩湿地公园（图 9－1）作为展示我国湿地保护成效和研究水平的窗口，也是湿地文化国际交流的前沿，已发展成为长江口乃至全国全球湿地资源保护的生态文化之一。

图 9－1　长江口崇明东滩自然保护区与湿地公园实景图

（二）游憩文化属性

湿地文化的游憩功能属性，是指郊野公园以湿地元素为载体，融入市民体验自然健康生活文化的休闲度假需求的人文精神。快速城市化的迅猛发展，隔离了人类与大自然之间最初的直接而又密切的联系。生活在水泥建筑林立的普通市民渴望亲近大自然的怀抱，与自然环境和谐相处，享受大自然赐予的各种游憩体验。郊野公园作为城乡发展文化中自然景观的存在形式，其构成特点决定了它是城市游憩文化的重要传播场所。作为湿地旅游资源的郊野公园，是当前生态旅游文化中最活跃、最有生机的因素之一，从而可以推动长江口湿地游憩文化的发展。基于湿地资源因地制宜规划的郊野公园，是接近自然湿地原貌特征的人工湿地生态系统，创造了一种湿地生物多样性和谐共生的滨水游憩景观，不仅能促进观鸟、垂钓、采摘、水生游乐等度假游憩产业的发展，同时，也带动养生休闲等相关服务业的发展，提高了长江口湿地生态系统的多元化服务功能价值。

游憩文化功能的容量设计，首先要考虑在生态环境可承载的范围内，围绕生物多样性主题，开展符合湿地环境特征的、彰显自然湿地资源特色的和寓教于乐的大众化游憩活动，体现为公众服务的游憩空间格局。如一年一度的世界湿地日主题活动与郊野公园“生物多样性日”“爱鸟周”“保护月”相结合的湿地科普教育宣传，传播湿地资源受威胁和受破坏的警示教育，提高湿地保护的危机意识和自觉意识，营造保护湿地所带来的“获得感”，促进长江口湿地游憩文化的生态文明发展。由此可见，游憩文化的价值应与湿地资源特征相结合，合理定位郊野公园特色，因地制宜地规划游憩功能区和布局游憩项目，设计多元化游憩线路，并根据相关规定合理安排服务配套设施。在游憩功能规划方面，2016 年开业的长兴岛郊野公园（图 9－2）是上海市首批试点建设的发展湿地游憩

图 9－2　长兴岛郊野公园效果

文化的郊野公园之一，形成由“水源湿地涵养区、度假休闲区、田园湿地区、森林湿地区”四大功能区构成的规划结构。

（三）科研文化属性

科研文化属性是融入郊野公园的湿地文化体系中最深刻、最具创造性的构成要素，其前瞻性规划布局甚至可以争取到国际组织的资助和合作（如湿地国际、世界自然基金WWF和大自然保护协会等）（图9-3）。根据郊野公园规划要求以及湿地公园的特性，以湿地、水系和野生动物栖息地等重点要素为对象提出建设设计要求的引导。郊野公园在规划建设时，既要考虑这些重点要素的科学内容，又要注重郊野公园的园林艺术特色；同时，还要保护湿地生境与生物多样性，以便为湿地生态学等专业的学生，提供一个具体实在而又丰富多彩的课下大课堂。郊野公园不仅是湿地生态学家和保护生物学家等科研工作者从事湿地资源保护相关领域研究的平台，也是对因为人为干扰而遭受破坏的湿地进行生态修复的理想实验室之一。根据生态敏感性和生物多样性保护的理论框架，保护一些零星分布在市域范围内无法归入“两环、九廊、十区”的总体生态格局范围内的栖息地生态系统，提升郊野公园的科研文化功能，也为不同需求的野生动物种群提供丰富多样的栖息地。

图9-3 笔者接待美国鱼和野生动物局相关技术人员访问崇明东滩湿地

尊重和保护野生动植物重要栖息地，充分利用郊野公园的湿地资源开展人工湿地生态修复研究、科普教育和自然导赏活动，保护野生动植物资源，增加郊野公园科研文化功能和特色。在严格管理和科普教育课程设计的基础上，应该在自然保护区科普基地为代表的郊野公园内建立湿地生态学教学实践活动中心，使湿地资源能更多地配合教学课程（《湿地生态学导论》《生物多样性导论》）的科研教学需要，也可使研究生和一线科研工作者参与长江口湿地的野外调查和湿地生态修复科学实践。另外，在掌握栖息地动物资源现状的条件下，可以开展遗传多样性迁地保护和种质资源保存的研究，特别是在没有设立湿地自然保护区的地区，郊野公园作为一种补充，适度开展野生动植物重要栖息地建设，以建成该地区的濒危物种遗传多样性迁地保护中心或科普基地，发挥人工修复受损湿地的生态补偿作用，提高目标物种栖息地面积和质量。例如，结合郊野公园的水系总体规划设计，开展利用湿地资源规划污水生态修复处理公众示范区，并结合河道疏通与湖泊整治，优化水资源配置，加强水系调整与湿地养护管理，为发展长江三角洲“江南水乡”特色风貌和保护环境服务，体现郊野公园发展科研文化功能的生态文明理念。

二、湿地文化构建模式探讨

郊野公园与城市公园的构建愿景不同，要坚持保护生态文化、顺应游憩文化、发展科研文化，在保证生态承载力和生物多样性的现实基础上，保持郊野独特的景观异质性、时空镶嵌性和生态廊道完整性，充分发挥郊野公园的生态系统服务功能（图 9－4）。为了在郊野公园有限的土地范围内，对以湿地资源为主体的生态系统进行合理配置，形成合理的景观异质性或时空镶嵌性，郊野公园的构建模式不仅要为物质、能量和物种在湿地景观中的迁移、转化和扩散提供生态廊道，而且还要能优化湿地资源利用的多重效益，同时，能满足发展长江口湿地文化的多元属性需求。因此，从发展规划和构建模式上改变目前长江三角洲地区土地利用和土地覆盖变化给生物多样性所带来的潜在威胁，对郊野公园在长江口湿地文化和生态文明发展中的功能探索是一项巨大的挑战，具有重要的理论和实践意义。

郊野公园的自然湿地资源面积有限，生物多样性主要通过提高单位面积的物种数来实现。但郊野公园规划设计时在引入外来种时，还要特别注意评估防止生物入侵的潜在风险，互花米草入侵长江口湿地造成的巨大危害必须引以为戒。郊野公园可以创建成引种植物试验性示范区，不仅对引入外来种管控进行引入前的评估和预测，而且可以在园内进行引入后的连续监测工作，对重要的引种物种建立数据库，要为拒入有害物种提供决策依据，提高引种审批的科学性。与此同时，通过构建本地植物群落形成健康稳定的多类型多要素的复合生境功能区，是展现郊野公园生态文化的基本形式，复合要素的构建模式能创造多样化的小生境，为不同发育阶段的动植物和微生物提供适宜的繁衍和栖息场所，有利于招引丧失自然栖息地的迁徙鸟类等野生动物进入郊野公园，促进生物多样性的提高，改善食物链和食物网，提高生态系统的稳定性。

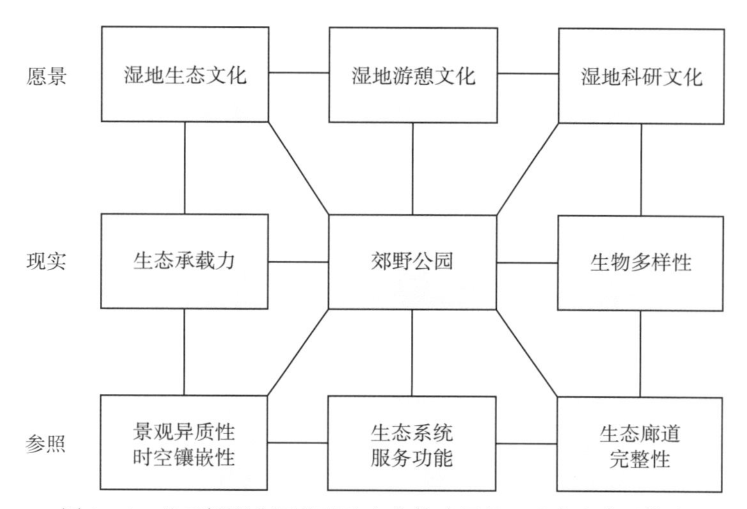

图 9-4　基于郊野公园的湿地文化构建愿景、现实和参照模式

郊野公园建成后农、林、水、村、路等元素的融合，是一个循序渐进的系统发育与功能完善过程。景观与游憩建设要考虑结构和功能进一步优化的生态空间，并具有自我维持和调节的能力。因此，在郊野公园发展规划中遵循城市规划原理的同时要仿效自然进化理论框架，选择“多层次、成网络、功能复合”并进行合理配置，不仅统筹农、林、绿、湿等生态要素，而且要减少人工生态系统带来的化肥、虫害、农药、污染和人工维护的成本，促进生态系统凋落物的循环再利用，形成系统标准化和集约化的维持机制，减少除草、施肥和修剪等人为干扰，而改用生态的处理方式，降低公园运营和维护的成本与难度，实现人工湿地与自然栖息地之间的可转化性。在此基础上，通过就地保护和“修旧如旧”的原则，体现各郊野公园独具特色的历史文化，创造公园人文特色。

三、湿地文化发展规划探索

湿地文化的形成和发展是依托郊野公园规划和渐进发展的动态的相辅相成过程，随着普通市民意识到保护湿地的重要性和由此带来的“获得感”而自觉产生的保护行为，进一步上升为人类文明。以上海市为例，郊野公园发展规划的总体目标是形成“两环、九廊、十区”的生态保育网络格局，至 2020 年，规划生态用地 3 500 km^2（图 9-5）。郊野公园建设需规划保护管理工程、宣教工程、科研监测、基础设施等服务配套设施，以确保在快速城市化中有广泛完整的森林、河流、湿地、农田等景观存在，为地区综合发展和资源持续利用留足空间，并在现有基础上，继续开展对已破坏或退化栖息地的生态修复和重建工作。因地制宜地发展湿地公园类型的郊野公园，综合考虑长三角重大产业布局调整的实际情况，协调迁徙水鸟保护网络栖息地建设的需求，重点支持生态旅游项目的发展。

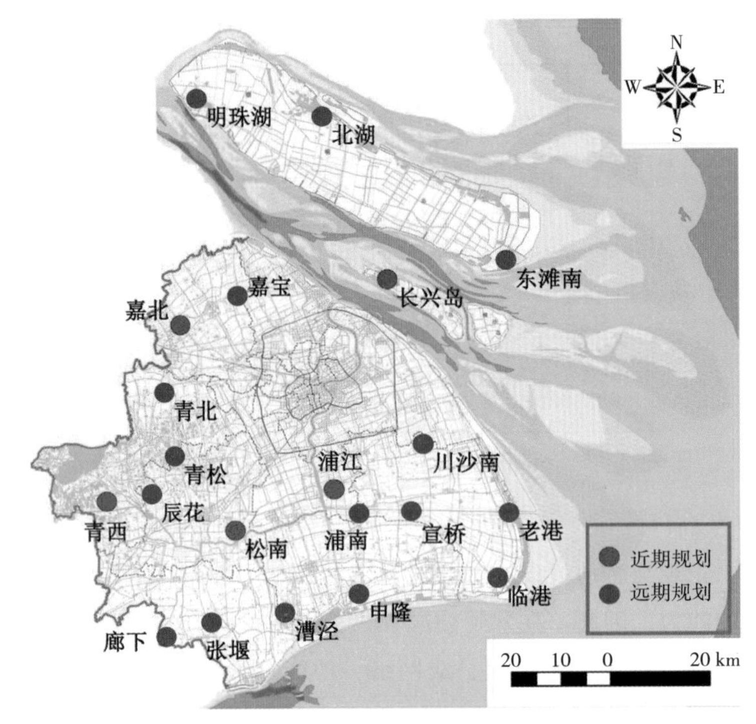

图 9-5 上海市郊野公园选址规划示意（2014 年）

郊野公园是探索跨学科、跨行业、跨地区参与湿地动态保护管理和开发利用的新模式，其发展规划要按照《上海市基本生态网络规划》的要求，从美丽中国的生态文明和长江三角洲地区生态安全的角度出发，按照国家级自然保护区建设标准要求，构建保护区内对公众开放的科普基地类型的郊野公园，对规划构建自然保护区而暂不具备保护区级别的可以优先考虑构建郊野公园，包括建设科学研究和环境教育等设施，重点培育科研文化；在确保黄浦江上游水源保护地以及淀山湖水源地有效保护的基础上，结合淀山湖邻近地区生态环境综合整治，重点在淀山湖周边地区因地适宜地发展湿地公园类型的郊野公园，重点培育生态文化；充分发挥人工湿地在污水处理方面的作用，结合湿地生态修复和重建示范区的功能开发，挖掘成为郊野公园的自然景观和人文景观，通过郊野公园促进湿地旅游观光事业的发展，重点培育游憩文化。同时，要重点保留相对自然的湿地景观区域，并加以适宜性改造为湿地公园和郊野公园，纳入长三角郊野公园系统规划，形成“两环、九廊、十区”的生态保育网络格局。

四、展望

湿地科学是一门相对年轻的学科，郊野公园更是一项新兴事业和挑战，因此，基于郊野公园衍生的湿地文化也是一种新文化符号。各种类型的自然和人工湿地为郊野公园提供了必要的景观元素，并由此促进了湿地文化的发展，包括生态、游憩和科研等多种功能属性。承载湿地文化的郊野公园，是探索跨学科、跨行业、跨地区参与湿地动态保护管理和合理开发利用的新模式，可以集中展现湿地文化的多重功能。发展湿地生态文化、湿地游憩文化和湿地科研文化作为郊野公园的构建的愿景，同时也要考虑生物多样性原则、生态承载力以及防止生物入侵的现实问题，并参照《上海市郊野公园建设设计导则（试行）》中的景观异质性和生态廊道完整性，对郊野公园生态系统服务功能发展规划的总体目标“两环、九廊、十区”的生态保育网络格局进行创新探索。与此同时，在总结以长江口为代表的湿地文化研究案例的基础上，以不同郊野公园的发展目标出发，创新发展湿地文化的引领作用和借鉴意义，着重加强湿地文化符号的推广和应用。

附　录

附录一　长江口湿地类型、名称、分布范围及其面积

<table>
<tr><th colspan="5">湿地类型及名称</th><th>分布范围</th><th>面积
(km²)</th><th>湿地分类
面积
(km²)</th><th>备注</th></tr>
<tr><td rowspan="12">Ⅰ
近海及海岸湿地</td><td rowspan="3">Ⅰ6
潮间淤泥海滩</td><td rowspan="3">杭州湾北岸</td><td colspan="2">金山区边滩</td><td rowspan="3">西始于金丝娘桥，东至南汇的汇角</td><td>57.03</td><td rowspan="3">134.94</td><td rowspan="3"></td></tr>
<tr><td colspan="2">奉贤县边滩</td><td>59.54</td></tr>
<tr><td colspan="2">南汇县边滩</td><td>18.37</td></tr>
<tr><td>Ⅰ4
岩石性海岸</td><td colspan="3">大小金山三岛</td><td>位于金山边滩南东海域，距金山咀 6.6 km</td><td>25.02</td><td>25.02</td><td>原自然保护区申请 45 hm²</td></tr>
<tr><td rowspan="8">Ⅰ11
河口水域</td><td colspan="3">崇明东滩</td><td>北八滧起向东、南至奚家港</td><td>718.96</td><td rowspan="8">2 898.21</td><td>含佘山岛</td></tr>
<tr><td colspan="3">崇明岛周缘</td><td>除东滩外，崇明岛北缘、西缘、南缘滩涂</td><td>411.88</td><td>北含黄瓜沙
南含扁担沙</td></tr>
<tr><td colspan="3">长兴岛周缘</td><td>主体为长兴岛北部、西部滩涂</td><td>154.83</td><td>含青草沙、中央沙、新浏河沙</td></tr>
<tr><td colspan="3">横沙岛周缘</td><td>主体为位于横沙岛以东滩涂</td><td>505.49</td><td>含横沙浅滩、白条子沙</td></tr>
<tr><td rowspan="3">长江南支南岸边滩</td><td colspan="2">吴淞口北宝山边滩</td><td>吴淞北至浏河口</td><td>56.54</td><td></td></tr>
<tr><td rowspan="2">吴淞口南</td><td>浦东新区边滩</td><td>吴淞口北至浦东机场</td><td>59.54</td><td></td></tr>
<tr><td>南汇边滩</td><td>浦东机场汇角</td><td>580.86</td><td>含铜沙沙咀</td></tr>
<tr><td colspan="3">九段沙</td><td>位于横沙岛与川沙南汇边滩间，距浦东机场 14 km</td><td>410.11</td><td></td></tr>
<tr><td rowspan="7">Ⅱ
河流湿地</td><td rowspan="7">Ⅱ1
永久性河流</td><td colspan="3">黄浦江</td><td>从松江区米市渡至吴淞口</td><td>37.98</td><td rowspan="7">71.88</td><td>自米市渡至吴淞口</td></tr>
<tr><td colspan="3">吴淞江
(苏州河)</td><td>自朱家山之东由江苏流入上海，在外白渡注入黄浦江</td><td>2.43</td><td></td></tr>
<tr><td colspan="3">蕴藻浜</td><td>其上游于孟泾附近与吴淞江会合，在吴淞镇入黄浦江</td><td>1.42</td><td></td></tr>
<tr><td colspan="3">淀浦河</td><td>始于淀山湖，在龙华长桥注入黄浦江</td><td>2.07</td><td></td></tr>
<tr><td colspan="3">拦路港至竖潦泾</td><td>黄浦江主要源河，拦路港、泖河主要在青浦区，斜塘一横、竖潦泾在淞江区</td><td>9.54</td><td>含泖河-斜塘-横潦泾</td></tr>
<tr><td colspan="3">大蒸塘-园泄泾</td><td>黄浦江源河之一，大蒸塘在青浦区，园泄泾在松江区</td><td>1.93</td><td></td></tr>
</table>

（续）

湿地类型及名称			分布范围	面积（km^2）	湿地分类面积（km^2）	备注
Ⅱ 河流湿地	Ⅱ1 永久性河流	太浦河	黄浦江源河之一，在新池附近从浙江流入上海市，在泖岛附近注入泖河	2.55	71.88	
		大泖港-胥浦塘	黄浦江源河之一，大泖港主要位于松江和金山交界，其余均在金山区	1.96		含掘石港
		急水港	位于淀山湖之西商榻镇	12.00		
Ⅲ 湖泊湿地	Ⅲ1 永久性淡水湖	淀山湖	位于青浦区西部朱家角镇与商榻间	47.60	68.01	
		元荡	位于青浦区金泽镇北西，与江苏共有	3.24		
		雪落漾	位于金泽镇的西边，与江苏共有	1.29		
		汪洋荡	位于商榻的偏西，与江苏共有	0.21		江苏有 328 hm^2
		大莲湖	在莲盛之北，属莲盛镇	1.47		
		大葑漾	位于金泽镇以东，为金泽、西岑、莲盛等镇共有	14.20		含小葑漾，北横港、火泽荡、李家荡
Ⅴ 库塘	Ⅴ1 水库	宝钢水库	位于长江南支南岸宝钢侧	1.64	2.99	原名石洞口水库
		陈行水库		1.35		
合计					3 201.05	

附录二　长江口国家重点保护野生动物名录

纲、目	序号	中文名	学名	英文名	保护级别	分布
两栖纲 Amphibia						
无尾目 Anura	1	虎纹蛙	*Hoplobatrachus rugulosus*	Chinese edible frog	★★/Ⅱ	嘉定、南汇、金山、崇明
爬行纲 Reptilia						
龟鳖目 Testudoformes	1	蠵龟 *	*Caretta caretta*	Loggerhead turtle	★★/Ⅰ	长江口近海海域
	2	海龟	*Chelonia mydas*	Green turtle，Edible turtle	★★/Ⅰ	长江口近海海域
	3	玳瑁 *	*Eretmochelys imbricata*	Hawasbill	★★/Ⅰ	长江口近海海域
	4	棱皮龟 *	*Dermochelys coriacea*	Leatherback turtle	★★/Ⅰ	长江口近海海域
	5	太平洋丽龟 *	*Lepidochelys olivacea*	Ridley seaturtle	★★/Ⅰ	长江口近海海域
兽纲 Mammalia						
鳞甲目 Pholidota	1	穿山甲 *	*Manis pentadactyla*	Common pangolin	★★/Ⅱ	上海郊区
食肉目 Carnivora	2	水獭	*Lutra lutra*	Common otter	★★/Ⅱ	上海西南部
	3	小灵猫 *	*Viverricula indica*	Small Indian civet	★★	上海郊区
鲸目 Cetacea	4	江豚 *	*Neophocaena phocaenoidaes*	Black finless dolphin	★★/Ⅰ	长江口近海海域
	5	宽吻海豚 *	*Tursiops truncatus*	Bottle-nosed dolphin	★★/Ⅱ	长江口近海海域
	6	糙齿长吻海豚 *	*Steno bredanensis*	Rough-toothed dolphin	★★/Ⅱ	长江口近海海域
	7	长须鲸 *	*Balaenoptera physalus*	Fin whale，Common rorqual	★★/Ⅰ	长江口近海海域
	8	小鳁鲸 *	*Balaenoptera acutorostrata*	Minke whale，Lesser rorqual	★★/Ⅰ	长江口近海海域
	9	白鱀豚 *	*Lipotes vexillifer*	Yangtze River dolphin	★/Ⅰ	长江口近海海域

（续）

纲、目	序号	中文名	学名	英文名	保护级别	分布
鱼纲 Pisces						
鲟形目 Acipenseriformes	1	中华鲟	*Acipenser sinensis*	Chinese sturgeon	★/Ⅱ	长江口北支、南支
	2	白鲟	*Psephurus gladius*	Chinese paddle fish	★	长江口北支、南支
鲉形目 Scorpaeniformes	3	松江鲈 *	*Trachidermus fasciatus*	Roughskin sculpin	★★	长江口、松江
鸟纲 Aves						
鹈形目 Pelecaniformes	1	海鸬鹚 *	*Phalacrocorax pelagicus*	Pelagic cormorant	★★	上海郊区
	2	斑嘴鹈鹕 *	*Pelecanus philippensis*	Spot-billed pelican	★★	上海郊区
鹳形目 Ciconiiformes	3	东方白鹳	*Ciconia boyciana*	Oriental white stork	★/Ⅰ	长江口沿岸、杭州湾
	4	黑鹳	*Ciconia nigra*	Black stork	★/Ⅱ	长江口沿岸、杭州湾
	5	白琵鹭	*Platalea leucorodia*	White spoonbill	★★/Ⅱ	上海郊区
	6	黑脸琵鹭	*Platalea minor*	Black-faced spoonbill	★★	长江口南岸、崇明
	7	黄嘴白鹭	*Egretta eulophotes*	Chinese egret	★★	上海西南部
雁形目 Anseriformes	8	白额雁	*Anser albifrons*	White-fronted goose	★★	长江口沿岸滩涂、杭州湾、崇明岛
	9	大天鹅 *	*Cygnus cygnus*	Whooper swan	★★	长江口沿岸滩涂、杭州湾、崇明岛
	10	小天鹅	*Cygnus columbianus*	Tundra swan	★★	长江口沿岸滩涂、杭州湾、崇明岛
	11	疣鼻天鹅 *	*Cygnus olor*	Mute swan	★★	崇明
	12	鸳鸯	*Aix galericulata*	Mandarin duck	★★	长江口沿岸滩涂、杭州湾、崇明岛
	13	中华秋沙鸭 *	*Mergus squamatus*	Scaly-sided merganser	★	长江口沿岸滩涂、杭州湾、崇明岛
隼形目 Falconiformes	14	苍鹰	*Accipiter gentilis*	Northern goshawk	★★/Ⅱ	长江口沿岸滩涂、杭州湾、崇明岛
	15	雀鹰	*Accipiter nisus*	Eurasian sparrow hawk	★★/Ⅱ	长江口沿岸滩涂、杭州湾、崇明岛

（续）

纲、目	序号	中文名	学名	英文名	保护级别	分布
	16	松雀鹰	*Accipiter virgatus*	Besra sparrow hawk	★★/Ⅱ	长江口沿岸、嘉定
	17	赤腹鹰	*Accipiter soloensis*	Chinese goshawk	★★/Ⅱ	长江口沿岸、松江、南汇
	18	灰脸鵟鹰	*Butastur indicus*	Grey-faced buzzard	★★/Ⅱ	崇明岛
	19	凤头蜂鹰 *	*Pernis ptilorhynchus*	Oriental honey buzzard	★★/Ⅱ	上海郊区
	20	普通鵟	*Buteo buteo*	Common buzzard	★★/Ⅱ	长江口沿岸滩涂、杭州湾、崇明岛
	21	大鵟 *	*Buteo hemilasius*	Upland buzzard	★★/Ⅱ	上海郊区
	22	毛脚鵟 *	*Buteo lagopus*	Rough-legged hawk	★★/Ⅱ	上海郊区
	23	白尾鹞	*Circus cyaneus*	Hen harrier	★★/Ⅱ	长江口沿岸、岛屿
	24	白头鹞	*Circus aeruginosus*	Marsh harrier	★★/Ⅱ	长江口沿岸、岛屿
	25	鹗	*Pandion haliaetus*	Osprey	★★/Ⅱ	崇明等岛屿边滩
	26	燕隼	*Falco subbuteo*	Eurasian hobby	★★/Ⅱ	长江口沿岸、嘉定、南汇、闵行
	27	灰背隼	*Falco columbarius*	Merlin	★★/Ⅱ	上海郊区
	28	游隼	*Falco peregrinus*	Peregrine falcon	★★/Ⅰ	崇明等岛屿边滩
	29	红隼	*Falco tinnunculus*	Common kestrel	★★/Ⅱ	长江口沿岸、岛屿
	30	红脚隼 *	*Falco vespertinus*	Amur falcon	★★/Ⅱ	上海郊区
	31	鸢 *	*Milvus migrans*	Blake kite	★★/Ⅱ	上海郊区
	32	玉带海鹏 *	*Haliaeetus leucoryphus*	Pallas's fish eagle	★/Ⅱ	上海郊区
	33	白尾海鹏 *	*Haliaeetus albicilla*	White-tailed sea eagle	★/Ⅰ	上海郊区
	34	乌鹏 *	*Aquila clanga*	Great spotted eagle	★★/Ⅱ	上海郊区
	35	白腹隼鹏 *	*Hieraaetus fasciata*	Bonelli's eagle	★★/Ⅱ	上海郊区

（续）

纲、目	序号	中文名	学名	英文名	保护级别	分布
	36	秃鹫 *	*Aegypius monachus*	Cirereous vulture	★★/Ⅱ	上海郊区
鹤形目 Gruiformes	37	白头鹤	*Grus monacha*	Hooded crane	★/Ⅰ	长江口沿岸滩涂、杭州湾、崇明岛
	38	白枕鹤	*Grus vipio*	White-naped crane	★★/Ⅰ	崇明岛
	39	灰鹤	*Grus grus*	Common crane	★★	长江口沿岸滩涂、杭州湾、崇明岛
鸻形目 Charadriiformes	40	小杓鹬	*Numenius minutus*	Little curlew	★★/Ⅰ	长江口沿岸滩涂、杭州湾、崇明岛
	41	小青脚鹬	*Tringa guttifer*	Nordmann's greenshank	★★/Ⅰ	长江口沿岸滩涂、杭州湾、崇明岛
	42	遗鸥	*Larus relictus*	Relict gull	★/Ⅰ	崇明岛
	43	中华凤头燕鸥	*Thalasseus bernsteini*	Chinese crested tern	★	崇明岛
鸽形目 Columbiformes	44	红翅绿鸠 *	*Treron sieboldii*	White-bellied green pigeon	★★/Ⅱ	上海郊区
鸮形目 Strigiformes	45	红角鸮	*Otus sunia*	Oriental scops owl	★★/Ⅱ	松江
	46	短耳鸮	*Asio flammeus*	Short-eared owl	★★/Ⅱ	松江
	47	东方草鸮 *	*Tyto longimembris*	Eastern grass owl	★★/Ⅱ	上海郊区
	48	长耳鸮 *	*Asio otus*	Long-eared owl	★★/Ⅱ	上海郊区
	49	领角鸮 *	*Otus lettia*	Collared scops owl	★★/Ⅱ	上海郊区
	50	鹏鸮 *	*Bubo bubo*	Eurasian eagle-owl	★★/Ⅱ	上海郊区
	51	鹰鸮 *	*Ninox scutulata*	Brown hawk-eagle	★★/Ⅱ	上海郊区
	52	领鸺鹠 *	*Glaucidium brodiei*	Collared owlet	★★/Ⅱ	上海郊区
	53	斑头鸺鹠	*Glaucidium cuculoides*	Asian barred owlet	★★/Ⅱ	松江
雀形目 Passeriformes	54	蓝翅八色鸫 *	*Pitta moluccensis*	Blue-winged pitta	★★/Ⅱ	上海郊区

注：①★、★★分别为国家一级、二级重点保护野生动物；
②Ⅰ、Ⅱ分别为《濒危野生动植物种国际贸易公约》附录Ⅰ、附录Ⅱ动物；
③*为文献记载过，但近期调查未发现种类。

附录三　长江口国家重点保护野生植物名录

分类	序号	中文名	学名	英文名	保护级别	分布
被子植物门 Angiospermae						
双子叶植物纲 Dicotyledoneae						
樟科 Lauraceae	1	樟（香樟）	*Cinnamomum camphora*		★★/Ⅱ	大小金山岛
	2	普陀樟	*Cinnamomum japonicum*		★★/Ⅱ	大小金山岛
	3	舟山新木姜子	*Neolitsea sericea*		★★/Ⅱ	大小金山岛

注：①★、★★分别为国家一级、二级重点保护野生植物；
②Ⅰ、Ⅱ、Ⅲ分别为《濒危野生动植物种国际贸易公约》附录Ⅰ、附录Ⅱ、附录Ⅲ植物。

附录四　长江口国家、地方重点保护野生动植物资源状况一览表

（一）野生动物	上海地区国家重点保护野生动物种类数量	全国国家重点保护野生动物种类数量	分别占全国的比例
1. 兽类	一级保护动物 1 种，二级保护动物 11 种	一级保护动物 49 种，二级保护动物 80 种	分别占 2%和 14%
2. 鸟类	一级保护动物 7 种，二级保护动物 47 种	一级保护动物 42 种，二级保护动物 189 种	分别占 17%和 25%
3. 爬行类	一级保护动物 0 种，二级保护动物 5 种	一级保护动物 6 种，二级保护动物 11 种	分别占 0%和 45%
4. 两栖类	一级保护动物 0 种，二级保护动物 1 种	一级保护动物 0 种，二级保护动物 7 种	分别占 0%和 14%
合计	一级保护动物 8 种，二级保护动物 64 种	一级保护动物 97 种，二级保护动物 287 种	分别占 8%和 22%
（二）野生植物	上海地区国家重点保护野生植物种类数量	全国国家重点保护野生植物种类数量	分别占全国的比例
	一级保护植物 0 种，二级保护植物 3 种	一级保护植物 58 种，二级保护植物 42 种	分别占 0%和 7%
（三）地方重点野生保护动物	上海市地方重点保护野生动物种类数量		
1. 兽类	3 种		
2. 鸟类	14 种		
3. 爬行类	17 种		
4. 两栖类	10 种		
合计	44 种		

附录五　长江口地方重点保护野生动物名录

目、科	序号	中文名	学名
兽纲 Mammalia　2目3科3种			
猬目 Erinaceomorpha			
猬科 Erinaceidae	1	刺猬	Erinaceinae
食肉目 Carnivora			
鼬科 Mustelidae	2	猪獾	*Arctonyx collaris*
猫科 Felidae	3	豹猫	*Prionailurus bengalensis*
鸟纲 Aves　4目13科14种			
鹃形目 Cuculiformes			
杜鹃科 Cuculidae	4	四声杜鹃	*Cuculus micropterus*
佛法僧目 Coraciiformes			
翠鸟科 Alcedinidae	5	赤翡翠	*Halcyon coromanda*
䴕形目 Piciformes			
啄木鸟科 Picidae	6	灰头绿啄木鸟	*Picus canus*
雀形目 Passeriformes			
鹎科 Pycnonotidae	7	白头鹎	*Pycnonotus sinensis*
伯劳科 Lannidae	8	棕背伯劳	*Lanius schach*
黄鹂科 Oriolidae	9	黑枕黄鹂	*Oriolus chinensis*
椋鸟科 Sturnidae	10	八哥	*Acridotheres cristatellus*
鸦科 Corvidae	11	灰喜鹊	*Cyanopica cyanus*
	12	喜鹊	*Pica pica*
鸫科 Turdinae	13	乌鸫	*Turdus merula*
鸦雀科 Paradoxornithidae	14	震旦鸦雀	*Paradoxornis heudei*
莺科 Sylviinae	15	短翅树莺	*Cettia diphone*
王鹟科 Monarchinae	16	寿带	*Terpsiphone paradisi*
山雀科 Paridae	17	大山雀	*Parus major*
两栖纲 Amphibia　1目4科10种			
无尾目 Salientia			
蟾蜍科 Bufonidae	18	中华蟾蜍	*Bufo gargarizans*
	19	花背蟾蜍	*Bufo raddei*
蛙科 Ranidae	20	沼蛙	*Rana guentheri*
	21	泽陆蛙	*Fejervarya limnocharis*
	22	黑斑侧褶蛙	*Rana nigromaclata*

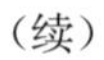

（续）

目、科	序号	中文名	学名
	23	金线侧褶蛙	*Rana plancyi*
	24	日本林蛙	*Rana japonica*
树蛙科 Rhacophoridae	25	斑腿树蛙	*Phacophorus leucomystax*
	26	大树蛙	*Phacophorus dennysi*
姬蛙科 Microhyidae	27	饰纹姬蛙	*Microhyla ornate*
爬行纲 Reptilia　1 目 5 科 17 种			
有鳞目 Squamata			
蜥蜴亚目 Lacertilia			
壁虎科 Gekkonidae	28	多疣壁虎	*Gekko japonicus*
石龙子科 Scincidae	29	蓝尾石龙子	*Eumeces elegans*
蛇亚目 Serpentes			
游蛇科 Colubridae	30	黑脊蛇	*Achalinus spinalis*
	31	赤链蛇	*Dinodon rufozonatum*
	32	双斑锦蛇	*Elaphe bimasculata*
	33	王锦蛇	*Elaphe carinata*
	34	枕纹锦蛇	*Elaphe dione*
	35	红点锦蛇	*Elaphe rufodorsata*
	36	黑眉锦蛇	*Elaphe taeniura*
	37	赤链华游蛇	*Sinonatrix annularis*
	38	华游蛇	*Sinonatrix percarinata*
	39	虎斑颈槽蛇	*Rhabdophis tigrina*
	40	黑头剑蛇	*Sibynophis chinensis*
	41	翠青蛇	*Entechinus major*
	42	乌梢蛇	*Zaocys dhumnades*
海蛇科 Hydrophiinae	43	青环海蛇	*Hydrophis cyanocinctus*
腹科 Crotalinae	44	短尾蝮	*Agkistrodon brevicaudus*

参考文献

蔡友铭，2014. 上海湿地 [M]. 上海：上海科学技术出版社.

蔡友铭，袁晓，2008. 上海水鸟 [M]. 上海：上海科学技术出版社.

操文颖，李红清，李迎喜，2008. 长江口湿地生态环境保护研究 [J]. 人民长江，39 (23)：43-45.

曹磊，宋金明，李学刚，等，2013. 中国滨海盐沼湿地碳收支与碳循环过程研究进展 [J]. 生态学报，33 (17)：5141-5152.

陈国平，黄建维，2001. 中国河口和海岸带的综合利用 [J]. 水利水电技术，32 (1)：38-42.

陈慧丽，李玉娟，李博，等，2005. 外来植物入侵对土壤生物多样性和生态系统过程的影响 [J]. 生物多样性，13 (6)：555-565.

陈吉余，2000. 开发浅海滩涂资源　拓展我国的生存空间 [J]. 中国工程科学，2 (3)：27-31.

陈吉余，陈沈良，2003. 长江口生态环境变化及对河口治理的意见 [J]. 水利水电技术，34 (1)：19-25.

陈吉余，程和琴，戴志军，2007. 滩涂湿地利用与保护的协调发展探讨——以上海市为例 [J]. 中国工程科学，9 (6)：11-17.

陈计伟，王聪，张饮江，2011. 上海世博园后滩公园湿地景观设计 [J]. 中国给水排水，27 (16)：42-46.

陈家宽，2003. 上海九段沙湿地自然保护区科学考察集 [M]. 北京：科学出版社.

陈家宽，雷光春，王学雷，2010. 长江中下游湿地自然保护区——有效管理十佳案例分析 [M]. 上海：复旦大学出版社.

陈晋，陈云浩，何春阳，等，2001. 基于土地覆盖分类的植被覆盖率估算亚像元模型与应用 [J]. 遥感学报，5 (6)：416-421.

陈求稳，欧阳志云，2005. 流域生态学及模型系统 [J]. 生态学报，25 (5)：1184-1190.

陈宜瑜，1995. 中国湿地研究 [M]. 长春：吉林科学技术出版社.

陈中义，2004. 互花米草入侵国际重要湿地崇明东滩的生态后果 [D]. 上海：复旦大学博士学位论文.

陈中义，李博，陈家宽，2004. 米草属植物入侵的生态后果及管理对策 [J]. 生物多样性，12 (2)：280-289.

程和琴，塔娜，周莹，等，2015. 海平面上升背景下上海市长江口水源地供水安全风险评估及对策 [J]. 气候变化研究进展，11 (4)：263-269.

程晓莉，2005. 互花米草的入侵对盐沼湿地温室气体及土壤碳氮动态的影响 [D]. 上海：复旦大学博士后出站报告.

崔廷伟，马毅，张杰，2003. 航空高光谱遥感的发展与应用 [J]. 遥感技术与应用，18 (2)：118-121.

邓自发，2007. 外来种互花米草（*Spartina alterniflora*）种群空间分异与入侵机制研究 [D]. 南京：南京大学博士学位论文.

丁东，李日辉，2003. 中国沿海湿地研究 [J]. 海洋地质与第四纪地质，23 (1)：109-112.

杜景龙，杨世伦，2007. 长江口北槽深水航道工程对周边滩涂冲淤影响研究 [J]. 地理科学，27 (3)：

390－394.

杜景龙，杨世伦，陈广平，2013.30多年来人类活动对长江三角洲前缘滩涂冲淤演变的影响［J］．海洋通报，32（3）：296－302.

段绍伯，1989.上海自然环境［M］．上海：上海科学文献出版社．

樊安德，1995.长江河口及其临近海区的总化学耗氧有机质与营养盐［J］．东海海洋，13（3－4）：15－36.

方家，王德，朱玮，等，2016.基于SP法的上海居民郊野公园游憩偏好研究［J］．中国园林，32（4）：50－55.

方精云，2000.全球生态学［M］．北京：高等教育出版社．

干晓静，李博，陈家宽，等，2007.生物入侵对鸟类的生态影响［J］．生物多样性，15（5）：548－557.

干晓静，2009.互花米草入侵长江口崇明东滩盐沼对鸟类栖息地选择的影响［D］．上海：复旦大学博士学位论文．

高慧，彭筱葳，李博，等，2006.互花米草入侵九段沙河口湿地对当地昆虫多样性的影响［J］．生物多样性，14（5）：400－409.

高阳俊，阮仁良，孙从军，等，2011.淀山湖千墩浦河口生态浮床试验工程净化效果［J］．水资源保护，27（6）：28－31.

高宇，何美梅，赵斌，2006a.上海湿地［J］．科学，58（5）：48－51.

高宇，黄晓荣，张婷婷，等，2016.中国滨海河口海湾湿地生态系统研究进展——以长江口为例［J］．湿地科学与管理，12（4）：59－63.

高宇，王卿，何美梅，等，2007.滩涂作业对上海崇明东滩自然保护区的影响评价［J］．生态学报，27（9）：3752－3760.

高宇，张涛，张婷婷，等，2017a.基于淤积量的崇明东滩促淤围垦合理性评价［J］．湿地科学与管理，13（1）：4－8.

高宇，张婷婷，庄平，2016a.基于人工替代栖息地的长江口湿地系统规划［J］．环境与可持续发展，41（3）：154－158.

高宇，章龙珍，张婷婷，等，2017b.长江口湿地保护与管理现状、存在的问题及解决的途径［J］．湿地科学，15（2）：302－308.

高宇，赵斌，2006b.人类围垦活动对上海崇明东滩滩涂发育的影响［J］．中国农学通报，22（8）：475－478.

高宇，赵斌，2006c.上海湿地生态系统的效益分析［J］．世界科技研究与发展，28（8）：58－64.

高宇，赵峰，张婷婷，等，2016b.人工替代栖息地的效益初探：以长江口为例［J］．科学，68（3）：45－49.

高宇，赵峰，庄平，等，2015.长江口滨海湿地的保护利用与发展［J］．科学，67（4）：39－42.

葛向东，刘青松，2001.长江口海岸带环境及管理问题［J］．海洋通报，20（3）：58－64.

葛振鸣，王天厚，王开运，等，2008.长江口滨海湿地生态系统特征及关键群落的保育［M］．北京：科学出版社．

龚崇准，陈美发，朱宪伟，等，2001.桩式离岸堤保滩促淤工程消浪效果试验研究［J］．海洋工程，19（4）：72－77.

关道明，2012.中国滨海湿地［M］．北京：海洋出版社．

关道明，阿东，2012. 全国海洋功能区划 [M]. 北京：海洋出版社.
郭海强，顾永剑，李博，等，2007. 全球碳通量东滩野外观测站的建立 [J]. 湿地科学与管理，3 (1)：30-33.
郭航，张晓丽，2007. 基于遥感技术的植被分类研究现状与发展趋势 [J]. 世界林业研究，20 (3)：14-19.
郝庆菊，王跃思，宋长春，2004. 三江平原湿地土壤 CO_2 和 CH_4 排放的初步研究 [J]. 农业环境学报，23 (5)：846-851.
何美梅，2008. 结合地面高光谱遥感与卫星遥感监测崇明东滩互花米草的入侵 [D]. 上海：复旦大学硕士学位论文.
何奇瑾，周广胜，周莉，等，2006. 盘锦芦苇湿地水热通量计算方法的比较研究 [J]. 气象与环境学报，22 (4)：35-41.
何挺，程烨，王静，2002. 野外地物光谱测量技术及方法 [J]. 中国土地科学，16 (5)：30-36.
何小勤，2004. 长江口崇明东滩现代地貌过程研究 [D]. 上海：华东师范大学硕士学位论文.
洪浩，寿子琪，2010. 中国 2010 年上海世博会科学技术报告 [M]. 上海：上海科学技术出版社.
侯颖，李红，郭海强，等，2017. 从湿地到农田：围垦对生态系统碳排放的影响 [J]. 应用生态学报，28 (8)：2517-2526.
华宁，马志军，马强，等，2009. 冬季水鸟对崇明东滩水产养殖塘的利用 [J]. 生态学报，29 (12)：6342-6350.
黄华梅，张利权，2007. 上海九段沙互花米草种群动态遥感研究 [J]. 植物生态学报，31 (1)：75-82.
黄正一，孙振华，虞快，等，1993. 上海鸟类资源及其生境 [M]. 上海：复旦大学出版社.
贾建伟，王磊，唐玉姝，等，2010. 九段沙不同演替阶段湿地土壤微生物呼吸的差异性及其影响因素 [J]. 生态学报，30 (17)：4529-4538.
江健，林文鹏，何欢，等，2013. 上海市湿地信息遥感提取方法研究 [J]. 湿地科学，11 (4)：470-474.
金斌松，2010. 长江口盐沼潮沟鱼类多样性时空分布格局 [D]. 上海：复旦大学博士学位论文.
朗惠卿，林鹏，1998. 中国湿地研究和保护 [M]. 上海：华东师范大学出版社.
李博，陈家宽，2002. 生物入侵生态学：成就与挑战 [J]. 世界科技研究与发展，24 (2)：26-36.
李贺鹏，张利权，王东辉，2006. 上海地区外来种互花米草的分布现状 [J]. 生物多样性，14 (2)：114-120.
李华，杨世伦，2007. 潮间带盐沼植物对海岸沉积动力过程影响的研究进展 [J]. 地球科学进展，22 (6)：583-591.
李加林，杨晓平，童亿勤，等，2005. 互花米草入侵对潮滩生态系统服务功能的影响及其管理 [J]. 海洋通报，24 (5)：33-38.
李九发，戴志军，应铭，等，2007. 上海市沿海滩涂土地资源圈围与潮滩发育演变分析 [J]. 自然资源学报，22 (3)：361-371.
李九发，万新宁，陈小华，等，2003. 上海滩涂后备土地资源及其可持续开发途径 [J]. 长江流域资源与环境，12 (1)：17-22.
李俊清，2012. 保护生物学 [M]. 北京：科学出版社.
李茂田，陈中原，李刚，2004. 从长江口南汇东滩冲淤变化探讨合理选择促淤造陆边界 [J]. 长江流域资源与环境，13（4）：365－369.

李琴，陈家宽，2017. 长江大保护的范围、对象和思路［J］. 中国周刊（1）：24－25.

李胜男，崔丽娟，赵欣胜，等，2011. 湿地水环境生态恢复及研究展望［J］. 水生态学杂志，32（2）：1－5.

李扬汉，1998. 中国杂草志［M］. 北京：中国农业出版社.

李铁伦，朱祥明，2015. 上海郊野公园设计与建设引导探析［J］. 中国园林，31（12）：61－64.

李玉凤，刘红玉，2014. 湿地分类和湿地景观分类研究进展［J］. 湿地科学，12（1）：102－108.

李振宇，解焱，2002. 中国外来入侵种［M］. 北京：中国林业出版社.

李致勋，唐子英，1959. 上海鸟类调查报告［J］. 动物学报，11（3）：390－408.

廖成章，2007. 外来植物入侵对生态系统碳、氮循环的影响：案例研究与整合分析［D］. 上海：复旦大学博士学位论文.

刘光崧，1996. 土壤理化分析与剖面描述："中国生态系统研究网络观测与分析标准方法"土壤分册［M］. 北京：中国标准出版社.

刘晶，牛俊英，邹业爱，等，2015. 上海浦东东滩鸟类栖息地生态修复区的水鸟群落变化［J］. 长江流域资源与环境，24（2）：219－226.

刘康，李团胜，2004. 生态规划——理论、方法与应用［M］. 北京：化学工业出版社.

刘敏，许世远，2005. 长江口潮滩 POPs 环境生物地球化学过程与生态风险［M］. 北京：中国环境科学出版社.

刘敏，许世远，侯立军，2007. 长江口潮滩沉积物-水界面营养盐环境生物地球化学过程［M］. 北京：科学出版社.

刘青松，2003. 湿地与湿地保护［M］. 北京：中国环境科学出版社.

刘钰，李秀珍，闫中正，等，2013. 长江口九段沙盐沼湿地芦苇与互花米草生物量及碳储量［J］. 应用生态学报，24（8）：2129－2134.

鲁如坤，2000. 土壤农业化学分析方法［M］. 北京：中国农业科学技术出版社.

陆健健，1990. 中国湿地［M］. 上海：华东师范大学出版社.

陆健健，何文珊，童春富，等，2006. 湿地生态学［M］. 北京：高等教育出版社.

陆健健，王强，2013. 建设上海郊野公园，发挥湿地生态系统功能［J］. 上海城市规划，（5）：19－23.

陆忠民，卢永金，宋少红，等，2009. 青草沙水库建设与长江口综合整治关系研究［J］. 给水排水，35（1）：55－58.

吕宪国，2004. 湿地生态系统保护与管理［M］. 北京：化学工业出版社.

马荣荣，宋超，王妤，等，2017. 崇明东滩南部大弹涂鱼食源的稳定同位素分析［J］. 海洋渔业，39（4）：419－426.

马涛，马彩华，2011. 上海湿地碳汇：挑战与应对［J］. 湿地科学与管理，7（2）：63－65.

马田田，梁晨，李晓文，等，2015. 围填海活动对中国滨海湿地影响的定量评估［J］. 湿地科学，13（6）：653－659.

茅志昌，李九发，吴华林，2003. 上海市滩涂促淤圈围研究［J］. 泥沙研究，（2）：77－80.

潘辉，罗彩莲，谭芳林，2006. 3S 技术在湿地研究中的应用［J］. 湿地科学，4（1）：75－78.

彭容豪，2010. 互花米草对河口盐沼生态系统氮循环的影响：上海崇明东滩实例研究［D］. 上海：复旦大学博士学位论文 .
浦瑞良，宫鹏，2003. 高光谱遥感及其应用［M］. 北京：高等教育出版社 .
钱国桢，崔志兴，王天厚，1985. 长江口、杭州湾北部鸻形目鸟类［J］. 动物学报，31（1）：96－97.
钦佩，左平，何祯祥，2004. 海滨系统生态学［M］. 北京：化学工业出版社 .
秦海明，2011. 长江口盐沼潮沟大型浮游动物群落生态学研究［D］. 上海：复旦大学博士学位论文 .
全为民，2007. 长江口盐沼湿地食物网的初步研究：稳定同位素分析［D］. 上海：复旦大学博士学位论文 .
任璘婧，李秀珍，杨世伦，等，2014. 崇明东滩盐沼植被变化对滩涂湿地促淤消浪功能的影响［J］. 生态学报，34（12）：3350－3358.
阮仁良，2000. 上海市水环境研究［M］. 北京：科学出版社 .
沙晨燕，谭娟，王卿，等，2015. 不同类型河滨湿地甲烷和二氧化碳排放初步研究［J］. 生态环境学报，24（7）：1182－1190.
上海市崇明县县志编纂委员会，1989. 崇明县志［M］. 上海：上海人民出版社 .
上海市海岸和海涂资源综合调查组，1988. 上海市海岸带和海涂资源综合调查报告［M］. 上海：上海科学技术出版社 .
上海市人民政府发展研究中心课题组，2015. 上海市“十三五”规划基本思路研究［J］. 科学发展，76（3）：28－48.
邵炳绪，唐子英，孙帼英，等，1980. 松江鲈鱼繁殖习性的调查研究［J］. 水产学报，4（1）：81－86.
沈焕庭，2001. 长江河口物质通量［M］. 北京：海洋出版社 .
沈焕庭，林卫青，2015. 上海长江口水源地环境分析与战略选择［M］. 上海：上海科学技术出版社 .
史赟荣，晁敏，全为民，等，2012. 长江口鱼类群落的多样性分析［J］. 中国水产科学，19（6）：1051－1059.
宋歌，孙波，教剑英，2007. 测定土壤硝态氮的紫外分光光度法与其他方法的比较［J］. 土壤学报，44（2）：288－293.
宋红丽，刘兴土，2013. 围填海活动对我国河口三角洲湿地的影响［J］. 湿地科学，11（2）：297－304.
孙博，谢屹，温亚利，2016. 中国湿地生态补偿机制研究进展［J］. 湿地科学，14（1）：89－96.
孙书存，蔡永立，刘红，2001. 长江口盐沼海三棱藨草在高程梯度上的生物量分配［J］. 植物学报，43（2）：178－185.
孙永光，李秀珍，何彦龙，等，2011. 基于PCA方法的长江口滩涂围垦区土地利用动态综合评价及驱动力［J］. 长江流域资源与环境，20（6）：697－704.
孙永涛，张金池，2011. 长江口北支湿地自然保护区生态评价［J］. 湿地科学与管理，7（1）：25－28.
孙振华，高峻，赵仁泉，1992. 崇明东滩鸟类自然保护区的滩涂植被［J］. 上海环境科学，11（3）：22－25.
汤臣栋，2012. 崇明东滩鸻鹬类迁徙的环志研究［J］. 湿地科学与管理，8（1）：38－42.
汤臣栋，2016. 上海崇明东滩互花米草生态控制与鸟类栖息地优化工程［J］. 湿地科学与管理，12（3）：4－8.
唐龙，2008. 刈割、淹水及芦苇替代综合控制互花米草的生态学机理研究［D］. 上海：复旦大学博士学位论文 .
唐龙，高扬，赵斌，等，2008. 生态系统工程师：理论与应用［J］. 生态学报，28（7）：3343－3355.

唐延林，黄敬峰，2001. 农业高光谱遥感研究的现状与发展趋势［J］. 遥感技术与应用，16（4）：248-251.

唐玉姝，王磊，贾建伟，等，2010. 促淤等人为扰动对长江口滩涂湿地土壤微生物呼吸的影响［J］. 生态学报，30（18）：5022-5032.

陶思明，2003. 湿地生态与保护［M］. 北京：中国环境科学出版社.

田波，周云轩，郑宗生，等，2008. 面向对象的河口滩涂冲淤变化遥感分析［J］. 长江流域资源与环境，17（3）：419-423.

童春富，2004. 河口湿地生态系统结构、功能与服务——以长江口为例［D］. 上海：华东师范大学博士学位论文.

童庆禧，郑兰芬，王晋年，等，1997. 湿地植被成像光谱遥感研究［J］. 遥感学报，1（1）：50-57.

汪承焕，2010. 环境变异对崇明东滩优势盐沼植物生长、分布和种间竞争的影响［D］. 上海：复旦大学博士学位论文.

汪青，2006. 崇明东滩湿地生态系统温室气体排放及机制研究［D］. 上海：华东师范大学硕士学位论文.

汪松年，2001. 上海市水资源普查报告［M］. 上海：上海科学技术出版社.

汪松年，2005. 上海水生态修复调查与研究［M］. 上海：上海科学技术出版社.

汪亚峰，傅伯杰，侯繁荣，等，2009. 基于差分 GPS 技术的淤地坝泥沙淤积量估算［J］. 农业工程学报，25（9）：79-83.

王海华，庄平，冯广朋，等，2016. 长江赣皖段中华绒螯蟹成体资源变动及资源保护对策［J］. 浙江农业学报，28（4）：567-573.

王建华，范瑜，2002. 遥感技术在宏观生态环境监测中的应用［J］. 江苏环境科技，15（1）：22-24.

王江涛，仲启铖，欧强，等，2015. 崇明东滩滨海围垦湿地生长季 CO_2 通量特征［J］. 长江流域资源与环境，24（3）：416-425.

王金庆，2008. 长江口盐沼优势蟹类的生境选择与生态系统工程师效应［D］. 上海：复旦大学博士学位论文.

王桥，杨一鹏，黄家柱，等，2005. 环境遥感［M］. 北京：科学出版社.

王卿，2007. 长江口盐沼植物群落分布动态及互花米草入侵的影响［D］. 上海：复旦大学博士学位论文.

王卿，2011. 互花米草在上海崇明东滩的入侵历史、分布现状和扩张趋势的预测［J］. 长江流域资源与环境，20（6）：690-696.

王卿，安树青，马志军，等，2006. 入侵植物互花米草——生物学、生态学及管理［J］. 植物分类学报，44（5）：559-588.

王卿，汪承焕，赵斌，等，2007. 二十年来上海市崇明东滩潮间带植被的时空动态［J］. 南京大学学报（自然科学版），43（5）：15-25.

王天厚，钱国桢，1988. 长江口杭州湾鸻形目鸟类［M］. 上海：华东师范大学出版社.

王学雷，许厚泽，蔡述明，2006. 长江中下游湿地保护与流域生态管理［J］. 长江流域资源与环境，15（5）：564-568.

王毅杰，俞慎，2012. 长江三角洲城市群区域滨海湿地利用时空变化特征［J］. 湿地科学，10（2）：129-135.

吴征镒，1980. 中国植被［M］. 北京：科学出版社.

向言词，彭少麟，饶兴权，2003. 植物外来种对土壤理化特性的影响［J］. 广西植物，23（3）：253－258.

谢一民，2004. 上海湿地［M］. 上海：上海科学技术出版社.

徐国万，卓荣宗，曹豪，等，1989. 互花米草生物量年动态及其与滩涂生境的关系［J］. 植物生态学与地植物学报，13（3）：230－235.

徐宏发，赵云龙，2005. 上海市崇明东滩鸟类自然保护区科学考察集［M］. 北京：中国林业出版社.

徐竟成，顾馨，李光明，等，2015. 城市景观水体水景效应与水质保育的协同途径［J］. 中国园林，31（5）：67－70.

闫芊，2006. 崇明东滩湿地植被的生态演替［D］. 上海：华东师范大学硕士学位论文.

严燕儿，2009. 基于遥感模型和地面观测的河口湿地碳通量研究［D］. 上海：复旦大学博士学位论文.

燕然然，蔡晓斌，王学雷，等，2013. 长江流域湿地自然保护区分布现状及存在的问题［J］. 湿地科学，11（1）：136－144.

杨帆，赵冬至，马小峰，等，2007. RS 和 GIS 技术在湿地景观生态研究中的应用进展［J］. 遥感技术与应用，22（3）：471－478.

杨海乐，陈家宽，2016. 流域生态学的发展困境——来自河流景观的启示［J］. 生态学报，36（10）：3084－3095.

杨吉龙，李家存，杨德明，2001. 高光谱分辨率遥感在植被监测中的应用综述［J］. 世界地质，20（3）：307－311.

杨可明，郭达志，2006. 植被高光谱特征分析及其病害信息提取研究［J］. 地理与地理信息科学，22（4）：31－34.

杨世伦，2003. 海岸环境和地貌过程导论［M］. 北京：海洋出版社.

阳祖涛，2010. 高分辨遥感影像监测河口湿地外来种的方法探讨［D］. 上海：复旦大学硕士学位论文.

姚东方，赵峰，高宇，等，2014. 浮床植物芦苇在长江口水域的生长特性及对氮、磷的固定能力［J］. 上海海洋大学学报，23（5）：753－757.

于贵瑞，孙晓敏，2006. 陆地生态系统通量观测的原理与方法［M］. 北京：高等教育出版社.

袁兴中，2001. 河口潮滩湿地底栖动物群落的生态学研究［D］. 上海：华东师范大学博士论文.

袁兴中，陆健健，2001. 围垦对长江口南岸底栖动物群落结构及多样性的影响［J］. 生态学报，21（10）：1642－1647.

张东，2006. 崇明东滩互花米草的无性扩散与相对竞争力［D］. 上海：华东师范大学硕士学位论文.

张孚允，杨若莉，1997. 中国鸟类迁徙研究［M］. 北京：中国林业出版社.

张衡，2007. 长江河口湿地鱼类群落的生态学特征［D］. 上海：华东师范大学博士学位论文.

张亦默，王卿，卢蒙，等，2008. 中国东部沿海互花米草种群生活史特征的纬度变异与可塑性［J］. 生物多样性，16（5）：462－469.

赵可夫，范梅，2005. 盐生植物及其对盐渍生境的适应生理［M］. 北京：科学出版社.

赵可夫，李法曾，1999. 中国盐生植物［M］. 北京：科学出版社.

赵平，袁晓，唐思贤，等，2003. 崇明东滩冬季水鸟的种类和生境偏好［J］. 动物学研究，24（5）：387－391.

赵学敏，2005. 湿地：人与自然和谐共存的家园——中国湿地保护［M］. 北京：中国林业出版社.

郑光美，王岐山，1998. 中国濒危动物红皮书：鸟类［M］. 北京：科学出版社.
郑师章，吴千红，王海波，等，1994. 普通生态学——原理、方法和应用［M］. 上海：复旦大学出版社.
周剑虹，王江涛，欧强，等，2015. 崇明东滩围垦区芦苇湿地土壤盐分动态研究［J］. 长江流域资源与环境，24（9）：1545－1551.
周晶，章锦河，陈静，等，2014. 中国湿地自然保护区、湿地公园和国际重要湿地的空间结构分析［J］. 湿地科学，12（5）：597－605.
周云轩，谢一民，2012. 上海市湿地资源调查与评估体系研究［M］. 上海：上海科学技术出版社.
朱耿平，刘国卿，卜文俊，等，2013. 生态位模型的基本原理及其在生物多样性保护中的应用［J］. 生物多样性，21（1）：90－98.
朱建荣，顾玉亮，吴辉，2013. 长江河口青草沙水库最长连续不宜取水天数［J］. 海洋与湖沼，44（5）：1138－1145.
庄平，2008. 河口水生生物多样性与可持续发展［M］. 上海：上海科学技术出版社.
庄平，2012. 长江口生境与水生动物资源［J］. 科学，64（2）：19－24.
庄平，王幼槐，李圣法，等，2006. 长江口鱼类［M］. 上海：上海科学技术出版社.
Achard F，Beuchle R，Mayaux P，et al，2014. Determination of tropical deforestation rates and related carbon losses from 1990 to 2010 ［J］. Global Change Biology，20（8）：2540－2554.
Acharya G，2000. Approaches to valuing the hidden hydrological services of wetland ecosystems ［J］. Ecological Economics，35（1）：63－74.
Algesten G，Sobek S，Bergström A，et al，2004. Role of lakes for organic carbon cycling in the boreal zone ［J］. Global Change Biology，10（1）：141－147.
Allen J C，1985. Soil response to forest clearing in the United States and the tropics：geological and biological factors ［J］. Biotropica，17（1）：15－27.
Aubinet M，Vesala T，Papale D，2012. Eddy covariance：a practical guide to measurement and data analysis ［M］. New York：Springer Science & Business Media.
Aufdenkampe A K，Mayorga E，Raymond P A，et al，2011. Riverine coupling of biogeochemical cycles between land，oceans，and atmosphere ［J］. Frontiers in Ecology and the Environment，9（1）：53－60.
Balch J K，Nepstad D C，Brando P M，et al，2008. Negative fire feedback in a transitional forest of southeastern Amazonia ［J］. Global Change Biology，14（10）：2276－2287.
Baldocchi D D，2003. Assessing the eddy covariance technique for evaluating carbon dioxide exchange rates of ecosystems：past，present and future ［J］. Global Change Biology，9（4）：479－492.
Baldocchi D D，Hincks B B，Meyers T P，1988. Measuring biosphere - atmosphere exchanges of biologically related gases with micrometeorological methods ［J］. Ecology，69（5）：1331－1340.
Baldocchi D D，Detto M，Sonnentag O，et al，2012. The challenges of measuring methane fluxes and concentrations over a peatland pasture ［J］. Agricultural and Forest Meteorology，153：177－187.
Baldocchi D D，Sturtevant C，Fluxnet C，2015. Does day and night sampling reduce spurious correlation between canopy photosynthesis and ecosystem respiration? ［J］. Agricultural & Forest Meteorology，207：117－126.

Baldocchi D D, Valentini R, Running S, et al, 1996. Strategies for measuring and modelling carbon dioxide and water vapour fluxes over terrestrial ecosystems [J]. Global Change Biology, 2 (3): 159 - 168.

Bardgett R D, Anderson J M, Behan-Pelletier V, 2001. The influence of soil biodiversity on hydrological pathways and the transfer of materials between terrestrial and aquatic ecosystems [J]. Ecosystems, 4 (5): 421 - 429.

Barton C, North P, 2001. Remote sensing of canopy light use efficiency using the photochemical reflectance index: Model and sensitivity analysis [J]. Remote Sensing of Environment, 78 (3): 264 - 273.

Batjes N H, 2002. Carbon and nitrogen stocks in the soils of Central and Eastern Europe [J]. Soil Use and Management, 18 (4): 324 - 329.

Bauer J E, Cai W, Raymond P A, et al, 2013. The changing carbon cycle of the coastal ocean [J]. Nature, 504 (7478): 61 - 70.

Beer C, Reichstein M, Tomelleri E, et al, 2010. Terrestrial gross carbon dioxide uptake: global distribution and covariation with climate [J]. Science, 329 (5993): 834 - 838.

Bernal B, Megonigal J P, Mozdzer T J, 2016. An invasive wetland grass primes deep soil carbon pools [J]. Global Change Biology, 23 (5): 2104 - 2116.

Bhattarai G P, Meyerson L A, Cronin J T, 2017. Geographic variation in apparent competition between native and invasive *Phragmites australis* [J]. Ecology, 98 (2): 349 - 358.

Biswas W K, Barton L, Carter D, 2008. Global warming potential of wheat production in Western Australia: a life cycle assessment [J]. Water and Environment Journal, 22 (3): 206 - 216.

Bolund P, Hunammar S, 1999. Ecosystem services in urban areas [J]. Ecological Economics, 29 (2): 293 - 301.

Börjesson P, Tufvesson L M, 2011. Agricultural crop-based biofuels-resource efficiency and environmental performance including direct land use changes [J]. Journal of Cleaner Production, 19 (2): 108 - 120.

Bouchard V, 2007. Export of organic matter from a coastal freshwater wetland to Lake Erie: An extension of the outwelling hypothesis [J]. Aquatic Ecology, 41 (1): 1 - 7.

Bouchard V, Lefeuvre J C, 2000. Primary production and macro-detritus dynamics in a European salt marsh: carbon and nitrogen budgets [J]. Aquatic Botany, 67 (1): 23 - 42.

Bowen J L, Kearns P J, Byrnes J E K, et al, 2017. Lineage overwhelms environmental conditions in determining rhizosphere bacterial community structure in a cosmopolitan invasive plant [J]. Nature Communications, 8 (1): 1 - 8.

Brandão M, Levasseur A, Kirschbaum M U, et al, 2013. Key issues and options in accounting for carbon sequestration and temporary storage in life cycle assessment and carbon footprinting [J]. The International Journal of Life Cycle Assessment, 18 (1): 230 - 240.

Brandão M, Milà I Canals L, Clift R, 2011. Soil organic carbon changes in the cultivation of energy crops: Implications for GHG balances and soil quality for use in LCA [J]. Biomass and Bioenergy, 35 (6): 2323 - 2336.

Brogaard S, Runnström M, Seaquist J W, 2005. Primary production of Inner Mongolia, China, between

1982 and 1999 estimated by a satellite data-driven light use efficiency model [J]. Global and Planetary Change, 45 (4): 313 - 332.

Brye K R, Slaton N A, Savin M C, et al, 2003. Short-term effects of land leveling on soil physical properties and microbial biomass [J]. Soil Science Society of America Journal, 67 (5): 1405 - 1417.

Bu N S, Qu J F, Li G, et al, 2015. Reclamation of coastal salt marshes promoted carbon loss from previously sequestered soil carbon pool [J]. Ecological Engineering, 81: 335 - 339.

Buffam I, Turner M G, Desai A R, et al, 2011. Integrating aquatic and terrestrial components to construct a complete carbon budget for a north temperate lake district [J]. Global Change Biology, 17 (2): 1193 - 1211.

Buzzelli C, 2008. Development and application of tidal creek ecosystem models [J]. Ecological Modelling, 210 (1 - 2): 127 - 143.

Cai W W, Yuan W P, Liang S L, et al, 2014. Large differences in terrestrial vegetation production derived from satellite-based light use efficiency models [J]. Remote Sensing, 6 (9): 8945 - 8965.

Cai Z, 1996. Effect of land use on organic carbon storage in soils in eastern China [J]. Water, Air, and Soil Pollution, 91 (3 - 4): 383 - 393.

Cassman K G, Dobermann A, Walters D T, 2002. Agroecosystems, nitrogen-use efficiency, and nitrogen management [J]. AMBIO: A Journal of the Human Environment, 31 (2): 132 - 140.

Chen H L, Zhang P, Li B, et al, 2015. Invasive cordgrass facilitates epifaunal communities in a Chinese marsh [J]. Biological Invasions, 17 (1): 205 - 217.

Chen J Y, Li D J, Chen B L, 1999. The processes of dynamic sedimentation in the Changjiang estuary [J]. Journal of Sea Research, 41 (1 - 2): 129 - 140.

Chen Y, Dong J W, Xiao X M, et al, 2016. Land claim and loss of tidal flats in the Yangtze Estuary [J]. Scientific Reports, 6: 24018.

Chen Z X, Zhang X S, 2000. Value of ecosystem services in China [J]. Chinese Science Bulletin, 45 (10): 870 - 876.

Chmura G L, Anisfeld S C, Cahoon D R, et al, 2003. Global carbon sequestration in tidal, saline wetland soils [J]. Global Biogeochemical Cycles, 17 (4): 1111 - 1120.

Christensen T R, Ekberg A, Ström L, et al, 2003. Factors controlling large scale variations in methane emissions from wetlands [J]. Geophysical Research Letters, 30 (7): 1414 - 1419.

Chu H, Chen J, Gottgens J F, et al, 2014. Net ecosystem methane and carbon dioxide exchanges in a Lake Erie coastal marsh and a nearby cropland [J]. Journal of Geophysical Research: Biogeosciences, 119 (5): 722 - 740.

Chu H, Gottgens J F, Chen J, et al, 2015. Climatic variability, hydrologic anomaly, and methane emission can turn productive freshwater marshes into net carbon sources [J]. Global Change Biology, 21 (3): 1165 - 1181.

Ciais P, Borges A V, Abril G, et al, 2008. The impact of lateral carbon fluxes on the European carbon balance [J]. Biogeosciences, 5 (5): 1259 - 1271.

Cole J J, Prairie Y T, Caraco N F, et al, 2007. Plumbing the global carbon cycle: integrating inland waters into the terrestrial carbon budget [J]. Ecosystems, 10 (1): 172 - 185.

Conant R T, Paustian K, Elliott E T, 2001. Grassland management and conversion into grassland: effects on soil carbon [J]. Ecological Applications, 11 (2): 343 - 355.

Cooper J S, Noon M, Kahn E, 2012. Parameterization in life cycle assessment inventory data: review of current use and the representation of uncertainty [J]. The International Journal of Life Cycle Assessment, 17 (6): 689 - 695.

Cornelissen J H, Van Bodegom P M, Aerts R, et al, 2007. Global negative vegetation feedback to climate warming responses of leaf litter decomposition rates in cold biomes [J]. Ecology Letters, 10 (7): 619 - 627.

Costanza R, 1998. Introduction: special section: from on valuation of ecosystem services the value of ecosystem services [J]. Ecological Economics, 25 (2): 1 - 2.

Costanza R, Darge R, Degroot R, et al, 1997. The valuation of the world's ecosystem services and natural capital [J]. Nature, 387: 253 - 260.

Couwenberg J, Thiele A, Tanneberger F, et al, 2011. Assessing greenhouse gas emissions from peatlands using vegetation as a proxy [J]. Hydrobiologia, 674 (1): 67 - 89.

Cox P M, Betts R A, Jones C D, et al, 2000. Acceleration of global warming due to carbon-cycle feedbacks in a coupled climate model [J]. Nature, 408 (6809): 184 - 187.

Cox P M, Huntingford C, Harding R J, 1998. A canopy conductance and photosynthesis model for use in a GCM land surface scheme [J]. Journal of Hydrology, 212: 79 - 94.

Cui J, Chen X, Nie M, et al, 2017. Effects of *Spartina alterniflora* invasion on the abundance, diversity, and community structure of sulfate reducing bacteria along a successional gradient of coastal salt marshes in China [J]. Wetlands, 37 (2): 221 - 232.

Cui J, Li Z X, Liu Z T, et al, 2014. Physical and chemical stabilization of soil organic carbon along a 500-year cultived soil chronosequence originating from estuarine wetlands: Temporal patterns and land use effects [J]. Agriculture, Ecosystems & Environment, 196: 10 - 20.

Davidson E A, Ackerman I L, 1993. Changes in soil carbon inventories following cultivation of previously untilled soils [J]. Biogeochemistry, 20 (3): 161 - 193.

Detwiler R P, 1986. Land use change and the global carbon cycle: the role of tropical soils [J]. Biogeochemistry, 2 (1): 67 - 93.

Dinsmore K J, Billett M F, Skiba U M, et al, 2010. Role of the aquatic pathway in the carbon and greenhouse gas budgets of a peatland catchment [J]. Global Change Biology, 16 (10): 2750 - 2762.

Don A, Schumacher J, Freibauer A, 2011. Impact of tropical land-use change on soil organic carbon stocks-a meta-analysis [J]. Global Change Biology, 17 (4): 1658 - 1670.

Dong J W, Xiao X M, Wagle P, et al, 2015. Comparison of four EVI-based models for estimating gross primary production of maize and soybean croplands and tallgrass prairie under severe drought [J]. Remote Sensing of Environment, 162: 154 - 168.

Doody J P, 2008. Saltmarsh conservation, management and restoration [M]. Dordrecht: Springer Netherlands.

Duarte B, Valentim J M, Dias J M, et al, 2014. Modelling sea level rise (SLR) impacts on salt marsh detrital outwelling C and N exports from an estuarine coastal lagoon to the ocean (Ria de Aveiro, Portugal) [J]. Ecological Modelling, 289 (1793): 36 - 44.

Duarte C M, Middelburg J J, Caraco N, 2005. Major role of marine vegetation on the oceanic carbon cycle [J]. Biogeosciences & Discussions, 2 (1): 1 - 8.

Earles J M, Yeh S, Skog K E, 2012. Timing of carbon emissions from global forest clearance [J]. Nature Climate Change, 2 (9): 682 - 685.

Ehrenfeld J G, 2000. Evaluating wetlands within an urban context [J]. Ecological Engineeting, 15 (3 - 4): 253 - 265.

Eugster W, Zeyer K, Zeeman M, et al, 2007. Methodical study of nitrous oxide eddy covariance measurements using quantum cascade laser spectrometery over a Swiss forest [J]. Biogeosciences, 4 (5): 927 - 939.

Faber S, Costanza R, 1987. The economic value of wetland system [J]. Journal of Environmental Management, 24 (1): 41 - 51.

Fazio S, Barbanti L, 2014. Energy and economic assessments of bio-energy systems based on annual and perennial crops for temperate and tropical areas [J]. Renewable Energy, 69: 233 - 241.

Fearnside P M, Barbosa R I, 1998. Soil carbon changes from conversion of forest to pasture in Brazilian Amazonia [J]. Forest Ecology and Management, 108 (1): 147 - 166.

Gaiser T, Stahr K, Billen N, et al, 2008. Modeling carbon sequestration under zero tillage at the regional scale. I. The effect of soil erosion [J]. Ecological Modelling, 218 (1 - 2): 110 - 120.

Gao Y, Ouyang Z T, Shao C L, et al, 2018. Field observation of lateral detritus carbon flux in a coastal wetland [J]. Wetlands, 38: 613 - 625.

Gao Z G, Zhang L Q, 2006. Multi-seasonal spectral characteristics analysis of coastal salt marsh vegetation in Shanghai, China [J]. Estuarine, Coastal and Shelf Science, 69: 217 - 224.

Ge Z M, Guo H Q, Zhao B, et al, 2016. Spatiotemporal patterns of the gross primary production in the salt marshes with rapid community change: a coupled modeling approach [J]. Ecological Modelling, 321: 110 - 120.

Gelybo G, Barcza Z, Kern A, et al, 2013. Effect of spatial heterogeneity on the validation of remote sensing based GPP estimations [J]. Agricultural & Forest Meteorology, 174 - 175: 43 - 53.

Gibbons J M, Ramsden S J, Blake A, 2006. Modelling uncertainty in greenhouse gas emissions from UK agriculture at the farm level [J]. Agriculture, Ecosystems & Environment, 112 (4): 347 - 355.

Gitelson A A, Vina A, Verma S B, et al, 2006. Relationship between gross primary production and chlorophyll content in crops: implications for the synoptic monitoring of vegetation productivity [J]. Journal of Geophysical Research Atmospheres, 111 (D8): 1 - 13.

Goulden M L, Daube B C, Fan S M, et al, 1997. Physiological responses of a black spruce forest to weather [J]. Journal of Geophysical Research Atmospheres, 102 (D24): 28987 - 28996.

Grayson J E, Chapman M G, Underwood A J, 1999. The assessment of restoration of habitat in urban wetlands [J]. Landscape and Urban Planning, 43 (4): 227 - 236.

Grelle A, Burba G, 2007. Fine-wire thermometer to correct CO_2 fluxes by open-path analyzers for artificial density fluctuations [J]. Agricultural & Forest Meteorology, 147 (1-2): 48-57.

Guinée J B, Heijungs R, 2011. Life cycle sustainability analysis [J]. Journal of Industrial Ecology, 15 (5): 656-658.

Guo H Q, Noormets A, Zhao B, et al, 2009. Tidal effects on net ecosystem exchange of carbon in an estuarine wetland [J]. Agricultural and Forest Meteorology, 149 (11): 1820-1828.

Guo L B, Gifford R M, 2002. Soil carbon stocks and land use change: a meta analysis [J]. Global Change Biology, 8 (4): 345-360.

Guo Z, Xiao X, Gan Y, et al, 2001. Ecosystem functions, services and their values—A case study in Xingshan County of China [J]. Ecological Economics, 38: 141-154.

Gupta R K, Rao D, 1994. Potential of wastelands for sequestering carbon by reforestation [J]. Current Science, 66 (5): 378-380.

Gutmann L, Billot-Klein D, Al-Obeid S, et al, 1992. Inducible carboxypeptidase activity in vancomycin-resistant enterococci [J]. Antimicrobial Agents and Chemotherapy, 36 (1): 77-80.

Hatala J A, Detto M, Sonnentag O, et al, 2012. Greenhouse gas (CO_2, CH_4, H_2O) fluxes from drained and flooded agricultural peatlands in the Sacramento-San Joaquin Delta [J]. Agriculture Ecosystems & Environmen, 150 (6): 1-18.

He H L, Liu M, Xiao X M, et al, 2014. Large-scale estimation and uncertainty analysis of gross primary production in Tibetan alpine grasslands [J]. Journal of Geophysical Research: Biogeosciences, 119 (3): 466-486.

He M M, Zhao B, Ouyang Z T, et al, 2010. Linear spectral mixture analysis of Landsat TM data for monitoring invasive exotic plants in estuarine wetlands [J]. International Journal of Remote Sensing, 31 (16): 4319-4333.

Hendriks D, Van Huissteden J, Dolman A J, et al, 2007. The full greenhouse gas balance of an abandoned peat meadow [J]. Biogeosciences Discussions, 4 (1): 277-316.

Hilker T, Coops N C, Nesic Z, et al, 2007. Instrumentation and approach for unattended year round tower based measurements of spectral reflectance [J]. Computers and Electronics in Agriculture, 56: 72-84.

Hill R, Bellgrove A, Macreadie P I, et al, 2015. Can macroalgae contribute to blue carbon? An Australian perspective [J]. Limnology & Oceanography, 60 (5): 1689-1706.

Holden J, Smart R P, Dinsmore K J, et al, 2012. Natural pipes in blanket peatlands: major point sources for the release of carbon to the aquatic system [J]. Global Change Biology, 18 (12): 3568-3580.

Hommeltenberg J, Mauder M, Drösler M, et al, 2014. Ecosystem scale methane fluxes in a natural temperate bog-pine forest in southern Germany [J]. Agricultural and Forest Meteorology, 198-199: 273-284.

Houghton R A, Hackler J L, Lawrence K T, 1999. The US carbon budget: contributions from land-use change [J]. Science, 285 (5427): 574-578.

Huang H, Wang J, Hui D, et al, 2014. Nitrous oxide emissions from a commercial cornfield (*Zea mays*) measured using the eddy covariance technique [J]. Atmospheric Chemistry and Physics, 14 (14):

12839 - 12854.

Huang J X, Xu X, Wang M, et al, 2016. Responses of soil nitrogen fixation to Spartina alterniflora invasion and nitrogen addition in a Chinese salt marsh [J]. Scientific Reports, 6: 20384.

Huete A, Didan K, Miura T, et al, 2002. Overview of the radiometric and biophysical performance of the MODIS vegetation indices [J]. Remote Sensing of Environment, 83 (1 - 2): 195 - 213.

Hunsinger G B, Mitra S, Findlay S E G, et al, 2012. Littoral - zone influences on particulate organic matter composition along the freshwater - tidal Hudson River, New York [J]. Limnology & Oceanography, 57 (5): 1303 - 1316.

Hunt V M, Fant J B, Steger L, et al, 2017. PhragNet: crowdsourcing to investigate ecology and management of invasive *Phragmites australis* (common reed) in North America [J]. Wetlands Ecology & Management, 25 (5): 1 - 12.

Iost S, Landgraf D, Makeschin F, 2007. Chemical soil properties of reclaimed marsh soil from Zhejiang Province PR China [J]. Geoderma, 142 (3): 245 - 250.

Jenerette G D, Lal R, 2005. Hydrologic sources of carbon cycling uncertainty throughout the terrestrial-aquatic continuum [J]. Global Change Biology, 11 (11): 1873 - 1882.

Ji Y, Liu S, Mo A, 2002. Beach & bank protection works and water & soil resources sustainable development in the Yangtze River estuary [J]. Journal of Soil and Water Conservation, 16: 128 - 131.

Jian H G, Zhen X F, Lian C, et al, 2016. The effect of biomass variations of Spartina alterniflora on the organic carbon content and composition of a salt marsh in northern Jiangsu Province, China [J]. Ecological Engineering, 95: 160 - 170.

Jin C, Xiao X M, Merbold L, et al, 2013. Phenology and gross primary production of two dominant savanna woodland ecosystems in Southern Africa [J]. Remote Sensing of Environment, 135 (4): 189 - 201.

Jivoff P R, Able K W, 2003. Blue crab, callinectes sapidus, response to the invasive common reed, *Phragmites australis*: Abundance, size, sex ratio, and molting frequency [J]. Estuaries, 26: 587 - 595.

Johnson M S, Lehmann J, Riha S J, et al, 2008. CO_2 efflux from Amazonian headwater streams represents a significant fate for deep soil respiration [J]. Geophysical Research Letters, 35 (17): L17401.

Ju X T, Xing G X, Chen X P, et al, 2009. Reducing environmental risk by improving N management in intensive Chinese agricultural systems [J]. Proceedings of the National Academy of Sciences, 106 (9): 3041 - 3046.

Kalfas J L, Xiao X M, Vanegas D X, et al, 2011. Modeling gross primary production of irrigated and rainfed maize using MODIS imagery and CO_2 flux tower data [J]. Agricultural & Forest Meteorology, 151 (12): 1514 - 1528.

Karstens S, Jurasinski G, Glatzel S, et al, 2016. Dynamics of surface elevation and microtopography in different zones of a coastal Phragmites wetland [J]. Ecological Engineering, 94: 152 - 163.

Kirschbaum M U, Saggar S, Tate K R, et al, 2012. Comprehensive evaluation of the climate-change implications of shifting land use between forest and grassland: New Zealand as a case study [J]. Agriculture, Ecosystems & Environment, 150 (1 - 2): 123 - 138.

Koch F, Gobler C J, 2009. The effects of Tidal export from salt marsh ditches on estuarine water quality and plankton communities [J]. Estuaries and Coasts, 32 (2): 261 - 275.

Kreuter U P, Harris H G, Matlock M D, et al, 2001. Change in ecosystem service values in the San Antonio area, Texas [J]. Ecological Economics, 39: 333 - 346.

Lambin E F, Turner B L, Geist H J, et al, 2001. The causes of land-use and land-cover change: moving beyond the myths [J]. Global Environmental Change, 11 (4): 261 - 269.

Lamprianidou F, Telfer T, Ross L G, 2015. A model for optimization of the productivity and bioremediation efficiency of marine integrated multitrophic aquaculture [J]. Estuarine Coastal & Shelf Science, 164: 253 - 264.

Lehman P W, Mayr S, Mecum L, et al, 2010. The freshwater tidal wetland Liberty Island, CA was both a source and sink of inorganic and organic material to the San Francisco Estuary [J]. Aquatic Ecology, 44 (2): 359 - 372.

Letts M G, Phelan C A, Johnson D R E, et al, 2008. Seasonal photosynthetic gas exchange and leaf reflectance characteristics of male and female cottonwoods in a riparian woodland [J]. Tree Physiology, 28: 1037 - 1048.

Levin L A, Boesch D F, Covich A, et al, 2001. The function of marine critical transition zones and the importance of sediment biodiversity [J]. Ecosystems, 4: 430 - 451.

Levy P E, Cannell M, Friend A D, 2004. Modelling the impact of future changes in climate, CO_2 concentration and land use on natural ecosystems and the terrestrial carbon sink [J]. Global Environmental Change, 14 (1): 21 - 30.

Li B, Liao C Z, Zhang X D, et al, 2009. *Spartina alterniflora* invasions in the Yangtze River estuary, China: an overview of current status and ecosystem effects [J]. Ecological Engineering, 35: 511 - 520.

Li H, Liu Y Z, Li J, et al, 2016. Dynamics of litter decomposition of dieback *Phragmites* in *Spartina*-invaded salt marshes [J]. Ecological Engineering, 90: 459 - 465.

Li Z Q, Yu G R, Xiao X M, et al, 2007. Modeling gross primary production of alpine ecosystems in the Tibetan Plateau using MODIS images and climate data [J]. Remote Sensing of Environment, 107 (3): 510 - 519.

Lin W P, Chen G S, Guo P P, et al, 2015. Remote-sensed monitoring of dominant plant species distribution and dynamics at Jiuduansha wetland in Shanghai, China [J]. Remote Sensing, 7 (8): 10227 - 10241.

Long K D, Flanagan L B, Cai T, 2010. Diurnal and seasonal variation in methane emissions in a northern Canadian peatland measured by eddy covariance [J]. Global Change Biology, 16 (9): 2420 - 2435.

Loomis J, 2000. Mesuring the total economic value of restoring ecosystem services in an impaired river basin: results from a contingent valuation survey [J]. Ecological Economics, 33 (1): 103 - 117.

Lugo A E, Brown S, 1993. Management of tropical soils as sinks or sources of atmospheric carbon [J]. Plant and Soil, 149 (1): 27 - 41.

Ma Z J, Gan X J, Cai Y, et al, 2011. Effects of exotic *Spartina alterniflora* on the habitat patch associations of breeding saltmarsh birds at Chongming Dongtan in the Yangtze River estuary, China [J]. Biological Invasions, 13 (7): 1673-1686.

Ma Z J, Gan X J, Choi C Y, et al, 2014. Effects of invasive cordgrass on presence of Marsh Grassbird in an area where it is not native [J]. Conservation Biology, 28 (1): 150-158.

Ma Z J, Jing K, Tang S M, 2002. Shorebirds in the east tideland of Chongming Island during the 2001 northward migration [J]. Stilt, 42 (1): 6-10.

Ma Z J, Li B, Jing K, 2003. Effects of tidewater on the feeding ecology of hooded crane (*Grus monacha*) and conservation of their wintering habitats at Chongming Dongtan, China [J]. Ecological Research, 18 (3): 325-333.

Mann L K, 1986. Changes in soil carbon storage after cultivation [J]. Soil Science, 142 (5): 279-288.

Martín-Olmedo P, Rees R M, 1999. Short-term N availability in response to dissolved-organic-carbon from poultry manure, alone or in combination with cellulose [J]. Biology and Fertility of Soils, 29 (4): 386-393.

Maynard C, McManus J, Crawford R M M, et al, 2011. A comparison of short term sediment deposition between natural and transplanted saltmarsh after saltmarsh restoration in the Eden Estuary Scotland [J]. Plant Ecology & Diversity, 4 (1): 103-113.

Mccary M A, Mores R, Farfan M A, et al, 2016. Invasive plants have different effects on trophic structure of green and brown food webs in terrestrial ecosystems: a meta-analysis [J]. Ecology Letters, 19 (3): 328-335.

Mccormick M K, Brooks H E A, Whigham D F, 2016. Microsatellite analysis to estimate realized dispersal distance in *Phragmites australis* [J]. Biological Invasions, 18 (9): 1-8.

Meier M S, Stoessel F, Jungbluth N, et al, 2015. Environmental impacts of organic and conventional agricultural products-Are the differences captured by life cycle assessment? [J]. Journal of Environmental Management, 149: 193-208.

Meir P, Metcalfe D B, Costa A, et al, 2008. The fate of assimilated carbon during drought: impacts on respiration in Amazon rainforests [J]. Philosophical Transactions of the Royal Society of London B: Biological Sciences, 363 (1498): 1849-1855.

Miehle P, Livesley S J, Li C, et al, 2006. Quantifying uncertainty from large-scale model predictions of forest carbon dynamics [J]. Global Change Biology, 12 (8): 1421-1434.

Mitsch W J, Bernal B, Nahlik A M, et al, 2013. Wetlands, carbon, and climate change [J]. Landscape Ecology, 28 (4): 583-597.

Mitsch W J, Gosselink J G, 2000. The value of wetlands: importance of scale and landscape setting [J]. Ecological Economics, 35 (1): 25-33.

Müller-Lindenlauf M, Deittert C, Köpke U, 2010. Assessment of environmental effects, animal welfare and milk quality among organic dairy farms [J]. Livestock Science, 128 (1): 140-148.

Nabuurs G J, Schelhaas M J, Field C B, 2003. Temporal evolution of the European forest sector carbon sink from 1950 to 1999 [J]. Global Change Biology, 9 (2): 152-160.

Nackley L L, West A G, Skowno A L, et al, 2017. The nebulous ecology of native invasions [J]. Trends in Ecology & Evolution, 32 (11): 814 - 824.

Nicolini G, Castaldi S, Fratini G, et al, 2013. A literature overview of micrometeorological CH_4 and N_2O flux measurements in terrestrial ecosystems [J]. Atmospheric Environment, 81: 311 - 319.

Nilsson M, Sagerfors J, Buffam I, et al, 2008. Contemporary carbon accumulation in a boreal oligotrophic minerogenic mire— A significant sink after accounting for all C-fluxes [J]. Global Change Biology, 14 (10): 2317 - 2332.

Norberg J, 1999. Linking nature's services to ecosystems: some general ecological concepts [J]. Ecological Economics, 29 (2): 183 - 202.

Norby R J, Delucia E H, Gielen B, et al, 2005. Forest response to elevated CO_2 is conserved across a broad range of productivity [J]. Proceedings of the National Academy of Sciences of the United States of America, 102 (50): 18052 - 18056.

Ogle S M, Breidt F, Easter M, et al, 2010. Scale and uncertainty in modeled soil organic carbon stock changes for US croplands using a process-based model [J]. Global Change Biology, 16 (2): 810 - 822.

Olson D M, Griffis T J, Noormets A, et al, 2013. Interannual, seasonal, and retrospective analysis of the methane and carbon dioxide budgets of a temperate peatland [J]. Journal of Geophysical Research: Biogeosciences, 118 (1): 226 - 238.

Ouyang Z T, Gao Y, Xie X, et al, 2013. Spectral discrimination of the invasive plant *Spartina alterniflora* at multiple phenological stages in a saltmarsh wetland [J]. Plos One, 6 (8): e67315.

Ouyang Z T, Shao C L, Chu H, et al, 2017. The effect of algal blooms on carbon emissions in western Lake Erie: an integration of remote sensing and eddy covariance measurements [J]. Remote Sensing, 9 (44): 1 - 19.

Ouyang Z T, Zhang M Q, Xie X, et al, 2011. A comparison of pixel-based and object-oriented approaches to VHR imagery for mapping saltmarsh plants [J]. Ecological Informatics, 6 (2): 136 - 146.

Peng H B, Hua N, Choi C Y, et al, 2014. Adjusting migration schedules at stopping sites: Time strategy of a long-distance migratory shorebird during northward migration [J]. Journal of Ornithology, 156 (1): 191 - 199.

Pongratz J, Reick C H, Houghton R A, et al, 2014. Terminology as a key uncertainty in net land use and land cover change carbon flux estimates [J]. Earth System Dynamics, 5 (1): 177.

Post W M, Kwon K C, 2000. Soil carbon sequestration and land-use change: processes and potential [J]. Global Change Biology, 6 (3): 317 - 327.

Quan W M, Zhang H, Wu Z L, et al, 2016. Does invasion of *Spartina alterniflora* alter microhabitats and benthic communities of salt marshes in Yangtze River estuary? [J]. Ecological Engineering, 88 (3): 153 - 164.

Raymond P A, Cole J J, 2003. Increase in the export of alkalinity from North America's largest river [J]. Science, 301 (5629): 88 - 91.

Reichstein M, Falge E, Baldocchi D, et al, 2005. On the separation of net ecosystem exchange into assimilation and ecosystem respiration: review and improved algorithm [J]. Global Change Biology, 11 (9):

1424 - 1439.

Reicosky D C, 1997. Tillage-induced CO_2 emission from soil [J]. Nutrient Cycling in Agroecosystems, 49 (1 - 3): 273 - 285.

Ren X L, He H L, Zhang L, et al, 2013. Spatiotemporal variability analysis of diffuse radiation in China during 1981 - 2010 [J]. Annales Geophysicae, 31 (2): 277 - 289.

Richey J E, Melack J M, Aufdenkampe A K, et al, 2002. Outgassing from Amazonian rivers and wetlands as a large tropical source of atmospheric CO_2 [J]. Nature, 416 (6881): 617 - 620.

Roer A, Korsaeth A, Henriksen T M, et al, 2012. The influence of system boundaries on life cycle assessment of grain production in central southeast Norway [J]. Agricultural Systems, 111: 75 - 84.

Rohal C B, Kettenring K M, Sims K, et al, 2018. Surveying managers to inform a regionally relevant invasive *Phragmites australis* control research program [J]. Journal of Environmental Management, 206: 807 - 816.

Roy P, Nei D, Orikasa T, et al, 2009. A review of life cycle assessment (LCA) on some food products [J]. Journal of Food Engineering, 90 (1): 1 - 10.

Seidl A F, Moraes A S, 2000. Global valuation of ecosystem services: application to the Pantanal da Nhecolandia, Brazil [J]. Ecological economics, 33 (1): 1 - 6.

Shen G R, Ibrahim A N, Wang Z J, et al, 2015. Spatial-temporal land-use/land-cover dynamics and their impacts on surface temperature in Chongming Island of Shanghai, China [J]. International Journal of Remote Sensing, 36 (15): 4037 - 4053.

Silliman B R, Bertness M D, 2002. A trophic cascade regulates salt marsh primary production [J]. Proceedings of the National Academy of Sciences of the United States of America, 99 (16): 10500 - 10505.

Sitch S, Huntingford C, Gedney N, et al, 2008. Evaluation of the terrestrial carbon cycle, future plant geography and climate-carbon cycle feedbacks using five Dynamic Global Vegetation Models (DGVMs) [J]. Global Change Biology, 14 (9): 2015 - 2039.

Sitch S, Smith B, Prentice I C, et al, 2003. Evaluation of ecosystem dynamics, plant geography and terrestrial carbon cycling in the LPJ dynamic global vegetation model [J]. Global Change Biology, 9 (2): 161 - 185.

Smith P, Martino D, Cai Z, et al, 2008. Greenhouse gas mitigation in agriculture [J]. Philosophical Transactions of the Royal Society B: Biological Sciences, 363 (1492): 789 - 813.

Sokolov A P, Kicklighter D W, Melillo J M, et al, 2008. Consequences of considering carbon-nitrogen interactions on the feedbacks between climate and the terrestrial carbon cycle [J]. Journal of Climate, 21 (15): 3776 - 3796.

Sun L, Song C C, Miao Y Q, et al, 2013. Temporal and spatial variability of methane emissions in a northern temperate marsh [J]. Atmospheric Environment, 81: 356 - 363.

Thomassen M A, van Calker K J, Smits M C, et al, 2008. Life cycle assessment of conventional and organic milk production in the Netherlands [J]. Agricultural Systems, 96 (1): 95 - 107.

Thornton P E, Rosenbloom N A, 2005. Ecosystem model spin-up: estimating steady state conditions in a coupled terrestrial carbon and nitrogen cycle model [J]. Ecological Modelling, 189 (1): 25 - 48.

Tian B, Zhou Y X, Thom R M, et al, 2015. Detecting wetland changes in Shanghai, China using FORMOSAT and Landsat TM imagery [J]. Journal of Hydrology, 529: 1 - 10.

Tian H Q, Melillo J, Lu C Q, et al, 2011. China's terrestrial carbon balance: contributions from multiple global change factors [J]. Global Biogeochemical Cycles, 25 (1): GB1007 - GB1022.

Trebitz A S, Morrice J A, Cotter A M, 2002. Relative role of lake and tributary in hydrology of Lake Superior coastal wetlands [J]. Journal of Great Lakes Research, 28 (2): 212 - 227.

Tuomisto H L, Hodge I D, Riordan P, et al, 2012. Exploring a safe operating approach to weighting in life cycle impact assessment — a case study of organic, conventional and integrated farming systems [J]. Journal of Cleaner Production, 37: 147 - 153.

Turner R K, Vanden Bergh J C M, Soderqvist T, et al, 2000. Ecological economic analysis of wetlands: scientific integration for management and policy [J]. Ecological Economics, 35 (1): 7 - 23.

Tylianakis J M, Didham R K, Bascompte J, et al, 2008. Global change and species interactions in terrestrial ecosystems [J]. Ecology Letters, 11 (12): 1351 - 1363.

Van der Werf G R, Randerson J T, Giglio L, et al, 2010. Global fire emissions and the contribution of deforestation, savanna, forest, agricultural, and peat fires (1997 - 2009) [J]. Atmospheric Chemistry and Physics, 10 (23): 11707 - 11735.

Wang D, Fu B J, Zhao W W, et al, 2008. Multifractal characteristics of soil particle size distribution under different land-use types on the Loess Plateau, China [J]. Catena, 72 (1): 29 - 36.

Wang H B, Li H, Ming H B, et al, 2014. Past land use decisions and socioeconomic factors influence urban greenbelt development: a case study of Shanghai, China [J]. Landscape Ecology, 29 (10): 1759 - 1770.

Wang J, Liu Y L, Ye M Y, 2012. Potential impact of sea level rise on the tidal wetlands of Yangtze River Estuary, China [J]. Disaster Advances, 5 (4): 1076 - 1081.

Wang M, Wang Q, Sha C Y, et al, 2018. *Spartina alterniflora* invasion affects soil carbon in a C_3 plant-dominated tidal marsh [J]. Scientific Reports, 8: 628.

Wang S K, Chu T J, Huang D Q, et al, 2014. Incorporation of exotic *Spartina alterniflora* into diet of deposit-feeding snails in the Yangtze River estuary salt marsh: stable isotope and fatty acid analyses [J]. Ecosystems, 17 (4): 567 - 577.

Wang Y P, Leuning R, Cleugh H A, et al, 2001. Parameter estimation in surface exchange models using nonlinear inversion: how many parameters can we estimate and which measurements are most useful? [J]. Global Change Biology, 7 (5): 495 - 510.

Wei W, Mei X F, Dai Z J, et al, 2016. Recent morphodynamic evolution of the largest uninhibited island in the Yangtze (Changjiang) estuary during 1998 - 2014: Influence of the anthropogenic interference [J]. Continental Shelf Research, 124: 83 - 94.

Wigginton R D, Pearson J, Whitcraft C R, 2016. Invasive plant ecosystem engineer facilitates community and trophic level alteration for brackish marsh invertebrates [J]. Ecosphere, 5 (4): 1 - 17.

Wilczak J M, Oncley S P, Stage S A, 2001. Sonic anemometer tilt correction algorithms [J]. Boundary-

Layer Meteorology, 99 (1): 127 - 150.

Wolanski E, 2007. Estuarine ecohydrology [M]. Amsterdam: Elsevier.

Woodward F I, Lomas M R, 2004. Vegetation dynamics-simulating responses to climatic change [J]. Biological Reviews, 79 (03): 643 - 670.

Woodward F I, Lomas M R, Betts R A, 1998. Vegetation-climate feedbacks in a greenhouse world [J]. Philosophical Transactions of the Royal Society of London B: Biological Sciences, 353 (1365): 29 - 39.

Woodward R T, Wui Y S, 2000. The economic value of wetland services: a meta-analysis [J]. Ecological Economics, 37 (2): 257 - 270.

Wookey P A, Aerts R, Bardgett R D, et al, 2009. Ecosystem feedbacks and cascade processes: understanding their role in the responses of Arctic and alpine ecosystems to environmental change [J]. Global Change Biology, 15 (5): 1153 - 1172.

Wright I J, Reich P B, Westoby M, et al, 2004. The worldwide leaf economics spectrum [J]. Nature, 428 (6985): 821 - 827.

Wu J H, Fu C C, Chen S S, 2002. Soil faunal response to land-use: effect of estuarine tideland reclamation on nematode communities [J]. Applied Soil Ecology, 21 (2): 131 - 147.

Wu Y T, Wang C H, Zhang X D, et al, 2009. Effects of saltmarsh invasion by *Spartina alterniflora* on arthropod community structure and diets [J]. Biological Invasions, 11: 635 - 649.

Xiao X M, Zhang Q Y, Braswell B, et al, 2004. Modeling gross primary production of temperate deciduous broadleaf forest using satellite images and climate data [J]. Remote Sensing of Environment, 91 (2): 256 - 270.

Xiao X M, Zhang Q Y, Saleska S, et al, 2005. Satellite-based modeling of gross primary production in a seasonally moist tropical evergreen forest [J]. Remote Sensing of Environment, 94 (1): 105 - 122.

Xie X, Zhang M Q, Zhao B, et al, 2014. Dependence of coastal wetland ecosystem respiration on temperature and tides: a temporal perspective [J]. Biogeosciences, 11 (3): 539 - 545.

Yan M, Humphreys J, Holden N M, 2011. An evaluation of life cycle assessment of European milk production [J]. Journal of Environmental Management, 92 (3): 372 - 379.

Yan Y E, Guo H Q, Gao Y, et al, 2010. Variations of net ecosystem CO_2 exchange in a tidal inundated wetland: coupling MODIS and tower-based fluxes [J]. Journal of Geophysical Research-Atmospheres, 115 (D15): 346 - 361.

Yan Y E, Zhao B, Chen J Q, et al, 2008. Closing the carbon budget of estuarine wetlands with tower-based measurements and MODIS time series [J]. Global Change Biology, 14 (7): 1690 - 1702.

Yang S L, Ding P X, Chen S L, 2001. Changes in progradation rate of the tidal flats at the mouth of the Changjiang (Yangtze) River, China [J]. Geomorphology, 38: 167 - 180.

Yang S L, Li H, Ysebaert T, et al, 2008. Spatial and temporal variations in sediment grain size in tidal wetlands, Yangtze Delta: On the role of physical and biotic controls [J]. Estuarine Coastal & Shelf Science, 77: 657 - 671.

Yang W, An S Q, Zhao H, et al, 2016. Impacts of *Spartina alterniflora* invasion on soil organic carbon and nitrogen pools sizes, stability, and turnover in a coastal salt marsh of eastern China [J]. Ecological Engineering, 86: 174 - 182.

Yang W, Jeelani N, Leng X, et al, 2016. *Spartina alterniflora* invasion alters soil microbial community composition and microbial respiration following invasion chronosequence in a coastal wetland of China [J]. Scientific Reports, 6: 26880.

Yang W, Li N, Leng X, et al, 2016. The impact of sea embankment reclamation on soil organic carbon and nitrogen pools in invasive *Spartina alterniflora* and native *Suaeda salsa* salt marshes in eastern China [J]. Ecological Engineering, 97: 582 - 592.

Yang W, Qiao Y J, Li N, et al, 2017. Seawall construction alters soil carbon and nitrogen dynamics and soil microbial biomass in an invasive *Spartina alterniflora* salt marsh in eastern China [J]. Applied Soil Ecology, 110: 1 - 11.

Yang W, Zhao H, Leng X, et al, 2017. Soil organic carbon and nitrogen dynamics following *Spartina alterniflora* invasion in a coastal wetland of eastern China [J]. Catena, 156: 281 - 289.

Yuan J J, Ding W X, Liu D Y, et al, 2016. Shifts in methanogen community structure and function across a coastal marsh transect: effects of exotic *Spartina alterniflora* invasion [J]. Scientific Reports, 6: 18777.

Yue Q, Zhao M, Yu H M, et al, 2016. Total quantity control and intensive management system for reclamation in China [J]. Ocean & Coastal Management, 120: 64 - 69.

Zedler J B, Leach M K, 1998. Managing urban wetlands for multiple use: research, restoration and recreation [J]. Urban Ecosystem, 2 (4): 189 - 204.

Zhang Q Y, Xiao X M, Braswell B, et al, 2006. Characterization of seasonal variation of forest canopy in a temperate deciduous broadleaf forest, using daily MODIS data [J]. Remote Sensing of Environment, 105 (3): 189 - 203.

Zhang T T, Qi J G, Gao Y, et al, 2015. Detecting soil salinity with MODIS time series VI data [J]. Ecological Indicators, 52: 480 - 489.

Zhang T Y, Chen H P, Cao H B, et al, 2017. Combined influence of sedimentation and vegetation on the soil carbon stocks of a coastal wetland in the Changjiang estuary [J]. Chinese Journal of Oceanology and Limnology, 35 (4): 833 - 843.

Zhang W F, Dou Z X, He P, et al, 2013. New technologies reduce greenhouse gas emissions from nitrogenous fertilizer in China [J]. Proceedings of the National Academy of Sciences, 110 (21): 8375 - 8380.

Zhang X, Wang Q, Gilliam F S, et al, 2012. Effect of nitrogen fertilization on net nitrogen mineralization in a grassland soil, northern China [J]. Grass and Forage Science, 67 (2): 219 - 230.

Zhao B, Guo H Q, Yan Y E, et al, 2008. A simple waterline approach for tidelands using multi-temporal satellite images: a case study in the Yangtze Delta [J]. Estuarine Coastal and Shelf Science, 77 (1): 134 - 142.

Zhao B, Kreeuter U, Li B, et al, 2004. An ecosystem service value assessment of land-use change on Chongming Island, China [J]. Land Use Policy, 21: 139 - 148.

Zhao B，Li B，Ma Z J，et al，2003. Wise exploitation of newly growing land resources：an assessment on land-use change of Chongming Island using GIS [J]. Chinese Geographical Science，13 (2)：134 - 141.

Zhao B，Li B，Zhong Y，et al，2005a. Estimation of ecological service values of wetland in Shanghai，China [J]. Chinese Geographical Science，15：1 - 6.

Zhao B，Yan Y E，Guo H Q，et al，2009. Monitoring rapid vegetation succession in estuarine wetland using time series MODIS-based indicators：an application in the Yangtze River Delta area [J]. Ecological Indicators，9 (2)：346 - 356.

Zhao B，Yang F H，Gao Y，et al，2005b. Critical examination of wetlands ecosystem service in Shanghai，China [J]. Wetland Science，3 (4)：279 - 285.

Zheng S Y，Shao D D，Asaeda T，et al，2016. Modeling the growth dynamics of *Spartina alterniflora* and the effects of its control measures [J]. Ecological Engineering，97：144 - 156.

Zhou Z Z，2000. Landscape changes in a rural area in China [J]. Landscape and Urban Planning，47 (1)：33 - 38.

作者简介

赵　斌　男，1969年生，湖北钟祥人。1992年毕业于南京大学环境科学系；1998年于中国科学院水生生物研究所获硕士学位；2003年于日本广岛大学获博士学位。现任复旦大学生命科学学院教授、博士研究生导师。主要从事全球变化生态学、环境遥感、地理信息系统与空间分析、景观生态学与生物多样性信息管理、生态学大数据与公民科学等方面的研究工作，讲授《全球变化生物学》《地球系统科学与管理》《景观生态学》《生态系统生态学》《普通生态学》《现代生物科学导论》《大科学大数据大生态》《自然地理学》等课程。目前，主要兴趣集中于湿地遥感（外来物种的遥感识别、滨海湿地快速的群落演替过程等）、生态系统碳通量（Eddy flux监测技术、全球变化）等方面的研究。研究地点主要为长江河口和黄河三角洲。

高　宇　男，1981年生，浙江桐乡人。复旦大学湿地生态学博士，中国水产科学研究院东海水产研究所河口渔业实验室助理研究员。主要研究领域为碳汇渔业与湿地生态学。自2000年起，在《应用与环境生物学报》《湿地科学》等中文学术期刊上以第一作者发表论文21篇；在*Wetlands*等SCI收录期刊，以第一作者或合作发表论文8篇。参与《长江口独特生境与水生动物》《长江中下游土著和外来鱼类》等2部专著的编写工作。主持中国水产科学研究院东海水产研究所基本科研业务费项目“点篮子鱼的水生态系统工程师效应研究”；作为课题主要完成人，参与完成国家自然科学基金“河口滩涂湿地生态系统中物质横向通量和能量平衡闭合研究”等8项科研项目。作为主要完成人，曾获2015年上海海洋科学技术奖特等奖等奖励3项。联合申请获国家授权实用新型专利4项。